U0059394

燃料電池基礎

FUEL CELL FUNDAMENTALS

Ryan O' Hayre、Suk-Won Cha、Whitney Colella、Fritz B.Prinz 原著

王曉紅、黃宏　編譯

趙中興　審閱

WILEY

全華圖書股份有限公司

內容簡介

燃料電池是 21 世紀最有希望的新一代綠色能源動力系統，有助於解決能源危機和環境污染等問題。本書是一本淺顯易懂的教材和專業入門書籍，涵蓋了關於燃料電池的基礎科學與工程學。本書著重於基本原理，簡單明瞭地描述了燃料電池是如何工作的、為什麼它可以產生如此高效率的潛能以及如何最佳地利用其獨特的優勢等。本書分成兩部分：第一部分集中闡述燃料電池物理學，第二部分對燃料電池的實際應用進行簡單討論。為便於教學使用，本書也提供了大量的例題與習題。

本書重點在於強調控制燃料電池工作的科學原理，對於燃料電池的初學者如高年級本科系大學生或低年級研究生來說，無需具備燃料電池或電化學知識背景，只要具有微積分基礎、基礎物理和基本熱動力學背景均適合閱讀，此外也可供從事燃料電池方面工作的工程技術人員參考。

譯者序

　　燃料電池是將燃料的化學能直接轉換成電能的裝置。燃料電池由於具有效率高、無污染、重量輕等優點，故而可作為攜帶型電子產品的小型電池，也可應用於小型集中供電或分散式供電系統，被稱為 21 世紀的綠色環保能源，極具發展潛力和應用前景，目前受到世界各國的重視，被列入未來世界十大科技之首。

　　我們在諸多有關燃料電池的專著中選擇了《燃料電池基礎》這本書，希望把此書介紹給國內的高等院校以及研究機構，與更多的讀者分享。這是一本易於理解、基礎性很強的書，也是一本理論知識與實際應用相結合的書。本書前半部分涵蓋了燃料電池技術所需要的基礎科學，從燃料電池的基本物理學入手，生動地闡述了燃料電池的基本工作原理、模型建立及電化學特性等內容。透過這些理論和原理的學習，讀者可以從根本上理解燃料電池如何工作及為什麼會如此高效率等問題。本書後半部分討論了燃料電池技術的實際應用，包括對於特定的應用—如何選擇最合適的燃料電池，以及如何設計一套完整的系統等等。這是致力於燃料電池方面的第一本教科書，書中提供了大量的圖示、文字方塊、例題、習題與思考題以供教學使用。本書非常適合作為相關專業高年級本科生和研究生教材，也可供從事燃料電池方面工作的工程技術人員參考。本書不僅有助於高等院校透過教學培養出具有燃料電池專業知識的研究技術人才，也有助於提高和豐富相關研究人員和工程師的理論背景和研究水準。

　　原書作者之一 Fritz B. Prinz 博士，現任美國史丹福大學(Stanford University)工程學院教授(Rodney H. Adams Professor)，兼任機械工程系系主任。Prinz 教授在燃料電池方面具有豐富的知識，他所領導的 RPL(Rapid Prototyping Laboratory)實驗室在燃料電池，尤其是超薄微型固體氧化物燃料電池的研究成果居國際領先地位。2005 年底，正值 Fuel Cell Fundamentals 出版之際，清華大學微電子所副教授王曉紅博士在 RPL 實驗室做訪問研究，在此期間史丹福大學高級研究員黃宏博士在 RPL 實驗室從事並協調超薄微型固體氧化物燃料電池專案的研究。在 Prinz 教授的鼓勵和支援下，我們欣然開始了此書的翻譯工作。

　　本書由王曉紅博士組織翻譯，並翻譯了前言、第 1 章、第 2 章和部分附錄等內容，還完成了全書的最後校訂。黃宏博士對各章節的翻譯做了專業方面的指導和訂正，以及全書譯稿的初校。本書的翻譯出版是集體智慧與貢獻的結晶，清華大學的幾位研究生為此做了大量的初譯工作，付出了許多寶貴的時間，對此，我們致以誠摯的感謝。其中，姜英琪翻譯了第 3 章、第 4 章和附錄 D；鍾凌燕翻譯了第 5 章、第 6 章、第 10 章和附錄 E；王溫靜翻譯了第 7 章、第 8 章、第 9 章和第 11 章；張謙和鮑華也參與了部分翻譯工作。

電子工業出版社的編輯們為本書的出版做了大量艱苦、細緻、耐心的工作，使得本書得以順利出版，在此我們表示衷心感謝。

在本書的翻譯出版過程中，我們還得到了許多朋友、同事多方面的幫助以及家人對我們辛勤工作的理解、支持和關懷，謝謝！

由於譯者學養有限，書中涉及的概念和名詞較多，難免有翻譯不妥之處，懇請廣大讀者批評指正。

修訂說明

　　修訂者應全華圖書公司研發處廖福源先生邀請，藉由詳細的修訂，盼能達意且幫助國內讀者更容易瞭解本書內容。並且藉由增訂的註解及說明，以符合讀者的需要。

　　相對於台灣已出版之燃料電池相關書籍中，本書適合於當作教科書使用，本書收集資料詳盡，極適合從事燃料電池研究、應用、業務人士等作為參考書籍，參考資料充足，亦可作進一步研討原始文獻。

修訂者謹誌
趙中興　助理教授　大華技術學院　電機系

作者簡介

Ryan O'Hayre：博士，現任美國科羅拉多礦業學院(Colorado School of Mines)金屬材料工程系助理教授。他曾受聘為美國科學基金會的國際研究員在荷蘭代爾夫特工業大學(Technical University of Delft)工作，並曾任美國史丹福大學(Stanford University)機械工程系代理助教。

車碩源：博士，現任韓國首爾國立大學(Seoul National University)機械與航空工程學院助理教授。

Whitney Colella：博士，現為美國史丹福大學(Stanford University)土木與環境工程系博士後研究員。

Fritz B. Prinz：博士，現為美國史丹福大學(Stanford University)工程學院教授(Rodney H. Adams Professor)，兼任機械工程系系主任。

譯者簡介

王曉紅：博士，現任清華大學微電子學研究所副研究員，曾在美國史丹福大學(Stanford University)機械工程系做訪問研究員。

黃宏：博士，現任美國史丹福大學(Stanford University)機械工程系高級研究員，之前曾為荷蘭台夫達工業大學(Technical University of Delft)化學工程系副研究員。

前　言

　　設想開著一輛燃料電池小汽車回家，一路上排氣管只有純淨水滴下；設想攜帶型電腦一次充電即可執行 30 小時；設想你在小汽車裏就可以開啓你房屋內的電源，而電力線已成爲遙遠的回憶。正是這些夢想驅使著今天對燃料電池的研究。一些夢想(例如透過燃料電池汽車給房屋提供電力)可能很遙遠，但有些夢想(像可執行 30 小時的攜帶型電腦)可能已經接近你的想像。

　　本書將透過聚焦"如何"和"爲什麼"等問題來講解燃料電池技術背後的科學，把燃料電池從夢想世界帶回到現實世界。對於燃料電池是如何工作的，爲什麼它可以產生如此高效率的潛能，以及如何最佳地利用其獨特的優勢等問題，讀者都可以在本書中找到淺顯易懂的描述。它重點強調控制燃料電池運轉的基本科學原理，因爲這些原理是不變而且普遍適用的，無論燃料電池的類型或技術如何。

　　遵循這樣的原則，本書第一部分——燃料電池原理，致力於講解燃料電池的基本物理學。我們設計了圖解、例題、文字方塊和課後練習題等，以便讀者對燃料電池有一個統一直觀的理解。當然，如果不對燃料電池技術的實際情形做簡要的介紹，就不能稱爲全面的燃料電池知識。這就是本書第二部分的目的——燃料電池技術。我們透過相關的資訊圖、表和實例綜述了主要的燃料電池技術。在本書的後半部分，讀者將可以學會如何爲特定的應用選擇適宜的燃料電池，以及如何設計一套完整的燃料電池系統。最後，讀者將學會如何評估燃料電池技術對環境的潛在影響。

　　如果讀者有任何疑問、意見和改善本書的建議，那麼可以透過電子郵件方式發送到我們的郵箱 fcf3@yahoogroups.com，我們將在下一版的編寫中鄭重地考慮讀者的意見和建議。我們也會在網站 http://groups.yahoo.com/group/fcf3/ 上公佈這些討論和額外的教育資料。

致　謝

作者們特別感謝史丹福大學及其快速成型實驗室(RPL，Rapid Prototyping Laboratory)的朋友和同事們的支持、批評、建議及熱情。沒有你們，這本書的編寫就無法完成。

我們衷心地感謝工學院院長 Jim Plummer 和 Channing Robertson，以及副院長 John Bravman，他們的支持使本書的出版成為可能。同時我們也感謝 Honda 研發中心及其代表 J. Araki、T. Kawanabe、Y. Fujisawa、Y. Kawaguchi、Y. Higuchi、T. Kubota、N. Kuriyama、Y Saito、J. Sasahara 和 H. Tsuru。感謝 Lynn Orr 和 Chris Edwards 領導下的 GCEP 委員會所創造的新能源技術的學習與研究環境。感謝 RPL 所有成員的有益討論，尤其感謝 Tim Holme 在本書的仔細檢查與綜合和術語、公式與附錄的彙總方面所做的大量工作。同時感謝 Rojana Pornprasertsuk 提供了第 3 章和附錄 D 的優質量子計算模擬圖。感謝 Juliet Risner 的編輯工作和黃巨集對於電解質部分內容的貢獻。同樣也要感謝 Jeremy Cheng、Kevin Crabb、Turgut Gur、Shannon Miller、Massafumi Nakamura 和 A. J. Simon 在編輯方面的建設性意見。我們還要對 Steven Schneider、Mark Jacobson、Mark Delucchi (University of California at Davis)、Mastrandrea 和 Gerard Ketafani 表示感謝，感謝他們在燃料電池的環境影響方面的深刻見解。另外，對 Richard Stone (Oxford University)、Colin Snowdon (Oxford University)、Ali Mani 和 Lee Shunn 在燃料電池系統設計和整合方面的有益建議表示感謝。

Fritz B. Prinz 要感謝他的妻子 Gertrud、女兒 Marie-Helene 和兒子 Benedikt，謝謝他們的愛、支持和耐心。

Whitney Colella 要感謝她的家人、Caterina Qualtieri、Eulalia Pandolfi、Tom Judge 和 Emily Zedler。

車碩源(Suk-Won Cha)要感謝朋友和家人們給予他的鼓勵和熱情，尤其是 Unjung 的支持。Ryan O'Hayre 要感謝 Lisa 給予他的友誼、鼓勵、信心、支持和愛。同時感謝 Kendra、Arthur 和 Morgan。Ryan 一直想寫一本書——可能是關於龍和歷險的故事。結果卻是以一種可笑的方式實現，他首先完成了一本關於燃料電池的書，而只好把龍的故事置於別處……

術 語

符號	意義	常用單位
A	面積，Area	cm^2
A_c	催化面積係數，Catalyst area coefficient	無因次
a	活性，Activity	無因次
ASR	面積比電阻，Area specific resistance	$\Omega \cdot cm^2$
C	電容，Capacitance	F
C_{dl}	雙層電容，Double-layer capacitance	F
c^*	反應表面的濃度，Concentration at reaction surface	mol/cm^2
c	濃度，Concentration	mol/m^3
c	描述質量傳送影響濃度損耗的常數，Constant describing how mass transport affects concentration losses	V
c_p	熱容，Heat capacity	$J/(mol \cdot K)$
D	擴散率，Diffusivity	cm^2/s
E	電場，Electric field	V/cm
E	熱力學理想電壓，Thermodynamic ideal voltage	V
E_{thermo}	熱力學理想電壓，Thermodynamic ideal voltage	V
E_T	參考濃度下溫度相關的熱力學電壓，Temperature dependent thermodynamic voltage at reference concentration	V
F	亥姆霍茲自由能，Helmholtz free energy	J，J/mol
F	法拉第常數，Faraday constant	96 485 C/mol
F_k	一般力，Generalized force	N
f	反應率常數，Reaction rate constant	Hz，s^{-1}
F	摩擦因素，Friction factor	無因次
G，g	吉布斯自由能，Gibbs free energy	J/mol，J
g	重力加速度，Acceleration due to gravity	m/s^2

x

符號	意義	常用單位
$\Delta G^{\ddagger}$	活化能壘，Activation energy barrier	J/mol，J
ΔG_{act}	活化能壘，Activation energy barrier	J/mol，J
H	熱量，Heat	J
H，h	焓，Enthalpy	J/mol，J
H_C	氣體流道厚度，Gas channel thickness	cm
H_E	擴散層厚度，Diffusion layer thickness	cm
h	普朗克常數，Planck's constant	6.63×10^{-34} J/s
$\hbar$	簡化的普朗克常數，Reduced Planck constant，$h/2\pi$	1.05×10^{-34} J/s
h_m	質量傳送對流係數，Mass transfer convection coefficient	m/s
i	電流，Current	A
J	莫耳流量，Molar flux	mol/(cm$^2 \cdot$ s)
$\hat{J}$	質量流量，Mass flux	g/(cm$^2 \cdot$ s)，kg/(m$^2 \cdot$ s)
J_C	對流質量流量，Convective mass flux	kg/(cm$^2 \cdot$ s)
j	電流密度，Current density	A/cm^2
j_0	交換電流密度，Exchange current density	A/cm^2
j_0^0	參考濃度下交換電流密度，Exchange current density at reference concentration	A/cm^2
j_L	限制電流密度，Limiting current density	A/cm^2
j_{leak}	燃料漏電流密度，Fuel leakage current density	A/cm^2
k	波茲曼常數，Boltzmann's constant	1.38×10^{-23} J/K
L	長度，Length	cm
M	莫耳質量，Molar mass	g/mol，kg/mol
M	質量流率，Mass flow rate	kg/s
M_{ik}	力和流量之間的廣義耦合係數，Generalized coupling coefficient between force and flux	多樣的
m	質量，Mass	kg
mc_p	熱容流率，Heat capacity flow rate	kW/(kg $\cdot$ K)
N	莫耳數，Number of moles	無因次

符號	意義	常用單位
N_A	阿伏加德羅數，Avogadro's number	$6.02 \times 10^{23} \ mol^{-1}$
n	反應中傳送的電子數， Number of electrons transferred in the reaction	無因次
n_g	氣體的莫耳數，Number of moles of gas	無因次
P	功率或功率密度，Power or Power density	W 或 W/cm^2
p	壓力，Pressure	bar，atm，Pa
Q	熱量，Heat	J，J/mol
Q	電荷，Charge	C
Q_h	吸收電荷，Adsorption charge	C/cm^2
Q_m	光滑的催化劑表面的吸收電荷， Adsorption charge for smooth catalyst surface	C/cm^2
q	基本電荷，Fundamental charge	$1.60 \times 10^{-19} \ C$
R	理想氣體常數，Ideal gas constant	$8.314 \ J/(mol \cdot K)$
R	電阻，Resistance	Ω
R_f	感應電阻，Faradic resistance	Ω
Re	雷諾數，Reynolds number	無因次
S，s	熵，Entropy	J/K，$J/(mol \cdot K)$
S/C	水-碳比，Steam - to - carbon ratio	無因次
Sh	Sherwood 數，Sherwood number	無因次
T	溫度，Temperature	K，℃
t	厚度，Thickness	cm
U	內能，Internal Energy	J，J/mol
u	遷移率，Mobility	$cm^2/(V \cdot s)$
$\bar{u}$	平均流速，Mean flow velocity	cm/s，m/s
V	電壓，Voltage	V
V	體積，Volume	L，cm^3
v	單位面積的反應速率，Reaction rate per unit area	$mol/(cm^2 \cdot s)$
v	速度，Velocity	cm/s
v	跳躍速率，Hopping rate	s^{-1}，Hz

符號	意義	常用單位
W	功，Work	J，J/mol
X	寄生功率負載，Parasitic Power Load	W
x	莫耳分數，mole fraction	無因次
x_V	空位比，Vacancy fraction	mol，V/mol
y_x	元件 x 的場，Yield of element x	無因次
Z	阻抗，Impedance	Ω
z	高度，Height	m

希臘符號

符號	意義	常用單位
α	電荷傳送係數，Charge transfer coefficient	無因次
α	CO_2 等價量的係數，Coefficient for CO_2 equivalent	無因次
α^*	流道深寬比，Channel aspect ratio	無因次
β	CO_2 等價量的係數，Coefficient for CO_2 equivalent	無因次
γ	活性係數，Activity coefficient	無因次
Δ	表示量的變化，Denotes change in quantity	無因次
δ	擴散層厚度，Diffusion layer thickness	m，cm
ε	效率，Efficiency	無因次
ε_{FP}	燃料處理器效率，Efficiency of fuel processor	無因次
ε_{FR}	燃料重整器效率，Efficiency of fuel reformer	無因次
ε_H	熱回收效率，Efficiency of heat recovery	無因次
ε_O	總效率，Efficiency overall	無因次
ε_R	電效率，Efficiency，electrical	無因次
ε	多孔性，Porosity	無因次
$\dot{\varepsilon}$	應變率，Strain rate	s^{-1}
η	過電壓，Overvoltage	V
η_{act}	活化過電壓，Activation overvoltage	V
η_{conc}	濃度過電壓，Concentration overvoltage	V

符號	意義	常用單位
η_{ohmic}	歐姆過電壓，Ohmic overvoltage	V
λ	化學當量係數，Stoichiometric coefficient	無因次
λ	水含量，Water content	無因次
μ	黏度，Viscosity	$Kg \cdot m/s$
μ	化學勢，Chemical potential	J，J/mol
$\bar{\mu}$	電化學勢，Electrochemical potential	J，J/mol
ρ	電阻率，Resistivity	Ω cm
ρ	密度，Density	kg/cm^3，kg/m^3
σ	傳導率，Conductivity	S/cm，$(\Omega \cdot cm)^{-1}$
σ	Warburg 係數，Warburg coefficient	$\Omega/s^{0.5}$
τ	平均自由時間，Mean free time	s
τ	剪切力，Shear stress	Pa
ϕ	電位，Electrical potential	V
ϕ	相位因素，Phase factor	無因次
ω	角頻率，Angular frequency($\omega = 2\pi f$)	rad/s

上標

符號	意義
0	表示標準或參考狀態，Denotes standard or reference state
eff	有效特性，Effective property

下標

符號	意義
diff	擴散，Diffusion
E，e，$elec$	電的(如 P_e，W_{elec})，Electrical (e.g. P_e，W_{elec})
f	生成的量(如Δ_{Hf})，Quantity of formation (e.g. Δ_{Hf})
(HHV)	高熱值，Higher Heating Value
i	表示種類 i，Denotes species i

符號	意義
P	生成物，Product
P	寄生的，Parasitic
R	反應物，Reactant
rxn	反應中的變化(如ΔH_{rxn})，Denotes change in a reaction (e.g. ΔH_{rxn})
SK	堆，Stack
SYS	系統，System

Nafion：杜邦公司的註冊商標

PureCell：UTC 燃料電池公司的註冊商標

Honda FCX：本田汽車有限公司的註冊商標

Home Energy System：本田汽車有限公司的註冊商標

Gaussian：Gaussian 公司的註冊商標目錄

編輯部序

「系統編輯」是我們的編輯方針，我們所提供給您的，絕不只是一本書，而是關這門學問的所有知識，它們由淺入深，循序漸進。

《燃料電池基礎》是一本易於理解的專業入門書，全書涵蓋了關於燃料電池的基礎科學和工程學。本書重點在於強調控制燃料電池運轉的基本科學原理，簡單明瞭地闡述了燃料電池是如何工作的、為什麼能產生如此高效率的潛能，以及如何充分地利用其獨特的優勢等問題。本書分為兩部分：

第一部分：燃料電池原理——重點集中在燃料電池基本物理學，包括利於理解燃料電池的圖解、例題、文字方塊和課後練習題等。

第二部分：燃料電池技術——主要討論了燃料電池技術的實際應用，包括對於特定的應用如何選擇最合適的燃料電池，以及如何設計一套完整的系統。

本書適用於本書適用於大學、科大電子、電機、機械科系「燃料電池概論」課程且任何主修工程或科學領域，具有微積分、基礎物理和基本熱動力學背景的燃料電池初學者或業界相關人士及有興趣之讀者使用。

同時，為了使您能有系統且循序漸進研習相關方面的叢書，我們以流程圖方式，列出各有關圖的閱讀順序，以減少您研習此門學問的摸索時間，並能對這門學問有完整的知識。若您在這方面有任何問題，歡迎來函連繫，我們將竭誠為您服務。

相關叢書介紹

書號：0300571
書名：太陽能工程－太陽電池篇
　　　(精裝本)(修訂版)
編著：莊嘉琛
20K/384 頁/420 元

書號：0597702
書名：太陽電池技術入門(第三版)
編著：林明獻
16K/272 頁/420 元

書號：0246601
書名：交換式電源供給器之理論
　　　與實務設計(修訂版)
編著：梁適安
20K/400 頁/380 元

書號：06111
書名：燃料電池技術
大陸：管衍德
20K/352 頁/350 元

書號：05704
書名：On-board 電源設計活用手冊
日譯：何中庸
18K/368 頁/450 元

書號：06190
書名：交換式電源設計(第三版)
英譯：呂文隆.張簡士琨.曾國境
16K/768 頁/800 元

書號：0602901
書名：綠色能源(第二版)
編著：黃鎮江
16K/264 頁/400 元

書號：02637
書名：高頻交換式電源供應器原理與
　　　設計
英譯：梁適安
20K/384 頁/360 元

◎上列書價若有變動，請以
　最新定價為準。

流程圖

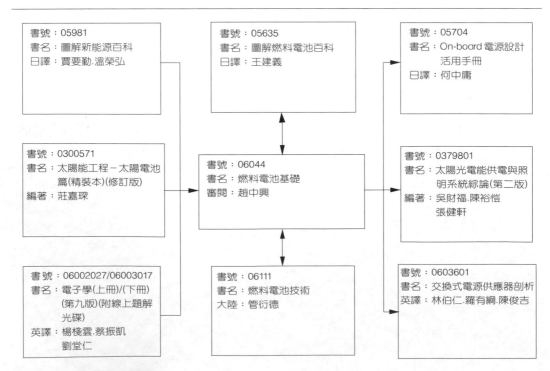

書號：05981
書名：圖解新能源百科
日譯：賈要勤.溫榮弘

書號：05635
書名：圖解燃料電池百科
日譯：王建義

書號：05704
書名：On-board 電源設計
　　　活用手冊
日譯：何中庸

書號：0300571
書名：太陽能工程－太陽電池
　　　篇(精裝本)(修訂版)
編著：莊嘉琛

書號：06044
書名：燃料電池基礎
審閱：趙中興

書號：0379801
書名：太陽光電能供電與照
　　　明系統綜論(第二版)
編著：吳財福.陳裕愷
　　　張健軒

書號：06002027/06003017
書名：電子學(上冊)/(下冊)
　　　(第九版)(附線上題解
　　　光碟)
英譯：楊棧雲.蔡振凱
　　　劉堂仁

書號：06111
書名：燃料電池技術
大陸：管衍德

書號：0603601
書名：交換式電源供應器剖析
英譯：林伯仁.羅有綱.陳俊吉

目 錄

第一部分　燃料電池原理

第二部分　燃料電池技術

第三部分　附　錄

PART 1
燃料電池原理

Chapter 1

燃料電池簡介

我們即將踏上通往燃料電池和電化學領域的旅程。本章將作為一個路標，引導讀者進入本書的學習。大致上來說我們將認識燃料電池：瞭解燃料電池是什麼，它們如何工作，以及有哪些顯著的優缺點等。以此為起點，後續的章節將帶領讀者逐步前進，從而瞭解燃料電池的基本原理。

▷ 1.1　什麼是燃料電池

我們可以把燃料電池想成是一座"能源轉換工廠"，它將燃料輸送進來，同時將產生的電輸出(參見圖 1.1)。正如一座工廠，只要源源不斷地供給原料(燃料化學能)，燃料電池就會不斷轉換生成產品(電能)。這是燃料電池與傳統電池的關鍵性區別。雖然它們二者都依賴於電化學原理來工作，但是燃料電池在產生電能時並不消耗本身儲存的化學能或電能。它就像一座工廠的廠房，將儲存在燃料中的化學能轉化成電能。

圖 1.1　氫－氧燃料電池的基本概念

不過這麼看來內燃機也是"化學工廠"。它們也是將儲存在燃料中的化學能轉化成有用的機械能或再經發電機轉換成電能。那麼，內燃機和燃料電池有何不同呢？

在傳統的內燃機中，燃料被燃燒而釋放出熱能。讓我們來觀察一個最簡單的例子，氫氣與氧氣的燃燒反應：

$$H_2 + \frac{1}{2}O_2 \rightleftharpoons H_2O \tag{1.1}$$

從氣體分子來看，氫氣分子和氧氣分子因碰撞而發生燃料反應，氫氣分子被氧分子氧化而產生水並同時釋放出熱。更放大來看，在原子大小等級中，氫－氫原子鍵和氧－氧原子鍵在皮秒(pico-seconds)之內被破壞，同時生成氫－氧原子鍵。這些原子鍵的破壞和生成是透過分子與分子之間電子的傳輸完成的。生成物水分子結構的鍵結能低於一開始未反應的氫氣和氧氣的鍵結能，這一化學能差異以熱能釋放出來。初始狀態和最終狀態的能差是由電子從一種鍵結狀態轉移到另一種鍵結狀態的重新組合所引起的，由於該鍵結的重新組合僅在極小的次原子級的大小與幾個皮秒時間以內發生，所以該能差僅能以熱能形式獲得補償(參見圖 1.2)。為了產生電能，熱能必須先轉換成機械能，然後再將機械能轉換成電能。執行這些所有的步驟是複雜且低效率的。

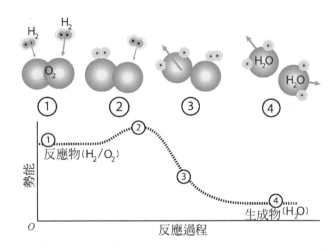

圖 1.2　氫氣－氧氣燃燒反應過程圖(箭頭指示參加反應的分子的相對運動方向)。
①從反應物氫氣和氧氣開始，②氫－氫鍵和氧－氧鍵必須首先被破壞，這一過程需要能量輸入，③④然後氫－氧鍵形成，致使能量輸出

讓我們考慮另一種直接轉換方法：透過電子從高勢能反應物結合鍵轉向低勢能的生成物結合鍵的方式來直接從化學反應中產生電能。事實上，這正是燃料電池所能完成的轉換。但問題是我們如何讓次原子級大小氣體分子的電子在幾皮秒之內發生重構反應呢？關鍵就在於如何在特定點上分離氫氣和氧氣反應物以使反應物鍵結重新組合的電子轉移發生在更大長度等級。於是從燃料反應物轉換到氧化生成物發生的電子移轉就形成了電流。

結合鍵與能量

　　原子是非常活躍的,它們幾乎總是傾向於與其他原子在一起而不是單獨的。當許多原子聚在一起的時候,它們之間就形成鍵結而降低它們的總能量。圖 1.3 是一條典型的 H-H 鍵的能量－原子間**距離曲線**。①當氫原子彼此遠離的時候,沒有任何鍵結存在而系統具有較高能量;②當氫原子相互靠近時,系統能量開始變低,一直到形成穩定的鍵結;③原子間不利於再進一步讓電子雲彼此交疊,因為原子核之間的排斥力開始主導了。請記住:

- 當結合鍵形成時,將**釋放能量**;
- 當結合鍵被破壞時,將**吸收能量**。

　　對於一個淨釋放能量的化學反應來說,形成生成物鍵結時釋放的能量必然大於破壞反應物鍵結時吸收的能量。

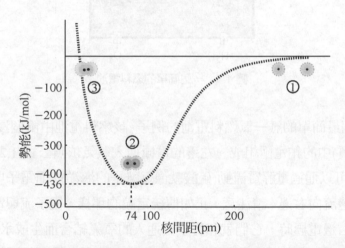

圖 1.3　氫－氫鍵結過程中鍵結能與氫－氫核間距的關係:①沒有鍵結存在;
②最穩定的鍵結結構;③由於原子核之間的排斥力不利於進一步的電子雲交疊

▷ 1.2　一個簡單的燃料電池

在燃料電池中,氫氣的電化學反應可以分解成兩個**半電化學**反應:

$$H_2 \rightleftharpoons 2H^+ + 2e^- \tag{1.2}$$
$$\frac{1}{2}O_2 + 2H^+ + 2e^- \rightleftharpoons H_2O \tag{1.3}$$

透過這兩個反應從空間上分隔開來,由燃料轉換而來的電子會在上述反應完成之前通過外部電路流出(構成電流)並完成做功(work)。

這個空間的隔離是由電解質來完成的。電解質是一種只允許離子(帶電的原子)通過而不允許電子通過的材料。一個燃料電池至少應該有兩個電極，它們是發生兩個半電化學反應之處，而反應被電解質隔開在兩處。

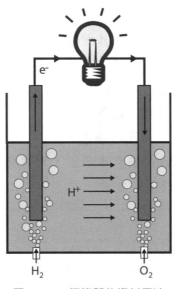

圖 1.4　一個簡單的燃料電池

圖 1.4 是一個最簡單的氫－氧燃料電池的例子。該燃料電池由兩個浸在硫酸溶液(一種含水的酸性電解質)中的鉑電極組成。左邊的電極通入氫氣依照公式(1.2)分離出質子(H^+)和電子(e-)。質子可以通過電解質流動(硫酸就像氫離子的海洋)，而電子則透過連接兩個鉑電極的導線從左邊流向右邊。請注意，正如傳統定義的那樣，電子流與電流的方向是相反的。當電子到達右邊電極時，它們就和質子與通入的氧氣結合而生成水[參見公式(1.3)]。如果在電子的路徑上加一個電子負載(如一個燈泡)，那麼這些流動的電子將為電子負載提供功率，使燈泡亮起來。我們的這個燃料電池正在發電！第一個燃料電池是由 William Grove 於 1839 年發明的，它和我們討論的這個燃料電池非常類似。

能量、功率、比能量和比功率

為了瞭解燃料電池與內燃機或電池之間的比較，在這裡需要介紹幾個參數或**性能指數**(figures of merit)。最常用於比較能量轉換系統的性能指數是**功率密度**和**能量密度**。

為了瞭解能量密度和功率密度，我們先要瞭解能量和功率的不同：

- **能量(energy)**被定義成做功的能力，通常以焦耳(J)或卡路里(cal)為單位。
- **功率(power)**被定義為能量消耗或產生的速率。換句話說，功率表示能量消耗或產生的時間變數，是一種速率。功率的典型單位是瓦特(W)，表示每秒鐘消耗或產生的能量(1W＝1J/s)。

由此可知，能量是功率與時間的乘積：

$$能量＝功率×時間 \qquad (1.4)$$

雖然國際單位制(SI)是以焦耳(J)作為能量的單位，但是我們經常會看到能量用瓦特-小時(Wh)或千瓦-小時(kWh)來表示。例如在公式(1.4)中，當功率的單位(如瓦特)乘以時間(如小時)時，就會產生這些單位。顯然，瓦特-小時利用簡單的換算能夠轉換成焦耳，反之亦然：

$$1Wh×3600s/h×1(J/s)/W＝3600J \qquad (1.5)$$

附錄 A 列出一些較為常用的能量與功率單位換算。對於可攜式燃料電池和移動式能量轉換元件來說，比功率及功率密度和比能量及能量密度比功率和能量更重要，因為它們能提供資訊以判定為了輸送一定量的能量或功率，需要**多少重量或多大體積**的系統。比功率以及功率密度是指單位質量或單位體積元件能夠產生的功率數。比能量以及能量密度是指每單位質量或單位體積系統可提供的總能量。

- **功率密度**是指每單位體積的元件提供的功率量，其典型單位是 W/cm^3 或 kW/m^3。
- **比功率**指每單位質量的元件提供的功率量，其典型單位是 W/g 或 kW/kg。
- **能量密度**是指每單位體積的元件可利用的能量，其典型單位是 Wh/cm^3 或 kWh/m^3。
- **比能量**是指每單位質量的元件可利用的能量，其典型單位是 Wh/g 或 kWh/kg。

1.3　燃料電池的優點

燃料電池就是一個"能源轉換工廠"。只要有燃料提供它就會提供電能，所以它與內燃機有一些共同的特性。另外，燃料電池是依靠電化學原理來工作的電化學能量轉換裝置，所以它又與一般電池有一些共同的特性。事實上，燃料電池結合了內燃機和一般電池的許多優點。

由於燃料電池直接把化學能轉換成電能，因此其轉換效率通常遠遠高於內燃機。燃料電池可以說是理想的完全固定式機械構造，即沒有可移動的零件。這樣的系統基本上具有高可靠性和長壽命。沒有移動的零件意味著燃料電池的運作應該非常安靜，並且具有污染特性的生成物如 NO_x、SO_x 和微粒等的排放率也幾乎等於零。

不像一般電池，燃料電池允許隨意地縮放功率(由燃料電池尺寸決定)和容量(由燃料儲存尺寸決定)。以一般電池來說，功率和容量之間的關係通常是互相關聯的，因此很難做到太大的尺寸，然而燃料電池卻可以很容易地從 1 瓦級(手機)做到兆瓦級(發電廠)；相對於一般電池而言，燃料電池具有提供更高能量密度的能力，並且可以靠快速地補充燃料替代緩慢的充電過程，而一般電池用完電能只能扔掉或靠插座進行耗時的充電。

▷ 1.4 燃料電池的缺點

雖然燃料電池的基本特性具有許多吸引人的優點，但是它也存在一些嚴重的缺點。應用燃料電池的瓶頸主要是高成本。由於成本的限制，目前燃料電池技術僅於幾個特殊的(如航太)應用領域方面具有經濟競爭力。功率密度是另一個重要的限制。功率密度表示一個燃料電池單位體積(體積功率密度)或單位質量(比功率)所產生的功率。雖然在過去的幾十年來燃料電池的功率密度已經顯著提高，但是若希望將其擴展到可攜式電子產品和汽車領域來競爭的話，就還需要進一步提高功率密度。通常在體積功率密度上內燃機和一般電池勝過燃料電池，而在質量功率密度上它們則非常接近(參見圖 1.5)。

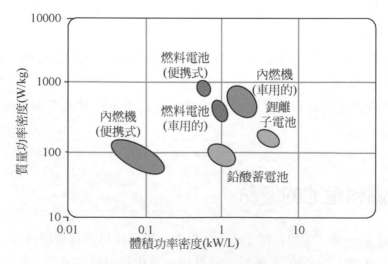

圖 1.5 幾種技術的功率密度比較(比較接近的範圍)

　　燃料的取得和儲存為這種應用帶來了更深的難題。燃料電池直接使用氫氣燃料時的性能為最佳，但是並非隨處可以取得氫氣，況且氫氣本身的能量密度比較低，也很難大量儲存(參見圖 1.6)。其他替代燃料(如汽油、甲醇和甲酸)則是很難直接利用，通常需要重整或改質(reforming)。以上這些問題均會降低燃料電池的性能與效率並增加對輔助設備(ancillary equipment)的要求。由此看來，儘管從能量密度的角度來看汽油是很適合的燃料，但它卻不適合在燃料電池中使用。

　　燃料電池的其他限制還包括工作溫度的相容性、對環境毒性的敏感性與啓動／停止重覆操作疲勞的耐久性。以上這些不易克服的難題除非能從技術上根本解決，否則燃料電池的應用將備受限制。

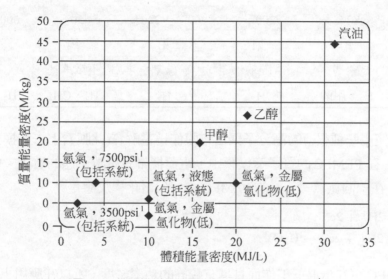

圖 1.6　幾種燃料的能量密度比較(低熱值 LHV)[1]

▷ 1.5　燃料電池的種類

　　根據其電解質的不同，燃料電池可分為五個種類：

1. 磷酸鹽燃料電池(PAFC)；
2. 高分子質子交換膜燃料電池(PEMFC)；
3. 鹼性燃料電池(AFC)；
4. 熔融碳酸鹽燃料電池(MCFC)；
5. 固體氧化物燃料電池(SOFC)。

---

[1] psi 即為磅力／英吋[2]，1 psi = 6.89476 kPa──譯者註。

雖然這五種燃料電池都是本於相同的電化學原理，但它們卻在不同的溫度範圍下工作，使用不同的電解質材料，而且對燃料的抗毒性與基本性能也不相同，詳情請參見表1.1。本書中參考大多數的例子都是 PEMFC 和 SOFC。讓我們來簡單地比較一下這兩個種類的燃料電池特性：

表 1.1　主要的燃料電池種類描述

	PEMFC	PAFC	AFC	MCFC	SOFC
電解質	高分子聚合物膜	液態 H_3PO_4 (固定不動的)	液態 KOH (固定不動的)	熔融碳酸鹽	陶磁
電荷載體	H^+	H^+	OH^-	CO_3^{2-}	O^{2-}
工作溫度	80℃	200℃	60℃～220℃	650℃	600℃～1000℃
催化劑	鉑	鉑	鉑	鎳	鈣鈦礦(陶瓷)
電池元件	碳基	碳基	碳基	不銹鋼基	陶瓷基
燃料相容性	H_2，甲醇	H_2	H_2	H_2，CH_4	H_2，CH_4，CO

● PEMFC 使用一種很薄的高分子**聚合物**膜作為電解質(此膜看上去和摸上去都像塑膠一樣薄)。在 PEMFC 的質子交換膜中，電荷攜帶者是離子態的質子。就像我們已經看到的，在一個氫氣－氧氣的 PEMFC 中，半電化學反應是

$$H_2 \rightarrow 2H^+ + 2e^-$$
$$\frac{1}{2}O_2 + 2H^+ + 2e^- \rightarrow H_2O$$

(1.6)

由於 PEMFC 可在低溫下工作而且具有較高的功率密度，所以在應用上很具吸引力。

● SOFC 利用一種薄的**陶瓷**膜作為電解質。在 SOFC 膜中電荷攜帶者是離子態的氧離子(O^{2-})。在一個氫氣－氧氣的 SOFC 中，半電化學反應是

$$H_2 + O^{2-} \rightarrow H_2O + 2e^-$$
$$\frac{1}{2}O_2 + 2e^- \rightarrow O^{2-}$$

(1.7)

為了能有效率地運轉，SOFC 必須在高溫環境(> 600℃)下工作。由於 SOFC 的高效率及燃料的多樣選擇性，SOFC 燃料電池比較適合在定置型的應用。

請注意可移動的電荷載體是如何關鍵地影響燃料電池的電化學反應。在 PEMFC 中，半反應依靠氫質子(H^+)為媒介移動到陰極與氧分子生成水；在 SOFC 中，半反應靠氧離子(O^{2-})為媒介移動到陽極與氫分子生成水。請注意在表 1.1 中其他種類的燃料電池是如何利用 OH^- 或 CO_3^{2-} 作為帶電荷離子載體的媒介並且呈現不同的電化學反應特性以及各自獨特之優缺點。

本書的第一部分介紹了所有燃料電池基本的運作原理。在此學到的基本知識將適用於 PEMFC，SOFC 或任何其他種類的燃料電池。本書的第二部分討論了主要五個種類的燃料電池的相關技術細節，同時也講述了燃料電池系統的各項問題，如電池堆的組裝、燃料的處理、系統控制與對環境的影響等。

1.6 燃料電池的基本工作流程

燃料電池輸出電流的大小與反應物、電極和電解質的接觸面積是成正比的。換句話說，如果增加一倍燃料電池的面積，輸出的電流也會大約增加一倍。

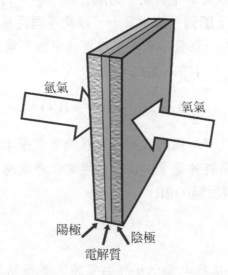

氫氣

氧氣

陽極
陰極
電解質

圖 1.7　燃料電池中簡化的陽極－電解質－陰極平板結構

儘管這個概念似乎來自於直覺，但我們可以在對相關的電化學生電基本原理的深入瞭解中找到合理的解釋。正如我們已經討論過的，燃料電池透過將其原始的能源(燃料)轉換成電子流而產生電能。這種轉換必然包括一個能量轉移的過程，即燃料的能量傳遞給電子從而構成電流。這種能量轉移的反應速率有限，並且必須發生在反應表面或介面，也因此產生的電量大小就和用於能量轉換的反應表面或介面的有效面積成正比例，較大的表面積對應轉換成較大的輸出電流。

為了提供較大的反應面積，使表面與體積之比值最大化，通常燃料電池會設計成薄的平板結構，如圖 1.7 所示。電極由高孔隙率的多孔材質構成，以便進一步提高反應表面積並使氣體容易進入。平板結構的一側提供燃料(陽極電極)，而另一側提供氧化物(陰極電極)，還有一層薄的電解質層將燃料和氧化物在空間上隔開以利兩個相互獨立的半反應的發生。若比較這個平板型燃料電池的結構和前面我們討論的那個簡單的燃料電池(參見圖1.4)，我們會發現雖然兩個元件看起來完全不同，但它們之間卻存在顯而易見的相似性。

陽極＝氧化；陰極＝還原

為了理解電化學的論述，我們有必要清楚地瞭解**氧化**、**還原**、**陽極**和**陰極**等這些專有名詞。

氧化和還原

- 氧化是指從一種物質中將電子**分離**出來，即反應**釋放**電子。
- 還原是指把電子**加到**一種物質上，即反應**消耗**電子。

例如，試想發生在一個氫－氧之燃料電池中的半電化學反應：

$$H_2 \rightarrow 2H^+ + 2e^- \tag{1.8}$$

$$\frac{1}{2}O_2 + 2H^+ + 2e^- \rightarrow H_2O \tag{1.9}$$

氫氣反應是一個氧化反應，因為在反應中釋放出電子；氧氣反應是一個還原反應，因為在反應中消耗掉電子。以上的半電化學反應就是所謂的**氫氣氧化反應**(HOR)或**氧氣還原反應**(ORR)。

陽極和陰極

- 陽極(anode)是指發生氧化反應的電極。更概括來說，任何雙電極元件，如二極體或電阻，其陽極是指電子**流出**的電極。
- 陰極(cathode)是指發生還原反應的電極。更概括來說，陰極是指電子**流入**的電極。

對於一個氫－氧之燃料電池而言：

- 陽極是氫氣氧化反應發生的電極。
- 陰極是氧氣還原反應發生的電極。

注意，以上的定義與那一個電極是正電極或那一個電極是負電極無關。**請小心**！陽極和陰極都有可能是正極或負極。對於一個**自發電池**(像燃料電池一樣**產生**電的電池)，陽極是負電極，而陰極是正電極。對於一個**電解電池**(electrolytic cell)(**消耗**電的電池)，陽極是正電極，而陰極是負電極。

只要記住：陽極＝氧化，陰極＝還原，那麼你就一定是對的！

　　圖 1.8 是一個詳細的平板式燃料電池的**截面圖**。以此圖為參考，我們將深入到燃料電池內部依照產生電的地方開始一段簡短的旅行。如圖 1.8 中的所示，這些順序依序如下：

1. 反應物輸入(輸送到)燃料電池；
2. 電化學反應；
3. 離子透過電解質傳導，電子透過外部電路傳導；
4. 反應生成物從燃料電池中排出。

　　到本書結束的時候，你將會理解這每一個細節的物理概念。現在我們只要快速地瀏覽一遍即可。

　　第一步：反應物傳輸。為了使燃料電池產生電，必須為其源源不絕地提供燃料和氧化物。這個看起來非常簡單的任務，實際上可能是相當複雜的。當燃料電池輸出很大的電流時，它對反應物的需求量也很大，如果反應物的供應不夠快速，那麼電池就會"挨餓"。利用**流場板**結合多孔電極的結構可以有效地輸送反應物。流場板包括許多微細的通道或溝槽，使得氣體平均地分佈於燃料電池表面。流場板內通道的形狀、大小和配置對燃料電池的性能有顯著的影響。流場板的結構和多孔電極表面幾何構造是影響燃料電池性能的關鍵，是關於質量傳輸、擴散和流體力學的一個實際應用。流場板和電極材料的選擇也一樣很重要，對於材料的成分與材料的特性有非常嚴格的限制，其中包括電的、熱的、機械和腐蝕特性的精確要求。反應物輸送的細節和流場板的設計請詳見第 5 章。

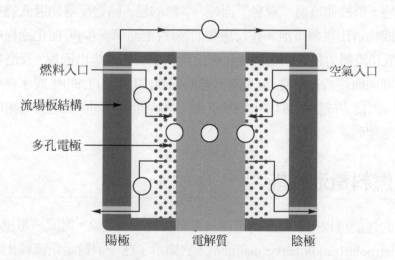

圖 1.8　燃料電池的截面圖以示意電化學產生電流的主要步驟：①反應物傳輸；②電化學反應；③離子和電子傳導；④反應生成物排出

　　第二步：電化學反應。一旦反應物被輸送到電極，它們就一定會進行電化學反應。燃料電池產生的電流直接相關於電化學反應進行的速率。電化學反應進行的速率越快，燃料電池產生的電流越大，相反地緩慢的電化學反應將導致較低的輸出電流。我們顯然希望得到比較高的輸出電流，因此催化劑通常會被使用以提高電化學反應的速度和效率。燃料電池的性能非常依賴於選擇適合的催化劑與反應區域的細部設計，故電化學反應動力學往往會成為燃料電池性能最大的單一限制因素。關於電化學反應動力學的細節請詳見第 3 章。

第三步：離子(和電子)的傳導。第二步中發生的電化學反應將產生或消耗離子和電子。一側電極產生的離子必將在另一側的電極消耗，電子也一樣。為了達成電荷平衡，這些離子或電子必須從它們產生的區域輸送到它們消耗的區域。對電子而言，這種輸送過程相當容易，只要有一個可導電的路徑存在，電子就會從一個電極流向另一個電極。如在圖 1.4 所示簡單的燃料電池中，在兩個電極之間相連接的一條導線就是電子的一個輸送路徑。然而對離子而言，輸送就相對困難一些。困難的原因主要是由於離子比電子大許多而且重許多，所以必須要有電解質作為輸送離子的路徑。在許多電解質中，離子是透過"跳躍"機制的運動模式到達目的地。與電子的輸送現象相比較，這一"跳躍"過程的效率很低，所以離子輸送可能引起顯著的電阻損失，從而降低燃料電池的性能。為了減弱這一種損失，在科技發展上所使用的燃料電池中的電解質被盡量薄型化以縮短離子傳導的路徑。關於離子傳導的內容請詳見第 4 章。

第四步：反應生成物的排出。除了電，所有的燃料電池的電化學反應至少還會產生一種生成物。氫－氧燃料電池會生成水，碳氫燃料電池會生成水和碳氧化合物(CO_2)。如果這些生成物無法從燃料電池中排出，它們就會隨著時間逐漸積累在電池內部，阻擋後續燃料和氧化物反應，最終使電池"窒息"而死。幸運的是，輸送反應物**進入**燃料電池的過程同時也會將生成物排出燃料電池。在反應物的輸送(上面第一步)最佳化過程中存在的包括質量輸送、擴散和流體力學等問題同樣也會出現在生成物的排出過程。反應物的排出通常不是很嚴重的問題而經常被忽略，但是某些燃料電池(如 PEMFC)的生成水會引起"溢流"(flooding)問題。因為生成物的排出和控制反應物傳輸仰賴相同的物理原理和過程，因此也會在第 5 章中處理到。

▷ 1.7 燃料電池性能

燃料電池的性能可以用它輸出的電流－電壓特性來描述之。電流－電壓(i-V)曲線圖又稱為極化曲線圖(polarization curve diagram)，它顯示了在一個給定電流輸出時燃料電池的電壓輸出。圖 1.9 就是一個 PEMFC 的典型 i-V 曲線。請注意這裡的橫座標單位是電流密度(A/cm^2)，是電流除以燃料電池的有效反應面積。因為大面積的燃料電池原本就比小面積的燃料電池能產生更多的電量，故 i-V 曲線使用電流密度讓燃料電池的結果具有可比較性。

當維持一個由熱力學決定的電壓時，一個理想的燃料電池將可以輸出任何大小的電流(只要補充足夠的燃料)。然而，一個實際的燃料電池的輸出電壓比理想的熱動力學的電壓還要小。事實上燃料電池隨著的電流輸出增大，其輸出的電壓就越小，因此限制了可以釋放的輸出功率。一個燃料電池的輸出功率(P)等於輸出電流和電壓的乘積：

$$P = iV \tag{1.10}$$

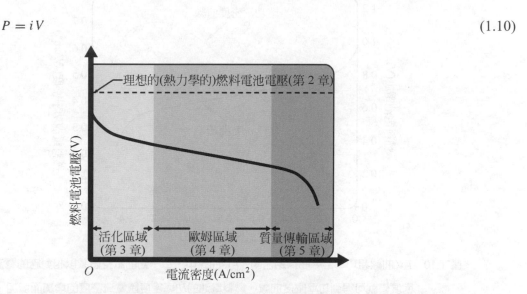

圖 1.9　燃料電池的 i-V 曲線示意圖。與理想的由熱力學決定的燃料電池電壓(虛線)相比，燃料電池的實際電壓(實線)由於不可避免的損耗要小一些。影響 i-V 曲線形狀的 3 種主要損耗將在第 3 章至第 5 章中描述

燃料電池的功率密度和電流密度的函數關係可以由燃料電池 i-V 曲線得到。在 i-V 曲線中，每一點的電壓值乘以相對應的電流密度值就可得到功率密度。圖 1.10 就是一個同時顯示燃料電池 i-V 曲線和功率密度曲線的例子。左邊縱座標為燃料電池的輸出電壓，而右邊縱座標則是功率密度。

燃料電池的輸出電流直接和燃料消耗量成正比(每一莫爾的燃料提供 n 莫爾的電子)。因此，當燃料電池輸出電壓下降時，每一**單位燃料**產生的發電效率也跟著下降。由此可見，燃料電池電壓可以用來評估燃料電池的效率。換句話說，我們可以將燃料電池輸出電壓縱軸看做是一個"效率參考"。技術上在高電流負載下儘量提高燃料電池的輸出電壓是很關鍵的。

遺憾的是，在一般電流負載下要維持燃料電池的高輸出電壓是很困難的。由於有一些不可避免的損失，實際的燃料電池輸出電壓會低於熱力學理論的電壓。從燃料電池輸出的電流越多，其損失就越大。一般來說有三種主要的燃料電池損失(losses)，每一種都決定了一個燃料電池 i-V 曲線的形狀。每一種損失都和前面討論的燃料電池的工作原理有關：

1. 活化損失(由於電化學反應而引起的損失)；
2. 歐姆損失(由於離子和電子傳導而引起的損失)；
3. 濃度損失(由於擴散限制之質量輸送而引起的損失)。

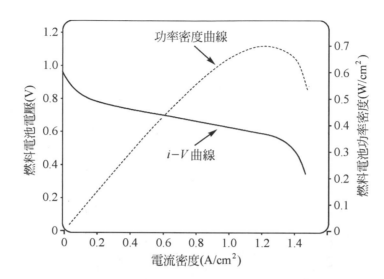

圖 1.10　*i-V* 曲線和功率密度曲線組合圖。*i-V* 曲線中，每一點的電壓值乘以相對應的電流
密度值就可得到功率密度曲線。燃料電池的功率密度隨電流密度的增加而增加，
達到一個最大值，然後在較高電流密度區下降。燃料電池一般設計成工作在功率
密度的最大值或較其稍低一些的值。在低於功率密度最大值處的電流密度處，電
壓效率提高，而功率密度降低。在高於功率密度最大值處的電流密度處，電壓效
率和功率密度都降低

　　實際燃料電池的輸出電壓可以寫成熱動力學的輸出電壓減去各種損耗引起的電壓損
失：

$$V = E_{\text{thermo}} - \eta_{\text{act}} - \eta_{\text{ohmic}} - \eta_{\text{conc}} \tag{1.11}$$

式中，

V 表示實際燃料電池的輸出電壓；

E_{thermo} 表示熱動力學的燃料電池輸出電壓，這是第 2 章的主題；

η_{act} 表示由反應動力學引起的活化損失，這是第 3 章的主題；

η_{ohmic} 表示由離子和電子傳導而引起的歐姆損失，這是第 4 章的主題；

η_{conc} 表示由擴散限制之質量傳輸引起的濃度損失，這是第 5 章的主題。

　　這三種主要的損失影響了燃料電池 *i-V* 曲線的形狀。如圖 1.9 所示，活化損失主要影
響曲線的一開始部分，歐姆損失主要影響曲線的中間部分，而濃度損失主要影響曲線末段
部份且最顯著。

公式(1.11)爲本書接下來的 6 個章節建立了一個基礎。隨著這幾章的學習內容，讀者將會掌握用於理解燃料電池元件中的主要損失的知識。利用公式(1.11)作爲起點，讀者最終將能夠對於眞正燃料電池元件的性能進行估算和模擬。

1.8　特性評估與模擬

在燃料電池技術的發展和進步中，性能評估和模擬是非常重要的。透過理論和實驗的比較，謹愼的燃料電池特性評估和模擬研究可以幫助我們瞭解燃料電池如何運作以進一步提高其性能。

因爲這兩個主題可以幫助我們深入瞭解燃料電池，所以每一部分都使用 1 個章節來說明。燃料電池的模擬將在第 6 章中論述，燃料電池的性能評估技術則請詳見第 7 章。透過這兩章的學習，我們期望在燃料電池的測試、如何評估其性能與如何建立一個簡單的數學模型來預測燃料電池的行爲等方面有更深入的瞭解。

1.9　燃料電池技術

本書的主要部分致力於對燃料電池基本原理的瞭解。然而如果不涉及燃料電池的實際應用那便稱不上是完整，故本書第二部分的目標即在此。我們將用一系列的章節來介紹燃料電池堆和系統設計爲主要考量，與五個不同種類的燃料電池相關的技術細節。讀者將會對目前燃料電池設計和燃料電池技術的發展史與未來前景有所瞭解。

1.10　燃料電池與環境

如果正確地使用，燃料電池將會對於地球環境的維護相當有助益。事實上，相較於其他能量轉換技術而言，這可能是其獨一無二且最大競爭的優勢。然而，燃料電池對環境的衝擊主要是視它們的使用情況。如果不合理的配置，燃料電池就可能還不如現有的能量轉換系統好！在本書的最後一章，讀者將會學習去評估燃料電池可能的配置之模型，利用我們知道的過程鏈分析技術(process chain analysis)，從而確認燃料電池的潛在未來。

圖 1.11 示意了一個未來的再生式"氫能經濟系統"。圖中氫氣燃料電池和水電解並整合風能和太陽能的再生能源技術(renewable energy technology)，相結合成一個完整的循環無污染能源經濟。在此一再生能源系統中，燃料電池於整個系統的分工中扮演一個關鍵角色。當有陽光或風時，由太陽能電池和風力發電裝置產生的電將被直接用於城市供電，另一方面多出來的電力透過水電解製造氫氣儲存起來。當沒有風或夜幕降臨的時候，這時

候燃料電池將快速啓動，將儲存的氫能轉換爲電能以提供所需的電力。在此一再生系統中完全排除了石化燃料。

現今來說，何時可以實現氫能經濟還是個未知數。關於實現氫能經濟過程中將會遇到的技術上和經濟上的各種可能障礙已經有許多研究與分析。雖然這些研究在細節上各不相同，但是它們很清楚的共同點是要過渡到這樣一個氫能經濟將是一條困難、高成本，並且漫長的道路，因此我們不能指望在短期內氫能經濟就會實現。在此一期間，我們仍然還是處於一個石化燃料的世界。然而，即使在石化燃料的世界裡，讓大家認識燃料電池技術相對於傳統能源技術的種種優點，包括燃料電池的高效率、尺寸的靈活性、幾乎沒有污染等也是非常重要的。人們已經發現以上優點並且將繼續開發新的燃料電池技術以合適的應用，而無論能否實現氫能經濟的夢想，這些燃料電池技術應用都將在未來數十年裡不斷向前邁進。

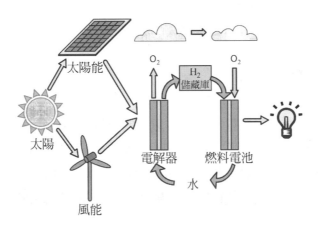

圖 1.11　一個理想的氫能經濟系統示意圖

▷ 1.11　本章摘要

本章的目的是爲了搭建一個燃料電池的學習平臺，並且大致介紹燃料電池技術。要點包括以下：

- 燃料電池是一種直接的電化學能量轉換裝置。它透過電化學反應直接把能量從一種形式(化學能)轉換成另一種形式(電能)。
- 燃料電池不像一般的電池，它不會把電能耗盡。它更像一個"能源轉換工廠"，只要持續地供給燃料就可以持續產生電能。
- 燃料電池至少包括兩個電極(陽極和陰極)，中間並由電解質隔開。
- 燃料電池的功率取決於它的大小，能量取決於它的燃料多少。
- 根據電解質的不同，燃料電池主要分爲五個種類。

- 電化學系統必須包含兩個半反應：氧化反應和還原反應。氧化反應釋放電子，還原反應消耗電子。
- 氧化反應發生在陽極電極，還原反應發生在陰極電極。
- 燃料電池中電產生的四個主要步驟爲：(1)反應物輸送、(2)電化學反應、(3)離子(和電子)傳導和(4)生成物排除。
- 燃料電池的性能由電流－電壓曲線來評估，它表示在一個給定的電流負載下燃料電池的輸出電壓。
- 理想燃料電池的性能可由熱動力學得出。
- 燃料電池的損失讓實際的性能比理想的性能差。主要的損失有：(1)活化損失、(2)歐姆損失和(3)濃度損失。

習 題

綜述題

1.1 與其他能量轉換裝置比較，分別列出燃料電池的 3 個主要優缺點。討論燃料電池至少兩個潛在的應用，以顯現燃料電池的獨特之處。

1.2 通常情況下，你認為可攜式燃料電池在哪種應用中更好，低功率高容量(長的運行時間)還是高功率小容量(短的運行時間)？請解釋。

1.3 標出下面的反應屬氧化反應或還原反應：

(a) $Cu \rightarrow Cu^{2+} + 2e^-$

(b) $2H^+ + 2e^- \rightarrow H_2$

(c) $O^{2-} \rightarrow \frac{1}{2}O_2 + 2e^-$

(d) $CH_4 + 4O^{2-} \rightarrow CO_2 + 2H_2O + 8e^-$

(e) $O^{2-} + CO \rightarrow CO_2 + 2e^-$

(f) $\frac{1}{2}O_2 + H_2O + 2e^- \rightarrow 2(OH)^-$

(g) $H_2 + 2(OH)^- \rightarrow 2H_2O + 2e^-$

1.4 從習題 1.3 所列的反應(或它們的逆反應)中，寫出 3 個完整且平衡的半電化學反應對，並指出哪個反應是陰極反應，哪個反應是陽極反應。

1.5 對於 7500psi[2]的壓縮氫氣和液氫，考慮其相對體積能量密度和質量能量密度，哪一種更適合燃料電池巴士？提示：巴士的效率強烈地依賴於其總質量。

1.6 描述燃料電池中電生成的 4 個主要步驟，並且描述每一個步驟對燃料電池性能影響的潛在原因。

計算題

1.7 當氫氧反應生成水時釋放能量，這個能量是由於相對於最初的氫－氫鍵和氧－氧鍵，最終的氫－氧鍵呈現一個較低的總能態。 請計算下列反應釋放的能量(以 kJ/mol 生成物表示)：

$$H_2 + \tfrac{1}{2}O_2 \rightleftharpoons H_2O \tag{1.12}$$

在常壓下，標準鍵焓如下。標準鍵焓是指標準溫度和壓力(298K 和 1atm[3])下鍵被**破壞**時所**吸收**的焓。

---

[2] psi 即為磅力／英吋[2]，1 psi = 6.89476 kPa——譯者註。

[3] 1 atm = 101.325 kPa ——譯者註。

標準鍵焓

$$H - H = 432 \, (kJ/mol)$$

$$O - O = 494 \, (kJ/mol)$$

$$H - O = 460 \, (kJ/mol)$$

1.8 試想一輛燃料電池汽車，當速度為 60 英哩／小時時需要 30kW 功率，額定功率的效率為 40%(即氫燃料中的能量的 40%轉化成電能)。請你計算燃料電池系統的大小，該大小要使得駕駛者再次加燃料之前以 60 英哩／小時的速度至少走 300 英哩。依照下面給出的資訊，說明對燃料電池系統(燃料電池和燃料罐)的最小體積和質量的要求：

● 燃料電池功率密度：1kW/L，500W/kg。

● 燃料罐能量密度(壓縮的氫)：4MJ/L，8MJ/kg。

1.9 參考圖 1.9 所示的 i-V 曲線，大致畫出相對應的電流密度－功率的曲線。

Chapter 2

燃料電池熱力學

熱力學是研究能量和能量轉換的科學。燃料電池是能量轉換裝置，所以燃料電池熱力學是瞭解化學能轉換到電能的基礎。

對於燃料電池，熱力學可以預測一個燃料電池的化學反應是否能夠自發地發生。熱力學也可以告訴我們一個反應所能產生電壓的上限。因此，熱力學可以給出燃料電池的各個參數的理論值。

任何真正的燃料電池各項性能參數必定是包含在熱力學的限制以內。要真正理解燃料電池的原理，除了需要瞭解熱力學之外，還需要瞭解一定程度的動力學。本章主要討論了燃料電池熱力學，而後面的幾章將提到燃料電池性能參數的動力學限制，以便定義出真實的性能。

◗ 2.1 熱力學回顧

這一章簡單地回顧熱力學的主要原理。這些基本原理通常應該在基礎熱力學課程中就已經被教授過。接下來這些概念會被擴展並引進一些性能參數，這些性能參數可以用來理解燃料電池的行為。讀者如果覺得有必要複習的話，可以參考相關的熱力學教材。

2.1.1 什麼是熱力學

其實，沒有人真正瞭解一般熱力學物理量的含義。諾貝爾獎得主物理學家費曼在他的《物理學講義》中寫道："我們應該意識到在今天的物理學中，我們還不瞭解什麼是能量——這一點很重要。"[1] 除此之外更不用說我們無法想像甚麼是**焓(enthalpy)**和**自由能**

(free energy)。熱力學的基本假設是建立在人類的經驗上,而我們能夠做的僅僅只是假設而已。我們**假設**熱力學第一定律之能量不會無故產生或湮滅是基於它符合人類的經驗。但是,沒人知道為什麼會這樣。

如果接受了其中的一些基本假設,我們就可以發展一套關於能量(energy)、溫度(temperature)、壓力(pressure)和體積(volume)等熱力學重要參數的數學描述。這是熱力學的本質所在,即熱力學實際上是建立在一些基本假設或"定律"(laws)之上,以一套內在一致的邏輯允許我們分析系統的各種性質。

2.1.2 內能(internal energy)

燃料電池把燃料中的能量轉換為其他更容易使用的能量。燃料(或其他任何一種物質)的總能量用內能(U)表示。內能是與原子和分子級微觀(microscopic)位置移動的交互作用有關的能量。它和物體巨觀(macroscopic)位置移動的能量顯示了層級上的不同。例如,一罐靜止的氫氣沒有外觀的能量,但是這些氫氣卻有顯著的內能(參見圖 2.1);在微觀層級(microscopic scale)上它是一陣分子漩流(whirlwind),分子移動的速度達到每秒幾百公尺。氫氣分子的內能也和氫原子之間的**化學鍵**有關。燃料電池可以把氫氣的**一部分**內能轉化為電能。利用熱力學第一定律和熱力學第二定律可以確定理想情況下氫氣至多有多少內能可以轉換為電能。

圖 2.1 儘管一罐氫氣沒有明顯的外觀能量,它卻有很大的內能。內能和原子層級上的微觀運動(動能)及粒子間的相互作用(化學能/勢能)有關

2.1.3 熱力學第一定律

熱力學第一定律即能量守恆定律——能量不可能任意產生與消失——可以表示為以下公式:

$$d(\text{Energy})_{\text{univ}} = d(\text{Energy})_{\text{system}} + d(\text{Energy})_{\text{surroundings}} = 0 \tag{2.1}$$

換一個角度看，這一公式顯示了系統能量的任何變化必然會引起周圍環境能量的等量變化：

$$d(Energy)_{system} = -d(Energy)_{surroundings} \qquad (2.2)$$

封閉系統(closed system)與其環境之間的能量傳遞有兩種方式：**傳熱**(Q)或**做功**(W)。這樣就可以把熱力學第一定律寫成我們熟悉的形式：

$$dU = dQ - dW \qquad (2.3)$$

這個公式顯示了，一個封閉系統內能的變化(dU)必等於系統吸收的熱量(dQ)減去系統對外界環境所做的功(dW)。爲了從公式(2.2)導出這個公式，我們用 dU 代替了 d(Energy)$_{system}$；如果我們選擇合適的參考系統，那麼系統的能量變化都可以用內能的變化來表示之。請注意，我們把系統對外界環境所做的功定義爲正功(positive work)。

現在我們假設系統只有做機械功(mechanical work)。機械功和系統在一定壓力下的體積變化有關，可以表示爲

$$(dW)_{mech} = p\,dV \qquad (2.4)$$

式中，p 是壓力，dV 是體積變化。在後面的部分當要討論燃料電池熱力學時，我們會去看到系統做的電功(electrical work)。不過現在我們暫時不考慮電功而只考慮機械功，公式(2.3)可以改寫爲

$$dU = dQ - p\,dV \qquad (2.5)$$

2.1.4 熱力學第二定律

熱力學第二定律引入了熵(entropy)的概念。熵是由系統可能的微觀狀態數(或者稱爲系統的可能構造組合方式)所決定。隨著熵的增加，系統的微觀狀態數也會增加，因此我們可以認爲熵是系統微觀混亂程度的度量。以下是一個最簡單的隔離系統(isolated system)，

$$S = k \lg \Omega \qquad (2.6)$$

式中，S 是系統的總熵；k 是波茲曼常數(Boltzmann's constant)；Ω 是系統的微觀狀態數。

功(work)和熱(heat)

和內能不同，功和熱不是某一特定系統或物質的性質(properties)。它們表示的是在轉換**過程(transit)中的能量**，換句話說，就是在物質或物體之間轉換的能量。

對於功,這種能量的傳遞(transfer of energy)伴隨著在一種作用力方向上移動物體一定的距離。熱是物質(substances)在不同溫度之間的能量傳遞。

根據熱力學第二定律(我們馬上要講到),功是最"想要"(nobility)的能量形式,它適用於所有的(universal donor)。以功的形式存在的能量理論上可以100%地轉換成其他形式的能量。相較之下,熱是最"不想要"(ignoble)的能量形式,它不適用於所有的(universal acceptor)。任何形式的能量最終將100%以熱的形式散發到周圍環境當中,但是熱絕對不會100%地轉換為功。

功和熱的"想要程度"可以用來說明燃料電池和內燃機引擎(combustion engine)之間的最大差異。內燃機引擎燃燒燃料產生熱,然後把其中一部分熱轉換為功。因為內燃機引擎必須將能量轉換為熱,所以它實際上把燃料內在一部分潛在做功的能力給浪費掉了。這一種潛在做功能力的浪費被稱為"熱瓶頸(thermal bottleneck)"。燃料電池因跳過不想要的轉換熱過程,因此也就避免了熱瓶頸的問題。

下面一個例子讓我們可以很容易瞭解物質微觀狀態(microstates)的概念。試想圖 2.2(a)中所顯示的由 100 個完全相同的原子組成的一個"完美"的系統,則整個系統只有一種可能的微觀狀態或**配置**(configuration),因為這 100 個原子完全相同且不可區分。如果我們把第一個原子和第二個原子交換位置,這個系統看起來與交換之前還是完全一樣。因此,由 100 個完全相同的原子組成的完美晶體的熵是零($S = k \lg 1 = 0$)。現在來看圖 2.2(b)的情況,其中 3 個原子從它們原來的位置被移開然後被放在晶體的表面。任何 3 個原子都可以從它們原來的位置移開,從而使系統最終的配置有所不同。在這一種情況下,系統的微觀狀態的可能配置就很多了[圖 2.2(b)只顯示了一種配置]。我們從總共 Z 個原子中取出 N 個原子來估算可能的排列組合方式,以此計算出系統的微觀狀態數,即

$$\Omega = \frac{Z(Z-1)(Z-2)\cdots(Z-N+1)}{N!} = \frac{Z!}{(Z-N)!(N!)} \tag{2.7}$$

在圖 2.2(b)中共有 100 個原子,從 100 個原子中取出 3 個原子的取法數(the number of ways)為

$$\Omega = \frac{9.3 \times 10^{157}}{(9.6 \times 10^{151})(6)} = 1.7 \times 10^5 \tag{2.8}$$

因此,$S = 7.22 \times 10^{-23}$ J/K。

　　除非像這種非常簡單的系統，否則我們一般無法精確地算出系統的熵。一個系統的熵通常只能透過熱傳遞(heat transfer)對於系統熵變化的影響而**得到**。對於固定壓力之下的可逆熱傳遞(reversible heat transfer)過程中，系統熵的變化為

$$dS = \frac{dQ_{rev}}{T} \tag{2.9}$$

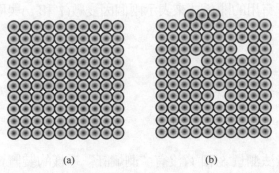

(a)　　　　　　　　(b)

圖 2.2　(a)100 個原子組成的完美晶體的熵是零，因為它們只能有一種排列方式；(b)當 3 個原子被移到晶體表面之後，晶體的熵增加了，因為系統有多種可能的排列方式

式中，dS 是系統在固定溫度(T)之下可逆熱傳遞(dQ_{rev})造成熵的變化。換句話說，傳入系統能量(包括熱)將導致系統的熵值的增加。基本上，提供給系統額外的能量將增加系統的微觀狀態數，也就是說系統的熵會變大。對於不可逆的熱傳遞過程(irreversible heat transfer)，系統的熵的增加將大於公式(2.9)中的值。這是熱力學第二定律的關鍵敘述。

　　我們最熟悉的熱力學第二定律的公式指出了系統和其周圍環境之間在任何過程中熵的改變大於或等於零：

$$dS_{univ} \geqslant 0 \tag{2.10}$$

將這個不等式和熱力學第一定律結合起來，我們就可以判斷一個熱力學過程是"自發"過程(spontaneous processes)還是"非自發"過程(nonspontaneous processes)。

2.1.5　熱力學勢能

　　基於熱力學第一定律和熱力學第二定律，我們可寫出一些"規則(rules)"，這些規則將明確定義出在某一狀態轉換到另一狀態之間能量是如何傳遞的。這些規則被稱為**熱力學勢能**(thermodynamic potentials)。我們已經介紹了其中的一個熱力學勢能：系統的內能。結合熱力學第一定律和熱力學第二定律[參見公式(2.3)和公式(2.9)]，可以把系統的內能表示成熵 S 和體積 V 的關係：

$$dU = T\,dS - p\,dV \tag{2.11}$$

式中，$T\,dS$ 代表可逆熱傳遞(reversible heat transfer)，$p\,dV$ 是機械功(mechanical work)。由此我們可以確定系統的內能 U 是熵和體積的函數：

$$U = U(S, V) \tag{2.12}$$

我們也可以推導出以下有用的關係式來表示兩個因變數(T 和 p)與兩個自變數(S 和 V)之間的關係：

$$\left(\frac{dU}{dS}\right)_V = T \tag{2.13}$$

$$\left(\frac{dU}{dV}\right)_S = -p \tag{2.14}$$

但是多數的實驗無法測量 S 和 V(沒有"測熵計"這樣的裝置)。因此，我們需要和內能等效並且具備比 S 和 V 更容易測量的性質的一個新的熱力學勢能，而溫度 T 和壓力 p 就是這樣一種可測量的性質。幸運地，我們可以透過**雷建德變換**(Legendre transform)這種簡單的數學方法實現這種轉換。透過以下對 U 的逐步變換，我們可以定義出一種新的熱力學勢能函數 $G(T，p)$：

$$G = U - \left(\frac{dU}{dS}\right)_V S - \left(\frac{dU}{dV}\right)_S V \tag{2.15}$$

由 $(dU/dS)_V = T$ 和 $(dU/dV)_S = -p$ 可以得到

$$G = U - TS + pV \tag{2.16}$$

這個勢能函數稱為吉布斯自由能(Gibbs free energy)。我們將證明吉布斯自由能 G 是溫度和壓力的函數。G 的變化(dG)可以表示為

$$dG = dU - T\,dS - S\,dT + p\,dV + V\,dp \tag{2.17}$$

我們已經知道 $dU = T\,dS - p\,dV$，於是可以得到

$$dG = -S\,dT + V\,dp \tag{2.18}$$

因此，吉布斯自由能 G 只是系統由 T 和 p 性質取代由 S 和 V 性質表示的一種熱力學描述。

如果我們想要一個由 S 和 p *性質*決定的熱力學勢能呢？沒問題！U 是 S 和 V 的函數，為了得到一個可以由 S 和 p *性質*表示的熱力學勢能，我們只需要對 U 進行 V 的變換，類似於公式(2.15)，我們定義一個新的熱力學勢能 H 如下：

$$H = U - \left(\frac{dU}{dV}\right)_S V \qquad (2.19)$$

另外，由 $(dU/dV)_S = -p$ 可知

$$H = U + pV \qquad (2.20)$$

其中，H 是焓(enthalpy)。透過微分，我們可以看到 H 是 S 和 p 的函數：

$$dH = dU + p\,dV + V\,dp \qquad (2.21)$$

又由 $dU = TdS - pdV$ 得出

$$dH = T\,dS + V\,dp \qquad (2.22)$$

　　到目前爲止，我們定義了 3 個熱力學勢能函數：$U(S，V)$，$H(S，p)$ 和 $G(T，p)$。接下來我們再定義第 4 個熱力學勢能函數，這個熱力學勢能函數 $F(T，V)$ 是關於溫度和體積性質的函數：

$$F = U - TS \qquad (2.23)$$

式中，F 是亥姆霍茲自由能(Helmholtz free energy)。F 滿足以下關係，這個關係式讀者可以自己證明：

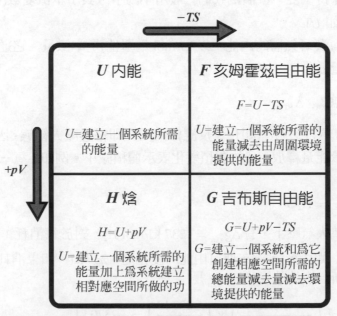

圖 2.3　4 種熱力學勢的圖示總結。它們透過 "環境中來的能量" 項 TS 和 "膨脹做功" 項 pV 相聯繫。這個圖表可以用來記憶它們之間的聯繫

$$dF = -S\,dT - p\,dV \tag{2.24}$$

圖 2.3 是對 4 種熱力學勢能的一個總結，這個幫助記憶的圖表最初是由謝勒得 Schroeder[2]提出的，它可以幫助讀者瞭解這些熱力學勢能之間的關係。這 4 種熱力學勢能的含義總結如下：

- **內能(*U*)**：溫度體積不變的情況下建立一個系統所需的能量。
- **焓(*H*)**：建立一個系統所需的能量加上為系統建立相對應的空間的功。
- **亥姆霍茲自由能(*F*)**：在溫度不變時，建立一個系統的所需能量減去系統可以從周圍環境中等溫自發性熱傳遞而獲取的能量。
- **吉布斯自由能(*G*)**：建立一個系統所需的能量加上為系統建立相對應空間的功，再減去系統可以從周圍環境中而獲取自發性熱傳遞的能量。換句話說，*G* 代表系統在固定環境溫度下從一開始可以忽略的體積時，建立一個系統的能量減去該過程中環境自動提供的能量。

2.1.6 莫耳量(molar quantities)

變數通常分為本徵變數(intrinsic variables)和非本徵變數(extrinsic variables)。本徵變數和系統的大小層級無關，如溫度和壓力；非本徵變數和系統的大小層級有關，如內能和熵。例如，一瓶氣體的體積如果加倍了，其分子數也會加倍，相對應的內能和熵也會加倍，而溫度和壓力都會保持不變。按慣例我們一般用小寫字母表示本徵變數(如 *p*)，而用大寫字母表示非本徵量(如 *U*)。

莫耳量如 $\hat{u}$(每莫耳氣體的內能，以 kJ/mol 為單位)是本徵量。它通常被用來計算 1 莫耳化學反應的能量變化：

$$\Delta\hat{g}_{rxn},\ \Delta\hat{s}_{rxn},\ \Delta\hat{v}_{rxn}$$

式中，Δ 符號表示熱力學過程(如化學反應)的變化，即終態減去初態。因此在一個過程中，負的能量變化表示能量釋放；負的體積變化表示體積減小。例如，氫－氧燃料電池的總反應方程：

$$H_2 + \tfrac{1}{2}O_2 \rightleftharpoons H_2O \tag{2.25}$$

在室溫和一個標準大氣壓下，有 $\Delta\hat{g}_{rxn} = -237$ kJ/mol H_2。對於每消耗 1 莫耳氫氣(或 1/2 莫耳氧氣，或生成 1 莫耳水)，吉布斯自由能的變化是 – 237 kJ。如果消耗了 5 莫耳的氧氣，則**非本徵**的吉布斯自由能的變化 ΔG_{rxn} 是

$$5\text{ mol O}_2 \times \left(\frac{1\text{ mol H}_2}{1/(2\text{ mol O}_2)}\right) \times \left(\frac{-237\text{ kJ}}{\text{mol H}_2}\right) = -2370\text{ kJ} \tag{2.26}$$

當然，每莫耳的吉布斯自由能變化仍然是 $\Delta\hat{g}_{rxn} = -273$ kJ/mol H_2。

2.1.7 標準態(standard state)

因為絕大多數熱力學量取決於溫度和壓力，所以定義一系列標準的條件作為參考對我們會方便許多。這些標準的條件稱為標準態(standard state)。標準態的條件是指室溫(298.15K)和一大氣壓(標準的壓力一般定義為1bar＝100 kPa。大氣壓是1atm＝101.325 kPa。這些微小的差別通常可以忽略)。標準態也稱為標準溫度和標準壓力，或 STP。標準態條件進一步指所有的反應物和生成物以單位活度(unit activity)出現(活度在 2.4.3 節中會講到)。標準態一般用上標 ^{0} 標出，例如 $\Delta \hat{h}^0$ 表示在標準狀態下的焓變化。

2.1.8 可逆性(reversibility)

當我們討論燃料電池的熱力學時經常會用到"可逆"(reversible)的概念。可逆意味著平衡(equilibrium)。可逆的燃料電池的電壓是指燃料電池處於熱力學平衡狀態下的電壓。熱力學可逆過程是指，當該過程驅動力有一個無窮小的反轉時，過程的進行方向會逆向；這樣的系統也因此總是處於平衡狀態。

與可逆燃料電池電壓相關的方程式只能在平衡條件下使用。一旦燃料電池開始產生電流，平衡就被打破了，於是可逆燃料電池的電壓方程就不再適用了。為了區別本書中的可逆燃料電池的電壓和不可逆燃料電池的電壓，我們分別使用符號 E 和 V，E 表示可逆的燃料電池的電壓，V 表示不可逆燃料電池的電壓。

🔲 2.2 燃料的熱勢能：反應焓

前面回顧了熱力學的內容，現在我們把熱力學原理運用到燃料電池中。燃料電池提取了燃料中的內能使之轉化為更容易利用的能量形式。那麼我們能從燃料中提取的最大能量是多少呢？這個最大值取決於我們透過什麼方式(功或熱)來提取燃料中的能量。在這一節我們將要證明，從燃料中提取的最大熱能取決於反應焓(對於常壓過程)。

焓的微分運算式[參見式(2.22)]：

$$dH = T\,dS + V\,dp \tag{2.27}$$

壓力不變的情況下 $(dp = 0)$，式(2.27)可簡化為

$$dH = T\,dS \tag{2.28}$$

其中，dH 和可逆過程中的熱傳遞(dQ)相同。因此，我們可以認為焓是在常壓條件下系統的熱勢能(heat potential)。換句話說，對於常壓反應來說焓變化表示反應中釋放或吸收熱量。那麼熱量是從哪裡來的呢？把 dH 用 dU 來表示，考慮常壓條件可得出

$$dH = T\, dS = dU + dW \tag{2.29}$$

從這個運算式中我們可以看出反應中釋放或吸收熱量取決於系統對外界做功後的內能變化。系統的內能變化很大程度上是產生於化學鍵的重新配置。例如，在前一章裏討論過的氫氣燃燒的放熱即是由於分子鍵的重新配置而產生，因為與初始反應物的氫氣和氧氣相比，生成物的水是一種更低能量的狀態。在反應過程中除去做功所消耗的能量，其餘的內能變化都轉換為反應熱。這一種情況我們可以用高處皮球滾下山的情況作類比，球的位勢能轉變為動能，球也相對應地從較高位勢能之狀態轉換為較低位勢能之狀態。

與燃燒反應相關的焓變化稱為**燃燒熱**。燃燒熱的名詞顯示在常壓化學反應中焓和熱勢能之間的緊密關聯。更普遍地說，與任何化學反應相關的焓變化通常稱為**反應焓**或**反應熱**。本書中我們將使用更為通用的專有名詞**反應焓**(ΔH_{rxn} 或 $\Delta \hat{h}_{rxn}$)。

2.2.1 反應焓(reaction enthalpies)的計算

反應焓主要和化學反應中化學鍵的重新配置有關，因此可以透過反應物和生成物的鍵焓差來計算。例如，在習題 1.7 中，我們透過比較反應物的 O-O 鍵和 H-H 鍵以及生成物的 H-O 鍵，**估算**了氫氣燃燒時所釋放的熱量。

鍵結焓(bond entjalpy)的計算相對來說比較粗略，只能得到一近似的結果。因此反應焓的正常計算一般是透過比較反應物和生成物之間的**生成焓**的差值。標準態生成焓 $\Delta \hat{h}_f^0(i)$ 告訴我們標準狀態下由參考物質生成 1 莫耳化學物質 i 所需要的焓。以下是一個通用的化學反應式：

$$a\text{A} + b\text{B} \rightarrow m\text{M} + n\text{N} \tag{2.30}$$

式中，A 和 B 為反應物；M 和 N 為生成物；a，b，m，n 分別對應 A，B，M，N 的莫耳數。$\Delta \hat{h}_{rxn}^0$ 可計算為

$$\Delta \hat{h}_{rxn}^0 = \left[m\, \Delta \hat{h}_f^0(\text{M}) + n\, \Delta \hat{h}_f^0(\text{N}) \right] - \left[a\, \Delta \hat{h}_f^0(\text{A}) + b\, \Delta \hat{h}_f^0(\text{B}) \right] \tag{2.31}$$

因此，反應焓就可以透過計算**莫耳加權**的反應物和生成物的生成焓之間的差值而得出。注意，焓變化(和別的能量變化一樣)是透過終**態**減初**態**(生成物減反應物)來計算。

類似於公式(2.31)，我們可以用反應物的**標準熵**值 $\hat{s}^0$ 寫出標準態下化學反應的熵變化 $\Delta \hat{s}_{rnx}^0$，具體的計算方法請參見例 2.1。

例 2.1　直接甲醇燃料電池利用甲醇代替氫氣作為燃料，請計算甲醇燃燒反應的 $\Delta \hat{h}_{rxn}^0$ 和 $\Delta \hat{s}_{rnx}^0$：

$$CH_3OH + \tfrac{3}{2}O_2 \rightarrow CO_2 + 2H_2O_{(liq)} \qquad (2.32)$$

解：由附錄 B 可知，CH_3OH，O_2，CO_2 和 H_2O 的 $\Delta\hat{h}_f^0$ 和 $\hat{s}^0$ 的值如下：

化合物	$\Delta\hat{h}_f^0$ (kJ/mol)	$\hat{s}^0$ [J/(mol·K)]
CH_3OH	−238.4	127.19
O_2	0	205.14
CO_2	−393.51	213.80
$H_2O_{(液)}$	−285.83	69.95

根據式(2.31)，甲醇燃燒的 $\Delta\hat{h}_{rxn}$ 計算如下：

$$\Delta\hat{h}_{rxn}^0 = \left[2\Delta\hat{h}_f^0(H_2O) + \Delta\hat{h}_f^0(CO_2)\right] - \left[\tfrac{3}{2}\Delta\hat{h}_f^0(O_2) + \Delta\hat{h}_f^0(CH_3OH)\right]$$
$$= [2(-285.83) + (-393.51)] - \left[\tfrac{3}{2}\times 0 + (-238.4)\right] \qquad (2.33)$$
$$= -726.77 \text{ kJ/mol}$$

同樣地，$\Delta\hat{S}_{rnx}^0$ 的計算如下：

$$\Delta\hat{s}_{rxn}^0 = \left[2\hat{s}^0(H_2O) + \hat{s}^0(CO_2)\right] - \left[\tfrac{3}{2}\hat{s}^0(O_2) + \hat{s}^0(CH_3OH)\right]$$
$$= [2\times 69.95 + 213.8] - \left[\tfrac{3}{2}\times 205.14 + 127.19\right] \qquad (2.34)$$
$$= -81.2 \text{ J/(mol·K)}$$

2.2.2 焓的溫度相關性

物質的吸熱量會隨著溫度的不同而改變，因此一種物質的生成焓也會隨著溫度的不同而改變。焓隨溫度的改變以物質的**熱容(heat capacity)**表示為

$$\Delta\hat{h}_f = \Delta\hat{h}_f^0 + \int_{T_0}^{T} c_p(T)\, dT \qquad (2.35)$$

式中，$\Delta\hat{h}_f$ 是物質在任意溫度 T 下的生成焓；$\Delta\hat{h}_f^0$ 是物質在溫度 $T_0 = 298.15\,K$ 下的生成焓；$c_p(T)$ 是物質的定壓比熱(它也可以是溫度的函數)。如果溫度從 T_0 到 T 的改變路徑中伴有相變化，則還必須考慮相變化導致的焓變化。

類似地，物質的熵也會隨著溫度的不同而改變。這種改變同樣可以用熱容表示為

$$\hat{s} = \hat{s}^0 + \int_{T_0}^{T} \frac{c_p(T)}{T} \mathrm{d}T \tag{2.36}$$

從公式(2.31)、公式(2.35)和公式(2.36)中可得知,只要我們知道一些熱力學的基本資料($\Delta \hat{h}_f^0$,$\Delta \hat{s}^0$,c_p),就可以算出任意溫度下任何反應的$\Delta \hat{h}_{\mathrm{rxn}}$和$\Delta \hat{S}_{\mathrm{rxn}}$。附錄 B 提供了一些和燃料電池相關的常見物質熱力學的基本資料。

因為熱容的變化通常比較小,一般認為$\Delta \hat{h}_f^0$和$\hat{s}^0$的值不隨溫度變化,這樣可以簡化熱力學的計算,請參見例 2.2。

在理想狀態下,我們可以利用一個化學反應全部的反應焓轉換成有用的功。但是,熱力學告訴我們這是不可能的,化學反應中產生的能量只有一部分可以被我們所利用。對於電化學系統(如燃料電池)吉布斯自由能給出了可轉換為電功(electrical work)的最大能量值。

▷ 2.3 燃料的做功勢能:吉布斯自由能

在 2.1.5 節中我們提到,吉布斯自由能可以視為建立一個系統所需的能量加上為系統建立相對應空間的功,再減去系統可以從周圍環境中獲取的自發性熱傳遞的能量。因此,G 表示建立一個系統所需的能量(環境也透過熱傳遞一些能量,但是 G 把這一部分減去了)。如果 G 表示建立一個系統所需要的淨能量,那麼 G 也表示我們可以從這個系統中所能獲取的最大能量。換句話說,吉布斯自由能表示了一個系統可以利用的勢能或系統**做功的勢能**。

2.3.1 吉布斯自由能計算

既然吉布斯自由能是一個化學反應做功勢能的關鍵,那麼我們就有必要以計算$\Delta \hat{h}_{\mathrm{rxn}}$和$\Delta \hat{s}_{\mathrm{rxn}}$的方式來計算$\Delta \hat{g}_{\mathrm{rxn}}$的值。實際上,我們可以**直接**利用$\Delta \hat{h}_{\mathrm{rxn}}$和$\Delta \hat{s}_{\mathrm{rxn}}$得出$\Delta \hat{g}_{\mathrm{rxn}}$。回到 G 的定義,$G = U + pV - TS$ 和 $H = U + pV$,顯然 G 已包含了 H。因此吉布斯自由能可以改寫成

$$G = H - TS \tag{2.37}$$

對其微分可以得到

$$\mathrm{d}G = \mathrm{d}H - T\,\mathrm{d}S - S\,\mathrm{d}T \tag{2.38}$$

保持固定溫度不變(等溫過程),然後用莫耳表示這個關係可得

$$\Delta \hat{g} = \Delta \hat{h} - T \, \Delta \hat{s} \tag{2.39}$$

對於等溫過程，我們可以透過 $\Delta \hat{h}$ 和 $\Delta \hat{s}$ 來計算 $\Delta \hat{g}$。等溫反應假設是指反應**過程中**溫度沒有改變。但重要的是我們還是可以用公式(2.39)來計算不同反應溫度之下的 $\Delta \hat{g}$。

例 2.2　請計算大約在什麼溫度下以下化學反應不會自發地發生：

$$CO + H_2O \rightarrow CO_2 + H_2 \tag{2.40}$$

解：為了回答這個問題，我們需要知道這個化學反應的吉布斯自由能隨溫度的變化的情形，然後算出在什麼溫度下這個化學反應的吉布斯自由能為零：

$$\Delta \hat{g}_{rxn}(T) = \Delta \hat{h}_{rxn}(T) - T \, \Delta \hat{s}_{rxn}(T) = 0 \tag{2.41}$$

為了得到一個近似解，我們可以假定 $\Delta \hat{h}_{rxn}$ 和 $\Delta \hat{s}_{rxn}$ 和溫度無關(忽略熱容變化)。這樣一來就可以把 $\Delta \hat{g}_{rxn}$ 表示為溫度的函數：

$$\Delta \hat{g}_{rxn}(T) = \Delta \hat{h}_{rxn}^0 - T \, \Delta \hat{s}_{rxn}^0 \tag{2.42}$$

CO，CO_2，H_2 和 H_2O 的 $\Delta \hat{h}_f^0$ 和 $\hat{s}^0$，可以從附錄 B 查出：

化合物	$\Delta \hat{h}_f^0$ (kJ/mol)	$\hat{s}^0$ [J/(mol · K)]
CO	−110.54	197.65
CO_2	−393.51	213.80
H_2	0	130.67
$H_2O_{(氣)}$	−241.84	188.82

根據式(2.31)，$\Delta \hat{h}_{rxn}^0$ 的計算如下：

$$\begin{aligned} \Delta \hat{h}_{rxn}^0 &= \left[\Delta \hat{h}_f^0(CO_2) + \Delta \hat{h}_f^0(H_2) \right] - \left[\Delta \hat{h}_f^0(CO) + \Delta \hat{h}_f^0(H_2O) \right] \\ &= [(-393.51) + 0] - [(-110.54) + (-241.84)] \\ &= -41.13 \ \text{kJ/mol} \end{aligned} \tag{2.43}$$

同樣地，$\Delta \hat{s}_{rxn}^0$ 的計算如下：

$$\begin{aligned} \Delta \hat{s}_{rxn}^0 &= \left[\hat{s}^0(CO_2) + \hat{s}^0(H_2) \right] - \left[\hat{s}^0(CO) + \hat{s}^0(H_2O) \right] \\ &= [213.80 + 130.67] - [197.65 + 188.82] \\ &= -42.00 \ \text{J/(mol · K)} \end{aligned} \tag{2.44}$$

於是就得出

$$\Delta \hat{g}_{rxn}(T) = -41.13 \text{ kJ/mol} - T\,[-0.042 \text{ kJ/(mol} \cdot \text{K)}] \tag{2.45}$$

觀察這個公式，我們發現當溫度較低時，焓項比熵項大，因此自由能是負的。但是隨著溫度升高，熵最終會超過焓，使得這個化學反應不再自發發生。令這個公式等於零，我們可以算出這個化學反應由自發變成非自發的臨界溫度 T：

$$-41.13 \text{ kJ/mol} + T\,[0.042 \text{ kJ/(mol} \cdot \text{K)}] = 0 \qquad T \approx 979 \text{ K} \approx 706°C \tag{2.46}$$

這個反應一般稱為水氣移換反應(water-gas shift reaction)，它應用直接碳氫化合物當燃料時的高溫重整效應。這一類燃料電池除了氫氣之外還可以使用簡單的碳氫化合物當作燃料(如甲醇)，由於這些燃料中含有碳，因此反應物中經常會產生一氧化碳，這種水氣移轉反應利用一氧化碳(CO)加上水產生額外的氫氣。但是，如果燃料電池在 700°C 以上的高溫使用時，從熱力學角度而言則不適宜水氣移轉反應。因此對於操作在高溫之下直接使用碳氫化合物作為燃料的燃料電池而言，我們需要非常慎重地平衡反應的熱力學(更適合於較低溫)和反應的動力學(更適合於較高溫)。這部分內容將在第 10 章進行詳細的討論。

2.3.2 吉布斯自由能與電能的關係

知道如何計算 Δg 後，我們就可以算出燃料電池的做功勢能。對於燃料電池，前面我們提過對於最大電功的需求。下面我們計算燃料電池反應中可使用的最大電功。

由式(2.17)可知，我們定義吉布斯自由能的變化為

$$dG = dU - T\,dS - S\,dT + p\,dV + V\,dp \tag{2.47}$$

我們可以根據熱力學第一定律[參見公式(2.3)]替換上式中的 dU 項。但是，這次我們的 dU 必須同時包括機械功(mechanical work)和電功(electrical work)：

$$\begin{aligned} dU &= T\,dS - dW \\ &= T\,dS - (p\,dV + dW_{elec}) \end{aligned} \tag{2.48}$$

因此，dG 可以表示為

$$dG = -S\,dT + V\,dp - dW_{elec} \tag{2.49}$$

對於一個等溫等壓過程($dT, dp = 0$)來說，dG 可以簡化為

$$dG = -dW_{elec} \tag{2.50}$$

因此，等溫等壓過程中一個系統能輸出的最大電功為該過程中吉布斯自由能變化的負值。對於莫耳表示的一個化學反應該等式可以寫成

$$W_{elec} = -\Delta g_{rxn} \tag{2.51}$$

等溫等壓的假設並不是一個很嚴苛的條件，只是限制在反應的過程中溫度和壓力不能發生變化。燃料電池通常在等溫等壓條件下工作，因此這個假設是合理的。**必須記住的是，即使溫度和壓力取其他數值，只要它們在反應中不變化，以上這個等式就成立。**我們可以把這個等式運用到 $T = 200$ K 和 $p = 1$ atm，也同樣可以有效地運用到 $T = 400$ K 和 $p = 5$ atm。我們之後將看到在溫度和壓力之下這些步驟(可以視為從一個固定狀態到一個新的固定狀態工作條件)如何影響燃料電池可以使用的最大電功。

2.3.3 吉布斯自由能與反應自發性之間的關係

吉布斯自由能除了可以決定一個化學反應中可以使用的最大電功，也可以用來決定一個化學反應的自發性。顯然，如果 ΔG 是零，那麼從這個化學反應中就無法獲得電功。然而更糟的是，如果 ΔG 大於零，那麼就必須輸入電功才能迫使這個反應發生。因此，ΔG 的符號正負值表示了一個反應是否為自發：

● $\Delta G > 0$ 非自發(能量上是不利的)。
● $\Delta G = 0$ 平衡。
● $\Delta G < 0$ 自發(能量上是有利的)。

一個自發反應在能量上是有利的，它是一個"下坡"過程。儘管自發反應是能量上有利的，但是自發性並不能確保一個反應會發生，也不會指明反應會多快地進行。很多自發反應不能發生是由於被動力學障礙(kinetic barriers)阻止，例如在標準狀態下，鑽石(diamond)到石墨(graphite)的轉變在能量上就是有利的($\Delta G < 0$)。幸運的是，對於鑽石愛好者來說，動力學障礙阻止了這種轉變的發生。同樣地，燃料電池也受到動力學的限制，其產生電的速率被一些動力學的現象所牽絆住，這些現象將在本書的第 3 章至第 5 章涉及。但是在我們開始介紹動力學之前，我們需要瞭解如何把燃料電池的電功轉換為電池的輸出**電壓**。

2.3.4 吉布斯自由能與電壓的關係

一個系統做電功的勢能是以電壓來測量(也稱為**電動勢**(electrical potential))。透過在電動勢差(electrical potential difference)E(以伏特為單位)下，移動電荷 Q(以庫侖(Coulombs)為單位)來做電功：

$$W_{elec} = EQ \tag{2.52}$$

如果電荷是由電子攜帶的，則可得

$$Q = nF \tag{2.53}$$

式中，n 是遷移電子的莫耳數；F 是法拉第常數(Faraday's constant)。將公式(2.51)、公式(2.52)和公式(2.53)合併可得

$$\Delta \hat{g} = -nFE \tag{2.54}$$

因此，吉布斯自由能決定了電化學反應的可逆電壓(reversible voltage)。例如，在一個氫－氧燃料電池中，該化學反應為：

$$H_2 + \frac{1}{2}O_2 \rightleftharpoons H_2O \tag{2.55}$$

在標準狀態下，對於液態水生成物有 -237 kJ/mol 的吉布斯自由能變化。因此，氫－氧燃料電池在標準狀態下的可逆電壓為

$$
\begin{aligned}
E^0 &= -\frac{\Delta \hat{g}_{rxn}^0}{nF} \\
&= -\frac{-237\,000 \text{ J/mol}}{(2 \text{ mol e}^-/\text{mol reactant}) \times (96\,400 \text{ C/mol})} \\
&= 1.23 \text{ V}
\end{aligned}
\tag{2.56}
$$

式中，E^0 是標準態下的可逆電壓；$\Delta \hat{g}_{rxn}^0$ 是標準態下的自由能變化。

在標準狀態下，由熱力學得出氫－氧燃料電池可獲得的最高電壓為 1.23V。如果我們需要 10V 電壓，那是不可能的。換句話說，熱力學確定了燃料電池化學反應的一個單電池的可逆電壓大小。在不同的燃料電池化學反應中我們可以得到不同的電池可逆電壓。但是，大部分的燃料電池化學反應的可逆電壓範圍是在 0.8V～1.5V，因此為了得到 10V 的電壓，我們通常必須把若干個單電池串聯起來。

2.3.5 標準電極電動勢：可逆電壓的計算

雖然我們確實可以自行用剛剛學到的公式(2.54)來計算電池電壓，但其實很多反應的電池電動勢已經被計算過並列入**標準電極電動勢**表中以供查閱。一般只要用這些電極電動勢表就可以很容易地確定可逆電壓的大小。標準電極電動勢表當中比較了在標準態之下相對於氫還原反應的各種電化學半反應的可逆電壓。在這些表中，標準態之下氫還原反應的電動勢被定義爲零以方便與其他化學反應進行比較。

爲了說明電極電動勢的概念，表 2.1 列舉了一個簡略的項目。附錄 C 則提供更完整的電極電動勢。

爲了找到一個完整的電化學系統所產生的標準態電壓(standard state voltage)，我們簡單地把電路中所有電極反應的半反應電動勢相加：

$$E^0_{\text{cell}} = \sum E^0_{\text{half reactions}} \tag{2.57}$$

表 2.1　標準電極電選擇性列表

電極反應	E^0(V)
$Fe^{2+} + 2e^- \rightleftharpoons Fe$	-0.440
$CO_2 + 2H^+ + 2e^- \rightleftharpoons CHOOH_{(aq)}$	-0.196
$2H^+ + 2e^- \rightleftharpoons H_2$	0.000
$CO_2 + 6H^+ + 6e^- \rightleftharpoons CH_3OH + H_2O$	0.03
$O_2 + 4H^+ + 4e^- \rightleftharpoons 2H_2O$	1.229

物理量 nF

在研究燃料電池或其他的電化學系統時，我們經常會遇到包含物理量 nF 的運算式。該物理量是聯繫熱力學世界(涵蓋我們所談論化學物質的莫耳數)和電化學世界(涵蓋我們所談論的電流和電壓)之間的橋樑。實際上，物理量 nF 是電化學最基本的觀念之一：在化學物質之間反應的過程中量子化轉換的電子(quantized transfer of electrons)以電流的形式輸出電能(electrical energy)。在任何電化學反應中，反應物的莫耳數和轉換電子的莫耳數之間存在一個整數倍的對應。例如，在氫－氧燃料電池反應過程中，每 1 莫耳的氫氣反應，就有 2 莫耳的電子被轉換。在這一種化學反應下 $n=2$。爲了把該電子的莫耳數轉換爲電荷量，我們必須用 n 乘以阿伏加德羅常數($N_A = 6.022 \times 10^{23}$ 電子／莫耳)來得到電子的數目，然後再乘以每個電子的電荷($q = 1.68 \times 10^{-19}$ 庫侖／電子)來得出總電荷量。因此我們有

$$Q = nN_A q = nF \tag{2.58}$$

我們所稱的法拉第常數實際上是物理量 $N_A q$ [$F = (6.022 \times 10^{23}$ 電子／莫耳)×$(1.68 \times 10^{-19}$ 庫侖／電子) ≈ 96400 庫侖／莫耳]。有趣的是，法拉第常數是一個很大的數，這個事實在技術上有很重要的意義。因為 F 很大，所以一點化學反應就可以產生許多電，這也是燃料電池技術上可行的原因之一。

學生們經常困惑的是在一個反應中電子轉移的莫耳數(n)應該以每莫耳反應物為基準，還是以每莫耳生成物為基準等諸如此類問題。答案是只要保持一致就沒關係。例如，請看以下反應：

$$A + 2B \rightarrow C + 2e^- \quad \Delta G_{rxn} \tag{2.59}$$

在該反應中，以每莫耳反應物 A、每莫耳生成物 C 或每 2 莫耳反應物 B 為基準，則 $n = 2$。如果以每莫耳反應物 B 為基準，那麼該反應方程式必須調整為以下

$$\frac{1}{2}A + B \rightarrow \frac{1}{2}C + e^- \quad \frac{1}{2}\Delta G_{rxn} \tag{2.60}$$

現在，以每莫耳反應物 B 為基準，$n = 1$。以每 1/2 莫耳反應物 A 或 1/2 莫耳生成物 C 為基準，n 也同樣等於 1。但是請記住，對於反應式(2.60)，ΔG 現在是原反應的 ΔG 的 1/2。只要 n 和 ΔG 與反應方程式保持一致，那麼就可以不用擔心會出錯。

例如，氫－氧燃料電池的標準態電動勢可以由以下確定：

$$
\begin{aligned}
&H_2 \rightarrow 2H^+ + 2e^- &E^0 &= -0.000 \\
+&\tfrac{1}{2}(O_2 + 4H^+ + 4e^- \rightarrow 2H_2O) \quad &E^0 &= +1.229 \\
\hline
=&H_2 + \tfrac{1}{2}O_2 \rightarrow H_2O &E^0_{電池} &= +1.229
\end{aligned}
$$

請注意，我們把氧氣反應乘以因數 1/2 以得到正確的方程式，但是不把 E^0 乘以 1/2，因為 E^0 值和反應的數量無關。同樣地也請注意，在該計算中我們把氫氣反應(在氫－氧燃料電池中，氫是被氧化而不是被還原)的方向逆向了。當我們把反應的方向逆向時，在反應電動勢的符號也要乘上一個負號。這對於氫氣的反應來說沒有什麼區別，因為 $+0.000V = -0.000V$；但是例如鐵**氧化**反應的標準態電動勢：

$$Fe \rightleftharpoons Fe^{2+} + 2e^- \tag{2.61}$$

就將變成 $+0.440\,V$。

一個完整的電化學反應通常包含兩個半反應：一個還原反應和一個氧化反應。但是電極電動勢表列舉的所有反應都是還原反應。對於兩個半反應，我們怎樣知道哪一個反應將自發地進行還原反應，哪一個反應將自發地進行氧化反應呢？答案是要透過比較化學反應中電極電動勢的**大小**。因為電極電動勢代表著自由能，故增加電動勢意味著增加"反應強度"。對於兩個電化學半反應，電極電動勢比較大的反應將會如表所述，而電極電勢比較小的反應將會發生逆向反應。例如，請看上述表中第 3 列的 $Fe^{2+} - H^+$ 的一對反應。因為氫還原反應較鐵還原反應有較大的電極電動勢(0V > –0.440V)，所以會發生氫還原反應。鐵的反應將沿相反的方向發生：

$$
\begin{array}{ll}
2H^+ + 2e^- \rightarrow H_2 & E^0 = 0.000 \\
Fe \rightarrow Fe^{2+} + 2e^- & E^0 = +0.440 \\
\hline
Fe + 2H^+ \rightarrow Fe^{2+} + H_2 & E^0 = +0.440
\end{array}
$$

因此，熱力學預測在該系統中鐵原子會自發地氧化成 Fe^{2+}，得到 + 0.440 V 的淨電池電壓，同時產生氫氣。這是在標準態下熱力學自發性的反應方向。任何熱力學自發性電化學反應都是一個正的電池電壓。當然，如果施加一個大於 0.440V 的電壓給該電池，那麼反應將向相反的方向發生。這種情況下，電源供給對電池做功以克服系統的熱力學問題。

例2.3　一個直接甲醇燃料電池用甲醇代替氫氣作為燃料：

$$
CH_3OH + \tfrac{3}{2}O_2 \rightarrow CO_2 + 2H_2O \tag{2.62}
$$

請計算直接甲醇燃料直流電池的標準態下的可逆電壓。

解：我們把總反應分解為兩個電化學半反應：

$$
\begin{array}{ll}
CH_3OH + H_2O \rightleftharpoons CO_2 + 6H^+ + 6e^- & E^0 = -0.03 \\
\tfrac{3}{2}(O_2 + 4H^+ + 4e^- \rightleftharpoons 2H_2O) & E^0 = +1.229 \\
\hline
CH_3OH + \tfrac{3}{2}O_2 \rightarrow CO_2 + 2H_2O & E^0 = +1.199
\end{array}
$$

這樣一來，甲醇燃料電池的淨輸出電壓是 1.199V—幾乎和氫—氧燃料電池的淨輸出電壓相同。請注意，雖然為了得到一個平衡的化學反應我們把氧氣還原反應公式的每一項乘以 3/2 倍數，但我們並**沒有**把 E^0 值乘以 3/2。E^0 值和反應的物質量**無關**。

▷ 2.4　非標準狀態條件下燃料電池可逆電壓的預測

　　標準態的燃料電池的可逆電壓參考值(E^0值)只能使用在標準狀態條件下(室溫、一大氣壓、所有物質的單位活度)。然而，一般燃料電池不一定在標準狀態的條件下工作。例如，高溫電池是在 700℃～1000℃下工作，汽車用的燃料電池經常在 3～5 個大氣壓下工作，而幾乎所有的燃料電池都必須克服反應物濃度(和活度)的變化。

　　在下一節中，我們將系統地解釋燃料電池的可逆電壓在離開標準狀態時所受的影響。首先我們會瞭解溫度對燃料電池的可逆電壓的影響，其次是壓力的影響；接下來我們還將描述物質活度(activity)也就是濃度(concentration)的影響，進而推導出能斯特方程式(Nernst equation)；最後，我們將利用熱力學來預測在任何條件下燃料電池的可逆電壓。

2.4.1　可逆電壓隨溫度的變化

　　為了瞭解可逆電壓如何隨溫度而變化，我們需要先回到對於吉布斯自由能的原始微分方程：

$$dG = -S\,dT + V\,dp \tag{2.63}$$

由上式我們可以寫出

$$\left(\frac{dG}{dT}\right)_p = -S \tag{2.64}$$

對於莫耳反應量，該式為

$$\left[\frac{d(\Delta\hat{g})}{dT}\right]_p = -\Delta\hat{s} \tag{2.65}$$

我們知道吉布斯自由能和電池的可逆電壓的關聯可以表示為：

$$\Delta\hat{g} = -nFE \tag{2.66}$$

結合公式(2.65)和公式(2.66)，我們可以得到電池的可逆電壓隨溫度的變化函數：

$$\left(\frac{dE}{dT}\right)_p = \frac{\Delta\hat{s}}{nF} \tag{2.67}$$

　　定義 E_T 為任意溫度 T 下燃料電池的可逆電壓。在標準一大氣壓力下，E_T 可以由以下公式計算：

$$E_T = E^0 + \frac{\Delta \hat{s}}{nF}(T - T_0) \tag{2.68}$$

一般而言，我們假設 $\Delta \hat{s}$ 和溫度無關。如果我們需要更精確的 E_T 值，可以透過比熱與溫度積分的熱容來計算 $\Delta \hat{s}$ 值。

正如公式(2.68)顯示，如果一個化學反應的 $\Delta \hat{s}$ 是正的，則 E_T 將隨溫度的升高而增加；如果 $\Delta \hat{s}$ 為負，E_T 將隨溫度的升高而減小。對於大多數燃料電池反應來說，$\Delta \hat{s}$ 是負的，因此隨溫度的升高燃料電池可逆電壓將會**下降**。

例如，試想我們熟悉的氫－氧燃料電池。根據附錄 B 中的資料，計算得到 $\Delta \hat{s}_{\text{rxn}} = -44.43 \text{J}/(\text{mol} \cdot \text{K})$（對於生成物 $H_2O_{(g)}$）。電池電壓隨溫度的變化大致是

$$
\begin{aligned}
E_T &= E^0 + \frac{-44.43 \text{ J}/(\text{mol} \cdot \text{K})}{2 \times 96\,400}(T - T_0) \\
&= E^0 - (2.304 \times 10^{-4} \text{ V/K})(T - T_0)
\end{aligned}
\tag{2.69}
$$

因此，電池溫度每升高 100℃，電池電壓下降大約 23mV。在 1000K 下工作的氫－氧 SOFC 的可逆電壓大致為 1.07V。對於許多不同種類燃料電池的電化學氧化反應，電壓隨溫度的變化如圖 2.4 中(Broers[3])所示。

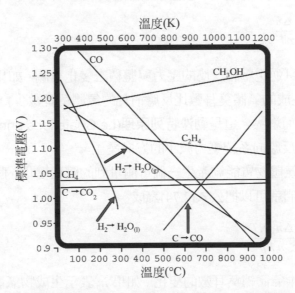

圖 2.4　各種燃料電化學氧化反應中可逆電壓(E_T)與溫度的關係[3]

既然大多數燃料電池的可逆電壓會隨溫度的升高而下降，那麼我們是不是應該讓燃料電池在儘可能比較低的溫度下工作呢？答案是否定的！正如我們將在第 3 章和第 4 章中瞭解到的，動力學上的損失會隨著溫度的升高而傾向於降低。因此，儘管隨著溫度的升高熱力學會降低可逆電壓，但是整體上燃料電池的性能會隨著溫度的升高而明顯地**提高**。

2.4.2　可逆電壓隨壓力的變化

　　和溫度影響一樣，壓力對燃料電池可逆電壓的影響也可以從吉布斯自由能的微分方程式開始計算：

$$dG = -S\,dT + V\,dp \tag{2.70}$$

這次，我們寫出

$$\left(\frac{dG}{dp}\right)_T = V \tag{2.71}$$

寫成莫耳反應量的形式為

$$\left(\frac{d(\Delta\hat{g})}{dT}\right)_T = \Delta\hat{v} \tag{2.72}$$

我們已經知道吉布斯自由能和可逆電壓的關係為：

$$\Delta\hat{g} = -nFE \tag{2.73}$$

把這個等式代入公式(2.72)，則燃料電池的可逆電壓用壓力的函數可表示為

$$\left(\frac{dE}{dp}\right)_T = -\frac{\Delta\hat{v}}{nF} \tag{2.74}$$

換言之，燃料電池的可逆電壓和反應的壓力與體積之變化有關。如果反應的體積變化為負值(例如，如果反應生成的氣體莫耳數比反應消耗的氣體莫耳數少)，則燃料電池可逆電壓將會隨著壓力的增大而增大。這是**勒沙特列原理**(Le Chatelier's principle)的一個例子，增加系統的壓力有助於反應向系統壓力減小的方向發生。

　　通常來說，只有氣體物質能夠產生一個可測量到的體積變化。假設理想氣體定律可適用(ideal gas law)，我們就可以把公式(2.74)寫成

$$\left(\frac{dE}{dp}\right)_T = -\frac{\Delta n_g RT}{nFp} \tag{2.75}$$

式中，Δn_g 表示反應中氣體總莫耳數的變化。如果 n_p 表示生成物氣體的莫耳數，n_r 是反應物氣體的莫耳數，則 $\Delta n_g = n_p - n_r$。

　　結果證明了壓力與溫度一樣對可逆電壓的影響很小。正如我們將在後續的例子中所看到的一樣，對於一個氫－氧燃料電池，如果將氫氣壓力增加到 3atm，氧氣壓力增加到 5atm，可逆電壓只會增加 15mV 而已。

2.4.3 可逆電壓隨濃度的變化：能斯特方程式

為了瞭解燃料電池的可逆電壓隨反應濃度的變化，我們需要引進**化學勢**(chemical potential)的概念。化學勢可以測量系統的吉布斯自由能如何隨著化學性質的變化而改變。在系統中每種化學物質都賦有一個化學勢，其定義為

$$\mu_i^\alpha = \left(\frac{\partial G}{\partial n_i}\right)_{T,P,n_{j\neq i}} \tag{2.76}$$

其中，μ_i^α 是物質 i 在 α 相的化學勢；$(\partial G/\partial n_i)_{T,p,n_{j\neq i}}$ 表示當物質 i 的活度或濃度有一個無窮小的增加時(當溫度、壓力和系統其他物質的數量保持不變時)，系統的吉布斯自由能的變化。當我們改變燃料電池中化學物質的活度或濃度時，我們也正在改變系統的自由能，該自由能的變化又反過來改變燃料電池的可逆電壓。要瞭解活度或濃度對於燃料電池的可逆電壓的影響，關鍵是要瞭解化學勢。

化學勢相關的濃度或**活度** a 得到的關係為：

$$\mu_i = \mu_i^0 + RT\ln a_i \tag{2.77}$$

式中，μ_i^0 是物質 i 在標準狀態條件下的參考化學勢；a_i 是物質 i 的活度或濃度。物質的活度或濃度取決於它的化學性質：

- **對於理想氣體而言**，$a_i = p_i/p^0$，其中 p_i 是氣體的分壓，p^0 是標準態的壓力(1atm[1])。例如，在 1 個大氣壓下，空氣中氧氣的活度或濃度大約為 0.21。在兩個大氣壓下，氧氣的活度或濃度是 0.42。既然我們知道 $p^0 = 1$ atm，我們就可以省略而寫成 $a_i = p_i$，其中 p_i 是無因次的壓力。
- **對於非理想氣體而言**，$\alpha_i = \gamma_i(p_i/p^0)$，其中 γ_i 是活度係數，描述與理想狀態的偏離程度($\gamma_i < 1$)。
- **對於理想溶液而言**，$\alpha_i = c_i/c^0$，其中 c_i 是物質的莫耳濃度，c^0 是標準態濃度($1M = 1mol/L$)。例如，在 0.1M 的 NaCl 溶液中 Na^+ 離子的活度或濃度是 0.10。
- **對於非理想溶液而言**，$\alpha_i = \gamma_i(c_i/c^0)$。我們再次用 γ_i 來描述與理想狀態的偏離程度($0 < \gamma_i < 1$)。
- **對於純物質而言**，$a_i = 1$。例如，一塊純金中金的活度或濃度是 1 或 100%。鉑電極中鉑的活度或濃度是 1 或 100%。液態水的活度或濃度通常被認為是 1 或 100%。

結合公式(2.76)和公式(2.77)，對於包含 i 種化學物質的系統，吉布斯自由能的變化可以由以下公式計算：

---

[1] 1 atm = 101.325 kPa—譯者註。

$$dG = \sum_i \mu_i \, dn_i = \sum_i (\mu_i^0 + RT \ln a_i) \, dn_i \qquad (2.78)$$

試想任意的一個化學反應，在該反應中物質 A 以 1 莫耳爲基準：

$$1A + bB \rightleftharpoons mM + nN \qquad (2.79)$$

式中，A 和 B 是反應物；M 和 N 是生成物；1，b，m，n 分別是 A，B，M，N 的莫耳數。物質 A 以 1 莫耳爲基準，對於該反應來說，$\Delta\hat{g}$ 可以透過反應物和生成物的化學勢來計算 (假定沒有相變)：

$$\Delta\hat{g} = (m\mu_M^0 + n\mu_N^0) - (\mu_A^0 + b\mu_B^0) + RT \ln \frac{a_M^m a_N^n}{a_A^1 a_B^b} \qquad (2.80)$$

我們注意到以上公式中，標準態化學勢(lumped standard state chemical potential)表示反應中標準態的莫耳自由能變化 $\Delta\hat{g}^0$，該等式可以簡化爲一個最終的形式：

$$\Delta\hat{g} = \Delta\hat{g}^0 + RT \ln \frac{a_M^m a_N^n}{a_A^1 a_B^b} \qquad (2.81)$$

這個等式稱爲範德霍夫等溫(Van't Hoff isotherm)，它告訴我們系統的吉布斯自由能的變化與反應物和生成物活度或濃度(氣體壓力)有關的函數。

由前面熱力學的介紹(2.3.4 節)可知，吉布斯自由能和燃料電池可逆電壓的關係爲

$$\Delta\hat{g} = -nFE \qquad (2.82)$$

結合公式(2.81)和公式(2.82)，我們可以把燃料電池的可逆電壓表示爲化學活度或濃度的函數：

$$E = E^0 - \frac{RT}{nF} \ln \frac{a_M^m a_N^n}{a_A^1 a_B^b} \qquad (2.83)$$

對於任意多個生成物和反應物的系統，該等式可以寫成一個通用的形式：

$$E = E^0 - \frac{RT}{nF} \ln \frac{\prod a_{products}^{v_i}}{\prod a_{reactants}^{v_i}} \qquad (2.84)$$

請注意務必要根據反應物質相應的化學計量係數(stoichiometric coefficient vi)去提高它的活度。例如，在一個包含 $2Na^+$ 的反應中，Na^+ 的活度必須提高爲二次方(即 $a_{Na^+}^2$)。

這個重要的結論就是人們熟知的能斯特方程式(Nernst equation)。能斯特方程式提供了電化學電池可逆電壓和物質濃度、氣體壓力等之間的關係。該方程是燃料電池熱力學的核心。

為了說明能斯特方程的意義，我們把它運用到我們熟悉的氫－氧燃料電池反應中：

$$H_2 + \tfrac{1}{2}O_2 \rightleftharpoons H_2O \tag{2.85}$$

該氫－氧燃料電池反應的能斯特方程為

$$E = E^0 - \frac{RT}{2F} \ln \frac{a_{H_2O}}{a_{H_2} a_{O_2}^{1/2}} \tag{2.86}$$

根據活度或濃度的原則，我們把氫氣和氧氣的活度或濃度換成它們的無因次分壓（$a_{H_2} = p_{H_2}$，$a_{O_2} = p_{O_2}$）。如果燃料電池在 100℃以下工作並因此生成液態的水，我們把水的活度或濃度設為 1（$a_{H_2O} = 1$）。這樣就可得出

$$E = E^0 - \frac{RT}{2F} \ln \frac{1}{p_{H_2} p_{O_2}^{1/2}} \tag{2.87}$$

壓力、溫度和能斯特方程式

能斯特方程式同樣可以解釋 2.4.2 節中已經討論的關於壓力的影響。公式 (2.84)或公式(2.74)都可以確定可逆電壓會隨壓力變化，如果使用了其中一個公式，就不需要用另一個公式。能斯特方程式可以依據反應物和生成物的壓力直接計算對可逆電壓的影響，而公式(2.74)則需要考慮反應體積的變化(這樣就必須使用理想氣體狀態方程式，用反應物氣體壓力來表示體積)。一般還是能斯特方程比較方便一些。

儘管溫度參數是能斯特方程式其中的一個變數，但是能斯特方程式並**沒有**完全解釋可逆電壓隨溫度變化的影響。在任意溫度 $T \neq T_0$ 之下，我們必須將能斯特方程式修正成如下：

$$E = E_T - \frac{RT}{nF} \ln \frac{\prod a_{products}^{\nu_i}}{\prod a_{reactants}^{\nu_i}} \tag{2.88}$$

其中 E_T 由公式(2.68)給出：

$$E_T = E^0 + \frac{\Delta \hat{s}}{nF}(T - T_0) \tag{2.89}$$

總而言之，為了完全解釋溫度和壓力的影響，我們需要使用公式(2.88)或同時使用公式(2.68)和公式(2.74)。

由此可知，增加反應物氣體的分壓可以提高燃料電池的可逆電壓。但是，因為該壓力

項是出現於對壓力取的自然對數，因此提高可逆電壓的量很微小。例如，一個室溫下的氫－氧燃料電池，純氫氣的壓力為 3atm，而壓縮空氣的壓力為 5atm，熱力學預測的電池可逆電壓為 1.244V：

$$E = 1.229 - \frac{8.314 \times 298.15}{2 \times 96\,400} \ln \frac{1}{3 \times (5 \times 0.21)^{1/2}} \tag{2.90}$$
$$= 1.244 \text{ V}$$

對燃料電池堆增加壓力而做功以提高燃料電池的可逆電壓是不值得的！不過雖然從熱力學的角度來看是不值得，但是在第 3 章和第 5 章中我們將會學習到出於動力學的原因，我們還是有可能對燃料電池增加壓力。

相反地，能斯特方程對於低壓下操作能給我們什麼啟示呢？也許我們會擔心幾乎所有的燃料電池都在空氣中而不是純氧中工作，空氣中只有 21%的氧氣，因此在 1 個大氣壓下，氧氣在空氣中的分壓僅是 0.21。它對於室溫下氫－氧燃料電池的可逆電壓有什麼影響呢？

$$E = 1.229 - \frac{8.314 \times 298.15}{2 \times 964\,00)} \ln \frac{1}{1 \times 0.21^{1/2}} \tag{2.91}$$
$$= 1.219 \text{ V}$$

在空氣中工作的燃料電池的可逆電壓只下降了 10mV。同樣，動力學因素可能會使在空氣中工作的燃料電池帶來更多的損失。但是就熱力學而言，燃料電池在空氣下工作可逆電壓不是什麼問題。

2.4.4 濃差電池(Concentration Cells)

濃差電池的一些特殊現象提供了應用能斯特方程式的可能性。在濃差電池中，兩個電極側都使用**相同**的化學物質不過因濃度各不相同。這種濃差電池之所以可以產生可逆電壓是因為兩個電極側電化學物質的濃度(活度)各不相同。例如，一個**鹽水電池**的一側電極是鹽水，另一側電極是清水－因為兩個電極側鹽的濃度不同所以該鹽水電池可以產生電壓。

作為第 2 個例子，請看圖 2.5 所示的**氫濃差電池**。這個電池被鉑－電解質－鉑的三明治結構分隔成兩部分，其中一邊是壓縮的氫氣燃料箱，另一邊是超低壓的真空箱。這種"氫燃料電池"不需要氧氣和氫氣反應，但是它仍然可以產生相當大的電壓。因此，這種"燃料電池"甚至可以在無氧氣的太空中使用。這種濃差電池產生的熱力學可逆電壓與真空箱的氫氣和燃料箱中氫氣濃度的比值有關。例如，如果氫燃料箱的 H_2 壓力是 100atm，而真空箱的壓力是 10^{-8}atm(假設剩下的大部分是氫氣)，則該一裝置依能斯特方程式可以產生的可逆電壓為：

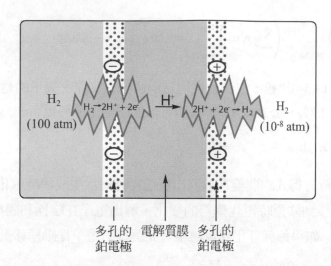

圖 2.5　氫濃差電池。一個高壓氫燃料箱和一個低壓真空箱被一個鉑－電解質－鉑
三明治結構隔開。該裝置可以利用兩側的氫的化學勢差產生電壓

$$E = 0 - \frac{8.314 \times 298.15}{2 \times 964\,00} \ln \frac{10^{-8}}{100}$$
$$= 0.296 \text{ V} \tag{2.92}$$

　　在一般室溫之下，我們可以利用氫濃度差產生將近 0.3V 的電壓。這要怎麼辦到呢？
電壓的產生是由於鉑－電解質－鉑三明治結構兩側氫氣的化學勢差別很大。在化學勢梯度
的驅動下，氫燃料箱中的部分氫氣在左側鉑催化劑電極上分解成質子和電子，質子透過電
解質到達真空箱，在這裏它們又和右側鉑催化劑電極中的電子反應產生氫氣。如果不連接
這之間的兩個鉑電極，很快地大量電子就會聚集在氫燃料箱側的電極上，而在真空箱側電
子則會空乏，產生電動勢梯度。這個電動勢梯度阻止了質子從燃料箱往真空箱的移運。當
電動勢累積到恰好足以平衡化學勢梯度時，就達到了一種平衡狀態(這就像半導體 p-n 二
極體空乏層中建立的"內部電壓"一樣)。這種由於兩側電極的氫氣濃度差建立的化學勢
差逐漸被逆向的電動勢抵消。電動勢和化學勢相互抵消以保持熱力學平衡的概念可以用一
個叫做**電化學勢**的量來說明：

$$\tilde{\mu}_i = \mu_i + z_i F \phi_i \tag{2.93}$$

式中，$\tilde{\mu}_i$ 是物質 i 的電化學勢；μ_i 是物質 i 的化學勢；z_i 是物質 i 的電荷數目(如 $z_{e^-} = -1$，
$z_{Cu^{2+}} = +2$)；F 是法拉第常數；ϕ_i 是該物質產生的電動勢。在平衡狀態時，反應系統中所
有物質的電化學勢的淨變化必須為零，換言之，電動勢和化學勢相互抵消。以下是一個電
化學反應：

$$\left(\sum_i v_i \mu_i\right)_{\text{products}} - \left(\sum_i v_i \mu_i\right)_{\text{reactants}} = -z_i F \Delta\phi_i \quad \text{(平衡狀態)} \tag{2.94}$$

將公式(2.94)和公式(2.54)比較,我們會發現這兩個公式實際上表示的是同樣一件事情。下面的步驟類似公式(2.77)~公式(2.81),我們可以依據電化學勢重新改寫能斯特方程式:

$$\tilde{\mu}_i = \mu_i^0 + RT \ln a_i + z_i F \phi_i = 0 \tag{2.95}$$

重新改寫能斯特方程式的關鍵在於寫出反應物轉換爲生成物時電化學勢的變化,並同時包含電子從陽極移到陰極時電化學勢的變化。解出電子在陰極和陽極的電動勢差 $\Delta\phi_{e^-}$ 即是電池的電壓 E。如果每莫耳化學反應中有 n 莫耳的電子從陽極移動到陰極,則

$$\Delta\phi_{e^-} = E = -\frac{\Delta\hat{g}^0}{nF} - \frac{RT}{nF} \ln \frac{\prod a_{\text{products}}^{v_i}}{\prod a_{\text{reactants}}^{v_i}} \tag{2.96}$$

即得到

$$E = E^0 - \frac{RT}{nF} \ln \frac{\prod a_{\text{products}}^{v_i}}{\prod a_{\text{reactants}}^{v_i}} \tag{2.97}$$

實際的推導過程留作本章的課後習題。

根據濃差燃料電池的討論,我們發現可以把氫-氧燃料電池簡單地看做一個氫濃差電池。輸入陰極的氧氣只是用來方便地"束縛"氫氣,氧氣使得在陰極的氫氣濃度保持在很低的程度,因而產生明顯的熱力學電壓。

2.4.5　小結

讓我們來簡單地總結一下非標準狀態對電化學電池可逆電壓的影響。我們用古典熱力學預測了溫度、壓力和化學成分的濃度變化對燃料電池可逆電壓的影響(實際上,這些關係公式同樣可以運用於任何其他的電化學系統,不僅僅是燃料電池而已)。

● 電池可逆電壓隨溫度的變化爲

$$\left(\frac{dE}{dT}\right)_p = \frac{\Delta\hat{s}}{nF} \tag{2.98}$$

● 電池可逆電壓隨壓力的變化爲

$$\left(\frac{dE}{dp}\right)_T = -\frac{\Delta n_g RT}{nFp} = -\frac{\Delta\hat{v}}{nF} \tag{2.99}$$

● 電池可逆電壓隨化學成分之活度或濃度的變化由能斯特方程式描述

$$E = E^0 - \frac{RT}{nF} \ln \frac{\prod a_{\text{products}}^{v_i}}{\prod a_{\text{reactants}}^{v_i}} \qquad (2.100)$$

能斯特方程式解釋了壓力對電池可逆電壓的影響[取代公式(2.99)]，但是不能完全解釋溫度的影響。當 $T \neq T_0$ 時，能斯特方程式中的 E^0 應該改為 E_T。

利用這些方程式，我們可以預測在任意條件下燃料電池的可逆電壓。

▷ 2.5 燃料電池的效率

對於任何能量轉換裝置而言，效率的大小是非常重要的。討論效率的中心問題是"理想"(或可逆)之效率和"真實"(或實際)之效率比值。儘管我們可能認為燃料電池的理想效率是 100%，但事實並不是這樣。熱力學告訴我們，燃料電池中可利用的電功以 ΔG 為上限，燃料電池的理想效率也以 ΔG 為上限。在實際作用上燃料電池的效率則還要更低。實際燃料電池的效率必定比理想燃料電池來得低，因為實際燃料電池在工作中存在非理想的不可逆能量損失。後面幾章的內容即根植於對實際燃料電池效率的探討並討論這些非熱力學的損失。

2.5.1 理想可逆燃料電池的效率

我們定義能量轉換過程中的轉換**效率** ε 為有用能量和總能量的比：

$$\varepsilon = \frac{\text{有用能量}}{\text{總能量}} \qquad (2.101)$$

如果我們從一個化學反應中轉換有用功，則其效率為

$$\varepsilon = \frac{\text{有用功}}{\Delta \hat{h}} \qquad (2.102)$$

對於燃料電池來說，做功的最大能量等於吉布斯自由能差。因此，燃料電池的可逆效率可以表示成

$$\varepsilon_{\text{thermo,fc}} = \frac{\Delta \hat{g}}{\Delta \hat{h}} \qquad (2.103)$$

在室溫和一大氣壓力下，氫－氧燃料電池的吉布斯自由能差為 $\Delta \hat{g}^0 = -237.36 \text{ kJ/mol}$ 和 $\Delta \hat{h}_{\text{HHV}}^0 = -286 \text{ kJ/mol}$，即標準狀態下高熱值(HHV)的氫－氧燃料電池的可逆效率為 83%：

$$\varepsilon_{\text{thermo,fc}} = \frac{-237.3}{-286} = 0.83 \qquad (2.104)$$

Fuel Cell Fundamentals
燃料電池基礎 ●

與燃料電池不同，古典熱機的最大效率以卡諾循環(Carnot cycle)描述。卡諾循環的效率可以從古典熱力學推導出，我們在這裏不重複再推導而直接寫出結果：

$$\varepsilon_{\text{Carnot}} = \frac{T_H - T_L}{T_H} \tag{2.105}$$

式中，T_H 是熱機的最高溫度；T_L 是熱機的最低溫度。對於一個工作在最高溫度 400℃ (673K)、最低溫度 50℃(323K)的熱機而言，其可逆效率為 52%。

高熱值效率(HHV)

把液態水轉換為水蒸氣需要輸入熱能，而其所需要的熱能稱為蒸發潛熱。由於蒸發潛熱的關係，對於氫—氧燃料電池的 $\Delta \hat{h}_{\text{rxn}}$ 來說生成物是氣態水蒸氣或液態水便有很大的差別。如果產生的是液態水，$\Delta \hat{h}_{\text{rxn}}^0 = -286 \text{ kJ/mol}$；如果產生的是氣態水蒸氣，則 $\Delta \hat{h}_{\text{rxn}}^0 = -241 \text{ J/mol}$。這兩個不同的數值告訴我們，如果生成物水能凝結成液態形式，那麼這個過程就可以釋放更多的能量。這一部分能量的來源就是蒸發潛熱。因為凝結成液態水會釋放更多的熱量，故生成液態水時 $\Delta \hat{h}_{\text{rxn}}^0$ 是高熱值(HHV)，而生成水蒸氣時 $\Delta \hat{h}_{\text{rxn}}^0$ 是低熱值(LHV)。

我們應該用高低兩個熱值中的哪一個來計算實際燃料電池的效率呢？答案是使用 HHV 可以最準確地計算燃料電池效率。因為 HHV 表示了理論上氫燃燒反應可能產生的真實的總熱量。雖然用 LHV 可以得到更高的效率，但卻有一定的誤導性。

本書中所有的計算和例子都會用 HHV，因此我們把公式(2.103)重新改寫成如以下更清楚的形式：

$$\varepsilon_{\text{thermo, fc}} = \frac{\Delta \hat{g}}{\Delta \hat{h}_{\text{HHV}}} \tag{2.106}$$

在這些效率的計算中，重要的是 $\Delta \hat{g}$ 仍然要適當地考慮相變化的過程。因此，對於工作溫度在 100℃ 以上的氫—氧燃料電池來說，$\Delta \hat{g}$ 的計算應該使用水蒸氣的生成焓和生成熵；而對於在 100℃ 以下的燃料電池來說，$\Delta \hat{g}$ 的計算應該使用液態水的生成焓和生成熵。我們應該要知道在 100℃ 以上計算 $\Delta \hat{g}$ 時基於水蒸氣，而計算效率時使用 $\Delta \hat{h}_{\text{HHV}}$ (基於液態水)這兩者並不矛盾。這個計算說明了當燃料電池工作在 100℃ 以上時，我們無法把生成物水的蒸發潛熱轉換為有用的做功。

從卡諾方程式可以知道，提高工作溫度可以**提高**熱機的可逆效率。而對於燃料電池而言，增加溫度則意味著**降低**可逆效率。

2-30

例如，圖 2.6 顯示了氫－氧燃料電池 HHV 的可逆效率與熱機的可逆效率隨溫度變化的關係。燃料電池在比較低的溫度有較高的熱力學效率，但是在較高溫度時效率會降低。請注意燃料電池的效率曲線溫度在 100℃ 處發生了彎曲。這一斜率的變化是由於液態水和水蒸氣的熵差引起的。

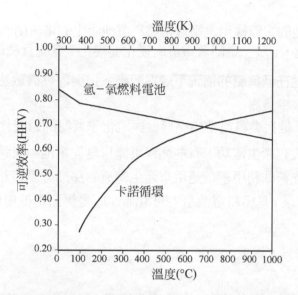

圖 2.6　氫－氧燃料電池的可逆 HHV 效率和熱機的可逆效率(卡諾循環，最低溫度為 273.15K)。
　　　　燃料電池在較低溫度時有較高的熱力學效率，而在較高溫度時會失去這種優勢。燃料電池
　　　　效率曲線在 100℃ 處的彎曲，則是因為液態水和水蒸氣的熵差引起的。

2.5.2　真實的燃料電池效率

正如前面提到的，燃料電池的真實效率總是比可逆熱力學的效率還低。主要的原因如下：

1. 電壓損失；
2. 燃料利用損失。

燃料電池的真實效率 ε_{real} 可以這樣計算：

$$\varepsilon_{real} = (\varepsilon_{thermo}) \times (\varepsilon_{voltage}) \times (\varepsilon_{fuel}) \tag{2.107}$$

式中，ε_{thermo} 是燃料電池的可逆熱力學效率；$\varepsilon_{voltage}$ 是燃料電池的電壓效率；ε_{fuel} 是燃料電池的燃料利用率。其中各項簡單討論如下：

● **可逆熱力學效率** ε_{thermo} 在前一節中有描述到。即使在理想條件下也不可能把燃料中所有的焓都轉換為做有用功。

- 燃料**電池的電壓效率** $\varepsilon_{\text{voltage}}$ 爲燃料電池的不可逆動力學所引起的損失。如前面 1.7 節中的內容所示，燃料電池的工作 $i\text{-}V$ 曲線中說明了這些損失。燃料電池的電壓效率爲實際輸出電壓(V)和熱力學可逆電壓(E)的比值：

$$\varepsilon_{\text{voltage}} = \frac{V}{E} \qquad (2.108)$$

注意，燃料電池的實際輸出電壓會視燃料電池產生的電流(i)而改變，正如 $i\text{-}V$ 曲線中的變化。因此，$\varepsilon_{\text{voltage}}$ 會隨著電流的變化而變化，電流負載越高，電壓效率越低。

所以，燃料電池**在低負載的情況下效率較高**。這與內燃機截然相反，內燃機通常是在最大負載時效率最高。

- **燃料利用率** $\varepsilon_{\text{fuel}}$ 是指燃料電池中燃料參與電化學反應的百分比值。有些燃料可能參與了副反應而沒有產生電功，有些燃料可能只是從電池中流過而完全沒有參與化學反應。那麼，燃料的利用率就是用來產生電流的那部分燃料和提供給燃料電池的總燃料的比值。如果 i 是燃料電池產生的電流，v_{fuel} 是燃料電池提供燃料的速率(mol/s)，則

$$\varepsilon_{\text{fuel}} = \frac{i/nF}{v_{\text{fuel}}} \qquad (2.109)$$

如果供給燃料電池多餘的燃料，就會產生浪費，這現象會反映在**燃料利用率** $\varepsilon_{\text{fuel}}$ 中。一般來說，供給燃料電池燃料必須根據電流大小而調整，供給燃料量一定要比任何負載下需要燃料的量稍微多一點。在這種方式下工作的燃料電池可以用**化學計量因子**(stoichiometric factor)來描述。例如，如果提供給燃料電池的燃料是利用率爲 100% 時所需燃料的 1.5 倍，則燃料電池是在 1.5 倍的化學計量因子下工作(對於這個燃料電池，化學計量因子 λ 是 1.5)。對於工作在一個化學計量因子下的燃料電池，燃料利用率與電流無關，我們可以把燃料利用率寫成

$$\varepsilon_{\text{fuel}} = \frac{1}{\lambda} \qquad (2.110)$$

綜合熱力學的限制、不可逆動力學損失和燃料利用率損失，我們可以把燃料電池的眞實效率寫成

$$\varepsilon_{\text{real}} = \left(\frac{\Delta\hat{g}}{\Delta\hat{h}_{\text{HHV}}}\right)\left(\frac{V}{E}\right)\left(\frac{i/nF}{v_{\text{fuel}}}\right) \qquad (2.111)$$

對於一個在固定化學計量因子下工作的燃料電池，這個公式簡化爲

$$\varepsilon_{\text{real}} = \left(\frac{\Delta\hat{g}}{\Delta\hat{h}_{\text{HHV}}}\right)\left(\frac{V}{E}\right)\left(\frac{1}{\lambda}\right) \qquad (2.112)$$

在後面幾章，我們將進一步討論真實燃料電池中的動力學損失的內在原因。換句話說，為什麼 V 和 E 會有不同。這些主要損失和在燃料電池內部發生的化學反應、傳導及質量傳輸有關，這些將在本書接下來的 3 個章節中討論。

2.6　本章摘要

本章的目的是應用熱力學的基本原理來瞭解燃料電池性能的理論限制。這一章的主要內容包括：

- 熱力學提供了燃料電池性能理論的限制或理想情況。

- 燃料的熱勢能是燃料的燃燒熱或更普遍的反應焓差。

- 燃料的熱勢能不可能全部都轉換為做有用功，燃料做功的勢能是由吉布斯自由能差 ΔG 提供。

- 只有自發性("下坡")的化學反應能夠提供電能。ΔG 的大小給出了可以用來做電功的能量大小。因此，ΔG 的正負符號顯示這個反應是否能做電功，其大小則顯示能做多少電功。

- 燃料電池的可逆電壓 E 和莫耳吉布斯自由能有關：$\Delta \hat{g} = -nFE$。

- ΔG 和反應物的量成正比例，但是 $\Delta \hat{g}$ 和 E 與反應物的量無關。

- E 隨溫度的變化關係是：$dE/dT = \Delta \hat{s}/nF$。對於燃料電池而言，$\Delta \hat{s}$ 一般為負值，因此燃料電池可逆電壓隨著溫度的上升而下降。E 隨壓力的變化關係為：$dE/dP = -\Delta n_g RT/nFp = -\Delta \hat{v}/nF$。

- 能斯特方程式描述了 E 隨反應物／生成物的活度或濃度變化的關係為

$$E = E^0 - \frac{RT}{nF} \ln \frac{\prod a_{\text{products}}^{v_i}}{\prod a_{\text{reactants}}^{v_i}}$$

- 能斯特方程式本質上包含了壓力對電池可逆電壓的影響，但不能完全提供溫度的影響。

- 理想的燃料電池 HHV 效率 $\varepsilon_{\text{thermo}} = \Delta \hat{g}/\Delta \hat{h}_{\text{HHV}}$。

- 燃料電池的熱力學效率一般隨著溫度的升高而下降。這與熱機恰相反，熱機的熱力學效率隨著溫度的升高而升高。

- 真實的燃料電池效率低於理想燃料電池效率，主要的原因在於不可逆動力學損失和燃料利用損失。總合的效率等於每個單項效率的乘積。

習　題

綜述題

2.1　如果等溫下一個含有氣體的化學反應反應後體積減小很多，那麼這個反應的熵變會是正的還是負的？為什麼？

2.2　(a)如果一個反應的 $\Delta\hat{h}$ 為負，而 $\Delta\hat{s}$ 為正，那麼我們可否判定這個反應的自發性？(b)如果 $\Delta\hat{h}$ 和 $\Delta\hat{s}$ 同時為負的情況呢？(c)如果 $\Delta\hat{h}$ 正，而 $\Delta\hat{s}$ 負？(d)如果 $\Delta\hat{h}$ 和 $\Delta\hat{s}$ 同時為正？

2.3　反應 A 有 $\Delta\hat{g}_{rxn} = -100\,kJ/mol$；反應 B 有 $\Delta\hat{g}_{rxn} = -200\,kJ/mol$。試問能不能由此判斷兩個反應的相對速度(反應速率)？

2.4　為什麼一個反應中 ΔG 和反應的量成比例，而 E 卻不是？例如，燃燒 1mol 氫氣的 ΔG^0_{rxn} 是 $1mol \times (-237)kJ/mol = -237\,kJ$，而燃燒 2mol 氫氣的 ΔG^0_{rxn} 是 $2mol \times (-237)kJ/mol = -474\,kJ$，但在兩種情況下反應產生的電池可逆電壓 E^0 都是 1.23V。

2.5　一般來說，反應物濃度(活度)的增加會增加還是會減小電化學系統的電池可逆電壓？

2.6　對於如下形式的一般化學反應根據式(2.95)推導能斯特方程式：

$$1A + bB \rightleftharpoons mM + nN \tag{2.113}$$

2.7　燃料電池的熱力學效率(定義為 $\varepsilon = \Delta\hat{g}/\Delta\hat{h}$)能否大於 1？請解釋原因。請考慮所有的燃料電池，不僅是氫－氧燃料電池。

計算題

2.8　例 2.2 中，我們假定 $\Delta\hat{h}_{rxn}$ 和 $\Delta\hat{s}_{rxn}$ 與溫度無關。我們現在感興趣的是這個假設能為結果帶來多大的偏差。重新計算例 2.2，假設所有物質的定壓比熱值在反應中不變。定壓比熱值如下表所列：

化學物質	c_p (J/mol·K)
CO	29.2
CO_2	37.2
H_2	28.8
$H_2O_{(g)}$	33.6

請注意，運用溫度與定壓比熱方程式可以得到一個更加準確的計算結果。這些方程式通常利用多項式序列來反映定壓比熱隨溫度的變化。這類計算很乏味，因而現在大多數是透過計算程式來完成。

2.9 (a)如果一個燃料電池在 $p = p_1$ 和 $T = T_1$ 時的可逆電壓值為 E_1，那麼請寫出調節電池壓力為 p_2 時為保持電池電壓為 E_1 所需溫度 T_2 的一個運算式。(b)對於一個在室溫和大氣壓(對純氧氣而言)下工作的氫－氧燃料電池，如果工作壓力減少一個數量級，那麼需要在什麼溫度下才可以保持原來的可逆電壓？

2.10 在 2.4.4 節中，我們提到氫－氧燃料電池可以被簡化地看做一個氫氣濃差電池，其中氧氣被用來在陰極處"束縛"氫氣。氫－氧反應中氧氣在化學上"束縛"氫氣的能力是以吉布斯自由能來測量的。標準狀態下(假設陰極側是空氣)，對於一個氫－氧(空氣)燃料電池來說氫氣的壓力應該是多少才能使陰極的氧氣維持化學反應？

2.11 一個的氫－氧 PEMFC 在 0.75V 的電壓和 $\lambda = 1.10$ 下工作。在標準狀態下，這樣的燃料電池的工作效率是多少(用 HHV 並且假設陰極處是純氧)？

Chapter 3

燃料電池反應動力學

在前一章學習過了"理想情況下"燃料電池的性能之後，我們的旅行現在將進入真實的情況，從本章開始我們將討論燃料電池反應動力學。燃料電池反應動力學討論的是有關燃料電池**如何**發生反應的具體細節。

從最基本的層面來看，燃料電池反應(或者任何電化學反應)包含了在電極表面與臨近電極表面的化學物質之間的電子傳輸。在燃料電池中，我們藉由控制從**熱力學觀點看有利於**電子傳送的過程來從化學物質之化學能中釋放電能(以電子流的方式)。之前我們學習了如何利用熱力學瞭解自發性的電化學反應，在這裏我們學習電化學反應的**動力學**。換句話說，我們將學習使電子傳送過程發生的機制。由於每一個電化學反應結果都會導致一個或多個電子的傳送，所以燃料電池產生的電流大小(單位時間的電子數)取決於電化學反應的發生速率(單位時間內的反應莫耳數)，也因此提高電化學反應的速率以改善燃料電池性能是非常重要的。本章將介紹催化作用、電極設計和其他提高電化學反應速率的方法。

▷ 3.1　電極動力學(electrode kinetics)的介紹

本節將討論一些關於電化學系統中容易混淆的基本概念。一旦理清了這些基本概念，我們就能邁向瞭解電化學的道路。

3.1.1　電化學反應不同於化學反應

所有電化學反應都包含發生在電極和化學物質之間的電荷(電子)傳送，這是電化學反應與化學反應的基本上差別。在化學反應中，電荷傳送直接發生在兩種化學物質之間而不釋放自由電子。

3.1.2 電化學過程是異質的

由於電化學涉及電極和化學物質之間的電荷傳送，所以電化學過程必然是**異質的**(heterogeneous)。如氫氣氧化反應(Hydrogen Oxidation Reaction, HOR)之電化學過程：

$$H_2 \rightleftharpoons 2H^+ + 2e^-$$ (3.1)

只能發生在電極和電解質之間的三相**界面**(interface)上。圖 3.1 顯示，氫氣(hydrogen gas)和質子(protons)不能存在於金屬電極中，而自由電子(electrons)不能存在於電解質中。因此，在氫氣、質子和電子之間的反應必須發生在電極和電解質的交界處(intersect)。

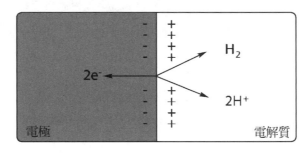

圖 3.1　電化學反應是異質的三相界面。如圖所示，氫氣的氧化過程是一個
局限於表面的反應。它只能發生在電極和電解質之間的三相界面上

3.1.3 電流是一種與時間有關的速率

由於電子是透過電化學反應發生或消耗的，電化學反應發生的電流 i 是一種電化學反應速率的直接度量。電流的單位是安培(A)，1 安培等於 1 庫侖/秒(C/s)。由法拉第定律

$$i = \frac{dQ}{dt}$$ (3.2)

式中，Q 代表電荷(C)；t 代表時間，因此電流表示電荷傳輸的速率。如果每個電化學反應結果導致 n 個電子的傳輸，則

$$i = nF\frac{dN}{dt}$$ (3.3)

式中，dN/dt 是電化學反應的速率(mol/s)；F 是法拉第常數(法拉第常數是電子莫耳數轉化為庫侖電荷數所必需的)。

例 3.1   假設燃料利用率是 100%並且同時有充足的氧化物提供,試問在標準狀態下若提供 5sccm[1]流速的氫氣燃料電池可以產生多大的電流(1sccm=1 標準每分鐘立方釐米)?。

解:在這一個問題中,我們可以得知氫氣氣體的體積流速。爲了得到電流,我們需要將體積流速轉化爲莫耳流速,然後再將莫耳流速轉化爲電流。將氫氣視爲一種理想氣體,則莫耳流速就可以透過理想氣體定律與體積流速聯繫在一起:

$$\frac{dN}{dt} = \frac{P(dV/dt)}{RT} \tag{3.4}$$

式中,dN/dt 表示莫耳流速;dV/dt 表示體積流速。在標準態下,

$$\frac{dN}{dt} = \frac{(1 \text{ atm}) \times (0.005 \text{ L/min})}{[0.082 \text{ L} \cdot \text{atm}/(\text{mol} \cdot \text{K})] \times (298.15 \text{ K})} = 2.05 \times 10^{-4} \text{ mol/min} \tag{3.5}$$

由於每莫耳氫氣反應對應兩莫耳電子傳輸,所以 $n=2$。將 n 和 dN/dt 代入公式(3.3),並將分鐘改爲秒,那麼

$$i = nF\frac{dN}{dt} = (2)(96\,400 \text{ C/mol}) \times (2.05 \times 10^{-4} \text{ mol/min}) \times (1 \text{ min}/60 \text{ s}) \tag{3.6}$$
$$= 0.657 \text{ A}$$

因此,假設燃料利用率爲 100%,5sccm 的氫氣流速足以產生 0.657A 的電流。

3.1.4 總電荷量

如果對一個電流積分,我們將得到一個總電荷量。積分法拉第定律[公式(3.2)]可得到

$$\int_0^t i \, dt = Q = nFN \tag{3.7}$$

如果用庫侖計算累積的總電荷量 Q,那麼產生的總電荷量將正比於電化學反應中化學物質的莫耳數。

---

[1] 1 sccm = 0.01667×10^{-6} m^3/s ——譯者註。

例 3.2 一個燃料電池在 2A 電流負載下工作 1 小時,然後在 5A 電流負載下再工作 2 小時。假設燃料利用率爲 100%,試計算整個工作過程中被燃料電池消耗的氫氣莫耳總數。這相當於多少質量的氫氣?。

解:從所給的時間—電流變化來看,我們可以計算燃料電池產生的總電荷量(等於測量得到的電荷積累量) ,然後再利用式(3.7)即可計算反應過程中消耗的氫氣莫耳總數。

在整個工作時間內積分電流負載,便可以計算得到總電荷量。對於本例來說計算很簡單:

$$Q_{tot} = i_1t_1 + i_2t_2 = (2 \text{ A})(3600 \text{ s}) + (5 \text{ A})(7200 \text{ s}) = 43,200 \text{ C} \tag{3.8}$$

由於 2 莫耳電子轉移對應 1 莫耳氫氣反應,所以 $n = 2$。因此,燃料電池反應消耗的氫氣莫耳總數爲

$$N_{H_2} = \frac{Q_{tot}}{nF} = \frac{43\,200 \text{ C}}{2 \times 96\,400 \text{ C/mol}} = 0.224 \text{ mol} \tag{3.9}$$

因爲氫氣的莫耳質量約爲 2g/mol,所以這大約相當於 0.448g 的氫氣。

3.1.5 電流密度比電流更方便

由於電化學反應僅發生在界面處,所以產生的電流直接與三相界面的表面積成正比。等倍數提高三相界面反應的有效面積將可以使反應速率增加等倍。因此,電流密度(單位面積上的電流)比電流更方便使用;它允許了包括電子、質子與反應氣體之三相界面發生的反應以單位面積來進行比較。電流密度 j 的單位通常爲每平方公分的安培數[A/cm²]:

$$j = \frac{i}{A} \tag{3.10}$$

式中,A 表示面積。與電流密度相似,電化學反應的速率也可以用單位面積來表示。我們設定單位面積反應速率的符號 v 爲

$$\upsilon = \frac{1}{A}\frac{dN}{dt} = \frac{i}{nFA} = \frac{j}{nF} \tag{3.11}$$

3.1.6　電動勢或電位決定電子能量

電動勢(電壓)或電位(Potential)決定電子的能量。根據能帶理論(band theory)，金屬中電子的能量是由**費米能階(Fermi Level)所決定的**。藉由改變電極電動勢或電位(Potential)，我們可以改變電化學系統中電子能量(費米能階)，因而影響反應的方向。例如，在一個電極表面上某一化學物質的氧化物(Ox)和還原物(Re)之間發生了一般的電化學反應：

$$O_x + e^- \rightleftharpoons Re \tag{3.12}$$

如果使電極電動勢或電位(Potential)比平衡電動勢或電位(Potential)相對負值，反應將向生成還原物(Re)的方向移動 (試想一個相對負值的電極使電極排斥電子，迫使電子離開電極，進入電活性物質(electroactive species))。相反地，如果使電極電動勢或電位比平衡電動勢或電位相對正值，則反應將向氧化物(Ox)生成的方向移動(一個相對正值的電極將吸引電子到達電極，將它們"拉出"電活性物質)。圖 3.2 示意性地描述了這一概念。

電動勢或電位是決定電化學反應的關鍵。在本章的後面我們將完整介紹這一部分的原理以瞭解速率(電化學反應發生的電流)與電池電壓之間的關係。

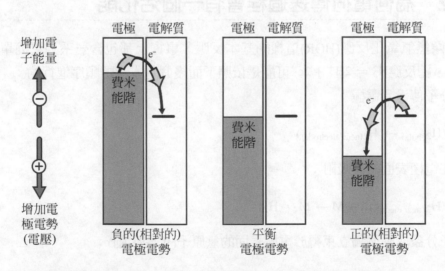

圖 3.2　電極電動勢或電位，可以決定反應是向還原反應(左)或氧化反應(右)。熱力學平衡電極電動勢或電位(中)決定是氧化反應和還原反應的平衡狀態。

3.1.7　反應速率是有限的

顯然地，一個電化學反應或者其他反應的速率都是有限的。這意味著電化學反應所發生的電流是有限的值。即使從能量的角度看它們是"下坡的"，但由於能量障礙(energy barrier)的存在(又稱爲**活化能(activation energy)**)會阻礙反應物向生成物的轉換,反應速率仍然是有限的。如圖 3.3 所示,反應物要轉化爲生成物,它們必須先越過這個活化"障礙"。反應物能克服這一障礙的**概率**決定了這個反應發生的速率。在下一節,我們將討論**爲什麼**電化學反應會存在活化障礙(activation barriers)。

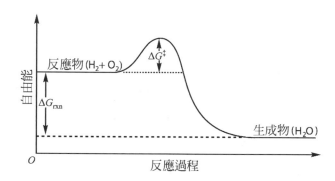

圖 3.3　活化能障礙($\Delta G^{\ddagger}$)阻礙反應物向生成物轉換。由於這一個活化障礙,
反應物到生成物的轉換速率(反應速率)受到限制

3.2　爲何電荷傳送過程會有一個活化能

　　即使像氫氣氧化反應(HOR)這樣的基本反應,事實上都包含一系列更簡單的基本步驟。例如,總反應$H_2 \rightleftharpoons 2H^+ + 2e^-$可能是依照下面幾個基本步驟順序進行的:

1. 氫氣分子傳送到電極:

$$(H_{2(bulk)} \rightarrow H_{2(near\ electrode)})$$

2. 氫氣在電極表面的被吸附:

$$(H_{2(near\ electrode)} + M \rightarrow M \cdots H_2)$$

3. 氫分子分裂成兩個獨立束縛於電極表面的氫原子(**化學吸附**):

$$(M \cdots H_2 + M \rightarrow 2M \cdots H)$$

4. 電子從化學吸附的氫原子中傳送到電極,同時釋放 H^+離子或質子(protons)到電解質中:

$$2 \times \left[M \cdots H \rightarrow (M + e^-) + H^+_{(near\ electrode)} \right]$$

5. H^+離子或質子(protons)離開電極的傳送:

$$2 \times \left[H^+_{(near\ electrode)} \rightarrow H^+_{(bulk\ electrode)} \right]$$

如同一支部隊只能遷就他們中行進最慢成員的步伐前進一樣,總反應速率也受到這個反應順序中最慢步驟所限制。假設上面總反應受限於氫氣的化學吸附和電子傳送到金屬電極(上面的步驟 4) ,這一步驟可以表示成

$$M \cdots H \leftrightharpoons (M + e^-) + H^+ \tag{3.13}$$

在這一個反應式中,$M \cdots H$ 代表一個氫原子被化學吸附(chemisorption)在電極表面(electrodes surface),$(M + e^-)$代表一個釋放後的電極表面和電極內部的一個自由電子,此反應的物理描述如圖 3.4 所示。圖 3.5 則顯示了相對的能量學變化。首先看圖 3.5 中的曲線 1,這一條曲線描述吸附氫原子 H 的自由能隨著與電極表面之間距離的越大而增加。我們知道氫原子是不穩定的(unstable);穩定性(stability)隨著氫原子被吸附到電極表面而增大。在電極表面化學吸附使氫部分滿足了它的鍵結(bond)要求,因而降低了它的自由能。將氫原子從電極表面分隔開來就破壞了這種鍵結,因而增加了自由能。

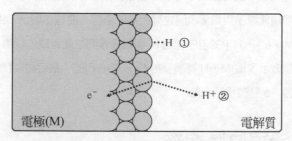

圖 3.4 化學吸附的氫電荷傳輸反應示意圖。反應物狀態,化學吸附的氫原子(M⋯H),
如①所示。電荷傳輸反應的完成如②所示,釋放一個自由電子進入金屬和一個
質子進入電解質$[(M + e^-) + H^+]$

現在看曲線 2,它代表電解質中 H^+離子或質子的自由能。這條曲線顯示,H^+離子或質子需要能量才可以靠近電極表面,以克服帶電離子或質子和電極表面之間的排斥力(repulsive force)。這種能量隨著 H^+越來越靠近電極表面而急劇增加,因為就能量角度而言,H^+的存在不受金屬內部歡迎的。當 H^+移入電解質中而遠離電極表面時,它的自由能會降低。

圖 3.5 中黑色實線表示從化學吸附的氫轉換為 H^+和$(M + e^-)$的"最容易"(最小)能量路徑。請注意這條能量路徑必然包含了一個需要克服**自由能障礙**的**最大值**。會發生需要克服**自由能障礙**最大值(free energy maximum)是由於保持能量上的穩定之任何反應物與生成物狀態之間轉換都涉及了一個自由能的增加(如曲線 1 和曲線 2 具體所示)。圖中標記為 a

的點稱為**活化態**(activated state)。化學物質處於活化態可以克服自由能障礙(free energy barrier)，因而可以不受任何阻礙地轉換為生成物或者反應物。

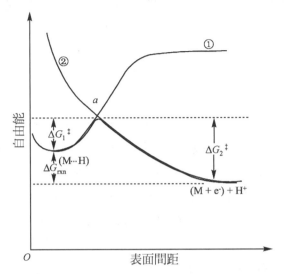

圖 3.5 吸附氫電荷轉移反應能量示意圖。曲線①顯示了反應物狀態([M⋯H])
的自由能隨氫原子與電極表面之間距離的函數。曲線②顯示了生成物
狀態([(M + e⁻) + H⁺])的自由能隨 H⁺與電極表面之間距離的函數。
黑色實線表示了從[M⋯H]轉換到[(M + e⁻) + H⁺]的"最容易"(最小值)
能量路徑。a 點表示活化態

▷ 3.3 活化能決定反應速率

化學物質只有處於活化狀態才能夠從反應物轉換到生成物。因此，反應物到生成物的轉換速率取決於反應物處於活化狀態的機率。與此相關的理論已經超出了本書的範圍，不過從統計力學的觀點認為一化學物質處於活化態的機率可由活化能的指數函數得出：

$$P_{act} = e^{-\Delta G_1^\ddagger/(RT)} \tag{3.14}$$

式中，P_{act} 表示發現反應物處於活化狀態的機率；$\Delta G_1^\ddagger$ 表示反應物和活化狀態之間能量障礙的大小；R 代表氣體常數(gas constant)；T 代表絕對溫度(absolute temperature)。以此機率為起點我們可以將反應速率的大小藉由一個統計過程來描述，其中包括參與反應的反應物數量(單位反應面積)，處於活化態的反應物之機率和活化物質轉變成生成物的機率：

$$\begin{aligned}
\upsilon_1 &= c_R^* \times f_1 \times P_{act} \\
&= c_R^* f_1 e^{-\Delta G_1^\ddagger/(RT)}
\end{aligned} \tag{3.15}$$

式中，v_1 代表正方向(從反應物(reactant)到生成物(products))的反應速率；c_R^* 是反應物表面濃度(reactant surface concentration (mol/cm^2))；f_1 是轉變到生成物的反應速率。此反應速率決定於活化物質的壽命(lifetime)和它轉換為生成物而非回退到反應物的可能性(一個處於活化態的物質可以向兩個方向"轉變")。更多關於轉變速率的細節在討論框中展示。

更多關於轉變速率(選讀)

如上面提到，轉變速率由活化物質的壽命和它轉換為生成物而非回退到反應物的可能性決定：

$$f_1 = \frac{P_{a \to p}}{\tau_a} \tag{3.16}$$

在這裏 $P_{a \to p}$ 表示活化態要轉變到生成物狀態的機率，τ_a 表示活化態的壽命。轉變到生成物的速率(f_1)和轉變到反應物的速率(f_2)兩者都可以計算。一般來説轉變速率是由活化態附近自由能的曲率所決定的。

為了簡化起見，我們通常假設轉換成反應物的機率(r)或生成物的機率(p)是相等的($P_{a \to p} = P_{a \to r} = 1/2$)。此外，$\tau_a$ 活化態的壽命通常近似於 $h/(2kT)$，其中 k 為玻耳茲曼常數，h 為普朗克常數。在這一種情況下，轉變到生成物和反應物的速率是相同的，簡化為

$$f_1 = f_2 = \frac{kT}{h} \tag{3.17}$$

將這一簡化速率計算公式與反應速率公式[公式(3.15)]組合可以得到下面簡化的反應速率計算公式：

$$v_1 = c_R^* \frac{kT}{h} e^{-\Delta G_1^\ddagger/(RT)} \tag{3.18}$$

▷ 3.4 反應淨速率的計算

當評估一個反應的淨速率(net rate of a reaction)時，我們必須同時考慮反應的順向速率和逆向速率。淨速率被定義爲順向反應和逆向反應之間的速率差。例如，化學吸附的氫反應[公式(3.13)]可以分成順向反應和逆向反應：

$$\text{正向反應：} \quad \text{M}\cdots\text{H} \rightarrow (\text{M}+e^-)+\text{H}^+ \tag{3.19}$$

$$\text{逆向反應：} \quad \text{M}\cdots\text{H} \leftarrow (\text{M}+e^-)+\text{H}^+ \tag{3.20}$$

順向反應(forward reaction)的反應速率為 v_1，逆向反應(reverse reaction)的反應速率為 v_2。淨反應速率 v 定義為

$$v = v_1 - v_2 \tag{3.21}$$

一般而言順向和逆向的反應速率可能不相等。在我們氫氣化學吸附反應的例子中，圖 3.5 自由能圖表顯示了順向反應的活化能障礙比逆向反應的活化能障礙小得多（$\Delta G_1^{\ddagger} < \Delta G_2^{\ddagger}$）。在這一種情況下，順向反應速率大於逆向反應速率。

依照反應速率公式[公式(3.15)]，淨反應速率 v 可以寫成

$$v = c_R^* f_1 e^{-\Delta G_1^{\ddagger}/(RT)} - c_P^* f_2 e^{-\Delta G_2^{\ddagger}/(RT)} \tag{3.22}$$

公式中，c_R^* 表示反應物的表面濃度；c_p^* 表示生成物的表面濃度；$\Delta G_1^{\ddagger}$ 表示順向反應的活化能障礙；$\Delta G_2^{\ddagger}$ 表示逆向反應的活化能障礙。從圖中可以看出，$\Delta G_2^{\ddagger}$、$\Delta G_1^{\ddagger}$ 與 ΔG_{rxn} 是相關的。在計算這些活化能的時候要留意正負號：ΔG 的計算為**終態－初態**。對於 $\Delta G_1^{\ddagger}$ 和 $\Delta G_2^{\ddagger}$ 來說，兩者、的終態皆是活化狀態，因此活化能障礙恆大於零。如果符號被正確處理了，則

$$\Delta G_{rxn} = \Delta G_1^{\ddagger} - \Delta G_2^{\ddagger} \tag{3.23}$$

公式(3.22)可以用順向活化能障礙(forward activation barrier $\Delta G_1^{\ddagger}$)表示成

$$v = c_R^* f_1 e^{-\Delta G_1^{\ddagger}/(RT)} - c_P^* f_2 e^{-(\Delta G_1^{\ddagger}-\Delta G_{rxn})/(RT)} \tag{3.24}$$

於是公式(3.24)顯示了一個電化學反應的淨速率是由順向反應速率和逆向反應速率的差值決定，這兩者皆與反應之活化能障礙 $\Delta G_1^{\ddagger}$ 的指數函數有關。

▷ 3.5 平衡態下的反應速率：交換電流密度(Exchange Current Density)

對於燃料電池而言，我們主要是對發生電化學反應的**電流**感興趣。因此，我們希望從電流密度角度重新改寫這些反應速率方程式。在 3.1.3 節中，電流密度 j 和反應速率 v 的關係以公式 $j = nFv$ 表示。因此，順向電流密度可以表示成

$$j_1 = nFc_R^* f_1 e^{-\Delta G_1^{\ddagger}/(RT)} \tag{3.25}$$

逆向電流密度可以表示成

$$j_2 = nFc_P^* f_2 e^{-(\Delta G_1^{\ddagger} - \Delta G_{rxn})/(RT)} \tag{3.26}$$

在熱力學平衡下，我們意識到這個順向電流密度和逆向電流密度必須是平衡的，因此沒有淨電流密度($j = 0$)。換句話說，

$$j_1 = j_2 = j_0 \text{ (平衡狀態)} \tag{3.27}$$

我們稱j_0為反應的**交換電流密度**(exchange current density)。雖然在平衡條件下，淨反應速率為零，但順向反應和逆向反應都在以j_0的速率發生著——此稱為"**動態**平衡"(dynamic equilibrium)。

3.6 平衡條件下的反應電動勢：伽伐尼電動勢

圖3.6顯示了另一個瞭解反應平衡狀態的方法，回顧了我們的氫氣化學吸附系統。圖3.6(a)是圖3.5的簡化版，顯示了氫氣化學吸附反應的化學自由能路徑。和反應物的狀態(M⋯H)相比，生成物狀態[(M + e⁻) + H⁺]具有更低的自由能，這將導致順向反應與對逆向反應之間存在不平衡的活化能障礙。如我們之前所討論的，我們預測順向的反應速率比逆向反應速率快。然而，這些不相等的反應速率導致電荷迅速地的增加，e⁻在電極表面累積，H⁺在電解質中累積。電荷會不斷累積直到反應界面的電動勢差($\Delta\phi$)恰好抵消反應物和生成物間化學自由能差。這一平衡(balance)正好表達了公式(2.94)關於電化學平衡(electrochemical equilibrium)的熱力學描述。化學能加上電動勢的效果如圖3.6(c)所示，淨力平衡(net force balance)導致了順向反應速率和逆向反應速率的相等。如我們前面介紹的，平衡反應的速率(equilibrium reaction rate)相當於交換電流密度(exchange current density)j_0。

在三相界面的電動勢($\Delta\phi$)增大之前，順向速率遠大於逆向速率。透過將順向活化能障礙$\Delta G_1^{\ddagger}$增加為$\Delta G^{\ddagger}$並且將逆向活化能障礙$\Delta G_2^{\ddagger}$降低為$\Delta G^{\ddagger}$，三相界面電動勢的增大有效平衡了這一狀況。我們可以寫出平衡條件下順向電流密度和逆向電流密度為

$$j_1 = nFc_R^* f_1 e^{-\Delta G^{\ddagger}/(RT)} \tag{3.28}$$
$$j_2 = nFc_P^* f_2 e^{-(\Delta G^{\ddagger} - \Delta G_{rxn} + nF\Delta\phi)/(RT)} \tag{3.29}$$

我們從氫氣反應的角度討論了圖 3.6，而在燃料電池的陰極氧氣反應也一樣可以簡單地描述。如同在氫氣反應中，反應物與生成物狀態之間的化學自由能差也會導致一個電動勢差。在平衡(equilibrium)時，兩方作用力達到平衡，導致一個淨反應為零的動態平衡。

如圖 3.7 所示，陽極和陰極的三相界面電動勢差之和產生了燃料電池的總熱力學平衡電壓。如圖 3.7 所示，陽極($\Delta\phi_{陽極}$)和陰極($\Delta\phi_{陰極}$)之三相界面電動勢稱為**伽伐尼電動勢** (Galvani potentials)。伽伐尼電動勢的確切數值至今仍不清楚，我們這裡不打算討論相關的原因。儘管科學家們知道陽極和陰極的伽伐尼電動勢必須加起來得到電池全反應的淨熱力學電壓($E^0 = \Delta\phi_{陽極} + \Delta\phi_{陰極}$)，但是他們還不能判斷這一電動勢在**多少程度上應該**歸因於陽極三相界面或陰極三相界面。因此，圖 3.7 只是舉例說明一種關於電池輸出電壓的可能。作為一項家庭作業，你可以試著畫出其他可能的電壓輪廓。

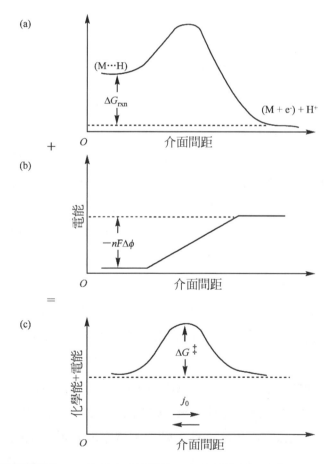

圖 3.6　在平衡條件下，(a)化學自由能差被(b)電動勢差平衡，導致(c)淨反應速率為零

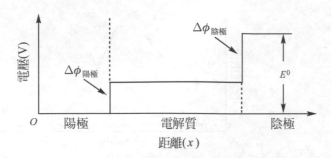

圖 3.7 由於科學家們只能判斷 E^0，而無法判斷 $\Delta\phi_{陽極}$ 和 $\Delta\phi_{陰極}$，本圖只是
展示了燃料電池電壓的可能輪廓。陰、陽電極的伽伐尼電勢必須加
起來才會等於電池反應的總熱力學電池電壓 E^0

3.7 電動勢和速率：巴特勒－沃爾默(Butler-Volmer) 方程式

電化學反應的一個特徵是能透過改變電池電動勢或電位(cell potential)來控制活化能障礙的大小。在所有電化學反應中，無論反應物或生成物皆包含有帶電的物質。帶電物質的自由能對於電壓或電位是很敏感的。因此，改變電池的電壓將改變參與反應的帶電物質的自由能，從而影響活化能障礙的大小。

圖 3.8 說明了這個概念。如果我們忽略反應陰極和陽極的三相界面伽伐尼電動勢所帶來的平衡益處，我們可以改變系統的能量以致有利於順向反應。在犧牲了部分熱力學有用的電池電壓之後，我們可以產生一個淨電流。陽極和陰極的伽伐尼電動勢都會降低(雖然不必等量地)以便於從燃料電池中獲得電流。圖 3.9 顯示了如何降低陰極和陽極伽伐尼電動勢從而發生一個比較小的淨燃料電池輸出電壓。

如圖 3.8(c)所示，將伽伐尼電動勢或電位降低 η，從而降低順向活化能障礙($\Delta G_1^{\ddagger}$ $<\Delta G^{\ddagger}$)，同時提高逆向活化能障礙($\Delta G_2^{\ddagger}>\Delta G^{\ddagger}$)。仔細觀察此圖可以發現，順向活化能障礙降低了 $\alpha nF\eta$，而逆向活化能障礙增加了 $(1-\alpha)nF\eta$。

α 的值取決於活化能障礙的對稱性(symmetry of the activation barrier)。α 稱為傳輸係數(transfer coefficient)，它表示反應三相界面電動勢的改變如何也使順向和逆向的活化能障礙的大小產生變化。α 值介於 0～1 之間。"對稱"(symmetric)的反應發生時，$\alpha = 0.5$；對於大部分電化學反應來說，α 範圍為 0.2～0.5。

在平衡狀態下，順向反應的電流密度和逆向反應的電流密度皆為 j_0。非平衡狀態時，可以將新的順向電流密度或逆向電流密度改寫成交換電流密度 j_0 與順向活化能障礙和逆向活化能障礙的變化：

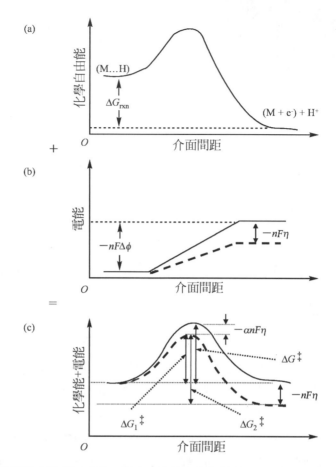

圖 3.8　如果降低反應三相界面的伽伐尼電動勢，順向反應的自由能將比逆向反應會更有利。當反應系統的 (a)化學能還是如前，改變(b)電動勢將打破(c)順向活化能障礙和逆向活化能障礙之間的平衡。在這幅圖中伽伐尼電動勢降低 η 從而使順向反應活化能障礙($\Delta G_1^{\ddagger} < \Delta G^{\ddagger}$)降低並提高逆向活化能障礙 ($\Delta G_2^{\ddagger} > \Delta G^{\ddagger}$)。

$$j_1 = j_0 e^{\alpha nF\eta/(RT)} \tag{3.30}$$

$$j_2 = j_0 e^{-(1-\alpha)nF\eta/(RT)} \tag{3.31}$$

淨電流($j_1 - j_2$)則為

$$j = j_0(e^{\alpha nF\eta/(RT)} - e^{-(1-\alpha)nF\eta/(RT)}) \tag{3.32}$$

　　雖然不是很明顯，但是這一方程式假設在電極處反應物和生成物的濃度不受淨反應速率的影響[記住 j_0 取決於 c_R^* 和 c_P^*；參見公式(3.25)和公式(3.26)]。然而，實際上淨反應速率還是會影響反應物和生成物的表面濃度。例如，當順向反應速率急劇地增加並且逆向反應速率急劇地減少時，反應物的表面濃度將趨於空乏(depleted)。在這一種情況下，下面公式可以反映出交換電流密度對濃度的相依特性：

$$j = j_0^0 \left(\frac{c_R^*}{c_R^{0*}} e^{\alpha nF\eta/(RT)} - \frac{c_P^*}{c_P^{0*}} e^{-(1-\alpha)nF\eta/(RT)} \right)$$

$$(3.33)$$

式中，η 代表電壓損失(voltage loss)或極化損失(polarization loss)；n 代表電化學反應中所轉移的電子數；c_R^* 和 c_P^* 是限制反應速率因物質有限的實際表面濃度；j_0^0 為參考點處交換電流密度的測量值，此處反應物和生成物濃度分別為 c_R^{0*} 和 c_P^{0*}。實際上，j_0^0 代表了"標準濃度"(standard concentration)下的交換電流密度。

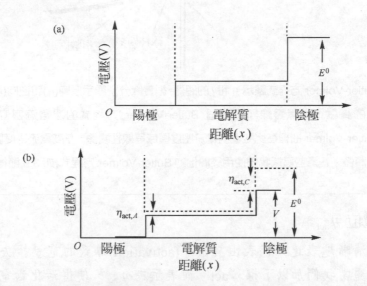

圖 3.9　從電池中獲取淨電流要求犧牲部分陽極和陰極的伽伐尼電動勢。本圖中，陽極伽伐尼電動勢降低了 $\eta_{act,A}$，陰極伽伐尼電動勢則減少了 $\eta_{act,C}$。如圖中所示，$\eta_{act,A}$ 和 $\eta_{act,C}$ 並不一定相等。對於一般的氫－氧燃料電池來說，通常 $\eta_{act,C}$ 比 $\eta_{act,A}$ 大得多

　　公式(3.32)[或(3.33)]也就是一般熟知的巴特勒－沃爾默(Butler-Volmer)方程式，它被認為是電化學動力學的基礎。它是所有在電化學系統中嘗試描述電流和電壓的主要的開始。請永遠記住它。Butler-Volmer 方程式闡述了基本電化學反應產生的電流會隨**活化過電動勢或活化過電位**(activation overvoltage)的指數增加而增大。活化過電位的符號用 η 表示，η 代表了為了克服電化學反應的活化能障礙而犧牲的電壓(損失)。因此，Butler-Volmer 方程式告訴我們，如果我們想從燃料電池中獲得更大的電流，我們必須以損失電壓作為交換代價。圖 3.10 顯示了 Butler-Volmer 方程式函數的曲線。函數的曲線被分成兩個不同的區域，這兩個不同區域是為了簡化說明公式(3.32)而切分的，使得它可以更容易處理動力學。這些簡化將在 3.9 節中討論。

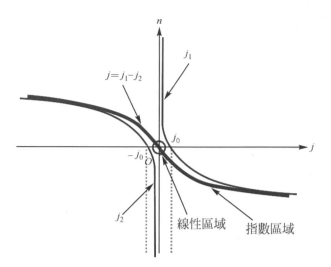

圖 3.10　Butler-Volmer 方程式顯示 η 和 j 的關係。細實線分別顯示順向(j_1)和逆向(j_2)電流密度項所作的貢獻，而黑實線顯示整個 Butler-Volmer 方程式的淨電流密度(j)。請注意，Butler-Volmer 曲線在比較低的電流密度區域呈線性關係，在高電流密度區域則呈現指數的關係。在這些區域我們使用了簡化的 Butler-Volmer 方程式(如 3.9 節得到的)

活化過電位 η_{act}

　　為了清晰地表達 η 代表由於活化(activation)導致的電壓損失或稱為活化過電位，通常我們加以下標 "act" 而表示為 η_{act}，使得活化過電位與在本書接下來的章節中讀到的電壓損失(它們也使用符號 η)區分開來。從現在開始，我們稱 Butler-Volmer 方程式中出現的活化損失 η_{act} 為「活化過電位」(acterivation overvoltage)。

　　儘管我們是用一個特定的氫-氧燃料電池反應的例子推導出 Butler-Volmer 方程式，但它還可以應用於所有單一步驟的電化學反應(或者應用於那些關鍵速率控制步驟明顯比其他步驟慢許多的電化學反應)。對於多步驟的電化學反應，每一個步驟的固有速率幾乎相同，此時 Butler-Volmer 公程式就需要作部分的修正(雖然這很重要，但其方法超出了本書的範圍)。儘管如此，對於這類複雜的多步驟電化學反應來說通常 Butler-Volmer 方程式還是很好的一階近似。

　　對於簡單的電化學系統而言，反應之間的變化可以視為 Butler-Volmer 方程式中的動力學參數如 α 和 j_0 等的改變。就燃料電池性能而言，反應動力學使得燃料電池的 i-V 極化曲線特徵為指數的活化電壓損失，如圖 3.11 所示。這條曲線從 E_{thermo} 開始計算，然後減去

η_{act}。η_{act} 對於 j 的函數是依 Butler-Volmer 方程式(3.32)而得出。活化電位的損失(即活化過電位 η_{act} 的大小)取決於反應的動力學。如圖 3.11 所示,這個活化電位的損失大小視交換電流密度 j_0 的大小。具有高交換電流密度 j_0 對於燃料電池性能的好壞是絕對重要的。下面,我們即將討論可以提高交換電流密度 j_0 的幾種有效方法。

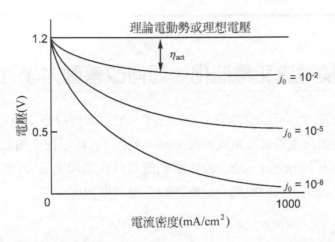

圖 3.11 活化過電位對燃料電池性能的影響。根據 Butler-Volmer 方程式,反應動力學通常造成電池 i-V 曲線的呈現指數損失。這一損失值大小受交換電流密度 j_0 的大小影響(對於不同交換電流密度 j_0 計算得到的極化曲線,取 $\alpha = 0.5$,$n = 2$,$T = 298.15$ K)

例 3.3　如果一個燃料電池反應在室溫下操作且 $\alpha = 0.5$ 和 $n = 2$,爲了將順向電流密度提高一個數量級,並將逆向電流密度降低一個數量級,需要多大的活化過電位?

解：由於 $\alpha = 0.5$,所以反應是對稱的。根據 Butler-Volmer 方程式,我們可依順向或逆向項來計算需要提高電流密度一個數量級的必要過電位,以下使用順向項：

$$\frac{10 j_1}{j_1} = \frac{j_0 \left(e^{\alpha n \mathrm{F} \eta_{act2}/(RT)}\right)}{j_0 \left(e^{\alpha n \mathrm{F} \eta_{act1}/(RT)}\right)} \tag{3.34}$$

$$10 = e^{\alpha n \mathrm{F} \Delta \eta_{act}/(RT)}$$

其中我們定義 $\Delta \eta_{act}$ 爲使順向電流密度提高 10 倍的活化過電位差 $(\eta_{act1} - \eta_{act2})$。求解 $\Delta \eta_{act}$ 得到

$$\Delta\eta_{act} = \frac{RT}{\alpha nF} \ln 10 = \frac{(8.314)(298.15)}{(0.5)(2)(96\,400)} \ln 10 = 0.059 \text{ V} \tag{3.35}$$

因而要增加順向電流密度一個數量級需要大約 60mV 的活化過電位。如果這個反應的交換電流密度 j_0 為 $10^{-6}\,\text{A}/\text{cm}^2$，則將淨電流密度 j 提高到 $1\text{A}/\text{cm}^2$(一般燃料電池工作時的電流密度)需要 $6 \times 60\text{mV} = 0.36\text{V}$ 的活化過電位。

▷ 3.8 交換電流和電催化：如何改善動力學性能

增加交換電流密度 j_0 可以改善動力學的性能。至於如何提高交換電流密度 j_0，讓我們先回憶一下我們是如何定義交換電流密度 j_0 的。記住，j_0 代表在平衡狀態下反應物和生成物之間的 "交換速率"(rate of exchange)。我們既可以從順向定義 j_0，當然也可以從逆向定義。在此為了簡單起見，我們取順向反應同時考慮濃度效應：

$$j_0 = nF c_R^* f_1 e^{-\Delta G_1^{\ddagger}/(RT)} \tag{3.36}$$

因為交換電流密度 j_0 中包括了反應物濃度的影響，所以我們必須使用公式(3.32)表示的 Butler-Volmer 方程式。觀察公式(3.36)，顯然我們不能改變 n、F、f_1(不能顯著地改變[f_1 是轉變到生成物的反應速率])或 R。因此，我們只有 3 種方法可以提高 j_0。不過事實上我們有 4 種主要方法可以提高 j_0，雖然第 4 種方法在公式中並不直接顯現。它們分別是

1. 增加反應物的濃度 c_R^*。
2. 降低活化能障礙 $\Delta G_1^{\ddagger}$。
3. 提高反應溫度 T。
4. 增加可能反應發生的數量(如增加反應界面的粗糙度)。

下面分別討論各項。

3.8.1 增加反應物濃度

在上一章，我們注意到增加反應物濃度從熱力學的觀點來看帶來的好處很少，主要是由於能斯特公式是呈對數函數形式。相對地，增加反應物濃度的益處從動力學的觀點來看則很顯著，這個增加反應物濃度的影響是呈線性函數而不是對數函數。我們可以提高燃料電池工作環境的壓力以提高氣體反應物的濃度，從動力學的觀點來看也就相對地改善了交換電流密度 j_0。遺憾的是，**降低**反應物濃度帶來交換電流密度 j_0 的動力學損失也同樣地顯著。

在實際的燃料電池中，由於某些原因動力學上反應物濃度的影響通常對我們不利。首先大部分燃料電池陰極使用的反應氣體是空氣而不是純氧氣。與純氧氣操作相比較，這將導致氧氣還原動力學下降約 5 倍。其次，如第 5 章將討論的，在高電流密度條件下工作的燃料電池，由於質量傳送的限制在電極處的反應物濃度往往是不足的。基本上來說，在電極處消耗反應物的速率大過於補充的速度，這將導致局部反應物濃度不足。這種濃度損失效應導致動力學上進一步損失交換電流密度。這種反應動力學和質量傳送的交互作用是第 5 章描述濃度損失效應的核心。

3.8.2 降低活化能障礙

從公式(3.36)可以看見，降低活化能障礙 $\Delta G_1^{\ddagger}$ 的大小可以提高交換電流密度 j_0。$\Delta G_1^{\ddagger}$ 活化能障礙的降低主要是電極表面的催化影響：電極催化是指一種可以顯著降低反應的活化能障礙的電極反應。由於 $\Delta G_1^{\ddagger}$ 出現在指數函數項，所以即使降低很小的活化能障礙都可以引起很大的效果，因此使用一種高效率催化電極的觸媒意味提供了一種可以大幅提高交換電流密度 j_0 的方法。

催化電極要如何降低活化能障礙呢？**透過改變反應表面的自由能**。如果我們還記得圖 3.5，氫電荷傳輸反應的活化能障礙的大小與[M···H]和[(M+e⁻)+H⁺]自由能曲線的形狀相關。因此，圖 3.5 所示的自由能曲線受到電極 M 的影響。不同的自由能曲線產生不同的活化能障礙，視 M···H 鍵的化學性質而定。

對於氫電荷傳送反應來說，一個強度適中的鍵可以提供最好的催化效果。為什麼適中強度的鍵最有效呢？如果[M···H]鍵過弱的話，則氫很難在初次接觸電極表面就縛於其上，進而又難以將電荷從氫中傳輸到電極。另一方面，如果[M···H]鍵過強的化，則氫縛在電極表面太牢固，難以釋放自由質子(H⁺)，而且電極表面會佈滿了不能反應的[M···H]對。鍵結束縛和反應性之間最佳的妥協方案是適中強度的[M···H]鍵結。這一催化活性的電極值與鉑系列金屬觸媒和其近鄰金屬觸媒(如 Pt，Pd，Ir 和 Rh)的催化特性相當。

催化劑的選擇也影響傳輸係數 α

需要注意的是傳輸係數 α 的值也受催化劑選擇的影響。請回憶傳輸係數 α 是基於活化態附近自由能曲線的對稱性。因此，電極自由能曲線的改變應該也會改變傳輸係數 α。Butler-Volmer 方程式預測增加傳輸係數 α 會導致一個更高的淨電流密度。因此，我們需要一個具有高傳輸係數 α 的催化劑，而不是一個具有低傳輸係數 α 的催化劑。通常，催化劑選擇的不同對傳輸係數 α 只有輕微的改變，所以與其他催化效果相比，它通常是可以忽略的。

3.8.3 提高反應溫度

公式(3.36)顯示了提高反應溫度也會增加交換電流密度 j_0。透過增加反應溫度,我們可以增加系統中可用的熱能;此時系統中所有粒子四處移動與振動的強度增加。這種較高熱能活性增加了反應物可以獲得的能量滿足活化狀態的可能性,因而增加了反應速率。如同改變化能障礙一樣,改變溫度對交換電流密度 j_0 也是呈現指數函數的影響。

在真實的情況中,如果要對於溫度對於燃料電池的影響作完整描述則較上述更複雜一些。在高過於電動勢的階段,再提高反應溫度反而會降低交換電流密度。感興趣的讀者可以在後面的參考對話方塊裏找到對應這一效應的進一步解釋。

3.8.4 增加反應發生的數量

雖然在公式(3.36)中並不顯見其影響,第 4 種增加交換電流密度 j_0 的方法是增加單位面積上可能發生反應的數量。請記住 j_0 表示交換電流的密度或**單位面積**的反應電流。電流密度一般定義為一個電極的投影**平面**或投影的幾何面積,如果一個電極表面極粗糙或呈多孔洞結構,那麼真實電極的表面積將會是電極投影的幾何面積的幾個數量級的倍數。單就動力學而言,與一個光滑的電極表面相比較,一個非常粗糙或多孔洞結構的電極表面可以提供發生更多的反應場所與數量。因此,一個粗糙電極表面的有效交換電流密度 j_0 會比一個光滑電極表面的 j_0 來得大。這一種關係可以表示為

$$j_0 = j_0' \frac{A}{A'} \tag{3.37}$$

式中, j_0' 代表一個完全光滑電極表面的交換電流密度。比率 A/A' 表示一個真實的電極(面積 A)相對於光滑電極(面積 A')的增大倍數。該一定義的好處是 j_0' 可以成對於某一個電化學反應電極的本徵性質(intrinsic property)。對於在硫酸條件下 Pt 表面的氫氣氧化反應來說,標準狀態下交換電流密度 j_0' 的值一般大約是 $10^{-3} A/cm^2$ 左右。但是利用有效表面積為光滑鉑觸媒薄膜 1000 倍的鉑碳載體催化電極,氫氣氧化反應的有效交換電流密度 j_0' 可以接近到 $1A/cm^2$。

▶ 3.9 簡化的活化動力學:泰菲爾方程式 (Tafel equation)

當處理燃料電池反應動力學時,Butler-Volmer 方程式常被認為太過於複雜。本節中,我們用兩個有用的近似 Butler-Volme 方程式來簡化動力學。這些近似可以在 Butler-Volmer 方程式中假設非常小或非常大活化過電位(η_{act}) 的時候適用:

● **當活化過電位 η_{act} 非常小**。對於小的 η_{act}(室溫下約小於 15mV)可以進行指數項的泰勒式展開，同時忽略次數高於 1 次的項(當 $x<<1$ 的時候，$e^x \approx 1+x$)。這種處理結果得到

$$j = j_0 \frac{nF\eta_{act}}{RT} \tag{3.38}$$

這說明了電流和過電位在偏離平衡態很小的時候是呈線性關係，而且與傳輸係數 α 無關。理論上來說，交換電流密度 j_0 的值可以在低活化過電位 η_{act}(如低電流密度)條件下測量電流密度 j 相對於活化過電位 η_{act} 的變化而得到。如之前講到的，交換電流密度 j_0 對燃料電池性能很重要，所以能測量交換電流密度將有極大益處。遺憾的是，實驗誤差源如雜質電流、歐姆損失和質量傳送效應等都會爲這種測量帶來困難。取而代之，交換電流密度 j_0 值通常在比較高的過電位時測量得到(如下)。

● **當活化過電位 η_{act} 很大**。對於很大的**活化過電位** η_{act}(室溫下大於 50～100mV)而言，此時可以忽略 Butler-Volmer 方程式中第二個指數項。換句話說，順向反應方向變成具有關鍵的決定作用，這相當於一個完全**不可逆**反應過程(irreversible reaction process)。Butler-Volmer 方程式可以簡化爲

$$j = j_0 e^{\alpha n F\eta_{act}/(RT)} \tag{3.39}$$

解此方程式得到

$$\eta_{act} = -\frac{RT}{\alpha nF} \ln j_0 + \frac{RT}{\alpha nF} \ln j \tag{3.40}$$

活化過電位 η_{act} 對 $\ln j$ 的曲線是一條直線。透過擬合活化過電位 η_{act} 對 $\ln j$ 或 $\log j$ 可以獲得交換電流密度 j_0 和傳輸係數 α。對於比較準確的結果來說，擬合應該使電流至少在一個甚至更多的數量級範圍內保持與曲線一致。如果將等式表示爲以下形式：

$$\eta_{act} = a + b \lg j \tag{3.41}$$

此式稱爲**泰菲爾公式**(Tafel equation)，b 稱爲**泰菲爾斜率**(Tafel slope)。如同 Butler-Volmer 方程式的簡化，這一方程式對電化學動力學來說也是非常重要的。事實上，泰菲爾公式要比 Butler-Volmer 方程式更早出現，它起初是基於電化學觀察而產生的經驗公式。很久以後，動力學理論才爲泰菲爾公式提供了一個基本理論解釋！

對於燃料電池來說，我們關心的是可以產生大量淨電流的情況。這種情況對應於一個順向反應來說應該主要是不可逆的反應過程。因此，在絕大部分討論中 Butler-Volmer 方程式的第二個近似(泰菲爾公式)被證明是非常有用的。如圖 3.12 所示爲泰菲爾曲線的一個

實例，顯示了一般電化學反應中活化過電位與電流密度 η-$\ln j$ 的線性關係。在高過電位的條件下，線性泰菲爾公式很準確。然而，在低過電位條件下，泰菲爾近似偏離了 Butler-Volmer 動力學。根據此圖的線性擬合得到斜率和截距，我們可以計算出電流密度 j_0 和傳輸係數 α (需要注意的是大部分泰菲爾圖給出的座標參數是 η_{act} 對 $\log j$。請注意進行從十進位對數 $\log j$ 到自然對數 $\ln j$ 應該作的必要轉換)。

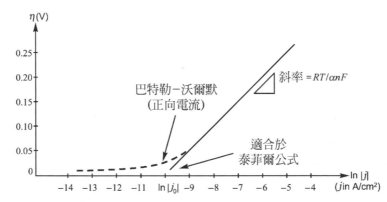

圖 3.12　設想的電化學反應 j-η 描述。在高過電位下，泰菲爾近似的動力學線性擬合允許得到 j_0 和 α。在低過電位下，泰菲爾近似則偏離了 Butler-Volmer 動力學

例 3.4　計算圖 3.12 中反應的 j_0 和 α 值。假設圖中描述的動力學是對應一個 $n = 2$ 的，在室溫下工作的電化學反應。

解：利用泰菲爾線形擬合圖 3.12 中資料，我們得以提取到 j_0 和 α。從圖中，泰菲爾線的 j 軸截距給出 $\ln j_0 = -10$。因而

$$j_0 = e^{-10} = 4.54 \times 10^{-5} \text{A}/\text{cm}^2 \tag{3.42}$$

估算本圖的泰菲爾斜率(Slope)得到

$$\text{Slope} \approx \frac{0.25 - 0.10}{-5 - (-8)} = 0.05 \tag{3.43}$$

由泰菲爾公式，這一斜率等於 $RT/(\alpha nF)$。解 α 得到

$$\alpha = \frac{RT}{\text{Slope} \times nF} = \frac{8.314 \times 298.15}{0.05 \times 2 \times 96\,400} = 0.257 \tag{3.44}$$

因而此反應的傳輸係數 α 值相當小，爲 0.257；交換電流密度 j_0 值則適中，爲 $4.54 \times 10^{-5} \text{A}/\text{cm}^2$。這些動力學參數意味著這是一個中等偏慢的電化學反應。

溫度效應的更多討論(選讀)

在高過電位下,增加反應溫度反而降低電流密度。怎麼會這樣呢?雖然升高溫度增加了交換電流密度 j_0,但它對於活化過電位具有相反效果。在夠高的過電位下,這一"不良"的溫度效應實際上超出了溫度的"良性"效果。由於這種逆轉只發生在高過電位的條件下,我們可以利用 Butler-Volmer 方程式的泰菲爾公式近似進一步討論以下的情況:

$$j = j_0 e^{\alpha nF\eta_{act}/(RT)} \tag{3.45}$$

如果加入交換電流密度 j_0 的溫度效應,並且合併所有非溫度相依常數到常數 A 中,則

$$j = Ae^{-\Delta G_1^{\ddagger}/(RT)} e^{\alpha nF\eta_{act}/(RT)} \tag{3.46}$$

由以上等式 $j = A \exp[(\alpha nF\eta_{act} - \Delta G_1^{\ddagger})/RT]$ 可以看到,當 $\alpha nF\eta_{act} < \Delta G_1^{\ddagger}$ 時,電流密度 j 會隨著溫度的升高而增大;但當 $\alpha nF\eta_{act} > \Delta G_1^{\ddagger}$ 時,電流密度會隨溫度升高而下降。換句話說,當活化過電位大於 $\Delta G_1^{\ddagger}/\alpha nF$ 時,提高反應溫度不再有幫助,反而會導致電流密度下降。

溫度效應很少在實驗中觀察到。至於其他提高溫度的正面效應(如改進離子導電率(ion conductivity)和質量傳送(mass transport))通常比反應動力學效應重要。然而,此溫度效應現象凸顯了電化學反應動力學的複雜性,並提供了一個很有趣的註解。

▷ 3.10 不同燃料電池反應產生不一樣的動力學

如前面提到的,Butler-Volmer 方程式適用於簡單的電化學反應。反應之間的變化可以依照動力學參數 α 及 j_0 等參數計算而得到。比較緩慢的反應動力學(低傳輸係數 α 值和交換電流密度 j_0 值)將導致嚴重的性能損失,而快速的反應動力學(高傳輸係數 α 值和交換電流密度 j_0 值)則導致較少的性能損失。

以基本的氫-氧燃料電池為例。在氫-氧燃料電池中,氫氣的氧化反應(HOR)動力學極其迅速,而氧氣的還原反應(ORR)動力學卻非常緩慢。因而活化過電位損失主要發生在陰極,也就是發生氧氣的還原反應 ORR 的地方。一般低溫型氫-氧燃料電池中陽極和陰極的活化損失的區別如圖 3.13 所示。

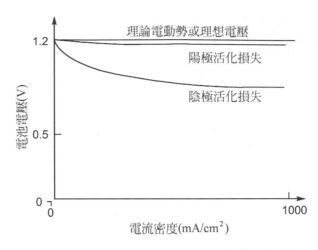

圖 3.13 氫－氧燃料電池陽極與陰極在活化損失中的相對貢獻大小。由於陰極的
氧氣還原動力學比較緩慢，主要的活化過電勢損失發生在陰極

    ORR 氧氣的還原反應比較慢是因為反應過程比較複雜。ORR 的完成需要許多個獨立的步驟和明顯的分子重構(molecular reorganization)。相對地，HOR 氫氣的氧化反應比較簡單。H_2 和 O_2 動力學過程的對比請參見表 3.1 和表 3.2，表中列出了 HOR 和 ORR 在各種電極表面對應的交換電流密度 j_0' 值。雖然鉑電極表面對於這兩個 ORR 與 HOR 反應都是最有活性的，ORR 的 j_0' 值還是比 HOR 的低至少 6 個數量級，況且大部分燃料電池是在空氣而不是純氧的條件下工作。雖然我們前一章看到使用空氣並不會導致明顯的熱力學損失，但它的確會造成明顯的動力學損失。由於氧氣的濃度出現在 Butler-Volmer 方程式中與在交換電流密度 j_0 中(取決於你選擇哪種形式的 Butler-Volmer 方程式)，在空氣條件下(約 1/5 純氧濃度)與在純氧氣體相比將導致額外 5 倍的動力學損失。

表 3.1 在標準狀態下($T \approx 300$ K，1atm)各種電極表面的氫氣氧化反應之交換電流密度

表面	電解質	$j_0'(A/cm^2)$
Pt	酸性的	10^{-3}
Pt	鹼性的	10^{-4}
Pd	酸性的	10^{-4}
Rh	鹼性的	10^{-4}
Ir	酸性的	10^{-4}
Ni	鹼性的	10^{-4}
Ni	酸性的	10^{-5}
Ag	酸性的	10^{-5}

表 3.1 在標準狀態下($T \approx 300$ K，1atm)各種電極表面的氫氣氧化反應之交換電流密度(續)

表面	電解質	$j_0'(\mathrm{A}/\mathrm{cm}^2)$
W	酸性的	10^{-5}
Au	酸性的	10^{-6}
Fe	酸性的	10^{-6}
Mo	酸性的	10^{-7}
Ta	酸性的	10^{-7}
Sn	酸性的	10^{-8}
Al	酸性的	10^{-10}
Cd	酸性的	10^{-12}
Hg	酸性的	10^{-12}

註：近似到最近的十位數。面積歸一為金屬的單位**真實面積**[4,5]。

表 3.2 標準態下($T \approx 300$ K，1atm)各種電極表面的氧氣還原反應之交換電流密度

表面	電解質	$j_0'(\mathrm{A}/\mathrm{cm}^2)$
酸性電解質中的金屬表面		
Pt	酸性的	10^{-9}
Pd	酸性的	10^{-10}
Ir	酸性的	10^{-11}
Rh	酸性的	10^{-11}
Au	酸性的	10^{-11}
PEMFC 中的鉑合金		
Pt-C	Nafion	3×10^{-9}
PtMn-C	Nafion	6×10^{-9}
PtCr-C	Nafion	9×10^{-9}
PtFe-C	Nafion	7×10^{-9}
PtCo-C	Nafion	6×10^{-9}
PtNi-C	Nafion	5×10^{-9}

註：正規化為電極的單位表面積。儘管兩個反應都在同一組電極上顯示了最高的活性，ORR 的交換電流密度比 HOR 小幾個數量級。對於質子交換膜燃料電池，鉑合金可能比純鉑具有些許的性能增強[4,6]。

由於 HOR 氫氣氧化反應比較直接且動力學反應快,使用氫氣燃料具有很明顯的動力學優勢。當使用其他更複雜的碳水化合物作爲燃料時,陽極動力學過程便會像陰極動力學過程一樣複雜且緩慢。此外,含有碳的燃料容易產生有害的中間產物而導致燃料電池 "中毒"。對於低溫型燃料電池,最嚴重的是 CO。CO 會永久地吸附在鉑表面,從而堵塞反應區,這種被 CO 鈍化的鉑電極表面稱爲 "中毒" 了,因此無法發生我們期待的電化學反應。

高溫型燃料電池解決了許多這類動力學問題。對於固態氧化物燃料電池而言,CO 還可以當做一種燃料使用而不是有 "毒" 氣體。進一步來說,高溫可改善氧氣動力學過程,明顯地降低氧氣的活化損失。碳水化合物的反應性也因此提高。

燃料電池的反應動力學不僅隨燃料的類型和工作溫度變化,它們也隨使用的電解質不同而改變。例如,對於質子交換膜(酸性)燃料電池,H^+是電荷載體,反應爲

$$H_2 \rightarrow 2H^+ + 2e^- \tag{3.47}$$

與鹼性燃料電池的 HOR 相比,OH^- 是電荷載體:

$$H_2 + 2OH^- \rightarrow 2H_2O + 2e^- \tag{3.48}$$

進一步與固態氧化物燃料電池的 HOR 相比,O^{2-} 是電荷載體:

$$H_2 + O^{2-} \rightarrow H_2O + 2e^- \tag{3.49}$$

對於這些燃料電池,反應化學和溫度的不同意味著要使用不同的催化劑。對於低溫酸性電池(質子交換膜燃料電池和磷酸燃料電池)要使用鉑的催化劑;對於鹼性燃料電池要使用鎳的催化劑;對於固態氧化物燃料電池則使用鎳或陶瓷的催化劑。有興趣的讀者,本書 8.2 節~8.6 節燃料電池技術的部分會講述關於各種燃料電池催化劑材料的一些細節。

▷ 3.11 催化劑－電極的設計

如我們看到的,提高交換電流密度可以盡可能地減小活化損失。由於交換電流密度與催化劑材料的選擇和總反應表面積有直接的函數關係,因此催化劑－電極設計的核心便是這兩個參數,以期得到最佳的性能表現。

爲了僅可能增加反應表面積,我們可以製作奈米結構的多孔電極來完成氣相孔洞、傳導電子電極和傳導離子電解質膜三相界面之間的接觸。這樣的奈米結構設計試圖使燃料電池中的總反應數量最大化。在燃料電池文獻中,這些反應區被稱爲**三相區**或者**三相界面**(triple phase zones or triple phase boundaries, TPB)。這一名詞涉及了這樣一個事實:燃料電

池反應只能發生在三種相—電解質(electrolyte)、氣體(gas)和傳導電子(electrically)的催化劑區—緊密接觸的區域。TPB 就是所有反應過程發生的地方！圖 3.14 示意了簡化的 TPB 結構。

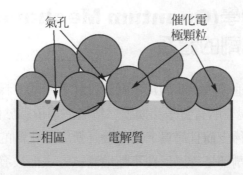

圖 3.14　燃料電池中電極－電解質三相界面的簡化示意圖，說明了由催化活性的傳導電子電極顆粒、電解質相和氣相相交形成三相介面反應區

如前面所述，第 2 個參數是催化劑的最佳化，這是燃料電池的化學性質和工作溫度的函數。對於有效催化劑的主要基本要求如下：

● 高機械強度；

● 高導電性；

● 低腐蝕性；

● 高孔隙率；

● 容易製備；

● 高催化活性(高 j_0)。

對於質子交換膜燃料電池而言，鉑是目前最為熟知的催化劑。對於高溫燃料電池來說，比較常用鎳或陶瓷的催化劑。如之前提及的，關於選取催化劑的專門技術在 8.2 節～8.6 節有詳細的討論。設計新的催化劑是一門很熱門的研究領域。在下一節，我們將簡要地討論量子力學方法用於模擬和設計催化劑。

無論哪種催化劑，催化劑層厚度都是另一個需要仔細注意的影響變數。在實際做法中，大多數催化劑的厚度大約為 10～50μm。較薄層催化劑有利於更好的氣體擴散和催化劑利用，較厚層催化劑包含了更多的催化劑載量，提供了更多的 TPB 三相界面反應區域。因此，催化劑厚度的最佳化需要精細地平衡質量傳送和催化劑的活性。

一般而言，催化劑層是由一層較厚的多孔電極支撐層來加強。在質子交換膜燃料電池中，這個電極支撐層被稱為氣體擴散層(GDL)。GDL 層可以保護通常很精細的催化劑結構，提供機械強度，允許氣體自由地到達催化劑，改善傳導電子特性。電極的支撐層通常在 100～400μm 範圍內。由於與催化劑在一起，比較薄的電極支撐通常可以提供較好的氣體傳輸，但是同時也可能提高電阻或減少機械強度。

隨著燃料電池類型的不同，催化劑－電極的設計細節亦有所變化。第 8 章提供了各種主要燃料電池的詳細情況。

▷ 3.12　量子力學(Quantum Mechanics)：瞭解燃料電池催化劑的體系

瞭解催化劑在燃料電池中所扮演的角色對於設計下一代燃料電池系統是很重要的。如上面一節討論的，事實上現在所有質子交換膜燃料電池都依賴於使用鉑或者鉑合金作爲催化劑材料。遺憾的是，鉑稀少而且昂貴。這是設計新的催化劑的新動力。

目前爲止大部分催化劑都是透過反覆不斷地測試方法而被發現的。然而，考慮到龐大材料的組合數目，更好的催化劑還有待發現。遺憾的是，反覆測試法來發現最適合的催化劑是非常耗時間且昂貴的。幸運的是，有一種成本低廉的系統方法——類比然後經測試驗證——近來成爲可能。對於燃料電池來說，這種模擬方法可以幫助很快辨識與鉑相比具有同等或者可能更好性能的新催化材料系統。在這一研究中，量子力學模擬工具扮演了很關鍵角色。初步理解它們的能力對於下一代燃料電池科學家和工程師們非常重要。在本節，我們簡單瞭解一下量子力學如何爲尋找新的催化劑做出貢獻。

燃料電池的催化劑是如何工作的呢？到目前爲止，我們都是從整體的角度來討論催化劑。然而，量子力學的模擬可以提供給我們更深入的瞭解。例如，從量子觀點考慮燃料電池陽極：氫氣作爲一種分子物質進入燃料電池陽極，如圖 3.15(a)所示，氫氣分子由兩個氫原子組成，它們透過電子鍵結緊密連接在一起。此圖中圍繞氫氣分子的三維表面是分子中電子密度的物理表現。事實上，電子密度的分佈定義了分子的空間的"擴展"(extent)和"形狀"(shape)。圖 3.15 是使用一種被稱爲密度函數理論(DFT)的量子力學技術計算得到的。具體而言，人們使用了一種稱爲 Gaussian[2]的商業工具，它可以確定一個量子系統的電子密度和最低能量。近十年，像 Gaussian 這樣的商業量子工具才開始普及，它們建構於量子力學的數學體系之上，有興趣的同學可以參閱附錄 D 以瞭解更詳細的內容。

在圖 3.15(b)中，我們觀察到氫氣分子開始與鉑催化劑簇相互作用。隨著氫氣分子越來越靠近[圖 3.15(b)～圖 3.15(d)]，氫分子與鉑原子之間的鍵形成。鉑和氫之間新出現的鍵導致 H-H 鍵弱化並最終完全分裂。這麼一來鉑催化劑便促進了氫分子分裂爲氫原子的過程。在沒有鉑簇條件下，這一反應不會自動發生；相反地，我們需要輸入很大的能量才足以導致其分裂。

---

[2] Gaussian 是一種由 Gaussian 公司研究的計算工具，它可以預測分子系統的能量、分子結構和振動頻率。

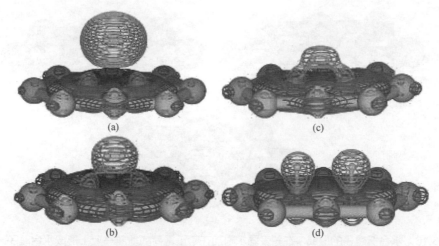

圖 3.15　隨著氫原子接近鉑原子簇，電子軌道的演變。(a)鉑和氫分子還沒有
　　　　　相互作用，(b)和(c)原子軌道開始交疊形成鍵，(d)幾乎在達到最低
　　　　　能量結構的同時，氫原子發生完全的分離

　　圖 3.15(d)中每個分裂的氫原子跟鉑原子共用它的電子。在下一步反應中，氫原子必須從鉑原子表面去除(以氫離子形式)而留下它們的電子。然後電子可以從電極被蒐集，產生有用的電流。在大部分質子交換膜燃料電池環境中，氫離子是透過與水分子結合生成水合氫離子(H_3O^+)的方式離開鉑表面。

　　一旦形成水合氫離子，它就可能離開鉑表面。形成水合氫離子和其後從催化劑表面分離可能都需要克服一定的小能量障礙(energy barrier)。這部分能量可以由周圍水分子的隨機運動(random motion)或者鉑表面的熱學振動(thermal vibration) 提供。一旦水合氫離子離開，鉑表面就可以進行下一次反應，一個新的氫分子可以被束縛在鉑表面進而再次發生上述一系列的反應。圖 3.16 顯示了這一反應的順序。

　　圖 3.17 顯示了燃料電池陰極的情況。圖 3.17(a)顯示接近鉑表面氧氣分子的 p 電子。圖 3.17(b)顯示氧氣在鉑簇表面形成鍵。如圖中所示，在鉑襯底表面氧氣的分裂並不像 H_2 那樣容易。O-O 鍵被削弱，但是和鉑成鍵後並沒有被破壞。殘餘的鍵強度還有 2.3eV。相對地，在沒有鉑催化劑條件下，O-O 鍵的強度為 8.8eV。因此我們需要更大的能量才能完成吸附的氧與質子(水合氫離子)之間形成水的燃料電池反應。這一量子力學圖片解釋了為什麼氧氣反應比氫氣反應慢得多。

　　這些圖中的影像都經過了必要的簡化。各種細節包括電動勢的影響、鉑表面結構和額外水分子的介入都被忽略了。例如，更複雜的陰極類比顯示在部分破裂的氧分子和質子之間形成 OH^- 團有利於進一步降低氧完全破裂所要求的能量[3]——這一機制在許多低溫型質子交換膜燃料電池中已被公認。

---

[3] 同樣地，鉑中電子的自旋狀態會影響分裂氧－氧鍵結的能量。更多的解釋請詳見附錄 D。

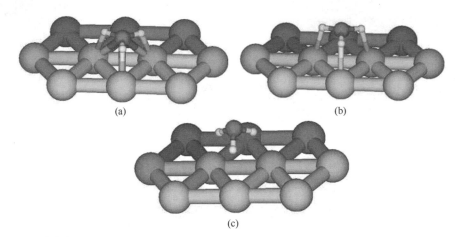

圖 3.16　水合氫離子的形成。在鉑表面水附加在帶正電荷的氫離子上，形成水合離子。水合
離子之後從表面脫附。為簡便起見，圖中只顯示了原子核(沒有電子軌道)

　　儘管仍然有一些問題，但是以上所討論的簡單模型提供了很好的定性解幫助深入瞭解催化劑是如何工作的。同時它也顯示了下一代量子工具可能提供瞭解催化材料和奈米結構的方法。

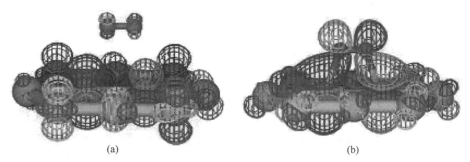

圖 3.17　(a)氧分子接近鉑催化劑表面，(b)即使透過形成混合軌道達到最
低能量結構，氧分子也並不完全分裂成獨立的氧原子

◨ 3.13　本章摘要

　　本章的目的是解釋燃料電池的反應過程如何導致降低性能的各項損失。研究反應過程稱為反應動力學，而由於動力學的限制產生的電壓損失稱為活化損失。其要點包括：

● 電化學反應包含電子的傳送，並發生在電極表面。

● 由於電化學反應包含電子傳送，因此產生的電流可以做為測量反應速度的一種方式。

● 由於電化學反應發生在電極表面，所以速率(電流)與反應表面積成正比。

● 電流密度比電流更方便使用，我們用電流密度(單位面積的電流)來正規化系統大小的影響。

- 活化能阻止反應物往生成物的轉換(反之亦然)。

- 犧牲部分燃料電池電壓可以降低活化能障礙,從而增加反應物轉換爲生成物的速率,進而增加反應產生的電流密度。

- 損失的電壓稱爲活化過電位 η_{act}。

- 電流密度 j 與活化過電位 η_{act} 之間爲指數關係。它由 Butler-Volmer 方程式描述成以下形式: $j = j_0(e^{anF\eta_{act}/(RT)}) - e^{-(1-a)nF\eta_{act}/(RT)}$。

- 交換電流密度 j_0 表示了平衡速率,即反應物和生成物在無活化過電位條件下交換的速率。高 j_0 意味著一個容易發生的反應,低 j_0 意味著一個遲緩的反應。

- 最大化 j_0 可以使活化過電位損失降到最小。有 4 種主要方法可以提高 j_0:(1)增加反應物濃度,(2)提高反應溫度,(3)降低活化能障礙(透過使用一種催化劑)和(4)增加反應數量(透過製備高表面積電極和三維結構的反應界面)。

- 燃料電池通常在相對高電流密度下工作(高活化過電位)。在高活化過電位下,燃料電池的動力學過程可以用簡化的 Butler-Volmer 方程式 $j = j_0 e^{anF\eta_{act}/(RT)}$ 近似。對於一般化自然對數的形式,這一公式稱爲泰菲爾公式 $\eta_{act} = a + b\log j$,其中 b 是泰菲爾斜率。

- 對於氫-氧燃料電池來說,氫氣(陽極)動力學過程一般比較容易,只發生很小的活化損失。相比之下,氧氣動力學過程很緩慢,導致比較明顯的活化損失(在低溫下)。

- 具體的燃料電池反應動力學過程取決於燃料、電解質的化學性質和工作溫度。對於低溫型燃料電池,通常選擇鉑作爲催化劑,高溫型燃料電池選用基於鎳或陶瓷的催化劑。

- 有效的燃料電池催化劑主要應具備:(1)活性、(2)電子傳導性和(3)穩定性(特別是燃料電池環境的熱學、機械和化學穩定性)。

- 爲了增大交換電流密度 j_0,燃料電池催化劑-電極的設計應該使得單位面積的反應數量最大化。增大反應數量意味著最大化"三相界面"區,即同時具有電解質、反應物和催化劑活性的電極三相相交處。最佳的催化劑-電極是仔細最佳化的、多孔的、高表面積的結構。

習 題

綜述題

3.1 本問題包括 3 個部分：

  (a) 對於下面反應：

$$\tfrac{1}{2}O_2 + 2H^+ + 2e^- \rightleftharpoons H_2O$$

  標準電極電勢是+1.23V。在標準態下，如果電極電勢減少到 1.0V，這會使反應偏向順向還是逆向方向？

  (b) 對於下面反應：

$$H_2 \rightleftharpoons 2H^+ + 2e^-$$

  標準電極電勢是 0.0V。在標準態下，如果電極電勢增加到 0.10V，這會使反應偏向順向還是逆向方向？

  (c) 考慮你對於(a)和(b)的答案，在氫－氧燃料電池中，如果我們增加燃料電池總反應速率：

$$H_2 + \tfrac{1}{2}O_2 \rightleftharpoons H_2O$$

  其由下面半反應組成：

$$H_2 \rightleftharpoons 2H^+ + 2e^-$$
$$\tfrac{1}{2}O_2 + 2H^+ + 2e^- \rightleftharpoons H_2O$$

  反應的電勢差(電壓輸出)會發生什麼情況？

3.2 圖 3.7 展示了燃料電池電壓形狀的一種可能情況。畫出其他兩種可能的電壓圖形，要求具有相同的總電池電壓但是不同的伽伐尼電勢。在總電池電壓是正的情況下，伽伐尼電勢之一是否可能為負？

3.3 α 是什麼？假設伽伐尼電勢沿反應介面線性變化，試畫出對應 $\alpha > 0.5$、$\alpha = 0.5$ 和 $\alpha < 0.5$ 的自由能曲線。

3.4 交換電流密度代表什麼？

3.5 (a) 泰菲爾公式中，泰菲爾斜率 b 與 α 關係為何？

  (b) 截距 a 與交換電流密度關係為何？(注意泰菲爾公式是用 log 而非 ln 定義的)。

3.6 對於固態氧化物燃料電池(電解質中電荷載體是 O^{2-})，CO 被認為是一種燃料而非毒氣。請寫出一個半電化學反應，顯示 CO 是如何在固態氧化物燃料電池中被用作燃料的。

3.7 請列出對於燃料電池有效催化劑的主要要求以及對於燃料電池有效電極結構的主要要求。

計算題

3.8 試想兩個電化學反應：反應 A 中每莫耳反應物對應 2 莫耳電子轉移，在 $2cm^2$ 的電極面積上發生 5A 的電流；反應 B 中每莫耳反應物對應 3 莫耳電子轉移，在 $5cm^2$ 的電極面積上發生 15A 的電流。反應 A 和反應 B 的淨反應速率是多少[以 $mol/(cm^2 \cdot s)$ 表示]？哪個反應具有較高的淨反應速率？

3.9 任何成熟的電化學動力學理論都會在平衡條件下瓦解成熱力學預言。試證明 Butler-Volmer 動力學模型會在平衡條件下瓦解成熱力學預言(能斯特公式)。

3.10 本問題包含幾個部分：

(a) 如果一個攜帶型電子設備在 2.5V 下需要 1A 電流，這個設備的功率要求是多少？

(b) 假設你設計了一個燃料電池可以在 0.5V 下發生 1A 電流，那麼需要多少個這樣的電池才能供給上面攜帶型設備以滿足其電壓和電流需求？

(c) 假設你希望這個可攜式電子產品具有 100 小時的工作壽命。如果燃料的利用率為 100%，那麼最少需要多少 H_2 燃料(用克表示)？

(d) 如果氫氣燃料以壓縮氣體在 500atm 下儲存，它會佔據多大的體積(假設理想氣體，室溫)？如果儲存成金屬混合物形式，氫氣佔質量的 5%，那麼它會佔據多大體積？(假設金屬混合物的密度為 $10g/cm^3$)。

3.11 其他條件不變，請寫出一個通用的運算式來表示反應的交換電流密度如何隨溫度變化[如寫出任意溫度 T 下的 $j_0(T)$ 對參考溫度 T_0 下 $j_0(T_0)$ 的函數關係]。如果一個反應在 300K 下 $j_0 = 10^{-8} A/cm^2$，在 600K 下 $j_0 = 10^{-4} A/cm^2$，那麼反應的 $\Delta G_1^{\ddagger}$ 是多少？假設 j_0 的指數前部分與溫度無關。

3.12

(a) 其他條件不變，請寫出一個通用的運算式來顯示反應的交換電流密度如何隨反應濃度變化。

(b) 利用這個結果和習題 3.11 的答案回答下面問題：對於一個 $\Delta G_1^{\ddagger} = 20 KJ/mol$ 的反應而言，溫度改變多少(從 300K 開始)對 j_0 的影響會與反應物濃度增加一個數量級對 j_0 有相同的影響效果？假設 j_0 的指數前部分與溫度無關。

3.13 其他條件不變，在一給定的活化過電位下，哪一個影響會造成反應淨電流密度更大增加：溫度兩倍(單位 K)或者活化過電勢減半？請用一個方程式證明你的答案。假設 j_0 的指數前部分與溫度無關。

3.14 估算在有鉑催化劑和無鉑催化劑條件下分離氧分子所需熱能。把這一熱能轉化為溫度(℃)並評論鉑作為質子交換膜燃料電池催化劑的作用。

Chapter 4

燃料電池電荷傳送

前一章關於反應動力學，我們詳細論述了電化學產生電能中最關鍵步驟之一：透過半電化學反應產生和消耗電荷。在本章中，我們將論述電化學產生電能中另一個同等重要的步驟：電荷傳送。在電化學系統中，電荷傳送透過將電荷從產生它們的電極表面移動到消耗它們的電極表面，而"使電路形成一個完整迴路"。

在電化學反應中主要有兩種帶電物質：電子(electrons)和離子(ions)。因為在電化學反應中都有涉及到電子和離子，故兩種電荷都需要被傳送。基本上電子與離子的傳送是不同的，主要原因是兩者質量上的巨大差異。在大多數燃料電池中，離子電荷的傳送遠比電子電荷的傳送困難許多，因此我們主要關心的是離子導電性。

如我們將發現的，電荷傳送的電阻將導致燃料電池的電壓損失。由於這一電壓損失遵循歐姆定律，所以它也稱為**歐姆**損耗或 IR 損耗。透過使用儘可能越薄越好的電解質膜和高電導材料，燃料電池的歐姆損失可以最小化。在此我們將對離子電荷傳送基本原理進行討論，並且綜述一些最重要的電解質材料的類別以便尋求高離子導電性材料。

▷ 4.1 響應力的電荷移動

電荷穿過導電材料的速率被定義為**通量**(flux)(用符號 J 表示)。通量是流體**在單位時間內流過單位面積上的體積**。圖 4.1 示意了通量的概念：設想水以 10L/s 體積流率流過這段管道，如果將這一體積流率除以管道的截面積(A)我們就得到了水沿管道流動的體積通量(volumetric flux)J_A。換句話說，J_A 給出了通過管道單位面積的水流速。請注意！通量和流速雖然單位相同但不是同一回事，計算通量是用單位截面積將體積流率正規化。

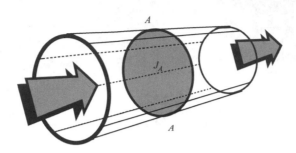

圖 4.1　通量的示意性插圖。設想水以 10L/s 的體積流率流過這段管道，將這一體積流率

除以管道的橫截面積(A)就得到了水沿管道流動的通量 J_A。通常通量單位是莫耳

而非體積，所以在本例中水的公升數應轉化為莫耳

最常用的通量單位是莫耳通量 J(molar flux)[通常單位是 mol/($cm^2 \cdot s$)]。**電荷通量**(charge flux)是一種特殊通量單位，它是單位時間流過單位面積的**電荷量**。通常電荷通量的單位是C/($cm^2 \cdot s$) = A/cm^2。透過這些單位我們可以察覺到電荷通量其實就等於電流密度。電荷通量代表一種電流密度而其單位不同於莫耳通量，我們給予它一個符號 j。我們可以使用 z_iF 將莫耳通量 J 轉化為電荷通量 j，其中 z_i 表示離子載體的電荷數(如對於 Na^+，$z_i = +1$，對於 Cu^{2+}，$z_i = +2$ 等)，F 為法拉第常數，

$$j = z_i F J \tag{4.1}$$

導電材料中必須有一個力作用在電荷載體(即材料中可移動的電子或離子)以發生電荷傳送。如果沒有作用力作用在電荷載體上，它們就沒理由向特定方向移動！傳送的控制方程式(在一維方向中)可以概括為

$$J_i = \sum_k M_{ik} F_k \tag{4.2}$$

公式中，J_i 代表物質 i 的通量；F_k 代表作用在 i 物質上第 k 個作用力；M_{ik} 代表作用力和通量之間的耦合係數(coupling coefficients)。這個耦合係數反映了某一種物質以運動方式回應某一種作用力的相對能力，以及這種作用力的有效強度(effective strength)。因此耦合係數既是移動物質同時也是移動物質所要透過的材料的性質。這個一般性的通用等式對於各種傳送(電荷、熱、質量等)都是有效的。燃料電池中有三種主要的作用力可以傳送電荷。這些作用力是：電場作用力(electrical driving forces)(表示為電動勢的梯度(electrical potential gradient) dV/dx)、化學作用力(chemical driving forces)(表示為化學勢的梯度(chemical potential gradient) dμ/dx)和機械作用力(mechanical driving forces)(表示為壓力梯度(pressure gradient) dP/dx)。

我們以熟悉的氫氣－氧氣質子交換膜燃料電池為例，看看這些作用力如何傳送燃料電池中的電荷 (圖 4.2)。當氫氣在電池中反應時，質子和電子在陽極電極生成，並同時在陰

極電極被消耗。在陽極/陰極兩個電極處電子的生成／消耗於是產生了電動勢或電位梯度，驅動電子從外部電路經陽極電極輸送到陰極電極。在電解質中質子的生成／消耗於是產生了電壓梯度和濃度梯度，這兩種耦合的梯度則驅動質子從陽極傳送到陰極。

在金屬的電極中，電壓梯度可以驅動電子輸送電荷載體(electron charge transport)。然而，在電解質中濃度(化學勢)梯度和電壓(電動勢或電位)梯度都可以輸送離子。那麼我們要如何知道這兩種作用力中那一種比較重要呢？在絕大多數的情況下，在燃料電池運動中電驅動力(electrical driving force)是主要作用力。換句話說，質子生成／消耗的電效應(electrical effect)在電荷傳送(ion transport)方面遠較於質子生成／消耗的化學濃度效應來得更重要。對於有興趣的讀者，電驅動力在燃料電池電荷傳送中佔比較大的優勢之基本原因在本章結尾選讀節部分有解釋(4.7 節)。

對於電驅動力佔優勢的電荷傳送來說，公式(4.2)可以改寫為

$$j = \sigma \frac{\mathrm{d}V}{\mathrm{d}x} \tag{4.3}$$

式中，j 代表電荷通量(非莫耳通量)；$\mathrm{d}V/\mathrm{d}x$ 是電荷傳送提供驅動力的電場(electric field)；σ 是導電率(conductivity)為測量一種導電材料在電場的作用下允許電荷流動速率的性質。公式(4.2)的重要性在於簡化了燃料電池傳送電荷的條件。在某一些比較少的情況下，濃度效應和電動勢或電位效應可能都很重要，這時電荷傳送等式(charge transport equations)就變得相當複雜。

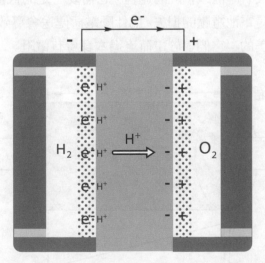

圖 4.2 在氫－氧燃料電池中，質子／電子在陽極的生成以及在陰極的消耗因而產生電壓梯度，驅動了電荷的傳送。電子從帶負電的陽極電極移動到帶正電的陰極電極；質子從(相對)帶正電的陽極電解質移動到(相對)帶負電的陰極電解質。電解質中，陽極相對陰極的相對電荷產生是由於質子濃度的不同。這一濃度差也可以幫助質子在陽極和陰極之間的傳送

比較公式(4.3)和式(4.2)，顯然導電率(conductivity coefficient) σ 就是描述通量和電場作用力之間關係的耦合係數的名詞。化學勢(濃度)梯度引起傳送的耦合係數稱為擴散率(diffusivity coefficient) D。對於壓力梯度引起的傳送現象而言，相對應的耦合係數為黏滯率 (viscosity coefficient)。這些電荷傳送過程使用莫耳通量表示之，概括於表 4.1 中。

表 4.1　電荷傳送相關的傳輸過程概述

傳輸過程	驅動力	耦合係數	方程式
傳導	電位梯度 $\dfrac{dV}{dx}$	導電率 σ	$J = \dfrac{\sigma}{\|z_i\| F} \dfrac{dV}{dx}$
擴散	濃度梯度 $\dfrac{dc}{dx}$	擴散率 D	$J = -D \dfrac{dc}{dx}$
對流	壓力梯度 $\dfrac{dp}{dx}$	黏滯率 μ	$J = \dfrac{G_c}{\mu} \dfrac{dp}{dx}$

註：表中對流傳送等式基於 Poiseuille 定律，其中 G 是幾何常數，c 是傳輸物質的濃度。
對流通量通常簡單計算為 $J = vc_i$，其中 v 表示傳輸速度。

▷ 4.2　電荷傳送導致電壓損失

電荷傳送不是一個沒有摩擦或損耗的過程，它需要一定的代價。對於燃料電池來說，電荷傳送的不利結果就是電池電壓的損失。為什麼電荷傳送會導致電壓損失呢？答案是燃料電池中的導體不是完美的—它們對於電荷流過本身會有電阻。

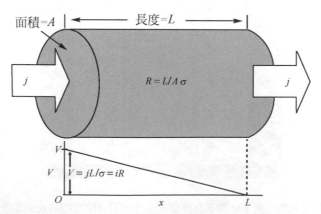

圖 4.3　透過截面積為 *A*、長為 *L*、導電率為 σ 的均勻導體的電荷傳送的示意圖。電壓梯度 d*v*/d*x* 驅動電荷在導體中傳送。由電荷傳送方程式 $j = \sigma(dv/dx)$ 和導體幾何形狀，我們可以推導出歐姆定律：$v = iR$。導體的電阻值取決於導體的幾何形狀和導電率：$R = L/\sigma A$

請看如圖 4.3 所示的均勻導體。該導體的截面積為 A、長度為 L。把這些幾何參數代入電荷傳送式(4.3)，就得到

$$j = \sigma \frac{V}{L} \tag{4.4}$$

解 V 得到

$$V = j \left(\frac{L}{\sigma} \right) \tag{4.5}$$

我們可能意識到這一等式與歐姆定律 $V = iR$ 相似。事實上，由於電荷通量(電流密度)和電流關係為 $i = jA$，我們可以將公式(4.5)改寫為

$$V = i \left(\frac{L}{A\sigma} \right) = iR \tag{4.6}$$

其中，我們定義 $L/A\sigma$ 為導體的電阻 R。等式中電壓 V 表示為了使電荷的傳送速度為 i 所需要施加的電壓。如此一來該電壓便代表了損失；它是為了完成電荷傳送所消耗或犧牲的電壓。這個電壓損失的產生是源自於導體本身對於電荷傳送的電阻，表現為 $1/\sigma$。

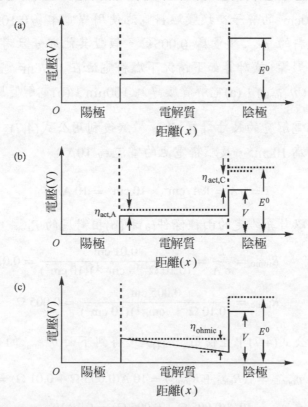

圖 4.4　(a)熱力學平衡下設想的燃料電池電壓形狀圖(回憶圖 3.7)。燃料電池的熱力學電壓給定為 E^0。(b)陽極活化損失和陰極活化損失對於電池電壓形狀的影響(參見圖 3.9)。(c)歐姆損失對於燃料電池電壓形狀的影響。雖然總燃料電池電壓從陽極到陰極升高，但是電解質陽極一側和陰極一側之間的電池電壓必須降低，以為電荷傳送提供驅動力

　　由於這個電壓損失依循歐姆定律，所以我們稱其為"歐姆"損失。像前一章中介紹活化過電位(η_{act})一樣，我們用符號 η 表示這種電壓損失。為了更清楚表示我們將其標記為 η_{ohmic} 以與 η_{act} 區別。重寫公式(4.6)以反映我們的命名同時明確地電子(R_{elec})和離子(R_{ionic})以為燃料電池的電阻的部分，得到

$$\eta_{ohmic} = i R_{ohmic} = i(R_{elec} + R_{ionic}) \tag{4.7}$$

由於離子電荷傳送通常比電子電荷傳送更困難，故離子對 R_{ohmic} 的"歐姆"損失佔主要部分。

　　燃料電池電解質中的工作狀態，電壓梯度的方向一般可能不像我們直覺想像的那樣。如圖 4.4(c)所示，雖然燃料電池的總電壓從陽極到陰極是呈上升的，但是陽極一側和陰極一側之間的電解質部分的電池電壓必須是**下降**以提供驅動電荷傳送的驅動力。

例 4.1　面積為 $10cm^2$ 的質子交換膜燃料電池使用導電率為 $0.10\Omega^{-1} \cdot cm^{-1}$ 的電解質膜，燃料的 R_{elec} 測量為 0.005Ω。假設其他部分只考慮電解質膜對電池電阻有影響，試計算如下情況下燃料電池在 $1A/cm^2$ 電流密度時的歐姆電壓損失(η_{ohmic})：(a)電解質膜厚為 $100\mu m$；(b)電解質膜厚為 $50\mu m$。

解：我們需要根據電解質的尺寸計算 R_{ionic}，然後利用公式(4.7)計算 η_{ohmic}。由於燃料電池面積為 $10cm^2$，故燃料電池的電流為 10A：

$$i = jA = 1\ A/cm^2 \times 10\ cm^2 = 10\ A \tag{4.8}$$

由公式(4.6)可以計算給定的兩種條件(a)和(b)相對應的 R_{ionic}：

條件 (a):　$R_{ionic} = \dfrac{L}{\sigma A} = \dfrac{0.01\ cm}{(0.10\ \Omega^{-1} \cdot cm^{-1})(10\ cm^2)} = 0.01\ \Omega$

$$\tag{4.9}$$

條件 (b):　$R_{ionic} = \dfrac{0.005\ cm}{(0.10\ \Omega^{-1} \cdot cm^{-1})(10\ cm^2)} = 0.005\ \Omega$

將這些值代入公式(4.7)中並使用 $i = 10A$，得到下面 η_{ohmic} 的值：

條件 (a):　$\eta_{ohmic} = i(R_{elec} + R_{ionic}) = 10\ A(0.005\ \Omega + 0.01\ \Omega) = 0.15\ V$

$$\tag{4.10}$$

條件 (b):　$\eta_{ohmic} = 10\ A(0.005\ \Omega + 0.005\ \Omega) = 0.10\ V$

其他條件不變，減薄電解質膜可以降低歐姆損失！然而要注意的是這種收效並不直接隨膜厚等比例變化。本例中，雖然膜厚減半但歐姆損失只降低了1/3，出現這一現象的原因在於燃料電池的電阻並非都來自於電解質。

▷ 4.3 燃料電池電荷傳送電阻的特性

如公式(4.7)所示，電荷傳送使得電池工作電壓隨電流增加而線性降低。圖 4.5 顯示了這一結果。顯然，如果降低燃料電池的電阻將會改善電池的性能。

燃料電池的電阻顯現了許多重要性質。首先，如公式(4.6)表示的，電阻與幾何形狀有關。燃料電池的電阻與反應面積成正比例：為了正規化以消除這一面積效應，面積比電阻通常被用來比較不同大小的燃料電池。燃料電池的電阻也與厚度成正比例，由於這一原因燃料電池的電解質通常選擇比較薄的。另外，燃料電池電阻是可互相串加的，所以可以連續相加燃料電池內不同區域的電阻損失。燃料電池內部電阻的各種研究顯示了燃料電池的電阻中離子(電解質)成分通常佔最主要部分。因此，改善燃料電池之性能可以透過研發更好的離子導體而達成。現在我們將逐一講述這些要點。

4.3.1 電阻隨面積的比例變化

由於燃料電池通常以單位面積為參考基準並且使用電流密度而非電流作比較，所以在討論歐姆損失時我們使用單位面積的電阻值。單位面積的電阻又稱為面積比電阻(Area-Specific-Resistance, ASR)，單位是 $\Omega \cdot cm^2$。使用面積比電阻 ASR 歐姆損失可以由電流密度計算為

$$\eta_{ohmic} = j(ASR_{ohmic}) \tag{4.11}$$

式中，ASR_{ohmic} 是燃料電池的面積比電阻。面積比電阻說明了這樣的一個事實，就是燃料電池的電阻隨面積等比例變化，因而允許了不同面積的燃料電池之間的比較。它的計算方法為燃料電池的歐姆電阻乘以面積：

$$ASR_{ohmic} = A_{fuel\ cell} R_{ohmic} \tag{4.12}$$

請注意，我們必須將面積**乘以**電阻得到面積比電阻，而不是除以電阻！這計算一開始看上去也許令人出乎意料，因為大型燃料電池和小型燃料電池相比通過電流的面積要大上許多，然而以單位面積為基礎它們的電阻可能是相同的，因此大型燃料電池的電阻必然要乘以它的面積。如果回憶公式(4.6)中電阻的原始定義，這一概念可能更好瞭解為

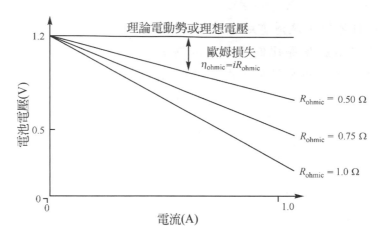

圖 4.5 歐姆損失對燃料電池性能的影響。如歐姆定律[公式(4.7)]決定的，電荷傳送
　　　　電阻導致燃料電池工作電壓依線性降低。歐姆損失的大小決定於 R_{ohmic} 的大小
　　　　(計算曲線分別對應 R_{ohmic} = 0.50Ω，0.75Ω和 1.0Ω)

$$R = \frac{L}{A\sigma} \tag{4.13}$$

因爲電阻與面積成反比，所以乘以面積才能得到完全與面積無關的電阻。這一點我們以例 4.2 來進一步說明。

例 4.2　試想如圖 4.6 所示的兩個燃料電池。在電流密度 $1A/cm^2$ 下，計算兩個電池的歐姆損失之電壓大小。哪一個電池會有更大的歐姆電壓損失？

解：有兩種方法可以解答本題。爲了計算基於電流密度的電壓損失，我們可以將電池電阻轉化爲面積比電阻，然後使用公式(4.11)(解 1)，或者將電流密度轉化爲電流然後使用公式(4.6)(解 2)。

解 1：計算兩個燃料電池的面積比電阻，得到

$$\begin{aligned}
ASR_1 &= R_1 A_1 = (0.1\ \Omega)(1\ cm^2) = 0.1\ \Omega \cdot cm^2 \\
ASR_2 &= R_2 A_2 = (0.02\ \Omega)(10\ cm^2) = 0.2\ \Omega \cdot cm^2
\end{aligned} \tag{4.14}$$

然後，使用公式(4.11)計算兩個電池的歐姆損失之電壓：

$$\begin{aligned}
\eta_{1,ohmic} &= j(ASR_1) = (1\ A/cm^2)(0.1\ \Omega\ cm^2) = 0.1\ V \\
\eta_{2,ohmic} &= j(ASR_2) = (1\ A/cm^2)(0.2\ \Omega\ cm^2) = 0.2\ V
\end{aligned} \tag{4.15}$$

解 2：將兩個燃料電池的電流密度轉化爲電流得到

$$i_1 = jA_1 = (1 \text{ A/cm}^2)(1 \text{ cm}^2) = 1\text{A}$$
$$i_2 = jA_2 = (1 \text{ A/cm}^2)(10 \text{ cm}^2) = 10\text{A}$$

(4.16)

然後，使用公式(4.6)計算兩個電池的歐姆損失之電壓：

$$\eta_{1,\text{ohmic}} = i_1(R_1) = (1 \text{ A})(0.1 \text{ }\Omega) = 0.1 \text{ V}$$
$$\eta_{2,\text{ohmic}} = i_1(R_2) = (10 \text{ A})(0.02 \text{ }\Omega) = 0.2 \text{ V}$$

(4.17)

兩種解法得到了相同的答案，亦即電池 2 會有更大的電壓損失。雖然電池 2 總電阻低於電池 1(0.02Ω 對比 0.1Ω)，但電池 2 的面積比電阻高於電池 1 的面積比電阻。因此，在單位面積的基礎上，電池 2 實際上比電池 1 更具有"阻性"，導致更差的電池性能。

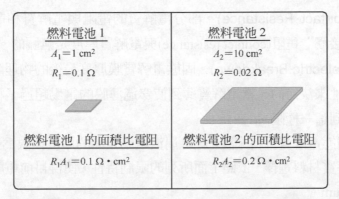

圖 4.6　兩組燃料電池顯示面積比電阻(ASR)的重要性。燃料電池 2 比燃料電池 1 的總電阻更低，然而在一定電流密度下會產生更大的歐姆損失。燃料電池之電阻的比較最好用 ASR 而非 R

4.3.2　電阻隨厚度的比例變化

根據公式(4.6)可知，電阻不僅與導體的截面積有關，還與導體的長度(厚度)有關。如果我們使用 ASR 面積比將電阻正規化(normalize)，則

$$\text{ASR} = \frac{L}{\sigma}$$

(4.18)

導體長度 L 越短，電阻越低。較短的路徑導致較低的電阻，這是合理的推測(intuitive)。

離子導電率比金屬中的電子導電率低幾個數量級，所以將燃料電池電解質電阻最小化是最重要的。因此，我們想要儘量縮短陽極和陰極之間離子的路徑，也就是燃料電池的電解質越薄越好。雖然降低電解質厚度會改善電池性能，但是有幾個實際問題限制了電解質膜的薄度。最重要的限制是：

- **機械完整性(Mechanical Integrity)**。對於固體電解質來說,薄膜不宜做得太薄,因為太薄會使膜容易破裂或者導致針孔出現。薄膜的失效會導致燃料與氧化物災難性地混合。

- **非均勻性(Nonuniformities)**。即使機械強度足夠,如果電池內膜厚有相當大的變化,那麼即使無孔的電解質也可能失效,因為較薄的電解質區域可能成為容易迅速破損或失效的"熱點"。

- **短路(Shorting)**。超薄的電解質(固態或液態)容易導致電學的短路,特別是電解質厚度與電極粗糙度在同一數量級時。

- **燃料穿透(Fuel Crossover)**。隨著電解質厚度的降低,反應物的滲透現象可能會增加,這將導致不利的額外損失並且最後演變到非常大以至於降低厚度適得其反。

- **接觸電阻(Contact Resistance)**。部分電解質的電阻與電解質和電極之間的界面有關,這種"接觸"電阻(contact resistance)與電解質厚度是無關的。

- **絕緣崩潰(Dielectric Breakdown)**。固態電解質膜厚度最後的物理限制是以電解質的絕緣崩潰特性來決定的,當電解質薄到使穿過薄膜的電場超過了材料的絕緣崩潰電場時,即達到這一極限。

對於大部分固態電解質材料來說,絕緣崩潰電場預測的厚度極限為幾個奈米量級。然而根據不同的電解質材料選擇,依照上面所列的限制特性,使得目前電解質可以達到的厚度大約為 10~100μm。

4.3.3 燃料電池的電阻可加性

如圖 4.7 的概念性顯示,燃料電池的總歐姆電阻是來自於電池元件的不同部分電阻值的加總。根據所需的計算準確度,我們可以將電阻分開為給電性的連接、陽極電極、陰極電極、陽極催化層、陰極催化層、電解質等,也可以將其歸因於電池內層與層之間界面的**接觸電阻(contact resistance)**(如流場板結構/電極接觸電阻)之和。由於燃料電池產生的電流必須連續地流過所有這些位置,故燃料電池的總電阻是所有各別電阻的總和。遺憾的是,實驗上很難區分出所有的電阻損失。

也許在組裝成一個單電池元件以前——測量燃料電池內各個部位(如電極、流場板結構、電性連接和質子交換薄膜)的電阻聽起來會比較容易,然而這些測量結果並不能完全地反映一個燃料電池真正的總電阻。接觸電阻、封裝過程和工作條件的改變都會使燃料電池總電阻發生改變。如第 7 章討論的,這些因素讓燃料電池的特性變得極具挑戰性,並強調了現地測量燃料電池特性的必要性。儘管在實驗上很難確定所有燃料電池電阻損失的原因,但是對於大部分燃料電池元件而言,電解質本身的電阻即是最大的電阻損失。

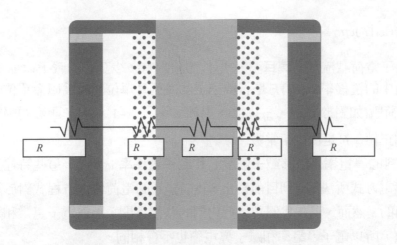

圖 4.7　燃料電池所表現出的總歐姆電阻實際上是電阻的總和，電池元件每一部分電阻的發生原因各不相同。
　　　　在本示意圖中，燃料電池電阻分為電性連接、陽極、電解質和陰極各部分。由於電流必須要連續流
　　　　過所有的元件，故總燃料電池電阻由獨立電阻串聯相加得到

4.3.4　離子(電解質)電阻通常佔主要部分

　　燃料電池中最好的電解質的離子導電率通常約為 $0.10\Omega^{-1}\cdot cm^{-1}$。即使厚度為 $50\mu m$(非常薄)，這也將產生 $0.05\Omega\cdot cm^2$ 的面積比電阻 ASR。相比之下，$50\mu m$ 厚的多孔碳布電極(porous carbon cloth electrode)卻只有小於 $5\times10^{-6}\Omega\cdot cm^2$ 的面積比電阻 ASR。這一例子說明了通常在燃料電池中電解質的電阻佔主要部分。

　　良好設計的燃料電池總面積比電阻 ASR 在 $0.05\sim0.10\Omega\cdot cm^2$ 範圍，而電解質電阻佔了總值的大部分。如果不能縮小電解質厚度，那麼為了降低歐姆損失就只有依賴高 σ 的離子導體。遺憾的是，開發高性能的離子導體相當地困難。如 4.5.1 節～4.5.3 節討論的，目前使用最廣泛的電解質有 3 種類型：水溶液、高分子聚合物和陶瓷電解質，這 3 類電解質的導電原理和材料特性非常不同。在我們開始逐一討論前，大致上勾勒出一個清楚的傳導物理概念是很有幫助的。

🗋 4.4　導電率的物理意義

　　導電率定量地表示在一個電場驅動下一種材料允許電荷流動的能力。換句話說，導電率是一種材料電荷傳送速率的度量。材料的導電率受兩個主要因素的影響：有**多少**載子(carriers)可以傳輸電荷和那些載子在材料中的**遷移率**(mobility)。下面的公式從這些方面定義了 σ：

$$\sigma_i = (|z_i| F) c_i u_i \tag{4.19}$$

式中，c_i 代表了電荷載流子的**莫耳**濃度(單位體積內有多少莫耳的載子)；u_i 是這種電荷載子在這種材料中的遷移率；$|z_i| F$ 是將載子濃度從莫耳單位轉換為庫侖單位的比值，這裏 z_i 是載子的電荷數(如對於 Cu^{2+}，$z_i = +2$，對於 e^-，$z_i = -1$，等)，函數的絕對值確保了導電率總是一個正值；F 是法拉第常數。

因此，材料的導電率是由其**載子濃度** c_i 和**載子遷移率** u_i 決定。這些特性又反過來由材料的結構和導電方式所決定。到目前為止，我們學到的電荷傳送方程式對於導電電子和離子是同等適用的。然而，現在我們必須把它們的路徑分開，因為電子導電和離子導電方式是非常不同的，所以電子導電率和離子導電率也不會相同。

導電率(conductivity)和遷移率(mobility)

導電率和遷移率的不同可以透過一個類比解釋。假設我們研究一條州際高速公路上人(在車內)的傳送情況。遷移率描述了汽車沿高速路行駛的速度；而導電率則包含多少車在高速路上、每輛車上有多少人這樣的資訊。這一類比並不完美，但是可以幫助這兩個專有名詞脫鉤。

4.4.1 電子導體與離子導體

電子與離子因基本性質的不同導致了電子和離子傳導方式的不同。圖 4.8 為一般傳導電子的導體(金屬)和傳導離子的導體(固態電解質)示意圖。

圖 4.8(a)說明了傳導電子金屬導體的自由電子移動的模型。在此一模型中，金屬原子的價電子可以自由脫離原子晶格在金屬中自由移動。此時，脫離電子的金屬離子則保持固定位置(intact)且不能隨意移動(immobile)。自由價電子構成了一個可移動電荷"電子海"，可以因外加電場而隨意移動。

相對於此，圖 4.8(b)說明了固態離子導體(solid state ion conductivity)跳躍的模型(hopping model)。此一離子導體的晶體晶格(crystal lattice)是由正離子(positive ions)和負離子(negative ions)組成，它們都固定在固定的晶格位置。偶然情況下，材料中會出現有如遺失原子("晶格空洞"(vacancies))或額外原子("填隙原子"(interstitials))這樣的缺陷(defects)。電荷傳送就是透過材料內這些缺陷點對點地(site to site)"跳躍"完成電荷傳送。

　　兩種導體在結構上的不同導致了載子濃度巨大的差異。金屬中自由電子爲數非常衆多，而固態晶體電解質中載子則相對稀少。如圖 4.8 所示，電荷傳送方式的不同還導致了電荷遷移率的明顯不同。綜合以上所述，載子濃度和載子遷移率的不同導致金屬中電子導電率和固體電解質中離子導電率的巨大差異。讓我們簡略地看一下這兩種情況。

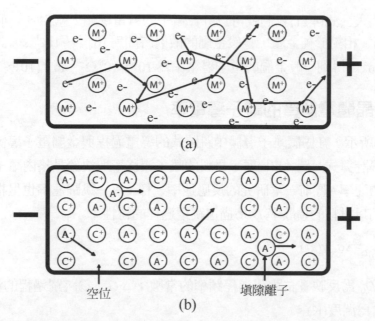

(a)

(b)

空位　　　　　　　　填隙離子

圖 4.8　電荷傳送的示意圖。(a)自由電子金屬中電子傳送。價電子離開不可動的金屬原子核，回應一個給定
　　　　電場下自由移動。它們的移動速度受到晶格散射(scattering)的限制。(b)晶體的離子導電體中電荷的
　　　　傳輸是透過可移動陰離子在晶格內從一個位置 "跳躍" 到另一位置。跳躍過程只發生在如空洞和填
　　　　隙離子等存在晶格缺陷的位置

4.4.2　金屬的電子導電率

　　對於簡單的傳導電子的導體，例如金屬，Drude 模型中金屬中自由電子的遷移率會受到(聲子(phonons)、晶格缺陷(lattice imperfections)、雜質(impurities)等)散射(scattering)的限制：

$$u = \frac{q\tau}{m} \tag{4.20}$$

自由電子的遷移率公式(4.20)中，τ 代表散射事件之間的平均自由時間；m 表示電子的質量($m = 9.11 \times 10^{-31}$ kg)；q 是電子的單位電荷量($q = 1.68 \times 10^{-19}$ C)。

　　將電子遷移率[公式(4.20)]代入導電率的公式[公式(4.19)]得到

$$\sigma = \frac{|z_e|c_e q\tau}{m} \tag{4.21}$$

金屬的載子濃度可以計算自由電子得到密度。一般來說，每個金屬原子會貢獻一個自由電子，原子堆疊密度在 10^{28}atoms/m^3 的數量級，這會產生相同數量級的 10^4mol/m^3 的莫耳載子濃度。

將這些值代入公式(4.21)我們就可以計算電子的導電率值。當然，一個電子帶一個電荷數 $1(|z_e|=1)$。相對於純金屬，一般金屬的散射時間為$10^{-12}\sim10^{-14}$ s。設莫耳電子濃度為 $c_e \approx 10^4$ mol/m^3 可得到一般金屬的電子導電率為 $10^6\sim10^8 \Omega^{-1}\cdot$ m^{-1} ($10^4\sim10^6\Omega^{-1}\cdot$ cm^{-1})。

4.4.3 固態晶體電解質的離子導電率

如圖 4.8(b)所示，在固體離子導體中跳躍式的導電過程與金屬電子導體相比呈現非常不一樣的遷移率計算式。圖 4.8(b)顯示材料的離子遷移率取決於晶格內離子從一個位置跳躍到另一位置的速率。像前一章研究的反應速率一樣，這一跳躍速率也呈指數函數關係被激發。一般我們以材料的擴散率 D 來描述跳躍過程的特性：

$$D = D_0 e^{-\Delta G_{\text{act}}/(RT)} \tag{4.22}$$

公式(4.22)中，D_0 為反映嘗試跳躍過程頻率的常數；ΔG_{act} 為跳躍過程的活化能障礙；R 為氣體常數；T 為溫度(K)。

那麼固體電解質中離子總遷移率便為

$$u = \frac{|z_i|FD}{RT} \tag{4.23}$$

式中，$|Z_i|$ 為離子電荷數量；F 為法拉第常數；R 為氣體常數；T 為溫度(K)。

將離子遷移率公式[公式(4.23)]代入導電率的公式[公式(4.19)]中得到

$$\sigma = \frac{c(z_i F)^2 D}{RT} \tag{4.24}$$

晶體電解質中載子濃度受到可移動缺陷物質的密度所控制。大多數晶體電解質透過空洞來傳導電荷，這些空洞(vacancies)透過摻雜(dpoing)被刻意引入到晶格中。最大有效空洞摻雜比率為 8%～10%，所導致的載子濃度為 $10^2\sim10^3$mol/m^3。

一般的離子擴散率對於液態電解質來說大約為10^{-8} m^2/s，對於高分子聚合物電解質大約為10^{-8} m^2/s，對於在高溫 700℃～1000℃之下的陶瓷為10^{-11} m^2/s；一般的離子載子濃度對於液態電解質來說大約為 $10^3\sim10^4$mol/s，對於聚合物電解質為 $10^3\sim10^4$mol/s，對於在高溫 700℃～1000℃的陶瓷為 $10^2\sim10^3$mol/s。將這些數值代入公式(4.24)得到的離子導電率大約為$10^{-4}\sim10^2\Omega^{-1}\cdot$ cm^{-1} ($10^{-6}\sim10^{10}\Omega^{-1}\cdot$ cm^{-1})。

請注意固態電解質離子導電率比金屬的電子導電率低了許多。如前面說過的，離子電荷的傳送和電子電荷的傳送相比趨向於困難得多，因此，研究燃料電池的很大一部分重心就放在尋找更好的電解質。

4.5　燃料電池電解質種類綜述

為尋求更好的電解質材料，燃料電池研究發展了 3 大可選擇的主要材料：水溶液、高分子聚合物和陶瓷電解質。無論哪一種類，燃料電池電解質都必須滿足下面條件：

- 高離子導電率(high ionic conductivity)；
- 低電子導電率(low electric conductivity)；
- 高穩定性(high stability)(氧化和還原環境下)；
- 低燃料滲透(low fuel crossover)；
- 合理的機械強度(reasonable mechanical strength)(如果是固體)；
- 容易製照(ease of manufacturaturability)。

除了要求高導電率以外，電解質的穩定性要求通常是最難實現的。要找到一種能在陽極的高還原性與陰極的高氧化性環境下穩定的電解質是很困難的。

4.5.1　水溶液電解質／離子液體中的離子傳導

本節我們將討論水溶液電解質和離子液體中的離子傳導。水溶液電解質是指水溶液(water based solution)，其中含有能夠傳送電荷的溶解離子。離子液體是指**本身**同時是液體(liquid)又是離子(ions)的材料。溶解於水中的 NaCl 是一種典型的電解質溶液：NaCl 分解成可移動的 Na^+ 離子和可移動的 Cl^- 離子，它們可以透過在水溶劑中移動而傳送電荷。熔融的 NaCl(當加熱到高溫時)也是一種離子液體的例子，而純 H_3PO_4 加熱到 $50°C$ 左右則是另一種離子液體的例子。室溫下，H_3PO_4 是呈蠟狀的白色晶狀固體；當加熱到 $42°C$ 以上，它就變成一種含有 H^+ 離子、PO_4^{3-} 離子和 H_3PO_4 分子的黏性離子液體。

燃料電池中所有的水溶液／離子電解質都使用某種多孔材料來支撐或固定電解質。這類多孔材料通常負責完成 3 項任務：

1. 提供電解質足夠的機械強度；
2. 防止短路的同時最小化電極之間的距離；
3. 防止反應氣體穿過滲透電解質。

上述所列的最後一項反應物的滲透，對於水溶液／液體電解質來說是一個有待克服的問題(與固體電解質相比嚴重得多)。在沒有支撐的液體電解質中，反應物氣體的滲穿會很嚴重；在這些情況下，在不平衡壓力或高壓下操作是不可能的。使用多孔材料提供了機械完整性並減少了氣體滲穿問題，同時依然允許很薄的電解質(0.1～1.0mm)存在。

鹼性燃料電池使用濃縮的 KOH 水溶液電解質，而磷酸鹽燃料電池可使用濃縮的 H_3PO_4 水溶液電解質或純 H_3PO_4(離子液體)。熔融碳酸鹽燃料電池使用固定在支撐基質 (supporting matrix)上的熔融$(K/Li)_2CO_3$，$(K/Li)_2CO_3$ 材料在大約 450℃時會變成一種（"熔融"）液體電解質(MCFC 必須在 450℃以上工作)。

在水溶液／液體的環境下離子導電性可以利用驅動力／摩擦阻力之平衡模型(driving force /friction force balance)來近似。在液體中，離子會在電場作用力下加速直到摩擦阻力恰好抵消了電場作用力，電場作用力和摩擦阻力之間的平衡決定了離子最終的速度。

電場力(F_E)由下式得出：

$$F_E = n_i q \frac{dV}{dx} \qquad (4.25)$$

式中，n_i 為離子帶電荷數；q 為基本電荷$(1.6 \times 10^{-19}\ C)$。雖然這裏沒有提供出處，但是摩擦阻力(F_D)可以由斯托克斯定律近似(Stoke's law)為

$$F_D = 6\pi \mu r v \qquad (4.26)$$

式中，μ 為流體黏度(viscosity)；r 為離子半徑；v 為離子速度。讓兩個作用力相等，我們就能夠確定遷移率 u_i。遷移率定義為施加的電場和引起的離子速度之間的比值：

$$u_i = \frac{v}{dV/dx} = \frac{n_i q}{6\pi \mu r} \qquad (4.27)$$

因此，遷移率是由離子大小和液體黏度決定的。直覺上看來，這一公式也是合乎常理的：大體積的離子或高黏度的液體會導致低遷移率，而非黏綢的液體和小離子會產生高遷移率。表 4.2 給出了水溶液中各種離子的遷移率。注意到在水溶液中，H^+傾向與一個或多個水分子產生水合(hydrated)，這種離子物質因而被認為是 H_3O^+或者$H \cdot (H_2O)_x^+$，其中 x 代表與質子"水合"的水分子數目。

表 4.2　25℃下水溶液中無限稀釋時幾種離子的遷移率

陽離子	遷移率 $u(cm^2/V \cdot s)$	陰離子	遷移率 $u(cm^2/V \cdot s)$
$H^+(H_3O^+)$	3.63×10^{-3}	OH^-	2.05×10^{-3}
K+	7.62×10^{-4}	Br^-	8.13×10^{-4}
Ag+	6.40×10^{-4}	I^-	7.96×10^{-4}
Na+	5.19×10^{-4}	Cl^-	7.91×10^{-4}
Li+	4.01×10^{-4}	HCO_3^-	4.61×10^{-4}

註：來源於參考文獻[8]。

導電率的運算公式[公式(4.19)]，爲清楚起見這裏重寫爲：

$$\sigma_i = (|z_i|F)c_i u_i \tag{4.28}$$

如果將表 4.2 的離子遷移率的值代入這一公式，就可以計算出各種水溶液電解質的離子導電率。但是，這些計算只針對稀釋的水溶液，即離子濃度很低時才準確。在高離子濃度(或者對於離子液體)時，離子間強烈的電交互作用會增加導電率的困難。一般來說高濃度水溶液電解質或者純離子液體的導電率會比公式(4.28)的值低很多。例如，實驗中測量純 H_3PO_4 的導電率爲 $0.1 \sim 1.0\,\Omega^{-1} \cdot cm^{-1}$ (取決於溫度)，而公式(4.28)預言的純 H_3PO_4 的導電率近似於 $18\,\Omega^{-1} \cdot cm^{-1}$。

表 4.2 還提供了其他有用的資訊。例如，它解釋了爲什麼要選擇 KOH 溶液作爲鹼性燃料電池的電解質，因爲除了非常便宜以外，在所有氫氧化物中 KOH 表現了最高的離子導電率(比較 K^+ 與其他可選的氫氧化物陽離子如 Na^+ 或 Li^+ 的 u 值)。在鹼性燃料電池中使用高濃度(30%～65%)的 KOH 溶液，使得導電率在 $0.1 \sim 0.5\,\Omega^{-1} \cdot cm^{-1}$ 的數量級。如果使用一個非常稀的電解質，導電率會降低多少呢？爲了得到答案，請參看例 4.3，其中使用公式(4.28)計算了 0.1M 的 KOH 電解質溶液的近似導電率。

例 4.3　試計算 0.1M 的 KOH 水溶液的近似導電率。

解：我們使用公式(4.28)來計算。假設 0.1M 的 KOH 完全分解成 K^+ 和 OH^- 離子(事實也如此)，K^+ 和 OH^- 的濃度便是 0.1M。將這些濃度轉換爲 mol/cm^3 單位得到

$$c_{K^+} = (0.1\,mol/L)(1\,L/1000\,cm^3) = 1 \times 10^{-4}\,mol/cm^3$$
$$c_{OH^-} = (0.1\,mol/L)(1\,L/1000\,cm^3) = 1 \times 10^{-4}\,mol/cm^3 \tag{4.29}$$

K^+ 和 OH^- 的遷移率由表 4.2 可得，將這些值代入公式(4.28)得到

$$\sigma_{K^+} = (1)(96\,400)(1 \times 10^{-4}\,mol/cm^3)(7.62 \times 10^{-4}\,cm^2/V \cdot s)$$
$$= 0.0073\,\Omega^{-1} \cdot cm^{-1}$$
$$\sigma_{OH^-} = (1)(96\,400)(1 \times 10^{-4}\,mol/cm^3)(2.05 \times 10^{-3}\,cm^2/V \cdot s) \tag{4.30}$$
$$= 0.0198\,\Omega^{-1} \cdot cm^{-1}$$

則電解質的總離子導電率陰、陽離子導電率的和：

$$\sigma_{total} = \sigma_{K^+} + \sigma_{OH^-} = 0.0073 + 0.0198 = 0.0271\,\Omega^{-1} \cdot cm^{-1} \tag{4.31}$$

實際上，0.1M 的 KOH 溶液的導電率要比這個計算值還低一些。請留意，大部分導電率是由 OH⁻ 離子而不是 K⁺離子提供的，這是由於 OH⁻ 離子的遷移率較高的緣故。

4.5.2 高分子聚合物電解質中的離子傳導

一般來說，高分子聚合物電解質中離子的傳送是依照公式(4.22)和公式(4.24)的指數關係而定。將兩公式合併，我們得到(參見習題 4.11)

$$\sigma T = \sigma_0 e^{-E_a/kT} \tag{4.32}$$

式中，σ_0 代表標準狀態下的導電率；E_a 代表以 eV/mole 為單位的活化能($E_a = \Delta G_{acl}/F$，其中 F 為法拉第常數)。正如本公式所顯示的，導電率隨溫度升高而呈指數地增加。大部分高分子聚合物和晶體離子導體都符合這一數學模型。

對於要成為良好的離子導體的高分子聚合物，它至少應該擁有下面的結構特性：
1. 存在有可固定電荷的結點(fixed charge sites)；
2. 存在自由的("開放空間")。

與移動離子相比，可固定電荷的結點應該具有相反的電荷以平衡高分子聚合物的淨電荷。可固定電荷的結點提供了可以容納或釋放自由離子的臨時中心。在高分子聚合物結構中，使這種帶電的結點濃度最大化對於高導電率是很重要的。然而，高分子聚合物側鏈上過量帶電荷結點的離子會顯著降低高分子聚合物的機械穩定性，使其不適合於燃料電池的應用。

自由的("開放空間")與高分子聚合物的空間組織有關。整體而言，一般的高分子聚合物結構**不是完全緻密的**而幾乎總是存在有許多小孔結構的自由("開放空間")。自由("開放空間")改善離子穿過高分子聚合物的能力。增加高分子聚合物的自由("開放空間")會增加高分子聚合物內小規模結構振動和移動範圍，這些運動會引起離子在高分子聚合物從一個結點到另一個結點的電荷**物理傳送**(參見圖 4.9)。

由於自由("開放空間")的效應，與其他固態離子的導電材料(如陶瓷)相比較，高分子聚合物膜表現出相對高離子的導電率。

高分子聚合物自由("開放空間")也導致另一個為人熟知的傳送機制(transport mechanism)，其被稱為**載體機制**(vehicle mechanism)。在載體機制中，離子在某種自由("開放空間")("載體")經過時搭載上這些載體，透過自由("開放空間")來傳送。水是一種常見的載體(vehicle)，當水分子穿越高分子聚合物中的自由("開放空間")時，離子可以隨水分子一同搭載。在這種情況下，離子在高分子聚合物中的傳導非常相似於水溶液電解質的情況。過硫酸鹽聚四氟乙烯(PTFE)——更熟知的名字是 Nafion——載體機制顯現了很高的質子導電率。由於 Nafion 高分子聚合物是質子交換膜燃料電池應用最普遍與最重要的電解質，所以我們在下節中介紹它的基本特性。

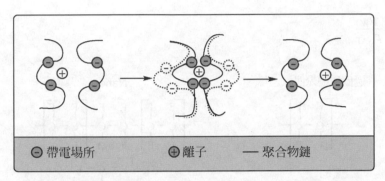

圖 4.9 高分子聚合物鏈之間離子傳送示意圖。高分子聚合物鏈段可以在自由("開放空間")中移動或振動，從而導致離子從一個帶電結點到另一個結點的電荷**物理傳送**

Nafion 中的離子傳送現象。Nafion 有與聚四氟乙烯(Teflon)相似的支撐骨架結構(backbone structure)。然而與聚四氟乙烯(Teflon)不同的是，Nafion 包含磺酸基($SO_3^-H^+$)功能團(sulfonic acid function group)。Teflon 的骨架則提供了機械強度，而磺酸($SO_3^-H^+$)鏈則提供了質子傳送的電荷地點(charge sites)。圖 4.10 說明了 Nafion 的結構。

Nafion 的自由("開放空間")聚集了相互交連的奈米大小的孔洞，孔洞壁上排列有磺酸基($SO_3^-H^+$)基團。在存在水的情況下，孔洞中的質子(H^+)形成水合氫離子(H_3O^+)並從磺酸基的側鏈脫離出來。當孔洞中有足夠水分子時，水合氫離子就可以在水溶液相(aqueous phase)中傳輸。在以上情形下，Nafion 中的離子傳導相似於液態電解質(liquid electrolytes)中的傳導(4.5.1 節)。此外，Teflon 的疏水性(hydrophobic nature)進一步加速了膜內水的傳輸，這是因為疏水孔洞表面傾向於排水。由於這些因素，Nafion 表現出與液態電解質相近的質子導電率。為了維持這一良好的導電率，Nafion 必須與水充分水合(hydrated)才可以。一般而言，水合是透過加濕通進電池的燃料和氧化氣體來完成。在下面幾段中，我們將更詳細地討論 Nafion 的關鍵特性[1]。

Nafion 吸收相當數量的水份。Nafion 的孔洞狀結構可以容納相當數量的水。事實上，Nafion 可以保留許多水分，當充分水合時其體積可以增加 22%(強極性液體如乙醇可以使 Nafion 膨脹 88%！)。由於導電率與水含量密切相關，故測量水含量是測量 Nafion 膜導電

---

[1] 我們討論的 Nafion 模型由 Springer 等[8]提出。

率的關鍵。Nafion 中的水含量 λ 定義爲水分子的數目與帶電結點($SO_3^- H^+$)數目的比值。實驗結果顯示，λ 值從幾乎爲 0(完全失水的 Nafion)到 22(在一定條件下完全飽和)。對於燃料電池的測試發現，Nafion 中的水含量與燃料電池的濕度有關，如圖 4.11 所示。因此，如果燃料電池的濕度已知，就可以估算 Nafion 膜中的水含量。圖 4.11 定量地顯示了濕度(humidity)與水蒸氣活度(water vapor activity) α_w(基本上爲相對濕度(relative humidity))之間的關係：

$$a_W = \frac{p_W}{p_{SAT}} \tag{4.33}$$

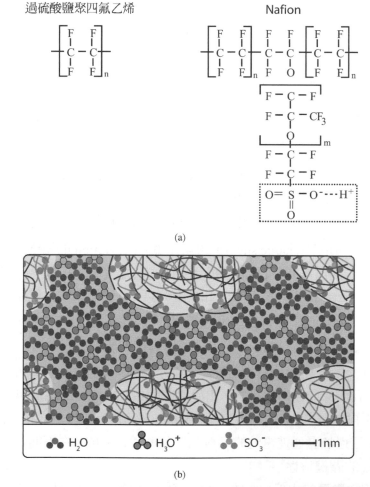

(a)

(b)

圖 4.10　(a)Nafion 的化學結構。Nafion 具有 PTFE 的骨架以增強機械穩定性，同時有磺酸基來促進質子傳導。(b)Nafion 中質子傳導的微觀示意圖。當水合後，奈米級孔隙膨脹，變成大量交互相連。質子與水分子結合形成水合氫離子複合物。靠近孔壁的磺酸基團能使水合氫離子導電

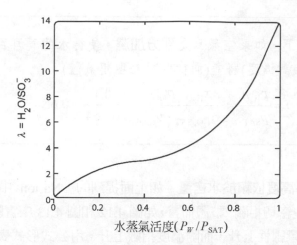

圖 4.11　根據公式(4.34)算得的 303K(30℃)下 Nafion117 的水含量與水活度的關係曲線。水蒸氣活度定義為在固定的溫度下系統中水蒸氣的分壓(p_W)與飽和水蒸氣壓力(p_{SAT})的比值(得到了以下刊物[8]的允許：*J.Electrochem. Society*., 138：2334，1991.Copyright 1991 by The electrochemical Society)

公式中，p_W 代表系統中水蒸氣的分壓；p_{SAT} 代表系統在工作溫度下的飽和水蒸氣氣壓。圖 4.11 的數據可以用數學式表示為

$$\lambda = \begin{cases} 0.0043 + 17.81a_W - 39.85a_W^2 + 36.0a_W^3 & \text{對於 } 0 < a_W \leqslant 1 \\ 14 + 1.4(a_W - 1) & \text{對於 } 1 < a_W \leqslant 3 \end{cases} \tag{4.34}$$

公式(4.34)中沒有考慮溫度的影響，然而以上數據對於工作在 80℃的質子交換膜燃料電池來說具有相當的精確度。

飽和水蒸氣壓力

在一固定溫度下，當氣流中的水蒸氣分壓(p_W)達到水蒸氣飽和壓 p_{SAT} 時，水蒸氣會開始凝結並產生小水滴。換句話說，當 $p_w = p_{SAT}$ 時，相對濕度為 100%，這裏 p_{SAT} 是與溫度相關的函數：

$$\lg p_{SAT} = -2.1794 + 0.02953T - 9.1837 \times 10^{-5} T^2 + 1.4454 \times 10^{-7} T^3 \tag{4.35}$$

公式中，p_{SAT} 的單位為 bar(1bar = 100000 Pa)；T 表示攝氏溫度。例如，如果把 80℃和 3atm 的加濕的空氣供給燃料電池，水蒸氣壓力則為[9]

$$p_{SAT} = 10^{-2.1794 + 0.02953 \times 80 - 9.1837 \times 10^{-5} \times 80^2 + 1.4454 \times 10^{-7} \times 80^3} = 0.4669 \text{ bar} \tag{4.36}$$

假設在理想氣體條件下，這個公式提供給加濕空氣中水的莫耳百分比為 0.4669bar / 3atm = 0.4669bar / (3 × 1.0132501bar) = 0.154。

在同樣條件下，如果空氣只是**部分加濕**，使得水的莫耳百分比為 0.1，則水蒸氣活度(或相對濕度)將為(同樣假設為理想氣體)

$$a = \frac{p_{H_2O}}{p_{SAT}} = \frac{x_{H_2O} \cdot p_{total}}{x_{H_2O, SAT} \cdot p_{total}} = \frac{0.1}{0.154} = 0.65 \qquad (4.37)$$

Nafion 的導電率高度依賴於水含量。如上面提到的，Nafion 中導電率與水含量密切相關，導電率與溫度也密切相關。整體而言，如圖 4.12 和圖 4.13 中實驗資料顯示的，Nafion 的質子導電率隨水含量線性上升，而隨溫度指數上升。用公式形式表示，這些實驗測得的關係可以概括為

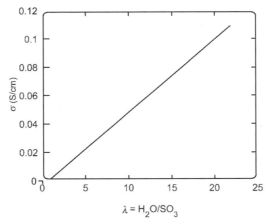

圖 4.12　根據公式(4.38)和公式(4.39)在 303K 下 Nafion 的離子導電率與水含量 λ 的關係

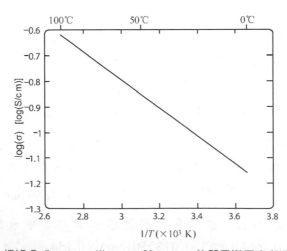

圖 4.13　根據公式(4.38)，當 λ = 22 時 Nafion 的質子導電率與溫度的關係

$$\sigma(T, \lambda) = \sigma_{303\,\mathrm{K}}(\lambda) \exp\left[1268\left(\frac{1}{303} - \frac{1}{T}\right)\right] \tag{4.38}$$

其中，

$$\sigma_{303\,\mathrm{K}}(\lambda) = 0.005\,193\lambda - 0.003\,26 \tag{4.39}$$

式中，σ 是膜的導電率(S/cm)；T 是溫度(K)。

由於可以根據水含量局部改變 Nafion 的導電率，所以我們需要在膜厚範圍內對局部電阻積分以獲得膜的總電阻：

$$R_m = \int_0^{t_m} \rho(z)\,\mathrm{d}z = \int_0^{t_m} \frac{\mathrm{d}z}{\sigma[\lambda(z)]} \tag{4.40}$$

質子拖曳水(Proton Drag Water with Them)。由於 Nafion 中的導電率與水含量相關，所以知道 Nafion 膜內水含量如何變化是很重要的。Nafion 膜內水含量發生變化源自於幾個因素，其中最重要的是穿過 Nafion 孔洞的質子會拖曳一個或多個水分子[2]。這個現象被稱為**電滲**(osmotic darg)。移動質子改變水的移動現象可以利用**電滲**係數(electro-osmotic darg coefficient, n_{drag})來計算，n_{drag} 定義為伴隨每個質子而移動的水分子的數目（$n_{\mathrm{drag}} = n\mathrm{H_2O/H^+}$）。顯然，每個質子拖曳多少水是取決於 Nafion 膜中有多少水分子 λ。在完全水合的 Nafion 中實驗測量得到(當 $\lambda = 22$)的 n_{drag} 為 2.5 ± 0.2(在 30℃和 50℃之間)。當 $\lambda = 11$ 時，$n_{\mathrm{drag}} \approx 0.9$。一般假設 n_{drag} 隨 λ 線性變化

$$n_{\mathrm{drag}} = n_{\mathrm{drag}}^{\mathrm{SAT}} \frac{\lambda}{22} \qquad 0 \leqslant \lambda \leqslant 22 \tag{4.41}$$

公式中，$n_{\mathrm{drag}}^{\mathrm{SAT}} \approx 2.5$。瞭解電滲係數可以計算淨電流 j 流過質子交換膜燃料電池時，從陽極到陰極拖曳的水通量

$$J_{\mathrm{H_2O,drag}} = 2n_{\mathrm{drag}} \frac{j}{2F} \tag{4.42}$$

式中，J 為電滲導致的莫耳水流通量$[\mathrm{mol/(s \cdot cm^2)}]$；$j$ 為燃料電池的電流密度(A/cm²)；$2F$ 將電流密度轉換為氫氣通量，2 是將氫氣通量轉換為質子流量。我們將在第 6 章看到，質子交換膜燃料電池中電滲係數對 Nafion 膜在建模時非常重要。

水的逆向擴散(Back Diffusion of Water)。在質子交換膜燃料電池中，電滲水拖曳(electro-osmotic water drag)使得水從陽極移動到陰極。然而，當這些水逐漸累積在陰極時，

---

[2] 事實上，如文中解釋的，質子會以水合氫離子複合物的形式傳送。然而為了簡化起見，在這些討論中我們使用術語"質子"。同時，以每個質子對應的水分子數(而不是每個已經含有一個水分子的水合氫離子)來定義電滲透拖曳係數也更簡單明瞭。

就會發生**逆向擴散**，導致水又會從陰極傳送到陽極。發生這種逆向擴散的現象是由於陰極的水濃度高於陽極的水濃度(因陰極的電化學反應使水大量地增加)。逆向擴散抵消了電滲效應。在陰、陽極水濃度梯度驅使下，水的逆向擴散通量可以由以下公式決定：

$$J_{H_2O, \text{ back diffusion}} = -\frac{\rho_{\text{dry}}}{M_n} D_\lambda \frac{d\lambda}{dz} \tag{4.43}$$

式中，ρ_{dry} 為 Nafion 乾燥狀態下的密度(kg/m³)；M_n 為 Nafion 等效質量(kg/mol)；z 為膜的厚度方向。

公式中最關鍵的因素是 Nafion 膜中水的擴散率(D_λ)。但是 D_λ 不是一個常數，而是水含量 λ 的函數。由於 Nafion 中水的總流量是電滲效應和逆向擴散的相加，故我們得到

$$J_{H_2O} = 2n_{\text{drag}}^{\text{SAT}} \frac{j}{2F} \frac{\lambda}{22} - \frac{\rho_{\text{dry}}}{M_n} D_\lambda(\lambda) \frac{d\lambda}{dz} \tag{4.44}$$

這一計算公式清楚地表達了 Nafion 膜中水通量與水含量 λ 的函數關係[公式中我們將水擴散率描述為 $D_\lambda(\lambda)$ 水含量 λ 的函數]。

結論(Summary)。總而言之，基於燃料電池的(濕度和電流密度)工作條件，我們可以利用公式(4.34)和公式(4.44)計算 Nafion 膜中的水含量 λ。從估算的水含量 λ，我們繼而可以利用公式(4.38)計算 Nafion 膜的離子導電率。這樣一來，質子交換膜燃料電池中的歐姆損失就可以定量化。例 4.4 展示了這一過程。在第 6 章，我們將合併這些等式與其他燃料電池損失項來創造一個完整的質子交換膜燃料電池數學模型。

等效質量(Equivalent weight)

一個物質的等效質量被定義為它的原子質量或分子質量除以它的化合價(valence)：

$$等效質量 = \frac{原子質量(或分子質量)}{化合價} \tag{4.45}$$

化合價被定義為物質接受或給予的電子數目。如氫的化合價為 1(H^+)，氧的化合價為 2(O^{2-})。因此，氫氣等效質量為 1.008g/mol 而氧氣等效質量為 7.9997g/mol。在硫酸根(SO_4^{2-})的情況中，分子量為 $1 \times 32.06 + 4 \times 15.9994 = 106.062$ g/mol，因此等效質量為 53.031g/mol。

Nafion 中的磺酸基($SO_3^-H^+$)化合價為 1，因為它只能接受一個質子。因此，Nafion 的等效質量等於能接受一個質子的高分子聚合物的平均質量。這一數字很有用，因為有它就便於計算 Nafion 中磺酸基(SO^{3-})電荷濃度：

$$C_{SO_3^-}(\text{mol/m}^3) = \frac{\rho_{dry}(\text{kg/m}^3)}{M_n(\text{kg/mol})} \tag{4.46}$$

式中，ρ_{dry} 為 Nafion 的乾燥狀態的密度(kg/m^3)；M_n 為 Nafion 等效質量(kg/mol)。

水含量 $\lambda\,(\text{H}_2\text{O}/\text{SO}_3^-)$ 也可用類似的方法轉化為 Nafion 中的水分子濃度：

$$C_{H_2O}(\text{mol/m}^3) = \lambda\frac{\rho_{dry}(\text{kg/m}^3)}{M_n(\text{kg/mol})} \tag{4.47}$$

一般來說 Nafion 具有 $1\sim1.1\text{kg/mol}$ 的等效質量和 1970kg/m^3 的乾燥狀態密度。因此，Nafion 的估算電荷密度為

$$C_{SO_3^-}(\text{mol/m}^3) = \frac{1970\text{kg/m}^3}{1\text{kg/mol}} = 1970\ \text{mol/m}^3 \tag{4.48}$$

Nafion 中的水擴散率

如上面強調的，Nafion 中水的擴散率(D_λ)為水含量 λ 的函數。實驗上(使用磁共振技術)這一相依性被測量為

$$D_\lambda = \exp\left[2416\left(\frac{1}{303} - \frac{1}{T}\right)\right] \times$$

$$(2.563 - 0.33\lambda + 0.0264\lambda^2 - 0.000671\lambda^3) \times 10^{-6}\quad(\text{cm}^2/\text{s})$$

當 $\lambda > 4$ \hfill (4.49)

指數函數部分描述了溫度相依性，而多項式部分則描述了在參考溫度 303K 下對 λ 的依賴。該式只有當 $\lambda>4$ 時才成立；對於 $\lambda<4$ 的情況則應該使用由圖 4.14(虛線)推斷得到的值。

例4.4 試想在 0.7A/cm^2 下供電給一外接負載的氫氣質子交換膜燃料電池。測量得到陽極和陰極水蒸氣活度分別為 0.8 和 1.0。燃料電池的溫度為 80°C。如果 Nafion 膜的厚度為 0.125mm，試估算膜上的歐姆過電位損失。

解：利用公式(4.34)，我們可以將 Nafion 表面的水活度轉化為水含量

$$\lambda^A = 0.0043 + 17.81 \times 0.8 - 39.85 \times 0.8^2 + 36.0 \times 0.8^3 = 7.2$$
$$\lambda^C = 0.0043 + 17.81 \times 1.0 - 39.85 \times 1.0^2 + 36.0 \times 1.0^3 = 14.0 \tag{4.50}$$

以這些值作為邊界條件，我們可以解公式(4.44)。此等式中，我們有兩個未知數 J_{H_2O} 和 λ。為了方便起見我們設 $J_{H_2O} = \alpha N_{H_2} = \alpha(j/2F)$，其中 α 是表示水通量與氫氣通量比例的一個未知數。經過整理後，公式(4.44)變成

$$\frac{d\lambda}{dz} = \left(2n_{drag}^{SAT}\frac{\lambda}{22} - \alpha\right)\frac{jM_n}{2F\rho_{dry}D_\lambda} \tag{4.51}$$

儘管這是一個對於 λ 的一般微分方程式，由於 D_λ 是 λ 的函數所以我們也無法得到解析解。然而，如果我們根據邊界條件假設膜中的 λ 從 7.22 變到 14.0，那麼從圖 4.14 我們就可以看到水擴散率在這一範圍相當穩定。如果我們假設 λ 的平均值等於 10，由公式(4.49)我們可以估算 D_λ 為

$$D_\lambda = 10^{-6}\exp\left[2416\left(\frac{1}{303} - \frac{1}{353}\right)\right] \times$$

$$\left(2.563 - 0.33 \times 10 + 0.0264 \times 10^2 - 0.000\,671 \times 10^3\right) \tag{4.52}$$

$$= 3.81 \times 10^{-6}\ \text{cm}^2/\text{s}$$

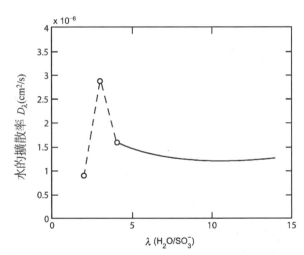

圖 4.14　在 303K 下 Nafion 中水的擴散率(D_λ)對比水含量(λ)(重印得到了以下刊物[8]的允許：
J.Electrochem.Society，138：2334，1991.Copyright 1991 by The Electrochemical Society)

現在我們可以求解公式(4.51)，得到解析：

$$\lambda(z) = \frac{11\alpha}{n_{drag}^{SAT}} + C\exp\left[\frac{jM_n n_{drag}^{SAT}}{22F\rho_{dry}D_\lambda}z\right] = \frac{11\alpha}{2.5} +$$

$$C\exp\left[\frac{(0.7\ \text{A/cm}^2) \times (1.0\ \text{kg/mol}) \times 2.5}{(22 \times 96\,500\ \text{C/mol}) \times (0.001\,97\ \text{kg/cm}^3) \times (3.81\ \text{cm}^2/\text{s})}z\right] \tag{4.53}$$

$$= 4.4\alpha + C\exp(109.8z)$$

式中，z 的單位是釐米(cm)；C 是將由邊界條件決定的常數。如果我們設陽極一側為 $z=0$，根據公式(4.50)會得到 $\lambda(0)=7.22$ 和 $\lambda(0.0125)=14$。相對地，公式(4.53)就變成

$$\lambda(z) = 4.4\alpha + 2.30\ \exp(109.8z) \qquad \alpha = 1.12 \tag{4.54}$$

現在我們知道每個氫氣(或質子)會拖曳約 1.12(或 0.56)個水分子。圖 4.15(a) 顯示了本例中 λ 如何沿 Nafion 膜變化的結果。本問題開始時，我們假設了 λ 在 7.2～14 的範圍內 D_λ 為常數，由圖 4.15 的結果我們可以肯定這一假設是合理的。

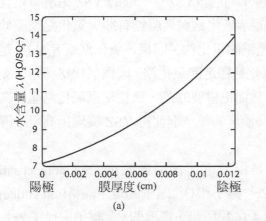
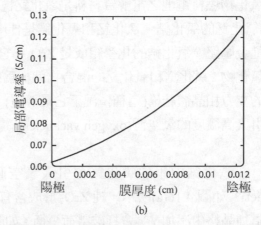

圖 4.15　例 4.4 中 Nafion 膜的計算得到的特性。(a)Nafion 膜內的
水含量分佈；(b)Nafion 膜內的局部導電率分佈

從公式(4.38)和公式(4.54)，我們可以得到 Nafion 膜的導電率：

$$\sigma(z) = \{0.005\ 193[4.4\alpha + 2.30\ \exp(109.8z)] - 0.003\ 26\} \times$$
$$\exp\left[1268\left(\frac{1}{303} - \frac{1}{353}\right)\right] \tag{4.55}$$
$$= 0.0404 + 0.0216\ \exp(109.8z)$$

圖 4.15(b)顯示了這一結果。最後，我們利用公式(4.40)得到 Nafion 膜的電阻為

$$R_m = \int_0^{l_m} \frac{\mathrm{d}z}{\sigma[\lambda(z)]} = \int_0^{0.0125} \frac{\mathrm{d}z}{0.0404 + 0.0216\ \exp(109.8z)} \tag{4.56}$$
$$= 0.150\ \Omega \cdot \mathrm{cm}^2$$

因此，在該質子交換膜燃料電池中，由於 Nafion 膜電阻導致的歐姆過電位大約為

$$V_{ohm} = j \times R_m = (0.7 \text{ A/cm}^2) \times (0.15 \ \Omega \cdot \text{cm}^2) = 0.105 \ V \tag{4.57}$$

4.5.3　陶瓷電解質中的離子傳導

　　這一節我們將解釋固體氧化物燃料電池電解質中離子傳送的基本物理學。正如其名，固態氧化物燃料電池的電解質是固態的，是可以傳導離子的晶體氧化物材料。最普遍的固體氧化物燃料電池之電解質材料是氧化釔穩定的氧化鋯(YSZ)。一般的 YSZ 電解質是含有 8%氧化釔的氧化鋯。氧化釔和氧化鋯是什麼呢？氧化鋯與金屬鋯有關，氧化釔來源於另一種金屬釔。氧化鋯的化學組成是 ZrO_2，它是鋯的氧化物。同樣，氧化釔或者 Y_2O_3 是釔的氧化物。氧化鋯和氧化釔的混合物就稱為氧化釔**穩定的**氧化鋯，因為氧化釔穩定了氧化鋯的立方相晶體結構(這種情況下它最導電)。然而更重要的是，氧化釔為氧化鋯晶體結構中引入高濃度的氧空洞(oxygen vacancies)，這高濃度的氧空洞使得 YSZ 展現出高離子導電率。

　　在氧化鋯中添加氧化釔會引入氧空洞是由於電荷補償效應(charge compensation effect)。如圖 4.16(a)所示，純 ZrO_2 形成含有 Zr^{4+} 離子和O^{2-} 離子的離子晶格(ion lattice)，在這種晶格中添加Y^{3+} 會打破電荷平衡。如圖 4.16(b)所示，每兩個 Y^{3+} 離子取代了 Zr^{4+} 離子位置，就會創造一個氧空洞以便維持整體電中性，而 8%(莫耳)的氧化釔添加到氧化鋯中會導致約 4%氧所在處成為空缺(vacancies)。在較高的溫度下，這些氧空洞加速了晶格中氧離子的傳輸，如圖 4.8 所示。

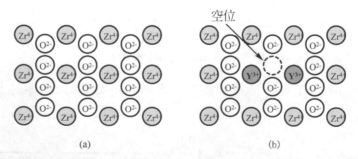

圖 4.16　(a)純 ZrO_2 和(b)YSZ 的(110)面視圖。YSZ 中電荷補償效應導致氧空位的產生。兩個氧化釔原子摻入晶格對應產生一個氧空洞

如在 4.4 節討論的，一種材料的導電率**由載流子濃度** c **和載流子遷移率** u 的組合決定：

$$\sigma = (|z|F)cu \tag{4.58}$$

對於 YSZ 來說，載流子濃度(carrier concentration)被氧化釔摻雜程度所決定。由於 YSZ 晶格內發生離子運動需要空洞，所以氧空洞可以視為離子電荷的"載體"。增加氧化釔的含量將增加氧空洞濃度，從而改善導電率。但是摻雜存在著上限。當高於某一摻雜或者空洞濃度時，缺陷會開始相互作用使得它們的移動能力降低。在這個濃度之上，導電率將降低。導電率對摻雜濃度的曲線顯示出的最大值就在缺陷相互作用或開始"結合"的點上。對於 YSZ 而言，這一最大值發生在 8%莫耳氧化釔摻雜濃度(參見圖 4.17)。

如 4.4.3 節描述的，完整的導電率運算式包括了載子濃度和載子遷移率：

$$\sigma = \frac{c(zF)^2 D}{RT} \tag{4.59}$$

其中，載子的遷移率由晶格內載子的**擴散率** D 來描述。擴散率表示了載子在晶格中從某一個位置移動或**擴散**到另外一個位置的能力。高擴散率意味著高導電率，因為載子能夠迅速地在晶體中移動。隱藏在擴散率背後的原子級的起源和物理解釋將會在下一節中詳細描

本徵載子(intrinsic carriers)與非本徵載子(extrinsic carriers)

在 YSZ 和其他大部分 SOFC 電解質中，摻雜(dopants)被用來有意地製造高空洞(或其他電荷載子)的濃度，而這些載子被稱為**非本徵載子**，因為它們的存在是透過有意地**從外部**摻雜製造出來的。然而，任何晶體即使未摻雜過也至少會有一定數量的自然載子群。這些自然的電荷載子被稱**為本徵載子**，因為它們是由於晶體自然動力學**本徵地**發生。本徵載子的存在是由於任何晶體都不是完美的(除非它處在絕對零度)。所有的晶體都含有如空洞這樣的"失誤"(mistake)，這些失誤會作為導電時的電荷載子。實際上從能量學的角度來看這些失誤是受歡迎的，因為它們增加了晶體的熵(entropy)(2.1.4 節)。對於空洞的情況，考慮所消耗的熱焓來創造空洞可以形成一種能量平衡，因此比增加熵的好處更大。解這個平衡方程式可以得到下面關於本徵空洞濃度與離子晶體溫度之間的函數關係公式：

$$x_V \approx e^{-\Delta h_v /(2kT)} \tag{4.60}$$

式中，x_V 代表空洞濃度百分比(fractional of lattice)(表示為我們感興趣物質中空洞的晶格點的百分比)；Δh_v 為空洞形成焓(eV)(換句話說，創造一個空洞所需的焓)；k 為玻耳茲曼常數；T 為溫度(K)。這一公式說明晶體內本徵空洞濃度會隨溫度而指數成長。然而，由於一般 Δh_v 的量級為 1eV 或者更大，所以即使在高溫下本徵載子濃度通常還是很低。在 800℃時，純 ZrO_2 中本徵空洞濃度約為 0.001，或者說每 1000 個原子中有 1 個空洞。將此值與外部摻雜的晶體結構比較，後者空洞濃度可達 0.1，或者說每 10 個原子中有 1 個空洞。

述。現在，我們只需要知道 SOFC 電解質中載子擴散率與溫度的指數關係為

$$D = D_0 e^{-\Delta G_{act}/(RT)} \tag{4.61}$$

式中，D_0 為常數(cm^2/s)；ΔG_{act} 是擴散過程的活化能障礙(J/mol)；R 為氣體常數；T 為溫度(K)。將公式(4.60)和公式(4.61)結合，我們得到了 SOFC 電解質中導電率的完整計算公式為

$$\sigma = \frac{c(zF)^2 D_0 e^{-\Delta G_{act}/(RT)}}{RT} \tag{4.62}$$

這一公式可以根據電荷載子是屬於非本徵的或本徵的電荷載子而作進一步區分。

● 對於非本徵載子，c 由電解質的摻雜之化學性質決定。在這種情況下，c 為常數，可以照原樣使用公式(4.62)。

● 對於本徵載子，c 與溫度指數有關，因此必須修改公式(4.62)為以下

$$\sigma = \frac{c_{sites}(zF)^2 D_0 e^{-\Delta h_v/(2kT)} e^{-\Delta G_{act}/(RT)}}{RT} \tag{4.63}$$

公式中，c_{sites} 代表材料中相對應物質晶格點的濃度(moles of sites/cm^3)。

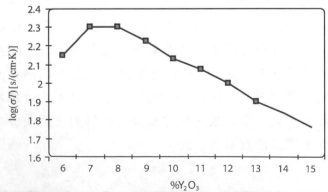

圖 4.17　YSZ 導電率對比%Y_2O_3(莫耳成分)[10]。YSZ 導電率表現為 σ ($\Omega^{-1} \cdot cm^{-1}$)

乘以 T(K)。在下一節中，圖 4.18 會解釋為何 σ 乘以 T 更方便

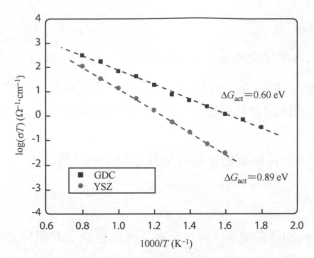

圖 4.18 YSZ 和 GDC 電解質的導電率與溫度的關係

實驗觀察肯定了公式(4.62)所描述的關係。圖 4.18 顯示了對於 YSZ 和摻雜氧化釓的二氧化鈰(GDC，另一種可用於 SOFC 的電解質)的 $\log(\sigma T)$ 對應 $1/T$ 的實驗曲線。σ 乘以 T 確保了這些曲線的斜率可以表示離子遷移的活化能 ΔG_{act}。ΔG_{act} 的大小常常對於決定 SOFC 電解質的導電率來說至為關鍵。一般的值在 $50000 \sim 120000 J/mol(0.5 \sim 1.2 eV)$ 之間。

4.6　關於擴散率和導電率的更多內容(選讀)

在本章的選讀內容中，我們將逐步展開一幅原子影像來更詳細地探索導電率和擴散率。我們發現對於電荷傳送中包含"跳躍"機制的導體來說，導電率和擴散率是密切相關的。擴散率描述這種跳躍過程的本徵速率，導電率則同時考慮了電場作用力的存在下如何調整這種跳躍過程。因此，事實上擴散率是更基本的參數。

擴散率是原子運動的基本參數，即使在沒有任何驅動力的條件下，晶格內離子的點到點之間的跳躍依然會按照擴散率的速率發生。當然，沒有驅動力時離子淨移動為零，但它們還是有交換彼此晶格位置。比較我們在第 3 章所學習交換電流密度的現象，這是另一個**動態平衡**的例子。

4.6.1　擴散率的原子級起源

利用圖 4.19(b)所描繪的示意圖，我們可以推導出擴散率的原子影像。圖中的原子安排成平行的一系列原子面。我們要計算灰色原子從左到右穿過圖 4.19 中標記為 A 的設想平面(介於材料中實際兩個原子平面之間)的淨流量(淨移動)。分析圖中原子面 1，我們假設順向(因而穿過 A 面)跳躍的灰色原子流量僅僅由可能跳躍的灰色原子數量(濃度)乘以跳躍速率來決定：

$$J_{A+} = \tfrac{1}{2}vc_1\,\Delta x \tag{4.64}$$

式中，J_{A^+} 是穿過 A 面的順向流量；v 為跳躍速率；c_1 為平面 1 內灰色原子的體積濃度 (mol/cm^3)；Δx 是原子之間距離，可以用來將原子的濃度轉化為面濃度(mol/cm^2)；$1/2$ 是考慮到平均只有一半的跳躍會是"順向"的事實(平均而言，有一半的跳躍向左，一半的跳躍向右)。

相似地，從平面 2 向後跳躍過平面 A 的灰色原子的流量為

$$J_{A-} = \tfrac{1}{2}vc_2\,\Delta x \tag{4.65}$$

式中，J_{A^-} 是穿過 A 面的逆向流量；c_2 為平面 2 內灰色原子的體積濃度(mol/cm^3)。灰色原子穿過 A 平面的淨流量則由穿過 A 平面的正反兩方向流量的差得出：

$$J_{net} = \tfrac{1}{2}v\,\Delta x(c_1 - c_2) \tag{4.66}$$

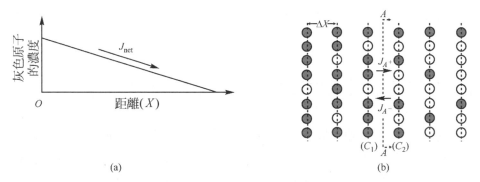

(a)　　　　　　　　　　　(b)

圖 4.19　(a)擴散的巨觀影像。(b)擴散的原子視圖。灰色原子穿越想像平面 A 的淨流量相當於從面 1 跳躍到面 2 的灰色原子流量減去從面 2 跳躍到面 1 的灰色原子流量。由於面 1 內具有比面 2 更多的灰色原子，所以存在一個從面 1 到面 2 的淨流量。這一淨流量與灰色原子在這兩個面間的濃度差成正比

我們希望能使這個計算公式與我們熟悉的擴散公式 $J = -D(dc/dx)$ 相似。我們可以將公式(4.66)用濃度梯度表示為

$$
\begin{aligned}
J_{net} &= -\tfrac{1}{2}v(\Delta x)^2\frac{(c_2 - c_1)}{\Delta x}\\
&= -\tfrac{1}{2}v(\Delta x)^2\frac{\Delta c}{\Delta x}\\
&= -\tfrac{1}{2}v(\Delta x)^2\frac{dc}{dx} \quad (\text{對於小的 } x)
\end{aligned}
\tag{4.67}
$$

與一般擴散公式 $J = -D(dc / dx)$ 比較可以讓我們識別什麼是所謂的擴散率(diffusity)：

$$D = \frac{1}{2}\upsilon(\Delta x)^2 \tag{4.68}$$

因此，我們瞭解擴散率表現的是材料中原子本徵跳躍速率(v)和跟材料相關的原子級長度尺寸(跳躍距離)有關。

如前面提到的，跳躍速率 v 可以表達為活化能的指數函數形式。圖 4.20(b)表示了一個原子要從某一個晶格位置跳躍到一個近鄰的晶格位置時的自由能曲線。由於兩個晶格位置本質上是相同的，故在沒有驅動力條件下，一個跳躍的原子在其始末位置會有相同的自由能。然而，在原子位置間跳躍時，活化能障礙阻礙了原子的運動。我們可以將這種能量障礙與原子要擠過在晶格位置之間的間隙而實現交換位置有關[圖 4.20(a)顯示了跳躍過程的物理示意圖]。

同前一章反應速率理論的類似方法，我們可以寫出跳躍速率為

$$\upsilon = \upsilon_0 e^{-\Delta G_{\mathrm{act}}/(RT)} \tag{4.69}$$

式中，ΔG_{act} 是跳躍過程的活化能障礙；v_0 是跳躍的頻率。

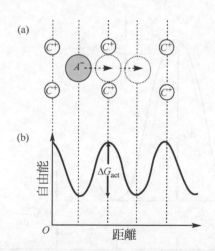

圖 4.20　跳躍過程的原子視圖。(a)跳躍過程的物理示意圖。當陰離子(A^-)從它的原始晶格位置
　　　　　跳躍到一個鄰近空出的晶格位時，它必須擠過晶格中一個比較窄的位置。(b)跳躍過程的
　　　　　自由能影像。晶格中位置緊密的點代表跳躍過程中的一個能壘

基於這種擴散的活化模型，我們可以寫出擴散率完整的運算式為

$$D = \frac{1}{2}(\Delta x)^2 \upsilon_0 e^{-\Delta G_{\mathrm{act}}/(RT)} \tag{4.70}$$

或者，將所有指數前常數歸總為 D_0 項：

$$D = D_0 e^{-\Delta G_{\text{act}}/(RT)} \tag{4.71}$$

4.6.2 導電率和擴散率的關係(1)

為了理解導電率如何與擴散率產生關聯，我們來看一下施加電場時如何影響擴散的跳躍機率。請看圖 4.21，其顯示線性電壓梯度對跳躍活化能障礙的影響。此圖中，顯然"順向"跳躍的活化能障礙減少了 $\frac{1}{2} zF\Delta x(dv/dx)$ ，而逆向跳躍的活化能障礙增加了 $\frac{1}{2} zF\Delta x(dv/dx)$ (我們假設活化狀態是處於兩個晶格位置正中間，或換句話說 $\alpha = 1/2$)。順向和逆向跳躍速率的計算公式為

$$v_+ = v_0 \ \exp \frac{-[\Delta G_{\text{act}} - \frac{1}{2} zF \Delta x(dV/dx)]}{RT}$$

$$v_- = v_0 \ \exp \frac{-[\Delta G_{\text{act}} + \frac{1}{2} zF \Delta x(dV/dx)]}{RT} \tag{4.72}$$

這種電壓梯度對活化能障礙的修正被證明是很小的。事實上，

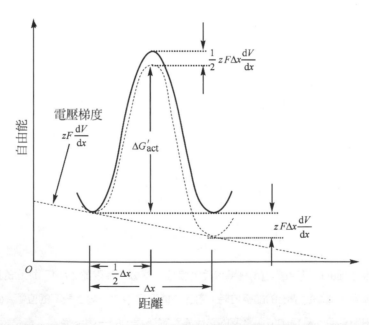

圖 4.21　線性電壓梯度對跳躍活化能障礙的影響。電壓隨距離的線性改變會隨距離線性地降低自由能，從而降低了順向活化能障礙($\Delta G'_{\text{act}} < \Delta G_{\text{act}}$)。兩個相鄰晶格位置的分割距離為 Δx，因此它們之間總自由能降為 $zF \Delta x(dV/dx)$。如果活化能障礙發生在兩個晶格位置中間，ΔG_{act} 會減少 $1/2zF\Delta x(dV/dx)$[換句話說，$\Delta G'_{\text{act}} = \Delta G_{\text{act}} - 1/2zF\Delta x(dV/dx)$]

$$\frac{1}{2}\frac{zF}{RT}\Delta x \frac{\mathrm{d}V}{\mathrm{d}x} \ll 1$$

所以我們對指數的第二項可以使用近似關係 $e^x \approx 1+x$。由此重寫的跳躍速率計算公式為

$$v_+ \approx v_0 e^{-\Delta G_{\mathrm{act}}/(RT)}\left(1 + \frac{1}{2}\frac{zF}{RT}\Delta x \frac{\mathrm{d}V}{\mathrm{d}x}\right)$$
$$v_- \approx v_0 e^{-\Delta G_{\mathrm{act}}/(RT)}\left(1 - \frac{1}{2}\frac{zF}{RT}\Delta x \frac{\mathrm{d}V}{\mathrm{d}x}\right) \qquad (4.73)$$

如同前面一樣方式,我們可以寫出穿過材料中一個設想的平面 A 的淨流量為

$$J_{\mathrm{net}} = J_{\mathrm{A}+} - J_{\mathrm{A}-} = \tfrac{1}{2}\Delta x(c_1 v_+ - c_2 v_-) \qquad (4.74)$$

因為我們對導電率感興趣,所以讓我們來考慮純粹由電位梯度驅動的擴散通量。換句話說,我們讓 $c_1 = c_2 = c$ 來排除因濃度梯度所造成的影響。採用這一修正並代入公式(4.73)得到

$$J_{\mathrm{net}} = \tfrac{1}{2}\Delta x v_0 e^{-\Delta G_{\mathrm{act}}/(RT)}\left(\frac{czF}{RT}\Delta x \frac{\mathrm{d}V}{\mathrm{d}x}\right)$$
$$= \tfrac{1}{2}\Delta x v_0 e^{-\Delta G_{\mathrm{act}}/(RT)}\left(\frac{czF}{RT}\frac{\mathrm{d}V}{\mathrm{d}x}\right) \qquad (4.75)$$

項中第一組即為擴散率 D,因而得出

$$J_{\mathrm{net}} = \frac{czFD}{RT}\frac{\mathrm{d}V}{\mathrm{d}x} \qquad (4.76)$$

對照電導公式:

$$J = \frac{\sigma}{zF}\frac{\mathrm{d}V}{\mathrm{d}x},$$

我們看到 σ 與 D 相關:

$$\sigma = \frac{c(zF)^2 D}{RT} \qquad (4.77)$$

對於以擴散跳躍為基礎而傳送電荷的導體來說,這一重要結果讓實驗觀察到的材料**導電率**與原子的電荷載子**擴散率**發生了關聯。這一公式是瞭解在原子晶體材料中離子導電率的關鍵。

4.6.3 導電率和擴散率的關係(2)

回到 2.4.4 節,引入電化學勢給了我們新的一種瞭解能斯特公式的方法。同樣地,從電化學電勢的觀點考慮電荷傳送則提供了另一種方法來研究導電率和擴散率之間關係。回到電化學勢的定義[公式(2.95)]:

$$\tilde{\mu}_i = \mu_i^0 + RT \ln a_i + z_i F \phi_i$$

如果我們假設活度只與濃度有關($a_i = c_i/c^0$)，則電化學勢可以寫爲

$$\tilde{\mu}_i = \mu_i^0 + RT \ln \frac{c_i}{c^0} + z_i F \phi_i \tag{4.78}$$

由於電化學勢梯度產生的電荷傳送通量包括濃度梯度與電位梯度兩個部分：

$$J_i = -M_{i\mu} \frac{\partial \tilde{\mu}}{\partial x} = M_{i\mu} \left(RT \frac{d[\ln (c_i/c^0)]}{dx} + z_i F \frac{dV}{dx} \right) \tag{4.79}$$

透過微分法的鏈式法則，自然對數中的濃度項可以處理爲

$$\frac{d[\ln (c_i/c^0)]}{dx} = \frac{c^0}{c_i} \frac{d(c_i/c^0)}{dx} = \frac{1}{c_i} \frac{dc_i}{dx} \tag{4.80}$$

因此，由於電化學電位梯度產生的總電荷傳送量包括兩部分：一部分是濃度梯度，另一部分是電壓梯度：

$$J_i = -\frac{M_{i\mu} RT}{c_i} \frac{dc_i}{dx} - M_{i\mu} z_i F \frac{dV}{dx} \tag{4.81}$$

將這一等式的濃度梯度項與前面的擴散公式比較，我們可以從擴散率來認識 $M_{i\mu}$ ：

$$\frac{M_{i\mu} RT}{c_i} = D \qquad M_{i\mu} = \frac{Dc_i}{RT} \tag{4.82}$$

將這一公式的電壓梯度項與前面的電導公式作比較，我們可以從擴散率認識導電率 σ ：

$$M_{i\mu} z F = \frac{\sigma}{|z| F} \qquad \sigma = \frac{c_i (z F)^2 D}{RT} \tag{4.83}$$

透過使用電化學勢，我們得到了如前面的相同結果。有趣的是，這次我們不必假設任何關於傳送過程的機制。因此，我們看到擴散率和導電率之間的關係是完全通用的(換句話說，它並不僅僅適用於跳躍原理)。材料的導電率和擴散率有關是由於透過電化學勢的基本驅動力的擴散和傳導作用。

▷ 4.7　爲何電驅動力決定電荷傳送(選讀)

導電率和擴散率之間的關係使我們能夠解釋爲何電驅動力在電荷傳送中佔主導地位。

在金屬電子導體中，極高的自由電子濃度意味著在導體中電子濃度基本上不產生任何變化，也就是說導體中沒有電子化學勢梯度。此外，由於金屬導體是固體材料，故不存在壓力梯度。因此，我們發現金屬中自由電子傳導僅僅是由電壓梯度所驅動。

　　離子導體是怎樣的情形呢？像金屬導體一樣，大部分燃料電池使用固態的離子導體，因而不存在有壓力梯度 (即使在使用液態電解質的燃料電池中，由於電解質通常非常薄以至於因壓力差產生的對流亦不顯著)。相似地，離子電荷載子的濃度通常也很大，所以不會出現明顯的濃度梯度。然而，即使形成了大的濃度梯度，我們也會發現電壓梯度驅動力的 "有效強度" 要遠大於濃度梯度驅動力產生的 "有效強度"。為了說明這一點，讓我們比較濃度梯度產生的電荷流通量與電壓梯度產生的電荷流通量。濃度梯度產生的電荷流通量(j_c)為

$$j_c = zFD\frac{\mathrm{d}c}{\mathrm{d}x} \tag{4.84}$$

電壓梯度產生的電荷流通量(j_v)為

$$j_v = \sigma\frac{\mathrm{d}V}{\mathrm{d}x} \tag{4.85}$$

請注意，數值 zF 被用來在擴散方程式中將莫耳數轉換為庫侖表示的電荷數。如我們學過的，σ 和 D 是相關的：

$$\sigma = \frac{c(zF)^2 D}{RT} \tag{4.86}$$

由於濃度梯度而維持的最大電荷通量為

$$j_c = zFD\frac{c_0}{L} \tag{4.87}$$

公式中，L 為材料厚度；c_0 為電荷載子體的濃度。產生等效電荷流量的電壓 V 可以由以下公式計算：

$$j_v = j_c$$
$$\frac{c_0(zF)^2 D}{RT}\frac{V}{L} = zFD\frac{c_0}{L} \tag{4.88}$$

解 V 得到

$$V = \frac{RT}{zF} \tag{4.89}$$

　　室溫下，對於 $z=1$，$RT/zF = 0.0257\,\mathrm{V}$。因此，沿材料厚度方向 25.7mV 的電壓降就可以大過於濃度影響而成為**最大**的化學驅動力。電學驅動力的強度由 RT/zF 決定，相對於化學(濃度)驅動力更有效。由於 RT/zF 比較小(對於我們感興趣的燃料電池的溫度範圍而言)，所以燃料電池電荷傳送由電驅動力而不是化學驅動力決定。

▷ 4.8 本章摘要

● 燃料電池內的電荷傳送主要由電壓梯度驅動，這種電荷傳送過程稱爲傳導。

● 用於驅動導體的電荷傳送所消耗電壓表現爲燃料電池性能的一種損失，稱爲歐姆過電位。這種損失通常服從傳導的歐姆定律：$V = iR$，其中 R 爲燃料電池的歐姆電阻。

● 燃料電池歐姆電阻包括電極、電解質、連線等所產生的電阻。然而，通常計算面積比電阻(ASR)主要是由電解質電阻所決定。

● 電阻隨導體面積 A、厚度 L 和導電率 σ 成比例變化：$R = L/\sigma A$。

● 由於電阻隨面積比例變化，不同大小燃料電池的比較可以透過計算面積比電阻(ASR)來完成($ASR = A \times R$)。

● 由於電阻隨厚度比例變化，所以燃料電池電解質應做得盡可能薄。

● 由於電阻隨導電率比例變化，開發高導電率電極和電解質材料便成爲關鍵。

● 導電率由載子濃度和載子遷移率決定：$\sigma_i = (z_i F) c_i u_i$。

● 金屬和離子導體顯示完全不同的結構和導電機制，故也導致非常不同的導電率。

● 即使優秀電解質的離子導電率通常也比金屬的電子導電率低 4～8 個數量級。

● 除了具有高離子導電率，電解質必須在高還原性和高氧化性環境中都保持穩定，這是一個很困難的挑戰。

● 燃料電池用的 3 類主要電解質爲(1)液態、(2) 高分子聚合物和(3)陶瓷電解質。

● 水溶液電解質中的遷移率(即導電率)決定於電場下離子加速度與液體黏滯度的摩擦力之間的平衡。一般而言，離子越小和電荷越大則遷移率越大。

● Nafion(一種高分子聚合物電解質)的導電率由水含量決定，高水含量導致高導電率。Nafion 的導電率可以透過對膜中水含量模型測得。

● 陶瓷電解質中的導電率由晶格中缺陷("失誤")控制。自然(本徵)缺陷濃度通常低，所以通常透過摻雜在晶格中引入更高的(非本徵的)缺陷濃度。

● (選讀部分)在原子大小的等級上，我們發現導電率是由一個更基本的參數稱爲擴散率決定的。擴散率表示材料內原子移動的本徵速率。

● (選讀部分)透過分析擴散和電導的原子影像，我們可以清楚地瞭解擴散率和導電率之間的關聯：$\sigma = c(zF)^2 D/RT$。

● (選讀部分)利用擴散率和導電率之間的關係，我們可以瞭解爲什麼電壓驅動力(傳導)決定電荷傳送。

習　題

綜述題

4.1　為何電荷傳送會導致燃料電池的電壓損失？

4.2　如果一個燃料電池的面積增加 10 倍，其電阻降低 9 倍，則這個燃料電池的歐姆損失會上升還是下降(在一給定電流密度下，其他條件相同)？

4.3　決定材料導電率的兩個主要因素是什麼？

4.4　為什麼金屬的電子導電率比固體電解質的離子導電率要大很多？

4.5　作為一種候選的燃料電池電解質，請至少列出其應該具備的 4 種重要要求。哪種要求(除了導電率外)通常最難滿足？

計算題

4.6　針對 SOFC 重畫圖 4.4(c)，SOFC 中 O^{2-} 是電解質中可移動電荷載子。

4.7　圖 4.4 同時顯示出了活化損失和歐姆損失的影響。請依類似圖 4.4 顯示的內容畫出燃料電池的電壓輪廓圖。

4.8　已知燃料電池電壓的典型值在 1V 左右或更小，如果電解質絕緣崩潰強度為 10^8V/m，則對於固體氧化物燃料電池而言，最小可能發揮作用的電解質厚度為多少？

4.9　在 4.3.2 節，我們討論了燃料電池電解質電阻如何隨厚度(通常以 L/σ 形式)比例變化，列出了幾個限制電解質厚度可用範圍的實際因素。燃料滲透被認為會導致一個不利的附加損失，它可以最終變得非常大以至於繼續降低膜厚度並**產生反效果**!換句話說，在一給定的電流密度下存在最佳的電解質厚度，將電解質厚度降低到彼此最優值以下實際上會導致總燃料電池損失的**增加**。我們打算對這一現象建立模型。假設穿過電解質的漏電流 j_{leak} 會以下面形式產生額外的燃料電池損失：$\eta_{leak} = A\ln j_{leak}$；此外，假設 j_{leak} 同電解質厚度 L 成反比變化：$j_{leak} = B/L$。對於一給定的電流密度 j，試決定使 $\eta_{ohmic} + \eta_{leak}$ 最小化的最佳厚度。

4.10　一個 $5cm^2$ 的燃料電池 $R_{elec} = 0.01\,\Omega$ 和 $\sigma_{電解質} = 0.10\Omega^{-1} \cdot cm^{-1}$。如果電解質厚度為 100μm，試預測這一電池在 $j = 500\,mA/cm^2$ 下的歐姆電壓損失。

4.11　根據公式(4.22)和公式(4.24)推導公式(4.32)。

4.12　試想工作在 $0.8A/cm^2$ 和 70℃的質子交換膜燃料電池。把 90℃和 80%相對濕度的氫氣以 8A 的速率提供給燃料電池。燃料電池面積為 $8cm^2$，水分子到氫氣的拖曳比例 α 為 0.8。找出氫氣空乏時的水活度。假設 $P = 1\,atm$ 且氫氣空乏發生在電池溫度為 70℃時。

4.13 試想兩個以 $1A/cm^2$ 驅動外部負載的氫－氧質子交換膜燃料電池。燃料電池工作在不同加濕的氣體下工作：(a) $a_{W,陽極}=1.0$，$a_{W,陰極}=0.5$；(b) $a_{W,陽極}=0.5$，$a_{W,陰極}=1.0$。如果兩個電池都在 80℃ 下工作，試估算它們的歐姆過電位。假設它們都使用 125μm 厚的 Nafion 電解質膜。基於你的結果，討論濕度對陽極和陰極的相對影響。

4.14 (a)計算氧離子在純 ZrO_2 電解質中，溫度為 1000℃ 時的擴散率，已知 $\Delta G_{act}=100\,kJ/mol$，$v_0=10^{13}\,Hz$。$ZrO_2$ 是一個晶格常數 $a=5$ Å 的一個立方單胞，其中含有 4 個 Zr 原子和 8 個 O 原子。假設氧－氧"跳躍"距離 $\Delta x=1/2a$。(b)計算電解質中本徵載子濃度，已知 $\Delta h_v=1eV$(假設空洞是主要載子)。

(c)由(a)和(b)的答案，計算這種電解質在 1000℃ 時的本徵導電率。

4.15 你已測定一厚 100μm、面積為 $1.0cm^2$ 的 YSZ 電解質樣品的電阻在 700K 時為 47.7Ω，在 1000K 時為 0.68 Ω。試計算這種電解質材料的 D_0 和 ΔG_{act}，已知這種材料摻雜有 8%莫耳 Y_2O_3。回顧習題 4.14，ZrO_2 是一個晶格常數 $a=5$ Å^{3}的一個立方單胞，其中含有 4 個 Zr 原子和 8 個 O 原子。假設摻雜不影響晶格常數。

---

[3] 1 Å = 0.1 nm = 10^{-10} m——譯者註。

Chapter 5

燃料電池的質傳

　　正如第 1 章簡介中我們論述的，爲了產生電流我們必須不斷地爲燃料電池提供燃料和氧化物，同時必須不斷地排出生成物以防止燃料電池"窒息而亡"。供給反應物和生成物的過程稱爲**燃料電池的質傳**(mass transport)。正如我們將學習到的，這項看起來很簡單的工作其實**質傳現象**是相當複雜的。

　　在前幾章中，我們已經學習了電化學反應過程(第 3 章)和電荷傳送過程(第 4 章)。質傳是本書燃料電池將要討論的最後一項工作。學完本章之後，你將具有瞭解燃料電池運轉過程的所有基本概念。

　　在本章中，我們將學習燃料電池內部反應物和生成物的運動。前一章(關於電荷傳送)已經介紹了控制物質從某一特定區域到另一特定區域傳送的基本方程式。確實，離子電荷的傳送只是質傳的一種特殊情況——由帶電離子組成的質傳。本章和前一章的區別在於，本章處理的是**不帶電物質**的傳送。不帶電的物質不受電壓梯度的影響，所以我們必須依賴運動的擴散(diffusion)和對流(convection)來探討。此外，我們將主要討論氣相傳送(偶爾也涉及液相傳送)，這一點和前一章中論述的大多數固態的離子傳送形成鮮明的對照。

　　爲什麼我們對燃料電池的質傳這麼感興趣？原因就在於不良的質傳將導致嚴重的燃料電池性能損失。要瞭解爲什麼不良的質傳會導致性能損失，請記住燃料電池是在催化層內部的反應物和生成物的濃度決定燃料電池的性能而不是在入口處。因此，在催化層內部反應物的空乏(或生成物的聚積)對性能會產生極不利的影響，這種性能損失被稱爲燃料電池的"濃度"損失或質傳損失。透過對燃料電池的電極和流場板中的質傳現象做深入的分析可以將濃度損失降至最低。

5.1　電極與流場板中的輸送

　　本章分為兩個主要部分：一部分介紹燃料電池電極上的質傳，另一部分闡述燃料電池流場板的質傳。為什麼我們這樣分類？二者之間有何區別？

　　這兩個區域之間的主要差別在於長度的等級不同。然而更重要的是，這一長度等級上的差異導致了不同的傳送機制。對於燃料電池的流場板，一般尺寸為毫米(cm)或釐米(mm)等級。流場板的圖形是由幾何上的流道陣列所組成，適用於流體力學定律。這些流道的氣體傳送受到流體的流動和對流的限制。相反地，燃料電池的電極結構和孔洞呈現微米（μm)和奈米(nm)的尺度。這些多孔電極內部彎曲的幾何形狀使得氣體分子免受流場板流道對其產生流體力學的影響。由於不受到流場板流道對流動的影響，因此電極內部的氣體傳送變成擴散作用在主導。

對流(Convection)與擴散(Diffusion)

對流與擴散之間的區別是非常重要的：

● **對流**是指(在某種機械力如壓力等的作用下)由於流體運動形成的物質傳送。

● **擴散**是指由於濃度梯度形成的物質傳送。

圖 5.1 說明了兩種傳送模式之間的差別。對於燃料電池來說，傳送物質而言，對流比擴散有效得多。例如在標準狀態下，穿過 500μm 厚的多孔電極允許的最大 O_2 擴散流量大約為 4×10^{-5} mol/(cm^2 · s)。該通量相當於流速 0.01m/s(甚至更少)的 O_2 對流所能提供的通量。

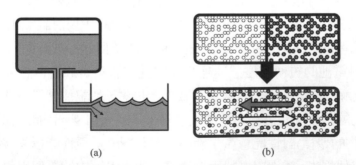

(a)　　　　　　　　　(b)

圖 5.1　對流和擴散。(a)該系統中的對流流體傳送使原料從高處的容器流到
　　　　低處的容器。(b)白色粒子和灰色粒子的濃度梯度使得灰色粒子淨擴
　　　　散傳送方向向左而白色粒子淨擴散傳送方向向右

　　何謂流場板內部流道的對流作用力？它是使用者(我們)迫使燃料或氧化物以固定速率通過燃料電池而**施加**的壓力。推動燃料或氧化物以固定速率穿過燃料電池所需要的壓力(驅動力)可以用流體動力學計算。高流速能夠確保燃料電池內部各點反應物的良好分佈(和生成物的有效排放)，但這流速可能需要電池無法承受的驅動高壓力或者導致其他問題。

　　電極中依擴散傳送物質的濃度梯度從何而來呢？它是由於在催化層內部的物質被消耗(或產生)而產生的。正如圖 5.2 所示，在高電流密度下工作的燃料電池在陽極以很高速率消耗著 H_2 分子，這導致催化層至電極附近中 H_2 的空乏(depletion)。由此引起的濃度梯度提供了 H_2 從電極向反應區域擴散傳送物質的驅動力。

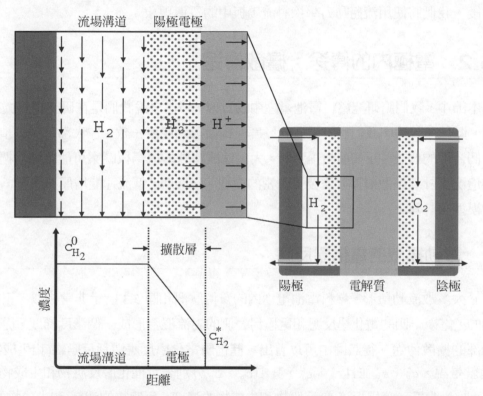

圖 5.2　氫－氧燃料電池工作時在陽極處形成擴散層的示意圖。在陽極－電解質界面的 H_2 氣體的消耗導致了電極內部 H_2 的空乏。H_2 氣體的濃度從流場流道內的統體濃度值($c_{H_2}^0$)下降到催化層中一個低得多的濃度值($c_{H_2}^*$)。圖中，流場流道內 H_2 氣體的速度大小表透過流動箭頭的大小來表示。在流道－電極界面處，H_2 氣體的速度下降到 0，這標示著擴散層的開始

　　以對流為主的流動和以擴散為主的流動的"分界線"或者說邊界常常出現在燃料電池氣體流道和多孔電極相接觸的地方。在流場流道內對流使得氣流充分混合，因此沒有出

現濃度梯度。但是由於摩擦作用，氣流的運動速度在電極－流道邊界趨近於零(如圖 5.2 所示)。由於缺少了對流的流體混合作用，多孔電極中凝滯的氣體內部形成濃度梯度。我們稱上述凝滯的氣體區域為**擴散層**(diffusion layer)，因為在擴散層區域內是以擴散為質傳的主要作用。因為結束對流傳送與開始擴散傳送的分界線必然很模糊，所以通常很難精確定義擴散層的厚度。況且，該分界線還會隨著流動條件、流場流道的幾何圖形和尺寸與電極結構而變化。例如，在非常低的氣體流速下，擴散層可能延伸到流場流道中間；反之，在極高的氣體流速下，對流混合可能滲透到電極裏，導致減薄擴散層的厚度。

在本章下面兩個主要小節中，我們將首先根據擴散理論介紹多孔電極內部的質傳現象。然後，我們將使用流體動力學探討流場板中的質傳現象。

◗ 5.2　電極內的傳送：擴散傳送

在本節中，我們將研究燃料電池電極中的質傳。嚴格來說我們是在研究探討擴散層中的質傳，但是在討論中我們假設電極的厚度與擴散層的厚度一致。在大部份流動情況下，這是一個合理的假設。正如前面提到的，大流速或特殊的流場板圖案可能會減薄擴散層，在這些情況下計算擴散層厚度需要更精密的模型。同樣地，低流速能增厚擴散層，這也需要精密模型來計算。

5.2.1　驅動擴散的電化學反應

對於大多數流動情形，燃料電池電極內的質傳狀況和圖 5.3 所示非常相似。正如該圖所說明的，電極一側的電化學反應和電極另一側的對流混合形成一個濃度梯度，從而發生電極內部的擴散傳送。從該圖中可以看出，**催化層**電化學反應消耗反應物(和生成物的聚積)。也就是說，$c_R^* < c_R^0$ 並且 $c_P^* > c_P^0$，其中 c_R^*、c_P^* 分別表示催化層反應物和生成物濃度，而 c_R^0、c_P^0 分別表示(流場板流道)反應物和生成物的濃度。反應物的消耗(和生成物的聚積)透過兩種方式影響燃料電池的性能，說明如下：

1. **能斯特損耗 (Nernstian Loss)**。由於催化層中反應物的濃度比統體濃度(bulk concentration)低，催化層中生成物濃度比統體濃度高，根據能斯特方程可以推斷，燃料電池的可逆電位將會下降。

2. **反應損耗 (Reaction Losses)**。因為催化層內反應物的濃度比統體濃度低，催化層中生成物的濃度比統體濃度高，反應速率(活性)損失將會增加。

我們把上述兩種損失的整合效應歸結為燃料電池的濃度損失(質傳損失)。為了確定濃度損失的大小，有必要確定催化層內反應物和生成物的濃度與統體濃度的差異。那麼要如何確認呢？讓我們來看看是否能夠透過微觀燃料電池電極內發生的擴散過程找到答案。

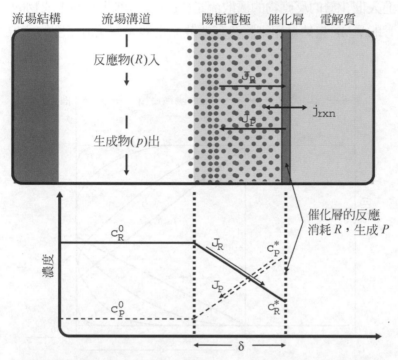

圖 5.3　一般的燃料電池電極內的質傳狀況示意圖。在流場板流道中，反應物和生成物的對
　　　　流混合在擴散層之外形成固定的物質統體濃度(c_R^0 和 c_P^0)。在催化層內物質的消耗和
　　　　產生(在給定為速率 j_{rxn} 下)導致反應物的損耗和生成物的聚積($c_R^* < c_R^0$ 和 $c_P^* > c_P^0$)。
　　　　在整個擴散層內部，反應物的濃度梯度由 c_R^0 和 c_R^* 生成，而生成物的濃度梯度則由
　　　　c_P^0 和 c_P^* 生成

　　請見圖 5.4 所描述燃料電池的多孔電極現象。假定在某一時刻 $t = 0$ 燃料電池被"啓動"了並開始以某一固定電流密度 j 發電。一開始的狀態下，燃料電池內任意點的反應物和生成物的濃度都相等(給定為 c_R^0 和 c_P^0)。但是一旦電池開始產生電流，催化層內電化學反應將導致消耗反應物(和聚積生成物)。反應物開始從流場板與多孔電極附近區域向催化層擴散，同時生成物也開始從催化層向外擴散。隨著時間的增加，反應物和生成物的濃度分佈變化如圖 5.4 所示，最終將達到圖中粗實線所指示的穩定狀態。在穩定狀態下，反應物和生成物的分佈隨著電極(擴散層)的厚度呈線性下降(至少是近似的)，而且由這些濃度梯度產生的反應物和生成物的通量將與催化層中反應物和生成物的消耗／空乏速率平衡(根據直覺判斷：在穩定狀態下，消耗的速率必然等於供給的速率)。數學上表示為

$$j = nF J_{\text{diff}} \tag{5.1}$$

式中，j 表示燃料電池的工作電流密度(請記住，電流密度是反映電化學反應速率的一種度量)；J_{diff} 表示進入催化層的反應物的擴散流量(或者溢出催化層的生成物的擴散流量)。已經為我們所熟悉的量 nF 自然是用來將莫耳擴散流量轉換為電流密度的單位。

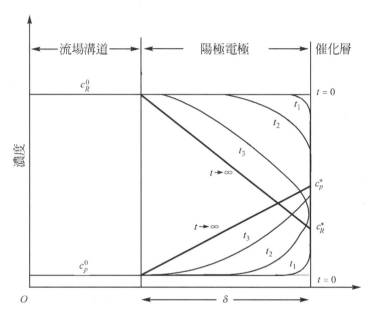

圖 5.4 燃料電池電極內反應物和生成物的濃度分佈隨時間的變化關係圖。燃料電池從 $t = 0$ 時刻開始產生電流。反應物和生成物的濃度分佈隨著時間增加從初始常數值(c_R^0 和 c_P^0)開始逐漸演變(圖中 $t_1 < t_2 < t_3$)。其分布最終達到一個穩定的平衡狀態(由粗實線表示)，此時濃度隨著擴散層的厚度近似線性變化。在穩定狀態下，由該線性濃度梯度導致的擴散流量與催化層中的反應流量達到精確的平衡

計算正規化擴散率(Normal Diffusivity)

氣體 i 的擴散不僅與 i 的性質有關，也和 i 擴散流經的物質 j 的性質有關。由於這個原因，二元氣體擴散係數常常寫作 D_{ij}，其中 i 表示擴散物質，j 表示擴散流經的物質。對於一個由兩種氣體構成的二元體系來說，D_{ij} 是溫度、壓力和物質 i 與物質 j 的莫耳質量的函數。在低壓下，正規化擴散率可以根據氣體動力學理論[11]的下列方程加以計算得到：

$$p \cdot D_{ij} = a \left(\frac{T}{\sqrt{T_{ci} T_{cj}}} \right)^b (p_{ci} p_{cj})^{1/3} (T_{ci} T_{cj})^{5/12} \left(\frac{1}{M_i} + \frac{1}{M_j} \right)^{1/2} \tag{5.2}$$

公式中，p 表示總壓力(atm)；D_{ij} 表示二元擴散係數(cm^2/s)；T 表示溫度(K)；M_i 和 M_j 指物質 i 和物質 j 的莫耳質量(g/mol)；T_{ci}，T_{cj}，p_{ci} 和 p_{cj} 指物質 i 和物質 j 的臨界溫度和壓力。表 5.1 列出了一些常用氣體的 T_c 和 p_c 值。公式(5.2)裏還包含兩個參數 a 和 b。對於非極性氣體對如 H_2、O_2 和 N_2 等我們通常取 $a = 2.745 \times 10^{-4}$，$b = 1.823$。而當一種物質為 H_2O(極性)而另一種物質為非極性氣體時，通常取 $a = 3.640 \times 10^{-4}$，$b = 2.334$。參考文獻中還列出了其他計算擴散率的方程式。

表 5.1　氣體的臨界性質

物質	莫耳質量(M)	T_c(K)	p_c(atm)
H_2	2.016	33.3	12.80
空氣	28.964	132.4	37.0
N_2	28.013	126.2	33.5
O_2	31.999	154.4	49.7
CO	28.010	132.9	34.5
CO_2	44.010	304.2	72.8
H_2O	18.015	647.3	217.5

註：來源於參考文獻[11]。

計算等效擴散率(Effective Diffusivity)

在多孔結構中，氣體的分子往往被孔洞管壁所阻礙。為計入這些阻礙的影響，擴散流通量需要被修正。通常我們是透過引入修正或**等效的擴散率**來完成這項任務。根據 Bruggemann 修正模型，在多孔結構中的有效擴散率可以表示為[12]

$$D_{ij}^{\text{eff}} = \varepsilon^{1.5} D_{ij} \tag{5.3}$$

式中，ε 表示多孔結構的**孔隙率**(porosity)，孔隙率即孔體積(pore volume)與總體積(total volume)的比值。燃料電池電極的孔隙率通常大約為 0.4，表示電極總體積的 40% 被孔洞所佔據。在開放的空間孔隙率為 1 且 $D_{ij}^{\text{eff}} = D_{ij}$。考慮到扭曲係數 τ 的影響，公式(5.3)常常表示為

$$D_{ij}^{\text{eff}} = \varepsilon^{\tau} D_{ij} \tag{5.4}$$

彎曲係數(Tortuosity)描述了由於流動路徑的曲折或盤旋所引起的附加阻抗。"像迷宮一樣"曲曲折折的孔隙結構的彎曲係數值很高。經研究得知,根據孔隙結構形狀的不同,彎曲係數可從 1.5 變化到 10。但是在高溫下,另一種等效擴散率的修正更為精確[13]:

$$D_{ij}^{\text{eff}} = D_{ij} \frac{\varepsilon}{\tau} \tag{5.5}$$

擴散流量 J_{diff} 可以用擴散方程式來計算。根據前一章(表 4.1),擴散傳送可以表示為

$$J_{\text{diff}} = -D \frac{\mathrm{d}c}{\mathrm{d}x} \tag{5.6}$$

對於圖 5.4 所示的穩定狀態(steady state),上式表示為(以反應物流量為例)

$$J_{\text{diff}} = -D^{\text{eff}} \frac{c_R^* - c_R^0}{\delta} \tag{5.7}$$

式中,c_R^* 表示催化層反應物濃度;c_R^0 表示(流場流道)反應物統體濃度;δ 表示電極(擴散層)厚度;D^{eff} 表示催化層內反應物的等效擴散率(由於電極的複雜結構和彎曲性,"等效"擴散率(effective diffusity)比"正規化"擴散率(nominal diffusity)低。想進一步瞭解正規化擴散率和等效擴散率的計算,請參考文框內容)。聯立公式(5.1)和公式(5.7)可以解出催化層內的反應物濃度:

$$j = -nFD^{\text{eff}} \frac{c_R^* - c_R^0}{\delta} \tag{5.8}$$

$$c_R^* = c_R^0 - \frac{j\delta}{nFD^{\text{eff}}} \tag{5.9}$$

這個等式顯示,催化層內的反應物濃度 c_R^* 比統體濃度 c_R^0 低,其差值與 j、δ 和 D^{eff} 有關。當 j 增加時,反應物的損耗效應增強。因此,電流密度越高,濃度損失越大。但是,如果擴散層厚度 δ 減小,或者等效擴散率 D^{eff} 增加時,濃度損失將減小。

5.2.2　限制電流密度(Limiting Current Density)

所謂限制電流密度表示到達催化層的每條路徑中的反應物濃度都下降到 0,這種情況表示質傳的極限情況,研究起來很有趣。燃料電池絕對無法維持比使反應物濃度降至 0 情

況下更高的電流密度。我們稱該電流密度爲燃料電池的**限制電流密度**。限制電流密度(j_L)可以透過把 $c_R^* = 0$ 代入公式(5.8)計算得到

$$j_L = nFD^{\text{eff}} \frac{c_R^0}{\delta} \tag{5.10}$$

　　燃料電池的質傳設計焦點就在於提高限制電流密度。這些設計包括：

1. 透過設計使反應物均勻分佈的良好流場板，以確保高 c_R^0 值。

2. 透過謹慎地最佳化燃料電池的工作條件、電極結構和擴散層厚度，以保證大的 D^{eff} 值和小的 δ 值。

　　δ 的典型值爲 100～300μm，D^{eff} 的典型值爲 10^{-2} cm²/s，因此典型的限制電流密度爲 1～10A/cm²。這一質傳結果代表了燃料電池的最大極限；燃料電池將不可能產生比其限制電流密度所限定的更高的電流密度(但請注意，燃料電池的其他損失如歐姆損失和活化損失常常使其電壓在達到限制電流密度之前就降爲零了)。

　　雖然限制電流密度決定了燃料電池質傳的最大極限，但濃度損耗在低電流密度下也同樣出現。請回憶 5.2.1 節中所提到的，催化層中的濃度差異透過兩種方式影響燃料電池的性能：第一種是減小了能斯特(熱力學)電壓，第二種是增加了活化(反應速度)損失。現在我們來詳細研究這兩種影響，我們會驚奇地發現它們都導致同樣的結果。於是歸納之後這個結果就是我們將要提到的燃料電池的"濃度"過電位 η_{conc}。

陽極和陰極的限制電流密度

　　整體而言，燃料電池中的每一種反應物都可以計算相對應的限制電流密度。例如，在氫－氧燃料電池中，可以分別計算陽極(基於 H_2)和陰極(基於 O_2)的 j_L 值。在這兩種情況下，對於不同的反應物種類在公式(5.10)中必須非常小心地選擇相對應正確的 n 值。對於 H_2 來說，每莫耳 H_2 提供2e⁻，因此 $n = 2$。但是對於 O_2 來說，每莫耳 O_2 消耗 4e⁻，因此 $n = 4$。對大多數燃料電池來說，確定質傳損耗時只考慮氧氣的 j_L，因為氧氣傳送導致的質傳極限通常比氫氣嚴重得多，這是由於燃料電池中常常使用空氣(而不是純氧)，而 O_2 的擴散比 H_2 慢得多的緣故。

　　爲簡化起見，在下面章節中推導濃度過電位計算公式時我們只考慮反應物的損耗影響。當考慮反應生成物聚集效應時，可以用類似的方法推導出同樣的計算公式。

5.2.3 濃度影響能斯特電壓(Nernst Voltage)

濃度對燃料電池影響的第一種方式是透過能斯特方程式,這是因為燃料電池的可逆熱力學電壓是由催化反應處而不是燃料入口處的反應物的濃度和生成物的濃度來決定的。第2章中能斯特方程式的形式[參見公式(2.84)]:

$$E = E^0 - \frac{RT}{nF} \ln \frac{\prod a_{\text{products}}^{v_i}}{\prod a_{\text{reactants}}^{v_i}} \tag{5.11}$$

為了簡單起見,我們將考慮單一反應物的燃料電池。正如前面提到的,生成物累積在這一過程中的影響將會被忽略。我們保留前一節使用的符號:c_R^*——催化層反應物的濃度,c_R^0——反應物的統體濃度。

我們想要計算的是由於催化層中反應物消耗引起的增加電壓損失(稱為 η_{conc})。換句話說,我們想在用 c_R^* 代替 c_R^0 時求出能斯特電動勢的變化量:

$$\begin{aligned} \eta_{\text{conc}} &= E_{\text{Nernst}}^0 - E_{\text{Nernst}}^* \\ &= \left(E^0 - \frac{RT}{nF} \ln \frac{1}{c_R^0} \right) - \left(E^0 - \frac{RT}{nF} \ln \frac{1}{c_R^*} \right) \\ &= \frac{RT}{nF} \ln \frac{c_R^0}{c_R^*} \end{aligned} \tag{5.12}$$

式中,E_{Nernst}^0 表示代入 c^0 時的能斯特電壓,而 E_{Nernst}^* 表示代入 c^* 時的能斯特電壓。根據公式(5.10),c_R^0 可以用限制電流密度表示為

$$c_R^0 = \frac{j_L \delta}{nFD^{\text{eff}}} \tag{5.13}$$

而 c_R^* 可以用擴散方程式[參見公式(5.9)]的項表示為

$$\begin{aligned} c_R^* &= c_R^0 - \frac{j\delta}{nFD^{\text{eff}}} \\ &= \frac{j_L \delta}{nFD^{\text{eff}}} - \frac{j\delta}{nFD^{\text{eff}}} \end{aligned} \tag{5.14}$$

因此,c_R^* / c_R^0 的比值可以寫為

$$\begin{aligned} \frac{c_R^0}{c_R^*} &= \frac{j_L\delta/(nFD^{\text{eff}})}{j_L\delta/(nFD^{\text{eff}}) - j\delta/(nFD^{\text{eff}})} \\ &= \frac{j_L}{j_L - j} \end{aligned} \tag{5.15}$$

將這個結果代入 η_{conc} 的計算公式得到最後的結果:

$$\eta_{\text{conc}} = \frac{RT}{nF} \ln \frac{j_L}{j_L - j} \tag{5.16}$$

注意到這個公式只有當 $j < j_L$ 時才有效(無論如何 j 也不可能比 j_L 大)。這一公式說明了當 $j \ll j_L$ 時，濃度損失過電位 η_{conc} 非常小，而當 $j \rightarrow j_L$ 時，濃度損失過電位 η_{conc} 急劇增加。

5.2.4 濃度影響反應速率

濃度影響燃料電池的第二種形式是透過反應動力學，這是因為反應動力學也取決於反應區域的反應物濃度和生成物濃度。第 3 章，反應動力學可以透過 Butler-Volmer 方程式[公式(3.33)]描述為

$$j = j_0^0 \left(\frac{c_R^*}{c_R^{0*}} e^{\alpha nF\eta_{\text{act}}/(RT)} - \frac{c_P^*}{c_P^{0*}} e^{-(1-\alpha)nF\eta_{\text{act}}/(RT)} \right) \tag{5.17}$$

式中，c_R^* 和 c_P^* 為任意濃度；j_0^0 是在某一**參考**反應物濃度 c_R^{0*} 和生成物濃度 c_P^{0*} 值下測量得到的(請注意，c_R^{0*} 和 c_P^{0*} 是反應物和生成物的參考濃度值，可能與燃料電池中反應物和生成物的統體濃度 c_R^0 和 c_P^0 不同)。

我們首先來注意高電流密度區域，因為這裏濃度的影響非常顯著。在高電流密度下，Butler-Volmer 方程式中的第二項可以捨去，方程式簡化為

$$j = j_0^0 \left(\frac{c_R^*}{c_R^{0*}} e^{\alpha nF\eta_{\text{act}}/(RT)} \right) \tag{5.18}$$

用活化過電位的形式表示上式成為

$$\eta_{\text{act}} = \frac{RT}{\alpha nF} \ln \frac{jc_R^{0*}}{j_0^0 c_R^*} \tag{5.19}$$

在前一節裏，我們想要計算的是催化層中由於反應物損耗而引起的電壓損失的增加(同樣稱為 η_{conc})。換句話說，我們想要計算用 c_R^* 代替 c_R^0 引起的活化過電位的變化量(切記 c_R^{0*} 和 c_R^0 是不同的)：

$$\begin{aligned} \eta_{\text{conc}} &= \eta_{\text{act}}^* - \eta_{\text{act}}^0 \\ &= \left(\frac{RT}{\alpha nF} \ln \frac{jc_R^{0*}}{j_0^0 c_R^*} \right) - \left(\frac{RT}{\alpha nF} \ln \frac{jc_R^{0*}}{j_0^0 c_R^0} \right) \\ &= \frac{RT}{\alpha nF} \ln \frac{c_R^0}{c_R^*} \end{aligned} \tag{5.20}$$

公式中，η_{act}^0 是用 c^0 求出的活化損失；η_{act}^* 是用 c^* 求出的活化損失。和前面一樣，我們可以把 c_R^0 / c_R^* 的比值寫爲

$$\frac{c_R^0}{c_R^*} = \frac{j_L}{j_L - j} \tag{5.21}$$

將這一結果代入 η_{conc} 的計算公式就得到了和前面幾乎一樣的結果：

$$\eta_{conc} = \frac{RT}{\alpha n F} \ln \frac{j_L}{j_L - j} \tag{5.22}$$

這一結果和前面的濃度損耗計算公式[公式(5.16)]只差一個因數 a。因爲這兩種影響是一樣的，我們把總濃度損耗歸納如下：

$$\begin{aligned} \eta_{conc} &= \frac{RT}{n F} \ln \frac{j_L}{j_L - j} + \frac{RT}{\alpha n F} \ln \frac{j_L}{j_L - j} \\ &= \left(\frac{RT}{n F}\right)\left(1 + \frac{1}{\alpha}\right) \ln \frac{j_L}{j_L - j} \end{aligned} \tag{5.23}$$

寫爲最常見的形式就是

$$\eta_{conc} = c \ln \frac{j_L}{j_L - j} \tag{5.24}$$

式中，c 爲常數。

5.2.5　燃料電池濃度損耗結論

在前面幾節裏，我們瞭解了催化層中物質的空乏／累積是如何導致燃料電池性能損失的。這種性能損失稱爲燃料電池的濃度損失(或質傳損失)，可以透過以下的一般形式加以描述：

$$\eta_{conc} = c \ln \frac{j_L}{j_L - j} \tag{5.25}$$

式中，c 爲常數。c 可以表示爲以下近似形式：

$$c = \frac{RT}{n F}\left(1 + \frac{1}{\alpha}\right) \tag{5.26}$$

有意思的是，實際燃料電池的行爲通常表現出一個比公式(5.26)所預測的大得多的 c 值。因此在很多情況下，c 都是透過經驗方法測得。

圖 5.5 顯示了燃料電池 j-V 特性中濃度損失的影響。該圖中的曲線是透過使 c 保持常數而 j_L 取各種不同值(j_L 分別取 1A/cm^2，1.5A/cm^2 和 2A/cm^2)得到的(取 $T = 300$ K，$n = 2$，$\alpha = 0.5$，得到 $c = 0.0388$ V)。正如曲線清楚顯示的，濃度損失只在大電流密度(當 j 接近 j_L 時)情況下才顯著影響燃料電池的性能。儘管濃度損失主要出現在高電流密度下，但是它的影響是驟變且嚴重的。明顯的濃度損失的開始代表燃料電池工作區域的限制。如圖 5.5 所示，增加 j_L 可以大大提高燃料電池的工作範圍，因此質傳的設計是當前燃料電池研究中的一個很重要的領域。j_L 的定義：

$$j_L = nFD^{\text{eff}}\frac{c_R^0}{\delta} \tag{5.27}$$

正如我們前面所討論的，式(5.27)顯示限制電流密度取決於 D^{eff}、c_R^0 和 δ，而 D^{eff} 和 δ 主要由電極決定。電極設計中存在許多限制，因此僅為了質傳特性而最佳化電極設計是很困難的。相反地，流場板常常提供了質傳最佳化的機會。流場板設計對限制電流密度有影響，因為它決定了流場板流道中反應物(或生成物)的體濃度 c_R^0。認識到在燃料電池流場流道中 c_R^0 不是常數是很重要的(我們倒是很希望它是常數)！相反地，因為反應物被不停消耗，c_R^0 沿著燃料電池流場流道**逐漸減小**。最佳的流場板設計使氣體損耗的影響達到最小，從而使整個燃料電池元件中始終保持較高的 c_R^0。正如我們在下一節中所要學到的，保持一個不變的高 c_R^0 值常常是使燃料電池中濃度損失最小化的最佳途徑。

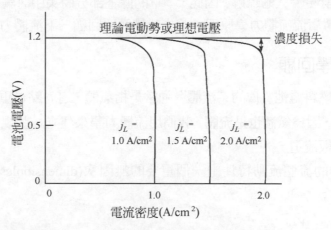

圖 5.5 濃度損失對燃料電池性能的影響。在催化層內的濃度效應導致燃料電池的工作電壓產生特徵壓力降，和公式(5.25)所測定的一樣。這種損失的形狀由 c 和 j_L 決定 [曲線的計算條件為：j_L 分別取 1A/cm^2，1.5A/cm^2 和 2A/cm^2，c 保持為常數：當 $T = 300$ K，$n = 2$，$\alpha = 0.5$ 時，由公式(5.26)計算得到 c 的值為 0.0388V]

▶ 5.3 流場板中的傳送：對流傳送

設計燃料電池的流場板是爲了使反應物遍佈於燃料電池中。也許你能想到的最簡單的
"流場板"就是一個單一腔體結構(single chamber structure)。爲了製作一個單一腔體流場
板，我們要把整個燃料電池陽極包圍成一個單獨的隔間，並把 H_2 氣體從一個角落引入。
遺憾的是，這種單獨的隔間的設計會導致很差的燃料電池性能，H_2 往往會滯留在單獨的
隔間內，導致很差的反應物分佈和很高的質傳損耗。

在實際的燃料電池中，透過使用錯綜複雜的含有許多小流場板流道的流場板可以使質
傳損失最小化。相對於單獨的隔間的設計，採用許多小流場流道(small flow channel)的圖
案設計可以使燃料在穿過燃料電池時保持持續的流動，促進均衡的對流、混合和均一的反
應物分佈。小流場流道(small flow channel)設計同樣提供了更多和電極表面的接觸點來傳
遞燃料電池的電流。

爲了形成燃料電池的流場板，常常採用壓印(stamped)、刻蝕(etched)和機械加工
(machined)等方法在流場板(flow field plate)極板上加工流場流道設計圖案。流道(可能有幾
十個甚至數百個流道)常常以迂迴(snake)、盤旋(spiral)或螺旋(twist)方式從一角的氣體入口
穿越流場板極板到達另一角的氣體出口。要分析這些複雜的實際使用的流場板中氣體對流
傳送只能使用數值方法。常見的技術就是使用計算流體動力學(CFD)建模等電腦模擬工
具，CFD 模型將在第 6 章中加以說明。除了使用 CFD，還有可能對簡單的特定流動情況
進行基本的類比。這一類基本類比是根據流體力學原理建立的，其仍然可以獲得對燃料電
池質傳和流場板設計更深入的瞭解。因此，本章的餘下部分將集中討論燃料電池流場板流
道(channel)中的簡單對流流體力學原理。首先我們簡要回顧一下流體力學。

5.3.1 流體力學回顧

在本書中討論燃料電池質傳的"流體"通常是指氣體，這一點很重要。在流體力學中
流體不一定指液體，因爲氣體也是**流體**。我們用流體力學來建立一些規則來控制氣體如何
流過燃料電池流場板流道。

在狹窄流道中的流體流動特性由一個重要的無因次(dimensionless)**雷諾數**(Reynold
number)Re 來描述：

$$Re = \frac{\rho V L}{\mu} = \frac{VL}{\nu} \tag{5.28}$$

式中，V 表示特徵速度(m/s)；L 表示特徵長度尺寸(m)；ρ 表示流體的密度(kg/m³)；μ 表示
流體的黏度[kg/(m · s)或 N · s/m²]；ν 表示動力學黏度(m²/s)(動力學黏度是 ρ 和 μ 的比值)。
從物理意義上來說，雷諾數表示流體流動中慣性力和黏性力的比值。不考慮流體的種類、
流動速度和幾何尺寸，具有相同雷諾數的流體表現了相同的黏滯特性。

所有的流體都有特徵**黏度**。黏度表徵流體流動阻力的大小。在微觀層級上，黏度表示當受到剪切力作用時一個分子滑過另一個分子的容易程度，因此它可以看做是內部流體"摩擦力"的一個度量。從數學意義上來看，黏度把剪切應力 τ_{xy} 和應變率 ε_{xy} 聯繫起來。對於水和氣體這樣簡單的流體，剪切應力和應變率為線性關係[1]：

$$\tau_{xy} = 2\mu\dot{\varepsilon}_{xy} = 2\mu \cdot \frac{1}{2}\left(\frac{\partial u}{\partial y} + \frac{\partial v}{\partial x}\right) \tag{5.29}$$

式中，μ 表示 x 方向上的流體速度(m/s)；v 表示 y 方向上的流體速度(m/s)。

平行板之間的流動

假設流體被置於兩個平行板之間，其中下面的板被固定住，而上面的板以一個穩定的速度 V 向右移動，如圖 5.6 所示。由於板只在 x 方向移動，$u=V$，$v=0$。在這種情況下，公式(5.29)化為

$$\tau_{xy} = 2\mu \cdot \frac{1}{2}\left(\frac{\partial u}{\partial y} + \overset{0}{\cancel{\frac{\partial v}{\partial x}}}\right) = \mu \cdot \frac{\mathrm{d}u}{\mathrm{d}y} = \text{const} \tag{5.30}$$

其中，由於系統處於穩定狀態且沒有任何加速度或壓力的變化，故 τ 為常數。透過求解公式(5.30)，我們可以獲得 y 方向的速度 $u(y)$ 的分佈圖，這裏假設 $u(0)=0$，$u(H)=V$ (其中 H 表示平行板間距)：

$$u(y) = V\frac{y}{H} \quad \text{和} \quad \tau = \mu \cdot \frac{V}{H} \tag{5.31}$$

為了求解公式(5.31)，我們做了關鍵性的假設：$u(0)=0$，$u(H)=V$。換句話說，我們假設在流體／板邊界的流體速度和板速度相同。這是流體流動中應用最廣泛的邊界假定條件，而且通常是一個非常好的假設。在普遍假設形式下，該假設可以被描述為

$$V_{\text{fluid}} = V_{\text{solid}} \tag{5.32}$$

其中，V 是一個向量。該假設通常被稱為**無滑動條件**(no slip condition)。在某些情況下，我們必須改用**滑動**邊界條件。必須採用滑動邊界條件的情況包括微流道中的氣體流動或超低壓下的氣體流動。這些特定情況通常不會發生在燃料電池中。

---

[1] 符合這種關係的流體稱為**牛頓流體**(Newtonian fluid)。

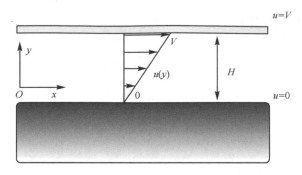

圖 5.6　兩個平行極板之間的流體流動

如果考慮到黏性的微觀本質我們就不會奇怪為什麼 μ 強烈依賴於溫度。對於氣體而言，黏度隨著溫度的增加而增加；對於稀薄氣體來說，黏度的溫度依賴性可以近似表示為一個簡單的冪函數：

$$\frac{\mu}{\mu_0} \approx \left(\frac{T}{T_0}\right)^n \tag{5.33}$$

或者可以用氣體動力學表示為 Sutherland 定律[14]：

$$\frac{\mu}{\mu_0} \approx \left(\frac{T}{T_0}\right)^{1.5} \frac{T_0 + S}{T + S} \tag{5.34}$$

在這些方程中，μ、μ_0、T_0 和 S 可以透過實驗或者動力學理論獲得。對於多數我們感興趣的氣體，透過這些公式求出的黏度值在相當大的溫度範圍內($0^\circ C \sim 1000^\circ C$)誤差小於 3%。表 5.2 總結了和燃料電池有關的常見氣體的相關值。

表 5.2　用於黏度計算的參數

氣體	μ_0 [10^{-6} kg/(m · s)]	T_0 (K)	n	S
空氣	17.16	273	0.666	111
CO_2	13.7	273	0.79	222
CO	16.57	273	0.71	136
N_2	16.63	273	0.67	107
O_2	19.19	273	0.69	139
H_2	8.411	273	0.68	97
H_2O(水蒸氣)	11.2	350	1.15	1064

註：來源於參考文獻[15]。

黏度也與壓力有關，其隨著壓力的增加而緩慢增加。燃料電池的工作氣壓很少超過 5atm。在這樣低壓條件下，黏度的"低密度極限"便能適用，而至於壓力對黏度的影響則完全可以忽略。因此，本書中不考慮壓力對黏度的影響。

燃料電池氣流很少僅由一種物質構成。相反地，我們必須常常處理氣體**混合物**(如 O_2 和 N_2)。下面的半經驗計算公式提供了氣體混合物黏度的良好近似[16]：

$$\mu_{mix} = \sum_{i=1}^{N} \frac{x_i \mu_i}{\sum_{j=1}^{N} x_j \Phi_{ij}} \tag{5.35}$$

其中，Φ_{ij} 是一個無因次數，由下式求解獲得：

$$\Phi_{ij} = \frac{1}{\sqrt{8}} \left(1 + \frac{M_i}{M_j}\right)^{-1/2} \left[1 + \left(\frac{\mu_i}{\mu_j}\right)^{1/2} \left(\frac{M_i}{M_j}\right)^{1/4}\right]^2 \tag{5.36}$$

式中，N 表示混合物中物質的種類個數；x_i 和 x_j 表示物質 i 和物質 j 的莫爾分率；M_i 和 M_j 表示物質 i 和物質 j 的莫耳質量(kg/mol)。

在大多數條件下，燃料電池流場流道中的氣體流動非常平緩，或稱為**層流**(laminar flow)。在極高的流速下，氣體流動將變為**紊流**(turbulent flow)。圖 5.7 示意了層流和紊流的區別。紊流在燃料電池流場板流道中非常罕見。層流和紊流的分界線是由雷諾數 Re 確定的，例如在圓形管道中，當 $Re \leq 2000$ 時出現層流；當 $Re \geq 3000$ 時出現紊流。

圖 5.7 (a)層流和(b)紊流示意圖

例 5.1 試想一個在 80℃下工作的燃料電池。在陰極供給 1atm 的加濕空氣，其水蒸氣莫爾分率為 0.2。如果燃料電池採用直徑為 1mm 的圓形流道，找出確保層流條件所允許的最大空氣速度。

解：根據公式(5.33)和表 5.2，我們可以確定加濕空氣中每一種氣體組分的黏度。例如，N_2 的黏度計算如下：

$$\mu_{N_2}|_{80°C} = \mu_0 \left(\frac{T}{T_0}\right)^n = 16.63 \times 10^{-6} \times \left(\frac{353.15}{273}\right)^{0.67} \tag{5.37}$$

$$= 19.76 \times 10^{-6} \text{ kg/(m·s)}$$

同樣，我們可以解得

$$\mu_{O_2}|_{80°C} = 22.92 \times 10^{-6} \text{ kg/(m·s)} ， \quad \mu_{H_2O}|_{80°C} = 11.32 \times 10^{-6} \text{ kg/(m·s)}$$

爲了利用公式(5.36)求解混合物的總黏度，我們首先假定如下參數：

物質	莫耳分率 x_i	莫耳質量 M_i	黏度 μ_i [10^{-6} kg/(m·s)]
1.N_2	$0.8 \times 0.79 = 0.623$	28.02	19.76
2.O_2	$0.8 \times 0.21 = 0.168$	32.00	22.92
3.H_2O	0.200	18.02	11.32

然後，我們可以用公式(5.36)求出下列參數：

物質 i	物質 j	M_i/M_j	μ_i/μ_j	Φ_{ij}	$x_j\Phi_{ij}$	$\sum\limits_{j=1}^{3} x_j\Phi_{ij}$
1.N_2	1.N_2	1.000	1.000	1.000	0.632	
	2.O_2	0.876	0.862	0.930	0.156	1.059
	3.H_2O	1.555	1.746	1.356	0.271	
2.O_2	1.N_2	1.142	1.160	1.079	0.682	
	2.O_2	1.000	1.000	1.000	0.168	1.146
	3.H_2O	1.776	2.025	1.482	0.296	
3.H_2O	1.N_2	0.643	0.573	0.776	0.491	
	2.O_2	0.563	0.494	0.732	0.123	0.814
	3.H_2O	1.000	1.000	1.000	0.200	

最後，根據公式(5.35)求出以下混合黏度：

$$\mu_{mix} = \left(\frac{0.632 \times 19.76}{1.059} + \frac{0.168 \times 22.92}{1.146} + \frac{0.200 \times 11.32}{0.814}\right) \times 10^{-6}$$

$$= 17.93 \times 10^{-6} \text{ kg/(m·s)}$$

混合氣體的莫耳質量爲

$$M_{\text{mix}} = \sum_{i=1}^{N} x_i M_i = 0.632 \times 28.02 + 0.168 \times 32.00 + 0.200 \times 18.02$$

$$= 26.69 \text{ g/mol}$$

然後，根據理想氣體定律求解混合物的密度：

$$\rho = \frac{p}{RT/M_{\text{mix}}} = \frac{101\,325 \text{ Pa}}{\dfrac{8.314 \text{ J/(mol} \cdot \text{K)}}{0.026\,69 \text{ kg/mol}}(273.15 + 80)} = 0.921 \text{ kg/m}^3 \qquad (5.38)$$

保持層流的最大雷諾數大約爲 $Re \leq 2000$；因此

$$V_{\text{max}} = \frac{Re^{\text{max}} \mu_{\text{mix}}}{\rho L} = \frac{2000 \times (17.93 \times 10^{-6} \text{ kg/m} \cdot \text{s})}{(0.921 \text{ kg/m}^3) \times (0.001 \text{ m})} = 38.03 \text{ m/s} \qquad (5.39)$$

考慮到流道的直徑僅爲 1mm 可知這是非常快速的氣流。

5.3.2　流場板流道中的質傳

流場板流道中的壓力降　圖 5.8 以二維方式(two-dimensuional)形象地表示了燃料電池流場流道中典型的質傳情況。此圖中，有一種氣體從左向右以平均速度 $\bar{u}$ 穿過流場流道。入口壓力(p_{in})和出口壓力(p_{out})的差值驅動了流體的流動。增加入口和出口之間的壓力降會增加流道中的平均氣流速度，改善對流。

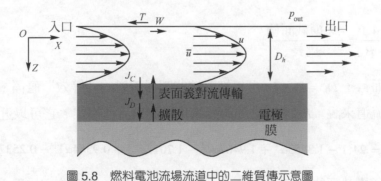

圖 5.8　燃料電池流場流道中的二維質傳示意圖

對圓形截面的流場流道而言，壓力降和平均氣體流速之間的關係可以由下公式計算：

$$\frac{\text{d}p}{\text{d}x} = \frac{4}{D}\bar{\tau}_w \qquad (5.40)$$

式中，dp/dx 表示壓力梯度；D 表示流場流道的直徑；$\bar{\tau}_w$ 表示管壁的平均剪應力，可以透過一個叫做摩擦係數的無因次數 f 加以計算：

$$f = \frac{\bar{\tau}_w}{1/2\rho\bar{u}^2} \tag{5.41}$$

式中，ρ 表示流體的密度(kg/m³)；$\bar{u}$ 表示平均流速(m/s)。研究發現，對圓形截面的流道來說，$f \cdot Re = 16$ 與流道尺寸和流動速度無關。從而可得圓形流道的 Re 為

$$Re = \frac{\rho\bar{u}D}{\mu} \tag{5.42}$$

這樣依來，透過聯立公式(5.40)、公式(5.41)和公式(5.42)以及對於層流而言 $f \cdot Re = 16$ 這樣一個事實，我們可得壓力降和平均氣體速度的關係式為

$$\frac{dp}{dx} = \frac{32\bar{u}\mu}{D^2} \tag{5.43}$$

遺憾的是，多數燃料電池的流場板流道是矩形截面而不是圓形的截面。對於矩形流道而言，公式(5.43)並不適用。對於矩形流道我們可以類比圓形流道，用"水壓直徑"(hydraulic diameter)來計算有效的雷諾數：

$$Re_h = \frac{\rho\bar{u}D_h}{\mu} \tag{5.44}$$

其中，

$$D_h = \frac{4A}{P} = \frac{4\times橫截面積}{周長} \tag{5.45}$$

對於圓形流道而言，$D_h = D$。D_h 可以被看做非圓形流道的"等效"直徑。

對於矩形流道來說，Re_h 和 f 之間的關係也比圓形流道複雜。它可以近似表示為[17]

$$f Re_h = 24(1 - 1.3553\alpha^* + 1.9467\alpha^{*2} - 1.7012\alpha^{*3} + 0.9564\alpha^{*4} - 0.2537\alpha^{*5}) \tag{5.46}$$

式中，α^* 為流道橫截面的長寬比：$\alpha^* = b/a$，這裏 $2a$ 和 $2b$ 表示流道的邊長。把公式(5.46)以 α^* 的函數表示出來，畫成曲線如圖 5.9 所示。

透過公式(5.41)、公式(5.44)和公式(5.46)計算 $\bar{\tau}_w$，然後我們就可以用公式(5.40)求解壓力梯度(請注意要用 D_h 替代 D)。

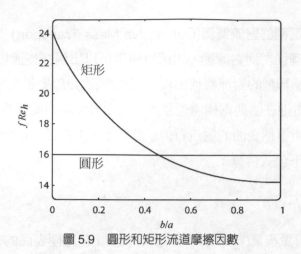

圖 5.9 圓形和矩形流道摩擦因數

例 5.2 流體以 1m/s 的速度流過一條寬 1mm、高 2mm、長 20cm 的矩形流道。如果流體的黏度爲 17.9×10^{-6} kg/(m・s)，試求出流道內的壓力降。

解：我們已經知道

$$
\begin{aligned}
\frac{\mathrm{d}p}{\mathrm{d}x} &= \frac{4}{D_h}\overline{\tau}_w = \frac{4}{D_h}f\frac{1}{2}\rho\overline{u}^2 \\
&= \frac{4}{D_h}\frac{f\,Re_h}{Re_h}\frac{1}{2}\rho\overline{u}^2 = \frac{4}{D_h}\frac{f\,Re_h\mu}{\rho\overline{u}D_h}\frac{1}{2}\rho\overline{u}^2 \\
&= \frac{2}{D_h^2}f\,Re_h\mu\overline{u}
\end{aligned}
\tag{5.47}
$$

假設 $\alpha^* = b/a = 12$，並且由公式(5.46)可知

$$
\begin{aligned}
f\,Re_h = 24(1 &- 1.3553 \times 0.5 + 1.9467 \times 0.5^2 - 1.7012 \times 0.5^3 + \\
&0.9564 \times 0.5^4 - 0.2537 \times 0.5^5) = 15.56
\end{aligned}
\tag{5.48}
$$

利用

$$
D_h = \frac{4 \times (1 \times 2)}{2 \times (1 + 2)} = 1.33 \text{ mm} = 0.00133 \text{ m}
$$

代入公式(5.47)得到

$$
\frac{\mathrm{d}p}{\mathrm{d}x} = \frac{2}{(0.001\,33 \text{ m})^2} \times 15.56 \times 17.9 \times 10^{-6} \text{ kg/m} \cdot \text{s} \times 1 \text{ m/s} = 315 \text{ Pa/m}
\tag{5.49}
$$

因此，壓力降爲

$$
P_{\text{drop}} = L \times \frac{\mathrm{d}p}{\mathrm{d}x} = 0.2 \text{ m} \times 315 \text{ Pa/m} = 63 \text{ Pa}
\tag{5.50}
$$

從流場板流道到電極的對流質傳(Convective Mass Transport)　如圖 5.8 所示，儘管氣體沿流場流道 x 方向從左到右流動，對流質傳也可以出現在從流場板流道進入(或流出)電極的 z 方向。這一種類型的對流質傳出現在電極表面和流場流道內物質 i 密度不同的情況下。例如，在燃料電池在陰極電極處產生水，電極表面水的局部密度比流場流道水密度來得大，導致水會流出電極表面的對流質傳。數學上，由於這一種形式的對流質傳所形成的質量通量可以用以下公式估算：

$$J_{C,i} = h_m(\rho_{i,s} - \overline{\rho}_i) \tag{5.51}$$

式中，$J_{C,i}$ 表示對流質量流量(kg/m^{2}s)；$\rho_{i,s}$ 表示物質 i 在電極表面的密度(kg/m^3)；$\overline{\rho}_i$ 表示物質 i 在流體流道內部的平均密度(kg/m^3)；h_m 表示對流質傳係數(m/s)。h_m 的值取決於流道幾何形狀、物質 i 和物質 j 的物理性質和管壁狀況。通常來說，h_m 可以透過無因次的 Sherwood 數(或 Nusselt 數[2])計算：

$$h_m = Sh\frac{D_{ij}}{D_h} \tag{5.52}$$

式中，Sh 即 Sherwood 數；D_h 表示水壓直徑；D_{ij} 表示物質 i 和物質 j 的兩相擴散係數。Sherwood 數取決於流道的幾何形狀。表 5.3 總結了常見的燃料電池流場流道幾何形狀的 Sh 值。在大多數情況下，燃料電池矩形流道的四周壁面只有一個壁面參與對流質傳(表中所列的第三種情況)。表中區分了兩種不同的 Sherwood 數，Sh_D 用於流道中密度 ρ_i 沿流道呈現均一的情況。Sh_F 用於流道中流量 $J_{C,i}$ 沿流道為均一的情況。如果在流道中密度和流量都不均一，那麼公式(5.51)和公式(5.52)就都不適用。

5.3.3　氣體沿流場流道燃料不足

由於沿著流場流道方向氫氣或空氣都被連續不斷地消耗著，這些反應物都趨向於不足，尤其是在流場板流道出口附近。燃料不足對於燃料電池的性能有不利的影響，因為濃度損失隨著反應物濃度的減小而增加。

在本節中，我們將建立一個燃料電池陰極簡單的二維質傳模型。利用該模型來確定在巨觀質量與流量平衡下流場流道內部中氧氣密度(濃度)是如何減小的。

---

[2] Nusselt 數是用來說明對流熱傳送現象的。由於熱的傳送和質傳的相似性，這兩個數本質上是一樣的。

表 5.3 圓形、矩形和三端封閉的矩形管中層流的 Sherwood 數

橫截面		$\alpha = 0.2$	$\alpha = 0.4$	$\alpha = 0.7$	$\alpha = 1.0$	$\alpha = 2.0$	$\alpha = 2.5$	$\alpha = 5.0$	$\alpha = 10.0$
	Sh_D				4.36				
	Sh_F				3.66				
	Sh_D	4.80	3.67	3.08	2.97	3.38	3.67	4.80	5.86
	Sh_F	5.74	4.47	3.75	3.61	4.12	4.47	5.74	6.79
	Sh_D	0.83	1.42	2.02	2.44	3.19	3.39	3.91	4.27
	Sh_F	0.96	1.60	2.26	2.71	3.54	3.78	4.41	4.85

註：來源於參考文獻[18]。

　　流道的寬長比 $\alpha = b/a$，其中 b 和 a 表示流道尺寸。

　　請看如圖 5.10 所示的簡單半氫氣質子交換膜燃料電池的幾何圖形。純氧沿著流場板流道從左邊流到右邊，即圖中所示從燃料電池入口流向燃料電池出口。氣體沿流場板流道從左向右一邊移動的同時被不停地消耗著。y 軸的流量 $J_{O_2|y=E}$ 表示以對流質傳形式離開流場流道進入氣體擴散層的氧氣。氧氣隨之擴散進入催化層並在那裏反應產生燃料電池電流。

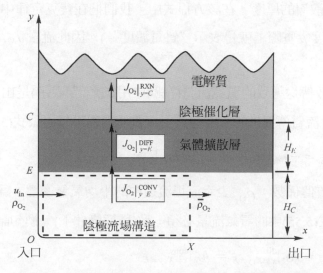

圖 5.10 包含擴散和對流的二維燃料電池傳送模型示意圖

對於這個簡單的 2D 模型，我們假定流場板流道為方形截面。另外再做一些簡化假設：

1. 催化層無限薄[3]；

2. 水只以蒸氣形式存在；

3. 在擴散層中擴散質傳佔主導地位，而且只考慮 y 軸方向的擴散；

4. 流體流道中對流佔主導地位。

燃料電池產生的電流密度將沿著 x 方向變化，因為氧氣濃度沿 x 方向變化。我們用 $j(X)$ 來表示在位置 X 上燃料電池產生的局部電流密度。根據法拉第定律，如果燃料電池在 X 處產生的電流密度為 $j(X)$，則被消耗的氧氣質量流量表示為

$$\hat{J}_{O_2}|_{x=X,y=C}^{rxn} = M_{O_2} \frac{j(X)}{4F} \tag{5.53}$$

公式中，$\hat{J}_{O_2}$ 表示氧氣的質量流量$[kg/(cm^2 \cdot s)]$；$y = C$ 表示催化層(產生電流的電化學反應發生的場所)；M_{O_2} 表示氧氣的莫耳質量(kg/mol)。

電化學反應消耗的氧氣流量必須由氣體擴散層的濃度擴散來提供。正如我們前面所看到的，擴散質傳由費克(Fick)定律描述：

$$\hat{J}_{O_2}|_{x=X,y=E}^{diff} = -D_{O_2}^{eff} \frac{\rho_{O_2}|_{x=X,y=C} - \rho_{O_2}|_{x=X,y=E}}{H_E} \tag{5.54}$$

公式中，H_E 表示擴散層的厚度。在該方程式中，我們把在費克定律中一般採用的莫耳濃度改為質量濃度(密度 ρ 實際上就是表示 "質量濃度")。因此流量 $\hat{J}_{O_2}$ 表示的是質量流量而不是莫耳流量。

擴散層中由擴散傳送導致的氧氣流量(在圖中用 $\hat{J}_{O_2}|_{y=E}^{diff}$ 表示)是由流場流道和氣體擴散層(GDL)表面的對流質傳提供的。回想該對流質傳過程可以用公式(5.51)表示：

$$\hat{J}_{O_2}|_{x=X,y=E}^{conv} = -h_m \left(\rho_{O_2}|_{x=X,y=E} - \overline{\rho}_{O_2}|_{x=X,y=channel} \right) \tag{5.55}$$

式中，h_m 表示對流質傳係數；$\overline{\rho}_{O_2}$ 表示流場流道中的平均氧氣密度。為維持流量平衡，式(5.53)、式(5.54)和式(5.55)中的氧氣流量必須一致(穩態條件下)。換句話說，

$$\hat{J}_{O_2}|_{x=X,y=C}^{rxn} = \hat{J}_{O_2}|_{x=X,y=E}^{diff} = \hat{J}_{O_2}|_{x=X,y=E}^{conv} \tag{5.56}$$

因此，我們得到以下關係式：

---

[3] 因為在氫氣質子交換膜燃料電池中，與氣體擴散層(100～350 μm)相比，實際催化層非常薄(約 10 μm)，這是一個很好的近似。

$$\hat{j}_{O_2}\big|_{x=X,y=E}^{\text{conv}} = M_{O_2}\frac{j(X)}{4F} \tag{5.57}$$

$$\rho_{O_2}\big|_{x=X,y=C} = \rho_{O_2}\big|_{x=X,y=E} - M_{O_2}\frac{j(X)}{4F}\frac{H_E}{D_{O_2}^{\text{eff}}} \tag{5.58}$$

$$\rho_{O_2}\big|_{x=X,y=E} = \overline{\rho}_{O_2}\big|_{x=X,y=\text{channel}} - M_{O_2}\frac{j(X)}{4F}\frac{1}{h_m} \tag{5.59}$$

現在請看圖 5.10 控制容積(Control volume)(虛線框)中的總流量平衡，我們將流場流道裏 y 方向上的質傳耦合到 x 方向上的質傳中。氧氣從左側進入該控制容積並從右側離開，左側進入的氧氣量和右側離開的氧氣量相減得到從頂部離開進入氣體擴散層的氧氣量。數學計算式為

$$\underbrace{u_{\text{in}}H_C\overline{\rho}_{O_2}\big|_{x=0,y=\text{channel}}}_{\substack{\text{從左側進入}\\\text{的氣體量}}} - \underbrace{u_{\text{in}}H_C\overline{\rho}_{O_2}\big|_{x=X,y=\text{channel}}}_{\substack{\text{從右側離開}\\\text{的氣體量}}} = \underbrace{\int_0^X\left(\hat{j}_{O_2}\big|_{y=E}^{\text{conv}}\right)dx}_{\substack{\text{從頂部離開}\\\text{的氣體量}}} \tag{5.60}$$

公式(5.57)把從控制容積頂部離開的氣體與燃料電池產生的電流密度聯繫起來：

$$\int_0^X\left(\hat{j}_{O_2}\big|_{y=E}^{\text{conv}}\right)dx = \int_0^X\frac{M_{O_2}j(x)}{4F}dx \tag{5.61}$$

請記住，我們正在尋找催化層 x 方向上的氧氣分佈計算公式(換句話說，我們希望找到 $\rho_{O_2|x=X,y=C}$)。從公式(5.58)開始，代入公式(5.59)、公式(5.60)、公式(5.61)可以求解 $\rho_{O_2|x=X,y=C}$

$$\rho_{O_2}\big|_{x=X,y=C} = \overline{\rho}_{O_2}\big|_{x=0,y=\text{channel}} - \frac{M_{O_2}}{4F}\left(\frac{j(X)}{h_m} + \frac{H_E j(X)}{D_{O_2}^{\text{eff}}} + \int_0^X\frac{j(x)}{u_{\text{in}}H_C}dx\right) \tag{5.62}$$

為了得到精確解，公式(5.62)可以與 Tafel 方程式聯立求解。但是為了避免運算複雜，我們假設電流密度 j 在 x 方向是常數(雖然該假設並不符合實際。x 方向上的氧氣濃度是變化的，因而局部電流密度也在變化，但是對於氧氣濃度變化很小的情況下，電流密度變化的影響是次要的)。根據固定電流密度的假設，公式(5.62)變成

$$\rho_{O_2}\big|_{x=X,y=C} = \overline{\rho}_{O_2}\big|_{x=0,y=\text{channel}} - M_{O_2}\frac{j}{4F}\left(\frac{1}{h_m} + \frac{H_E}{D_{O_2}^{\text{eff}}} + \frac{X}{u_{\text{in}}H_C}\right) \tag{5.63}$$

使用公式(5.52)我們就可以根據固定流量 Sherwood 數 Sh_F 確定流場流道中的 h_m 為

$$h_m = \frac{Sh_F D_{O_2}}{H_C} \tag{5.64}$$

把上述結果代入公式(5.63)得到氧氣分佈的最終運算式為

$$\rho_{O_2}|_{x=X, y=C} = \overline{\rho}_{O_2}|_{x=0, y=\text{channel}} - M_{O_2}\frac{j}{4F}\left(\frac{H_C}{Sh_F D_{O_2}} + \frac{H_E}{D_{O_2}^{\text{eff}}} + \frac{X}{u_{\text{in}}H_C}\right) \tag{5.65}$$

公式(5.65)告訴我們，氧氣的密度隨 X 的增大而線性減小[4]。換句話說，氧氣濃度隨著氣體在流道中的流動而線性耗竭。括弧中的三項依次表示流道尺寸 H_C、擴散層厚度 H_E 和入口流速 u_{in} 的影響。供應更多的氧氣(增大 u_{in})可以改善質傳，從而提高催化層的氧氣密度。相似地，減小擴散層厚度 H_E 也可以增大催化層的氧氣密度。流道尺寸 H_C 的影響比較難以計算，因為 H_C 在括弧中的第一項和第三項都出現了。但是，如果我們假設供應給燃料電池的氣體總量(包括體積和質量)是常數，那麼

$$N_{\text{總}} = u_{\text{in}}H_C = \text{常數} \tag{5.66}$$

因此，如果氧氣的供給速度是常數，那麼最後一項中的 $u_{\text{in}}H_C$ 便是固定的。在這種情況下，減小流道尺寸 H_C 將增大氧氣密度。根據公式(5.65)計算的氧氣分佈的情形如圖 5.11 所示。

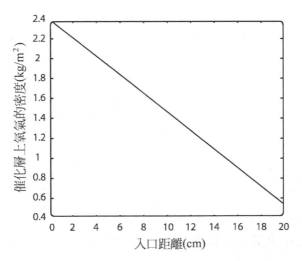

圖 5.11 　根據公式(5.65)計算得到的氧氣密度分佈，條件如下：電極孔隙率 $\varepsilon = 0.4$；進口氣體壓力 $p = 2$ atm；反應溫度 $T = 80°C$；電流密度 $j = 1$ A/cm^2；進口氣體速度 $u_{\text{in}} = 10$ cm/s；流道高度 $H_C = 1.1$ cm；電極厚度 $H_E = 0.035$ cm；Sherwood 數 $Sh_F = 2.71$

---

[4] 參見習題 5.8。

5.3.4 流場板設計

流場板材料 對於大多數主要元件而言，流場板有兩個主要目的：(1)提供反應氣體並且排出生成物，(2)傳導燃料電池產生的電流。除了這些看似簡單的任務外，流場板還需要符合於一套極具挑戰性的材料選擇標準：

- 高導電率；
- 高抗腐蝕性；
- 高化學相容性；
- 高熱導率；
- 高氣密性；
- 高機械強度；
- 低質量，小體積；
- 製作加工的簡易性；
- 成本效率(低價化)。

低溫燃料電池流場板最常用的材料是石墨(graphite)。石墨除了(1)製作簡易性、(2)成本和(3)高機械強度以外，皆可以滿足上面所討論其他的大多數標準。因為石墨昂貴的加工條件和固有的易碎特性，使其無法得到滿足在製作與成本方面的標準。令人吃驚的是，石墨的加工是如此之昂貴以至於石墨電極板(graphite plates)的成本佔到整個燃料電池成本的一半[20]。石墨的替代品有不銹鋼等耐腐蝕金屬材質[21，22]。總體來說，金屬極板和石墨極板相比，製作成本較為低廉且機械強度較高。薄金屬流場板可以顯著減小燃料電池系統的體積和質量。金屬板的一個關鍵問題是表面金屬氧化層的形成，即使是一層很薄的金屬氧化層也會增加流場板(flow channel plate)和電極板(electrode plate)之間的接觸電阻(contact resistance)，從而導致燃料電池性能的退化[21~24]。這個問題可以透過表面塗覆耐腐蝕塗層而得以部分解決[23，24]，儘管這些塗層的長期穩定性還需要改善。

高溫型燃料電池的流場板一般使用亞鉻酸鑭等陶瓷(高溫)或不銹鋼(中溫)材料製作的。在 SOFC 和 MCFC 中，流場板的穩定性和耐用性是最關鍵的，因為在高溫度下工作會大大地增強性能退化(facilitates degradation)現象。同樣，在熱循環過程(thermal cycles)中，流場板和電極材料的任何熱性質一旦失配將會產生嚴重的機械應力。因此，流場板的熱性質應該要嚴格地和燃料電池系統的其他部分匹配良好才可以。某些 SOFC 設計如管狀 SOFC 並不需要流場板，因而避免了高溫的密封問題。這些設計將在第 9 章中討論。

流場板形狀 正如我們前面提到的，流場板包括了數十乃至數百個微流道(或者 "溝槽")使氣流均勻分佈於燃料電池的整個反應表面。流場流道的形狀、尺寸和形狀都對燃料電池的性能有顯著的影響。選擇合適的流場形狀對 PEMFC 尤其關鍵。在 PEMFC 中，流場板(flow plates)設計的焦點在於陰極側的排水能力。不當的流場板設計會使得某些區域發生液態水泛濫，因此導致氣體流道阻塞，減小單電池的輸出電流。這些阻塞的區域不僅使性能下降，還導致燃料電池不可逆的傷害，這是因為在氣體不足的區域電池極化可能發生局部逆反應，導致電解腐蝕和材料的性能退化(facilitates degradation)現象[25]。

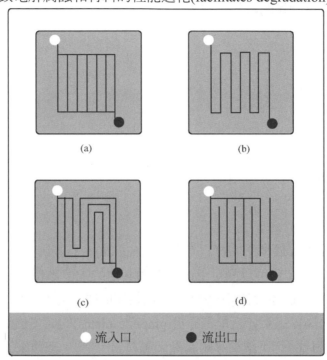

圖 5.12　主要流場流道的幾何圖形：(a)平行；(b)蛇形；(c)平行蛇行；(d)叉指形。流場流道
　　　　幾何圖形設計在於提供整個 MEA 表面的反應物的均勻分佈，同時使壓力降損耗最
　　　　小化，排水能力最大化

　　　儘管研究機構和研究人員所採用的流場板流道形狀各式各樣，但其中大多數都屬於以下 3 種基本類型(如圖 5.12 所示)：
1. 平行流場板(parallel flow plate)；
2. 蛇形流場板(serpentine flow plate)；
3. 叉指形流場板(interdigitated flow plate)。
　　平行流場板　在平行流場板結構中，流體均勻地進入每一個直流道並流出出口(如圖5.13(a)所示)。平行流場板的一個顯著優點在於氣體入口和出口之間的總壓力降比較低。但是當流場板的寬度相對較大時，每個流道中的流體分佈就可能會不均－這就引起流道某些區域水的積累，從而增加質傳損失(和相對地減小電流密度)。有些燃料電池研究者(IFC，Energy Partners)在可攜式燃料電池系統中應用了這種平行流場板流道類型設計。

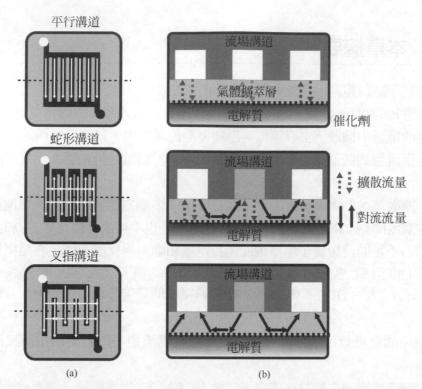

圖 5.13 不同的流場流道幾何圖形中的氣體傳送模式。每一種流道類型導致電極中不同的對流傳送模式

蛇形流場板 這是燃料電池基本結構中最常見的幾何圖案設計。蛇形圖案的優點在於水的排除能力。圖形中只存在一個流動路徑，因此液態水被推動著離開流道[參見圖 5.13(b)]。遺憾的是，在比較大的面積電池堆中，蛇形設計造成很大的壓力降。為此人們研究了一些蛇形設計的變種，如平行蛇形結構：這個混合結構集合了蛇形圖案和平行圖案的優點，這一圖案的應用以 Ballard 公司的 PEMFC 電池組最為著名。

叉指形流場 叉指形設計促進了反應物氣體在氣體擴散層中的強制對流[參見圖 5.13(c)]。根據最近的研究結果，研究顯示該設計的水管理效果遠優於其他設計，從而改善了質傳[26]。氣體擴散層中的強制對流導致顯著的壓力降損失，但是有證據顯示使用非常小的溝脊間距(rib spacing)有助於改進這一主要問題[27]。

除了流道設計以外，流道的形狀和尺寸同樣對性能有很大的影響[23，27~30]。這些參數最好透過電腦數值計算來研究問題。在下一章裏我們將討論到電腦模擬技術其中一種計算流體動力學 CFD 建立模型技術。

▷ 5.4　本章摘要

- **質傳**控制了燃料電池中反應物和生成物的供給和排除。
- 由於反應物的損耗(或生成物的淤塞)效應,不良的質傳將導致燃料電池的性能損耗。
- 燃料電池電極中擴散佔主導地位。燃料電池流場板中,對流為質傳的主要模式。
- **對流**是指流體的體運動引起的某一物質的傳送。擴散是指由濃度梯度引起的物質傳送。
- 電極中擴散傳送的限制導致限制電流密度 j_L。限制電流密度和燃料電池催化層中的反應物濃度降到 0 的點相互對應。燃料電池永遠也不可能獲得比 j_L 更高的電流密度。
- 反應物的不足同時影響了單電池能斯特電壓和動力學反應速度。在這兩種情況下,反應物的消耗導致了相似的損耗。該"濃度損失"可以統一表示為 $\eta_{conc} = c[j_L/(j_L - j)]$,其中 c 表示由燃料電池的質傳特性及其幾何尺寸所確定的常數。
- 濃度損失通常可以透過仔細考慮燃料電池流場流道中的對流傳送情況而有效地減小。
- 燃料電池流場流道中的對流透過雷諾數 Re 來描述。雷諾數是一個表示流體黏滯行為特性的無因次參數。通常燃料電池中的氣體流動為層流。
- 黏度 μ 描述了流體為流動所受到的阻力。黏度可以被認為是流體中"內部摩擦"的度量。
- 混合氣體的黏度取決於溫度和混合物的成分。
- 氣體要流過流道需要有壓力差來驅動。
- 流場流道中的壓力降主要是由流體和流道壁的摩擦力引起的,該摩擦力由管壁的切應力 $\bar{\tau}_w$ 決定其大小。壓力降可以透過摩擦因數 f 確定,f 取決於雷諾數和流道的幾何尺寸。
- 儘管燃料電池流場流道中的氣體是沿著流動流道移動,但它們也同樣會在流動流道和電極之間傳送,這就是人們所熟知的對流質傳。對流質傳是透過對流質傳係數 h_m 描述的,h_m 可以透過 Sherwood 數 S_h 加以計算。
- 我們可以建立一個簡單的燃料電池質傳二維模型來顯示在流場流道中反應物氣體是如何從入口到出口逐漸消耗的。整體而言,增加氣體流速、減小流道尺寸或減小擴散層厚度都將會改善沿流動流道長度方向的質傳情況。
- 流場板流道形狀的選擇對質傳損耗的大小影響極大。由於液態水會在陰極中形成,因此 PEMFC 要求流場具有較高的排水能力。
- 蛇形或平行−蛇形流場是最常用的流場類型,良好地折衷了壓力降和排水能力。

習　題

綜述題

5.1　當其他條件相同時，使用"合成空氣"(21%氧氣，79%氮氣)的燃料電池濃度損耗比使用空氣(約21%氧氣，約79%氮氣)的燃料電池的濃度損耗高還是低？論證你的答案。

5.2　請討論爲什麼在 SOFC 中陰極流場流道設計不像 PEMFC 中那麼重要。

　　　提示：考慮 SOFC 的典型工作溫度及其對 j_L 的影響。

5.3　試討論決定 j_L 的因素。列出至少 3 種增加 j_L 的方法。

計算題

5.4　利用式(5.10)計算標準條件下，在燃料電池陰極通入空氣時的極限電流密度。假定只有 O_2 和 N_2，忽略水蒸氣。假設擴散層的厚度爲 $500\mu m$，孔隙率爲 40%。

5.5　與圖 5.5 所示曲線類似，保持 j_L 爲 $2.0A/cm^2$，對於不同的 c 值會生成一系列的點。對 $c = 0.1$，0.05 和 0.01 等情況分別求解。

5.6　試想一個在 800℃，$1atm^5$ 下工作的燃料電池，在陰極通入水蒸氣莫爾分率爲 0.1 的加濕空氣。如果燃料電池使用直徑爲 1mm 的圓形流場流道，試求出保持層流時空氣能達到的最大流速。把你的答案和例題 5.1 做比較。

5.7　在例題 5.1 的條件下估算在 $1A/cm^2$ 下工作的燃料電池所能達到的最大面積。假設化學當量數爲 2，燃料電池兩極都採用帶溝脊的單直流道，溝脊的厚度是流道尺寸的一半。請討論爲什麼燃料電池流道中的流動常常被認爲是層流。

5.8　根據 5.3.3 節所示的燃料電池流場模型畫出氧氣沿流道方向(催化層 x 方向)的分佈圖。假設 $u_{in} = 1 m/s$，$H_C = 1 mm$，工作溫度爲 80℃。利用式(5.6)和式(5.7)估算當 $\varepsilon = 0.4$，$p = 1 atm$ 時的 D_{O_2, H_2O} 和 D_{O_2, H_2O}^{eff} 值。

5.9　按照與 5.3.3 節類似的建模步驟，推導沿燃料電池流體流道方向(在催化層上)分佈的的水蒸氣密度運算式。

5.10　找出 5.3.3 節所示的燃料電池模型中沿流道方向(在催化層上) 分佈的氧氣密度，假定電壓固定，但電流不固定。**提示**：用 Tafel 方程對 $j(X)$ 建立一個初始微分方程式。

---

[5]　1 atm = 101.325 kPa ——譯者註。

Chapter 6

燃料電池模型

在前 4 章裏，我們已經學習了描述燃料電池基本工作的必要工具，現在是完成整個系統的時候了。在本章中，我們將把前面所學到的所有元件整合起來建立一個完整的燃料電池系統模型，模型將包括熱力學(第 2 章)、反應動力學(第 3 章)、電荷傳送(第 4 章)和質量傳送(第 5 章)。把所有的這些知識放在一起似乎令人望而生畏，但是別擔心，因為事實上它簡單的驚人！哪怕只是一個並不複雜的燃料電池系統模型，電腦程式具有的預測能力都會讓你感到驚奇。此外，建立模型也是有助我們瞭解在前 4 章裏學到的材料是如何結合成一個緊密單元的絕佳機會。

在介紹過簡單的燃料電池模型這一整體系統概念之後，我們將研究一些建立比較精密複雜的模型方法。基本上滿足流力/質傳/電力通量平衡或不滅的原理對於建立 PEMFC 和 SOFC 模型都可以適用。更複雜的是建立燃料電池模型的計算流體動力學(CFD)的數值方法。CFD 模型能夠運用數值方法模擬流場板流道結構中關於幾何尺寸、流體力學、多相流和電化學反應之間的複雜的耦合作用。這些更精密複雜的建立模型技術可以提供一定準確程度的計算能力，使得將來燃料電池設計者可以在測試燃料電池之前先用電腦程式比較最佳化燃料電池的設計條件。

6.1 把元件組合成一個系統：一個基本的燃料電池模型

回到這本書的第 1 章，我們注意到燃料電池的實際輸出電壓可以用熱力學預測電壓減去各種過電壓損失表示為以下：

$$V = E_{\text{thermo}} - \eta_{\text{act}} - \eta_{\text{ohmic}} - \eta_{\text{conc}} \tag{6.1}$$

公式中，V 表示燃料電池的工作電壓；E_{thermo} 表示燃料電池的熱力學預測電壓；η_{act} 表示由反應動力學引起的活化損失；η_{ohmic} 表示由離子電阻和電子電阻引起的歐姆損失；η_{conc} 表示由質量傳送引起的濃度損失。

在前面 4 章裏，我們確定了熱力學預測電壓公式(6.1)中每一個損失的基本計算公式。例如，在第 3 章裏我們學到了活化損失 η_{act} 可以用 Butler-Volmer 方程式(或更簡單的 Tafel 方程式)來描述，我們甚至能夠畫出活化損失對燃料電池性能影響的曲線。在第 4 章和第 5 章中，我們能夠畫出描述電荷傳送和質量傳送對燃料電池性能影響的曲線。正如公式(6.1)所指出的，燃料電池的整體性能可以簡單地由所有這些各式各樣的損失的相加而得到。上述的概念可由圖 6.1 表示。從燃料電池熱力學的預測電壓開始，在圖中逐一減去由於活化、歐姆電阻和濃度造成的損失，剩下的就是燃料電池的性能。燃料電池的極化曲線 j-V 特性(使用第 3~5 章中推導的 η_{act}、η_{ohmic} 和 η_{conc} 的最簡單的計算公式)的數學函數計算公式可寫爲

$$V = E_{\text{thermo}} - (a_A + b_A \ln j) - (a_C + b_C \ln j) - (j\,\text{ASR}_{\text{ohmic}}) - \left(c \ln \frac{j_L}{j_L - j} \right) \tag{6.2}$$

公式中，$\eta_{\text{act}} = (a_A + b_A \ln j) + (a_C + b_C \ln j)$，表示基於 Tafel 方程式(3.41)的自然對數形式的陽極(A)和陰極(C)的活化損失；$\eta_{\text{ohmic}} = j\,\text{ASR}_{\text{ohmic}}$，表示了電流密度和 ASR 電阻的歐姆損失[公式(4.11)]；$\eta_{\text{conc}} = c\ln[j_L/(j_L - j)]$ 表示公式(5.25)的燃料電池濃度損失，其中 c 是一個經驗常數。

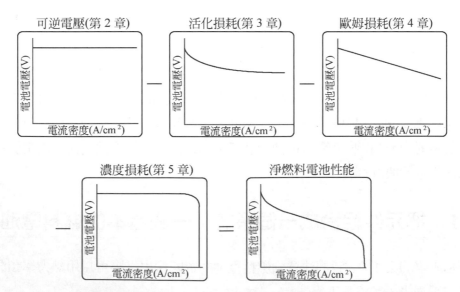

圖 6.1　影響燃料電池性能的主要因素。燃料電池的總體 j-V 性能可以由燃料
電池的理想熱力學電壓減去由活化、傳導和濃度所導致的損失求出

　　因為我們在燃料電池動力學中採用了 Tafel 近似，該模型只有在 $j \gg j_0$ 時才有效。對於低電流密度區域需要更精細的模型，故需要採用 Butler-Volmer 方程式。最常用的形式中，該簡單模型有 7 個"影響常數"：a_A、a_C、b_A、b_C、c、ASR_{ohmic} 和 j_L。但是對氫－氧燃料電池來說，與陰極動力學損失相比，陽極動力學損失常常可以忽略(消去 a_A 和 b_A)。同樣地，如果採用 a、b、c 的"第一法則"值，我們可以知道它們實際上和兩個更為基本的常數 α 和 j_0 有關。在簡化的情況下，只需要 4 個參數(α_A、j_{0A}、ASR_{ohmic} 和 j_L)即可計算出電池電壓。

　　在真實應用中，我們通常需要再附加一個項來反映燃料電池系統的其他損失，這個附加項 j_{leak} 是與由電流洩漏、氣體滲透等副反應引起的寄生損失。在幾乎所有的燃料電池系統中，由於這些寄生的過程所以有一定量的電流會損失。我們可能還記得，在前面章節中已經略微提到過了氣體滲透。寄生電流損失的淨影響就是使燃料電池的工作電流偏移某一數值 j_{leak}，也就是說，燃料電池需要消耗額外的電流來補償由於寄生效應而損失的電流。該損失效應如圖 6.2 所示，其數學表示為

$$j_{gross} = j + j_{leak} \tag{6.3}$$

公式中，j_{gross} 表示燃料電池電極上產生的總電流；j_{leak} 表示寄生電流；j 表示我們能測量到和實際使用的電流。在燃料電池模型中，η_{act} 和 η_{conc} 應該根據 j_{gross} 而定，因為反應動力學和物質濃度受到了漏電流的影響。但是 η_{ohmic} 應該根據 j 求解，因為只有燃料電池的工作電流才會實際傳導流經電池(由於電極上副反應或非電化學反應導致

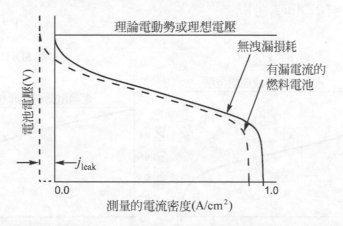

圖 6.2　漏電流損失對燃料電池整體性能的影響示意圖。漏電流使燃料電池的 *i-V* 曲線產生
　　　"水平偏移"，如圖中虛線所示。它對燃料電池的開路電壓(*y* 軸截距)有顯著的影
　　　響，使其減至熱力學預測值之下

的漏電流會被白白浪費而不產生穿過電池的實際電流)。因此，我們可以重寫燃料電池模型爲下列的最終形式：

$$V = E_{\text{thermo}} - [a_A + b_A \ln(j + j_{\text{leak}})] - [a_C + b_C \ln(j + j_{\text{leak}})] -$$

$$(j\,\text{ASR}_{\text{ohmic}}) - \left(c \ln \frac{j_L}{j_L - (j + j_{\text{leak}})} \right) \tag{6.4}$$

值得注意的是，漏電流會使得燃料電池的開路電壓降低到其熱力學預測值之下。在高電流密度時，限制電流密度同樣會因漏電流而減小。但是，在中等電流密度的範圍內，漏電流的影響則顯得次要或可忽略。仔細觀察圖 6.2 中的兩條曲線，它說明了這一漏電流效應的影響。

公式(6.4)描述了燃料電池的簡單模型可以應用於各種"假設"的眞實情形。例如，該模型可以用來比較一個低溫燃料電池(如質子交換膜燃料電池)和一個高溫燃料電池(如固體氧化物燃料電池)的 j-V 特性。在一般的氫－氧 PEMFC 中，由於反應溫度比較低，故活化損失很顯著，但又由於高分子聚合物電解質的高導電率，所以歐姆損失相對較小。相反地，歐姆損失是氫－氧 SOFC 性能的主要影響因素，而由於反應溫度高，活化損失則顯得比較次要。

表 6.1 總結了氫－氧 PEMFC 和 SOFC 的特性參數。將這些特性參數代入我們的簡單模型[參見公式(6.4)]中得到如圖 6.3 所示的 j-V 特性對比示意圖。SOFC 模型中因 j_0 值較大，故我們需要對 η_{act} 套用完整的 Butler-Volmer 方程式。另一個可選擇的辦法是，既然 SOFC 中 j_0 的值非常大，那麼 Butler-Volmer 方程式中的小 η_{act} 近似就可以完全適用{公式(3.38)，該近似表示爲 $\eta_{act} \approx [RT/(nFj_0)]j$}。

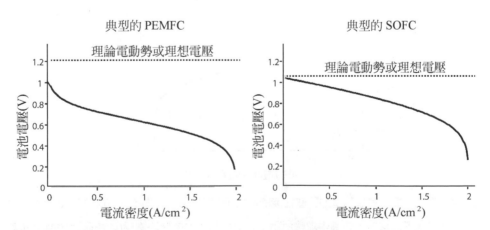

圖 6.3　PEMFC 和 SOFC 的簡單模型結果的對比。正如曲線形狀所示，PEMFC 具有比較高的熱力學電壓，但受到比較大的動力學損失的影響。SOFC 的性能主要受歐姆損失和濃度損失的影響。用於產生這些模型結果的輸入參數見表 6.1

表 6.1 低溫 PEMFC 和高溫 SOFC 的特性參數表

參數	PEMFC 的典型值	SOFC 的典型值
溫度	350K	1000K
E_{thermo}	1.22V	1.06V
$j_0(H_2)$	$0.10A/cm^2$	$10A/cm^2$
$j_0(O_2)$	$10^{-4} A/cm^2$	$0.10A/cm^2$
$\alpha\,(H_2)$	0.50	0.50
$\alpha\,(O_2)$	0.30	0.30
ASR_{ohmic}	$0.01\Omega\cdot cm^2$	$0.04\Omega\cdot cm^2$
j_{jeak}	$10^{-2} A/cm^2$	$10^{-2} A/cm^2$
j_L	$2A/cm^2$	$2A/cm^2$
c	0.10V	0.10V

6.2 一維燃料電池模型

在前一節裏我們討論了一個簡單的燃料電池模型，現在我們要來介紹 SOFC 和 PEMFC 較為複雜的一維模型，該模型基本上是奠基於**通量平衡**的概念(flux balance concept)。通量平衡幫助我們追蹤所有流入、流出和透過燃料電池的物質與能量。在燃料電池文獻中通量平衡的模型是很常見的。我們在本節中將要推導的模型只是最近十年發展出常見於文獻的模型簡化版本[8, 31~36]。

基本上通量平衡的模型無論對 PEMFC 和 SOFC 都適用。總體來說，PEMFC 比較難建立模型，因為水能穿過質子交換膜傳送，使流量平衡變得複雜；另外，在 PEMFC 中，水以**液態形式**存在，對於液態水建立模型比水蒸氣難得多。請記住，在 SOFC 中，所有的反應物和生成物都是以氣態形式存在(包括水)，這使得建立模型相對簡單；但是 SOFC 的建立模型可能還會由於其他因素而變得複雜，如非等溫特性和熱膨脹引起的機械應力。當把這些所有因素一起加到結構化的 SOFC 模型中時，其複雜度將變得令人望而生畏。因此，在現有模型中我們將只討論燃料電池的物質傳送，透過瞭解燃料電池內部的物質濃度分佈情況，從而計算出電化學損失和 j-V 極化曲線。

6.2.1 燃料電池中的通量平衡

一維通量平衡之燃料電池模型開啟的是一連串非常繁複的工作。為了生成一個精確的模型，所有流入、流出和穿過燃料電池的化學物質的通量都必須詳細記錄下來。圖 6.4 所示爲一維模型中所需的高階通量的詳細項目。在該圖中，所有物質的通量都必須依次標出，每一個通量項的定義並不重要，其重點在於我們能夠追蹤流入／流出陽極的 H_2O 和 H_2、流入／流出陰極的 H_2O、N_2、O_2 以及流動穿過電解質膜的 H_2O 和 H^+(對於 PEMFC) 或 O^{2-} (對於 SOFC)的通量平衡。

圖 6.4 中的物質可以用**通量平衡**相互聯結起來。通量平衡表達了這樣一個物質與能量不滅的理念，即**流入必等於流出或質能守恆**。在燃料電池中，所有通量都可以和一個特徵通量——**電流密度**或電荷通量聯結起來。這裏用 PEMFC 例子說明電流密度[圖 6.4(a)中的通量(flux)14]是如何與的其他通量相聯結的。透過對圖 6.4(a)中通量的仔細觀測，我們可以得出

$$\text{flux } 14 = \text{flux } 5 = \text{flux } 1 - \text{flux } 4 = \text{flux } 8 - \text{flux } 13 \tag{6.5}$$

也就是說，燃料電池產生的電流密度必然等於穿過電解質的質子通量，而質子通量等於流入陽極催化層的氫氣通量，而氫氣通量等於流入陰極催化層的氧氣通量。數學計算公式爲

$$\frac{j}{2F} = \frac{J_{H^+}}{2} = J_{H_2}^A = 2J_{O_2}^C = S_{H_2O}^C \tag{6.6}$$

公式中，j，F，J 分別代表電流密度(A/cm^2)、法拉第常數(96484C/mol)和莫耳通量 $[mol/(s \cdot cm^2)]$；$J_{H_2}^A$ 表示陽極中 H_2 的淨通量(即流入氫氣通量減去流出氫氣通量)，因爲氫氣淨通量是流入氫氣通量減去流出氫氣通量，它表示了在燃料電池內部電化學反應所消耗的氫氣；同樣地，$J_{O_2}^C$ 表示陰極的氧氣淨通量。請注意，陰極中水的產生速率 $S_{H_2O}^C [mol/(s \cdot cm^2)]$等於氫氣淨通量(每消耗 1 莫耳氫氣，將產生 1 莫耳水)。

以類似的方式，水也必然滿足下列的通量平衡：

$$\underset{\text{陽極}}{\text{flux } 2 - \text{flux } 3} = \underset{\text{膜}}{\text{flux } 6 - \text{flux } 7} = \underset{\text{陰極}}{\text{flux } 12 - \text{flux } 9 - \text{flux } 5} \tag{6.7}$$

也就是說，流入陽極催化層的水的淨通量等於穿過電解質的水的淨通量(由電滲透拖曳和反擴散水通量之間的平衡得出)，這等於流出陰極催化層的水的淨通量。請注意，在陰極產生的水(通量 5)也包含在正確的通量平衡中。數學計算公式爲

$$J_{H_2O}^A = J_{H_2O}^M = J_{H_2O}^C - \frac{j}{2F} \tag{6.8}$$

公式中，$J_{H_2O}^A$、$J_{H_2O}^M$、$J_{H_2O}^C$ 分別表示流入陽極催化層、穿過電解質、流出陰極催化層的淨通量，$j/2F$ 表示由於電化學反應在陰極產生水的速率。

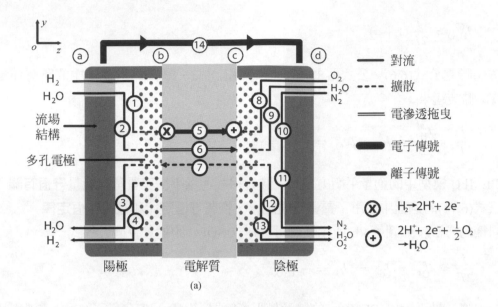

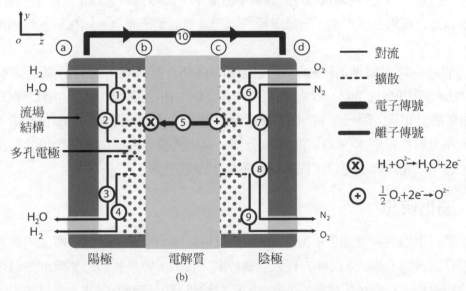

圖 6.4 　(a)一維 PEMFC 和(b)一維 SOFC 模型的通量平衡圖。(a)在 PEMFC 中，水(H_2O)
和質子(H^+)傳送穿過電解質；(b)在 SOFC 中，氧離子(O^{2-})傳送穿過電解質

　　為了方便起見(參見例 4.4)，我們定義一個未知量 α 來表示穿過膜的水通量和穿過膜
的電荷通量的比值：

$$\alpha = \frac{J^M_{H_2O}}{j/(2F)} \tag{6.9}$$

根據公式(6.6)和公式(6.9)，我們可以把公式(6.8)用 J 和 α 等項表示出來：

$$J_{H_2O}^C = \frac{j}{2F}(1 + \alpha)$$

(6.10)

現在透過聯立公式(6.6)、公式(6.8)、公式(6.9)和公式(6.10)，燃料電池中的所有通量可以用 j 和 α 聯結起來：

$$\frac{j}{2F} = \frac{J_{H^+}^M}{2} = J_{H_2}^A = 2J_{O_2}^C = \frac{J_{H_2O}^A}{\alpha} = \frac{J_{H_2O}^M}{\alpha} = \frac{J_{H_2O}^C}{1 + \alpha}$$

(6.11)

這是 PEMFC 模型中的通量平衡方程式。該方程式通量平衡與質量和能量**守恆**有關，我們推導公式(6.11)的過程中使用了**質量守恆定律**、**物質守恆定律**和**電荷守恆定律**。

同樣的方法，如圖 6.4(b)所示我們可以建立 SOFC 的通量平衡方程式：

$$\frac{j}{2F} = J_{O^{2-}}^M = J_{H_2}^A = 2J_{O_2}^C = -J_{H_2O}^A$$

(6.12)

SOFC 的總通量平衡比 PEMFC 的總通量平衡簡單，因為只有氧離子(O^{2-})透過電解質傳送。由於 SOFC 在陽極產生水，所以陽極的水通量等於電流密度。同樣地，陰極水通量必等於零。

當我們建立燃料電池的陽極、膜和陰極的控制方程式時，它們必然全部都和公式(6.11)(對於一個 PEMFC)或公式(6.12)(對於一個 SOFC)相互關聯。通量平衡方程式中電流密度 j 通常是已知量，用已知 j 的函數來求解模型方程式將能得到陰極催化層中氧氣的濃度分佈，和電解質膜中水(或 O^{2-})的濃度分佈。從這些濃度分佈中，我們將計算出燃料電池的活化過電位和歐姆過電位，從而得以確定工作電壓。

6.2.2 簡化假設

有了燃料電池的物質通量平衡關係，我們就可以開始寫出描述燃料電池內部物質如何移動和相互影響的方程式，這些方程式叫做控制方程式。如果我們想要瞭解燃料電池內部所有可能的過程，我們必須為表 6.2 列出的所有項目寫出控制方程式。為這些不同區域中所有不同物質的每一種現象都建立模型實在是很煩瑣，幸運的是，透過以下的簡化假設，如表 6.2 中的大多數項都可以在模型中省略不計：

1. 對流項傳送可以忽略。除了特殊的情況外，求出對流的解析解是非常困難的。對流常常是燃料電池中主要的質量傳送現象，但是由於我們的模型是一維模型，所以我們完全可以忽略對流項。如圖 6.4 所示，對流項傳送主要是沿著 Y 軸方向，但在一維模型中，我們只考慮沿 Z 軸方向的傳送。

2. 流場通道中的擴散項傳送可忽略。在流場通道中，擴散項比對流項弱得多，而既然我們已經忽略了對項流，那麼流場通道的擴散項也能夠被忽略(但是我們不會忽略電極中的擴散項)。

3. 假設所有的歐姆損失都來自於電解質膜。對於大多數燃料電池來說，這是一個合理的假設，因爲電解質中離子傳導的歐姆損失與其他歐姆損失相比佔主導地位(參見第 4 章)。該假設說明我們可以忽略發生在電極、催化層和流場板或雙極板通道中的所有傳導項。

4. 忽略陽極反應動力學。在氫－氧燃料電池中，陽極活化損失常常比陰極活化損失小得多，因爲氧氣還原是最慢的反應過程(參考第 3 章)。我們假設燃料電池模型中動力損失是由陰極催化層中的氧氣濃度所決定的(參見以下文本框)。

5. 假設催化層非常薄或作用爲"三相界面"(沒有厚度)。根據該假設，我們可以忽略催化層中的所有對流、擴散和傳導過程而專注於反應動力學。對於大多數 PEMFC 而言，該假設是合理的，因爲催化層(大約 10μm)和電極(100～350μm)相比顯得非常薄。但是對於多數 SOFC 來說，催化層和電極是一體的，離子傳導和電化學反應可能發生於整個電極厚度中。然而，反應通常發生於電解質/催化劑／電極之非常薄的三相界面區域內，而在這種情況下我們的假設仍然是合適的。

表 6.2 完全 PEMFC(或 SOFC，用斜體表示)模型的描述表示

區域	對流	擴散	傳號	電化學反應
陽極				
流場溝道	(1) H_2, $H_2O_{(g)}$, $H_2O_{(1)}$	(2) H_2, $H_2O_{(g)}$, $H_2O_{(1)}$	(3) e^-	—
	(1) H_2, $H_2O_{(g)}$	(2) H_2, $H_2O_{(g)}$	(3) e^-	—
電極	(1) H_2, $H_2O_{(g)}$, $H_2O_{(1)}$	(6) H_2, $H_2O_{(g)}$, $H_2O_{(1)}$	(3) e^-	—
	(1) H_2, $H_2O_{(g)}$	H_2, $H_2O_{(g)}$	(3,5) e^-, O^{2-}	(5) $H_2 + O^{2-} \rightarrow H_2O + 2e^-$
催化劑	(1) H_2, $H_2O_{(g)}$, $H_2O_{(1)}$	(5) H_2, $H_2O_{(g)}$, $H_2O_{(1)}$	(3,5) e^-, H^+	(4) $H_2 \rightarrow 2H^+ + 2e^-$
	(1) H_2, $H_2O_{(g)}$	(5) H_2, $H_2O_{(g)}$	(3,5) e^-, O^{2-}	$H_2 + O^{2-} \rightarrow H_2O + 2e^-$
電解質	—	(6) $H_2O_{(1)}$	(6) H^+, $H_2O_{(1)}$ [a]	—
	—	—	O^{2-}	—
陰極				
催化劑	(1) N_2, O_2, $H_2O_{(g)}$, $H_2O_{(1)}$	(5) N_2, O_2, $H_2O_{(g)}$, $H_2O_{(1)}$	(3,5) e^-, H^+	(6) $2H^+ + \frac{1}{2}O_2 + 2e^- \rightarrow H_2O_{(1)}$
	(1) N_2, O_2	(5) N_2, O_2	(3,5) e^-, O^{2-}	$\frac{1}{2}O_2 + 2e^- \rightarrow O^{2-}$
電極	(1) N_2, O_2, $H_2O_{(g)}$, $H_2O_{(1)}$	(6) N_2, O_2, $H_2O_{(g)}$, $H_2O_{(1)}$	(3) e^-	—
	(1) N_2, O_2	N_2, O_2	(3,5) e^-, O^{2-}	(5) $\frac{1}{2}O_2 + 2e^- \rightarrow O^{2-}$
流場溝道	(1) N_2, O_2, $H_2O_{(g)}$	(2) N_2, O_2, $H_2O_{(g)}$, $H_2O_{(1)}$	(3) e^-	—
	(1) N_2, O_2	(2) N_2, O_2	(3) e^-	—

註：6 個關鍵假設，用括弧內的數位 1～6 表示，可以推導出表 6.3 中的簡化模型。

[a] 精確地說，該水分子的傳送現象是由電滲透拖曳產生的(參見第 4 章)。爲了方便起見，由於它與質子傳導有關聯結因此把它歸入傳導性一類。

6. 最後一個而且相當大膽的假設就是水只以水蒸氣的形式存在。對 SOFC 而言，該假設是符合的，在一般的 SOFC 工作溫度下只有水蒸氣存在。然而在 PEMFC 中，我們可以預期水蒸氣和液態水都是存在的，但遺憾的是建立水氣混合物的混合傳送模型是非

常困難的(混合液－氣傳送模型被稱為**兩相流**模型，推導 PEMFC 的兩相流模型是目前非常活躍的一個研究領域)。如果忽略水的兩相流模型，計算 PEMFC 陰極的水之分佈將有明顯的誤差，這將會影響陰極過電位，使模型計算的結果產生很大的誤差。與實際情況落差最明顯的地方出現在高電流密度區域，這時因為陰極反應產生了大量的液態水，在真實的燃料電池中這將會導致水的溢流(flooding)，這是以上的模型無法涵括的現象。

上面所列出的假設明顯地簡化並減少了我們建立模型的複雜程式與必要條件，如表 6.3 所示。

表 6.3　簡化 PEMFC(或 SOFC，用斜體表示)模型的描述

區域	對流	擴散	傳號	電化學反應
陽極				
流場溝道	—	—	—	—
電極	—	$H_2, H_2O_{(g)}$	—	—
	—	$H_2, H_2O_{(g)}$	—	—
催化劑	—	—	—	—
	—	—	—	$H_2 + O^{2-} \rightarrow H_2O_{(g)} + 2e^-$
電解質	—	$H_2O_{(g)}$	$H^+, H_2O_{(g)}$	—
			O^{2-}	
陰極				
催化劑	—	—	—	$2H^+ + \frac{1}{2}O_2 + 2e^- \rightarrow H_2O_{(g)}$
	—	—	—	$\frac{1}{2}O_2 + 2e^- \rightarrow O^{2-}$
電極	—	$N_2, O_2, H_2O_{(g)}$	—	—
	—	N_2, O_2	—	—
流場溝道	—	—	—	—

註：本表中建立模型的各項可用下一節中將要推導的控制方程式來描述。

SOFC 結構對建立模型假設的影響

SOFC 在陽極支撐體的結構中，上面模型一部分的假設被證明是有問題的。因為 SOFC 的結構非常脆弱，故陽極電極、陰極電極和電解質都必須做得夠厚才足以產生支撐作用。因此存在了 3 種結構——陽極支撐體的 SOFC、陰極支撐體的 SOFC 和電解質支撐體的 SOFC。建立 SOFC 模型時，上面所列出的假設並不適用於陽極支撐體的結構。例如，對於 SOFC，我們不可以忽略陽極支撐體的反應損失。這是因為在比較厚的陽極支撐體結構中氫氣的擴散限制可能導致嚴重的質量傳送限制，因而無論多快的陽極反應動力學都存在很高的陽極反應損失。所以，上文中所描述的假設只適用於 SOFC 的陰極支撐體和電解質支撐體的部份區域。

6.2.3 控制方程式

現在我們必須列出表 6.3 中每個計算區域的控制方程式。事實上，在前面的章節裏我們已經介紹所有必需的控制方程式。透過求解這些控制方程式我們可以得到燃料電池內部 (z 方向)H_2、O_2、H_2O 和 N_2 的濃度變化。根據這些濃度曲線就可以計算出在不同的電流密度 j 下的質量傳送過電位 η_{conc}、活化過電位 η_{act} 和歐姆過電位 η_{ohmic}。有了以上這些數據之後就能夠得到一條 j-V 極化曲線。

電極層 我們先來寫出電極層的控制方程式。在電極層中，我們需要建立 H_2、O_2、H_2O 和 N_2 的擴散模型。先來看公式(5.7)所描述過的基本擴散方程式的修正形式：

$$J_i = \frac{-pD_{ij}^{eff}}{RT}\frac{dx_i}{dz} \tag{6.13}$$

公式中，x_i 表示物質 i 的莫耳分數；p 是電極上的總氣壓(Pa)，它滿足 $p_i = px_i$。該方程式比起公式(5.7)方便得多，因為它是建立在氣體壓力而非濃度之上，可以用理想氣體定律 ($p_i = c_iRT$)從公式(5.7)直接推導出。回想第 5 章裏如何依照電極多孔結構與測量／假設孔隙率並且利用公式(5.6)～公式(5.9)計算出等效擴散率 D_{ij}^{eff}。

公式(6.13)足以描述包含兩種氣體的擴散過程。但是在 PEMFC 的陰極卻經常存在著 3 種氣體(N_2、O_2 和 H_2O)。在這一種情況下，我們需要採用如 Maxwell-Stefan 方程式的多氣體成分擴散模型。然而，因為在燃料電池中 N_2 擴散通量(沒有 N_2 的產生或消耗)沒有影響，所以我們可以簡單地忽略氮氣擴散通量的影響。雖然犧牲了模型的精度，但是如此一來我們就能夠將其簡化為氧氣和水通量的簡單二元擴散模型。對使用更為精確的多成分擴散模型感興趣的學生可以直接看下面本框的說明。

電解質 用擴散方程式描述了電極中的氣體傳送後，現在介紹電解質中的物質傳送控制方程式。我們採用的控制方程式必須要先決定是為建立 SOFC 模型還是建立 PEMFC 模型。

對於 SOFC 來說，我們只需要考慮 O^{2-} 穿過電解質的通量。根據通量平衡方程式(6.12)，我們可以用電流密度來表示O^{2-} 通量：

$$J_{O^{2-}}^M = \frac{j}{2F} \tag{6.14}$$

然後，根據公式(4.11)確定歐姆損失為：

$$\eta_{ohmic} = j(\text{ASR}_{ohmic}) = j\left(\frac{t^M}{\sigma}\right) \tag{6.15}$$

公式中，t_M 表示電解質的厚度。為計算電解質的導電率 σ，我們採用公式(4.62)的簡化形式：

$$\sigma = \frac{Ae^{-\Delta G_{act}/(RT)}}{T} \tag{6.16}$$

公式中，$A[\text{K}/(\Omega \cdot \text{cm})]$和$\Delta G_{act}$(J/mol)經常是由實驗獲得的。

燃料電池的擴散模型
二元擴散模型

在簡單的情況中，擴散速率和濃度梯度成正比(參見第 5 章)：

$$J_i = -D_{ij}\frac{dc_i}{dx} \tag{6.17}$$

該方程式稱為二元擴散的 Fick 定律，它適合於只有兩種物質(i 和 j)擴散的二元系統。二元系統的一個很好的例子就是氫氣加濕。在氫氣和水蒸氣的混合物裏，唯一可能的擴散過程就是氫氣(物質 i)在水蒸氣(物質 j)中的擴散，反之亦然。**二元擴散率** D_{ij} 可以用公式(5.2)計算。二元擴散的 Fick 定律對於物質 j 在物質 i 中的擴散也同樣產生作用，這時，

$$J_j = -D_{ji}\frac{dc_j}{dz} \tag{6.18}$$

根據擴散通量的定義，$J_i + J_j = 0$ 的關係式始終成立，從而推出 $D_{ij} = D_{ji}$(參考習題 6.6)

Maxwell-Stenfan 模型

當一個擴散過程裏包含三個或更多的物質時，多成分擴散作用便能適用。在低密度下，多成分氣體擴散可以用 Maxwell-Stefan 方程式[37]來近似：

$$\frac{dx_i}{dz} = RT\sum_{j \neq i}\frac{x_i J_j - x_j J_i}{p D_{ij}^{eff}} \tag{6.19}$$

該方程式使得我們能夠把混合物的物質 j 和物質 i 的相互作用作加總計算物質 i 在 z 方向上的分佈。公式中，x_i 和 x_j 表示物質 i 和物質 j 的莫耳分數；J_i 和 J_j 表示物質 i 和物質 j 的莫耳通量[mol/($\text{m}^2 \cdot \text{s}$)]；$R$ 是氣體常數[J/($\text{mol} \cdot \text{K}$)]；$T$ 是溫度(K)；P 是氣體總壓力(atm)；D_{ij}^{eff} 是有效二元擴散率(m^2/s)。雖然在本書中由於數學上的複雜特性我們不使用 Maxwell-Stefan 模型，但是你可以發現到更複雜的模型[8]是非常有用的。

對於 PEMFC 由公式(6.11)可知其質子通量。但是，除了質子通量我們還需要考慮電解質中水通量。水的含量大大地改變電解質的導電率，因此，我們需要計算電解質中水的分佈。在 Nafion 膜中存在兩種水通量：反擴散(back diffusion)和電滲透拖曳(electro-osmotic drag)。回到公式(4.44)，我們可以計算出反擴散和電滲透拖曳兩種通量，從而得到膜中總合的水通量平衡公式如下：

$$J_{H_2O}^{M} = 2n_{drag}\frac{j}{2F}\frac{\lambda}{22} - \frac{\rho_{dry}}{M_m}D_\lambda\frac{d\lambda}{dz} \tag{6.20}$$

請記住，公式(6.20)中水含量 λ 不是常數而是位置 z 的函數[$\lambda = \lambda(z)$]變數。透過求出水的分佈 $\lambda(z)$，我們可以計算出電解質的電阻。該計算過程的例題和詳細解釋請參考 4.5.2 節。

催化劑 催化層的控制方程式非常簡單。如之前討論的，我們只考慮陰極反應動力學。因為陰極氧氣分壓決定了陰極過電位的主要因素，所以我們可以採用 5.2.4 節 Butler-Volmer 方程式的簡化形式：

$$\eta_{cathode} = \frac{RT}{4\alpha F}\ln\frac{jc_{O_2}^0}{j_0c_{O_2}} \tag{6.21}$$

公式中，分母中的 4 代表每莫耳氧氣分子的價電子數目。對於理想氣體($p = cRT$)而言，上式變為

$$\eta_{cathode} = \frac{RT}{4\alpha F}\ln\frac{j}{j_0}p^C x_{O_2} \tag{6.22}$$

公式中，p^C 表示陰極總壓力；x_{O_2} 表示陰極催化層的氧氣莫耳分數。請注意，我們用 atm 作為壓力 p 的單位，因而參考壓力 p_0 即為 1atm 大氣壓而沒有出現在上式中。

6.2.4 範例

在前面的章節裏我們建立了一維燃料電池模型的簡化控制方程式，現在我們可以引入幾個範例來說明我們如何用上述模型計算出 SOFC 和 PEMFC 的 j-V 極化曲線。

一維 SOFC 模型範例 對於一維 SOFC 範例我們以圖 6.4(b)為模型。根據公式(6.13) 陽極中 H_2 和 H_2O 的傳送可以描述為

$$J_{H_2}^{A} = \frac{-p^A D_{H_2,H_2O}^{eff}}{RT}\frac{dx_{H_2}}{dz}$$

$$J_{H_2O}^{A} = \frac{-p^A D_{H_2,H_2O}^{eff}}{RT}\frac{dx_{H_2O}}{dz} \tag{6.23}$$

根據公式(6.12)我們可以把 $J_{H_2}^A$ 和 $J_{H_2O}^A$ 與燃料電池的電流密度 j 聯結起來。但是與公式(6.23)聯立時還需要邊界條件。幸運的是，我們知道(或可以強制規定)燃料電池入口處的

x_{H_2} 和 x_{H_2O} 值[圖 6.4(b)中界面"a"]，這些入口參數的值可以作爲邊界條件。求解公式(6.23)可以得到陽極中氫氣濃度和水濃度的線性分佈：

$$x_{H_2}(z) = x_{H_2}|_a - z \frac{jRT}{2Fp^A D_{H_2,H_2O}^{eff}}$$

$$x_{H_2O}(z) = x_{H_2O}|_a + z \frac{jRT}{2Fp^A D_{H_2,H_2O}^{eff}}$$

$$(6.24)$$

求解陽極－膜界面[圖 6.4(b)中界面"b"]處的氫氣濃度和水濃度得到

$$x_{H_2}|_b = x_{H_2}|_a - t^A \frac{jRT}{2Fp^A D_{H_2,H_2O}^{eff}}$$

$$x_{H_2O}|_b = x_{H_2O}|_a + t^A \frac{jRT}{2Fp^A D_{H_2,H_2O}^{eff}}$$

$$(6.25)$$

公式中，t^A 表示陽極厚度。根據類似的過程，我們也可以求出陰極的氧氣分佈：

$$x_{O_2}|_c = x_{O_2}|_d - t^C \frac{jRT}{4Fp^C D_{O_2,N_2}^{eff}}$$

$$(6.26)$$

請注意，我們忽略了氮氣分佈，因爲氮氣的通量爲 0(燃料電池中既不產生也不消耗氮氣)。確定陰極催化層內的氧氣濃度之後，我們可以聯立公式(6.26)和公式(6.22)計算陰極過電位

$$\eta_{cathode} = \frac{RT}{4\alpha F} \ln \left\{ \frac{j}{j_0 p^C \left[x_{O_2}|_d - t^C jRT / \left(4Fp^C D_{O_2,N_2}^{eff} \right) \right]} \right\}$$

$$(6.27)$$

因爲在以上公式中解決了氧氣濃度問題，故我們可以有效地同時計算出**活化損失**和**濃度損失**。那麼，剩下的就只有計算歐姆損失了。根據公式(6.18)和公式(6.19)，我們可以求解歐姆損失如下：

$$\eta_{ohmic} = j(ASR_{ohmic}) = j \frac{t^M}{\sigma} = j \frac{t^M T}{A e^{-\Delta G_{act}/(RT)}}$$

$$(6.28)$$

最後，求得燃料電池的電壓爲

$$V = E_{thermo} - \eta_{ohmic} - \eta_{cathode}$$

$$= E_{thermo} - j \frac{t^M T}{A e^{-\Delta G_{act}/(RT)}} - \frac{RT}{4\alpha F} \ln \left[\frac{j}{j_0 p^C \left\{ x_{O_2}|_d - t^C [jRT/(4Fp^C D_{O_2,N_2}^{eff})] \right\}} \right]$$

$$(6.29)$$

公式中，E_{thermo} 表示燃料電池的熱力學預測電壓。

現在我們應用公式(6.29)來預測一個實際 SOFC 的性能。以表 6.4 所列的參數值和條件為例，計算電流密度為 500mA/cm² 時該 SOFC 的輸出電壓：

$$\eta_{\text{ohmic}} = 0.5 \text{ A/cm}^2 \times \frac{0.000\,02 \text{ m} \times 1073 \text{ K}}{(9 \times 10^7 \text{ s} \cdot \text{K/m}) \times e^{-(100 \text{ kJ/mol})/[8.314 \text{ J/(mol} \cdot \text{K)} \times 1073 \text{ K}]}} \tag{6.30}$$

$$= (0.5 \text{ A/cm}^2) \times (0.176 \, \Omega \cdot \text{cm}^2) = 0.088 \text{ V}$$

$$\eta_{\text{cathode}} = \frac{8.314 \text{ J/(mol} \cdot \text{K)} \times 1073 \text{ K}}{4 \times 0.5 \times 96\,485 \text{ C/mol}} \times \ln\left[\frac{0.5 \text{ A/cm}^2}{0.1 \text{ A/cm}^2 \times 1 \text{ atm}} \times \right.$$

$$\left. \frac{1}{0.210 - 0.0008 \text{ m} \times \frac{5000 \text{ A/m}^2 \times 8.314 \text{ J/(mol} \cdot \text{K)} \times 1073 \text{ K}}{(4 \times 96\,485 \text{ C/mol}) \times 101\,325 \text{ Pa} \times 0.000\,02 \text{ m}^2/\text{s}}} \right] \tag{6.31}$$

$$= 0.158 \text{ V}$$

表 6.4　例題中所用 SOFC 的物理特性

物理特性	值
熱力學電壓，$E_{\text{thermo}}(\text{V})$	1.0
溫度，$T(\text{K})$	1073
氫氣入口莫耳分數 $x_{\text{H}_2}\|_a$	0.95
氧氣入口莫耳分數，$x_{\text{O}_2}\|_d$	0.21
陰極壓力，$p^C(\text{atm})$	1
陽極壓力，$p^A(\text{atm})$	1
有效氫氣(或水)擴散率，$D_{\text{H}_2, \text{H}_2\text{O}}^{\text{eff}} (\text{m}^2/\text{s})$	1×10^{-4}
有效氧氣擴散率，$D_{\text{O}_2, \text{N}_2}^{\text{eff}} (\text{m}^2/\text{s})$	2×10^{-5}
傳送係數，α	0.5
交換電流密度，$j_0(\text{A/cm}^2)$	0.1
電解質常數，$A(\text{K}/\Omega \cdot \text{m})$	9×10^7
電解質活化勢能，$\Delta G_{\text{act}}(\text{kJ/mol})$	100
電解質厚度，$t^M(\mu\text{m})$	20
陽極厚度，$t^A(\mu\text{m})$	50
陰極厚度，$t^C(\mu\text{m})$	800
氣體常數，$R[\text{J/(mol} \cdot \text{K)}]$	8.314
法拉第常數，$F(\text{C/mol})$	96485

$$V = 1.0 \text{ V} - 0.088 \text{ V} - 0.158 \text{ V} = 0.754 \text{ V} \qquad (6.32)$$

對於計算某一個範圍的電流密度只要重複上述過程我們就可以輕易地計算出整個 *j-V* *極化曲線*。

一維 PEMFC 模型範例 現在我們來探究圖 6.4(a)所示的 PEMFC 模型。就像 SOFC 陽極一樣，我們必須考慮 PEMFC 陽極的氫氣和水。由公式(6.13)可以得到下列的模型方程式組：

$$J_{H_2}^A = \frac{-p^A D_{H_2,H_2O}^{\text{eff}}}{RT} \frac{dx_{H_2}}{dz}$$

$$J_{H_2O}^A = \frac{-p^A D_{H_2,H_2O}^{\text{eff}}}{RT} \frac{dx_{H_2O}}{dz} \qquad (6.33)$$

該方程式組看起來和 SOFC 陽極方程式組(6.23)完全相同。但是，一個顯著而重要的區別在於對於 PEMFC 模型來說 $J_{H_2O}^A$ 是未知的，這是由於我們不知道通量平衡公式(6.11)中的 α。運用此一包含未知數 α 的通量平衡方程式計算上述方程式可以得到以下的解答：

$$x_{H_2}(z) = x_{H_2}|_a - z \frac{jRT}{2Fp^A D_{H_2,H_2O}^{\text{eff}}} \qquad (6.34)$$

$$x_{H_2O}(z) = x_{H_2O}|_a - z \frac{\alpha^* jRT}{2Fp^A D_{H_2,H_2O}^{\text{eff}}} \qquad (6.35)$$

請注意，我們在未知值 α 後加上*以避免和傳送係數(也用 α 表示)產生混淆。藉由計算上述方程式，我們可以計算陽極－膜界面的氫氣和水的濃度[圖 6.4(a)中界面 "*b*"]：

$$x_{H_2}|_b = x_{H_2}|_a - t^A \frac{jRT}{2Fp^A D_{H_2,H_2O}^{\text{eff}}} \qquad (6.36)$$

$$x_{H_2O}|_b = x_{H_2O}|_a - t^A \frac{\alpha^* jRT}{2Fp^A D_{H_2,H_2O}^{\text{eff}}} \qquad (6.37)$$

用類似的方法我們可以得到陰極－膜界面 "*c*" 上氧氣和水的濃度：

$$x_{O_2}|_c = x_{O_2}|_d - t^C \frac{jRT}{4Fp^C D_{O_2,H_2O}^{\text{eff}}} \qquad (6.38)$$

$$x_{H_2O}|_c = x_{H_2O}|_d + t^C \frac{(1+\alpha^*)jRT}{2Fp^C D_{O_2,H_2O}^{\text{eff}}} \qquad (6.39)$$

和前面一樣，我們忽略了氮氣通量以簡化模型。與陽極解類似，陰極解一樣包含未知數 α^*。就像 SOFC 模型一樣，一旦求出接觸界面 "*c*" 上的氧氣濃度，我們就能透過公式(6.27)計算陰極過電位。

PEMFC 模型的最大挑戰在於找出歐姆過電位。關鍵的問題在於獲得膜上水的分佈，因為知道水的分佈我們才能計算膜的電阻。我們可以透過求解膜中水的通量方程式 (6.20) 得到含有未知數 α^* 的膜中水的分佈。再將公式(6.37)和公式(6.39)作為邊界條件。

公式(6.20)的解已經在第 4 章解列出[例 4.5.2 中的公式(4.53)]：

$$\lambda(z) = \frac{11\alpha^*}{n_{\text{drag}}^{\text{SAT}}} + C \exp\left(\frac{j M_n n_{\text{drag}}^{\text{SAT}}}{22 F \rho_{\text{dry}} D_\lambda} z\right) = \frac{11\alpha^*}{2.5} +$$

$$C \exp\left(\frac{j\ (\text{A/cm}^2) \times 1.0\ \text{kg/mol} \times 2.5}{22 \times 96\ 500\ \text{C/mol} \times 0.001\ 97\ \text{kg/cm}^3 \times D_\lambda\ (\text{cm}^2/\text{s})} \cdot z\ (\text{cm})\right) \qquad (6.40)$$

$$= 4.4\alpha^* + C \exp\left(\frac{0.000\ 598 \cdot j\ (\text{A/cm}^2) \cdot z\ (\text{cm})}{D_\lambda\ (\text{cm}^2/\text{s})}\right)$$

運用公式(6.40)我們可以求出陽極－膜界面 "b" 和陰極－膜界面 "c" 的水含量 λ 為

$$\lambda|_b = \lambda(0) = 4.4\alpha^* + C \qquad (6.41)$$

$$\lambda|_c = \lambda(t^M) = 4.4\alpha^* + C \exp\left(\frac{0.000\ 598 \cdot j\ (\text{A/cm}^2) \cdot t^M\ (\text{cm})}{D_\lambda\ (\text{cm}^2/\text{s})}\right) \qquad (6.42)$$

公式中，t^M 表示膜的厚度。到目前為止，我們引用了兩個未知量——公式(6.42)中的 C 和公式(6.37)和公式(6.39)中的 α^*。為了進一步求解，我們需要將公式(6.37)和公式(6.39)中的水通量與公式(6.41)和公式(6.42)中的水含量聯結起來。

正如在 4.5.2 節中所解釋的，Nafion 的水含量是環境中水蒸氣壓力的非線性函數。因為這些非線性方程式求解起來非常複雜，所以我們又引入了兩個簡化假設。

1. Nafion 膜中的水含量隨著水的活度呈線性增加。因此，我們採用公式(4.34)的線性形式如以下關係：

$$\lambda = 14 a_W \qquad (0 < a_W \leqslant 1) \qquad (6.43)$$

$$\lambda = 12.6 + 1.4 a_W \qquad (1 < a_W \leqslant 3) \qquad (6.44)$$

上述分段分布函數線性的逼近了如圖 4.11 中所示的實際水含量與水活度的關係。

2. Nafion 中水的擴散率是常數。這是一個相當合理的假設，因為水的擴散率在大多數水含量範圍內變化不大。

因為 $a_W|_b = p^C x_{\text{H}_2\text{O}}|_b / p_{\text{SAT}}$，故聯立公式(6.43)和公式(6.37)可以得到

$$\lambda|_b = 14 a_W|_b = 14 \frac{p^C}{p_{\text{SAT}}} \left(x_{\text{H}_2\text{O}}|_a - t^A \frac{\alpha^* j RT}{2 F p^A D_{\text{H}_2,\text{H}_2\text{O}}^{\text{eff}}}\right) \qquad (6.45)$$

類似地，對陰極聯立公式(6.39)和公式(6.44)得到

$$\lambda|_c = 12.6 + 1.4 a_W|_c = 12.6 + 1.4 \frac{p^C}{p_{SAT}} \left(x_{H_2O}|_d + t^C \frac{(1+\alpha^*) j RT}{2F p^C D_{O_2,H_2O}^{eff}} \right) \tag{6.46}$$

上面兩個方程式中，我們假設對 "b" 有 $a_W < 1$，對 "c" 有 $a_W > 1$。在 "b"，水到 Nafion 的通量是由水的消耗量計算而得；在 "c" 生成水。因爲水在 "b" 消耗而在 "c" 生成，故對水活性的假設是合理的。

根據我們建立的方程式系統，現在來求解一個實際的例子。請看表 6.5 所列的燃料電池的特性，把這些特性值代入公式(6.45)和公式(6.46)得到

$$\lambda|_b = 14 \frac{3 \text{ atm}}{0.307 \text{ atm}} \times$$

$$\left(0.1 - 0.000\,35 \text{ m} \times \frac{\alpha^* \times 0.5 \text{A}/0.0001 \text{ m}^2 \times 8.314 \text{ J}/(\text{mol}\cdot\text{K}) \times 343 \text{ K}}{(2 \times 96\,485 \text{ C/mol})(3 \times 101\,325 \text{ Pa})(0.149 \times 0.0001 \text{ m}^2/\text{s})} \right) \tag{6.47}$$

$$= 13.68 - 0.781 \alpha^*$$

$$\lambda|_c = 12.6 + 1.4 \frac{3 \text{ atm}}{0.307 \text{ atm}} \times$$

$$\left(0.1 + 0.000\,35 \text{ m} \times \frac{(1+\alpha^*) \times 0.5 \text{A}/0.0001 \text{ m}^2 \times 8.314 \text{ J}/(\text{mol}\cdot\text{K}) \times 343 \text{ K}}{(2 \times 96\,485 \text{ C/mol})(3 \times 101\,325 \text{ Pa})(0.0295 \times 0.0001 \text{ m}^2/\text{s})} \right) \tag{6.48}$$

$$= 14.36 + 0.394 \alpha^*$$

公式(6.41)和公式(6.42)則變成

$$\lambda|_b = \lambda(0) = 4.4\alpha^* + C \tag{6.49}$$

$$\lambda|_c = 4.4\alpha^* + C \exp\left(\frac{0.000\,598 \times 0.5 \text{ A/cm}^2 \times 0.0125 \text{ cm}}{3.81 \times 10^{-6}} \right) \tag{6.50}$$

$$= 4.4\alpha^* + 2.667C$$

現在把公式(6.47)和公式(6.49)，及公式(6.48)和公式(6.50)等價起來，求出 $\alpha = 2.25$，$C = 2.0$。由公式(4.38)和公式(6.40)我們可以計算膜的導電率分佈：

$$\sigma(z) = \left\{ 0.005\,193 \times \left[4.4\alpha + C \exp\left(\frac{0.000\,598 \times 0.5}{3.81 \times 10^{-6}} \cdot z \right) \right] - 0.003\,26 \right\} \times$$

$$\exp\left[1268 \left(\frac{1}{303} - \frac{1}{343} \right) \right] \tag{6.51}$$

$$= 0.0784 + 0.0169 \exp(78.48z)$$

最後，我們可以用公式(4.40)確定膜的電阻：

$$R_m = \int_0^{t_m} \frac{dz}{\sigma(z)} = \int_0^{0.0125} \frac{dz}{0.0784 + 0.0169\exp(78.48z)} \tag{6.52}$$
$$= 0.117 \ \Omega \cdot cm^2$$

因此，該 PEMFC 中因為膜的電阻產生的歐姆過電位等於

$$\eta_{ohmic} = j \times ASR_m = 0.5 \ A/cm^2 \times 0.117 \ \Omega \cdot cm^2 = 0.0585 \ V \tag{6.53}$$

表 6.5　例題中所用 PEMFC 的物理特性值

物理特性	值
熱力學電壓，$E_{thermo}(V)$	1.0
工作電流密度，$j(A/cm^2)$	0.5
溫度，$T(K)$	343
蒸氣飽和壓力，$p_{SAT}(atm)$	0.307
氫氣莫耳分數，x_{H_2}	0.9
氧氣莫耳分數，x_{O_2}	0.19
陰極水莫耳分數，x_{H_2O}	0.1
陰極壓力，$p^C(atm)$	3
陽極壓力，$p^A(atm)$	3
有效氫氣(或水)擴散率，$D_{H_2,H_2O}^{eff} (cm^2/s)$	0.149
有效氧氣(或水)擴散率，$D_{O_2,H_2O}^{eff} (cm^2/s)$	0.0295
Nafion 中水擴散率，$D_\lambda (cm^2/s)$	3.81×10^{-6}
傳送係數，α	0.5
交換電流密度，$j_0(A/cm^2)$	0.0001
電解質厚度，$t^M(\mu m)$	125
陽極厚度，$t^A(\mu m)$	350
陰極厚度，$t^C(\mu m)$	350
氣體常數，$R(J/mol\cdot K)$	8.314
法拉第常數，$F(C/mol)$	96485

我們可以用公式(6.27)求出陰極過電位如下：

$$\eta_{cathode} = \frac{8.314 \, \text{J}/(\text{mol} \cdot \text{K})(343 \, \text{K})}{4 \times 0.5 \times 96\,485 \, \text{C/mol}} \ln \left\{ \frac{0.5 \, \text{A/cm}^2}{0.0001 \, \text{A/cm}^2 \times 3 \, \text{atm}} \times \right.$$

$$\left. \frac{1}{\left[0.19 - 0.000\,35\,\text{m} \times \frac{5000 \, \text{A/m}^2 \times 8.314 \, \text{J}/(\text{mol}\cdot\text{K}) \times 343 \, \text{K}}{(4 \times 96\,485 \, \text{C/mol})(3 \times 101\,325 \, \text{Pa})(0.0295 \times 10^{-4} \, \text{m}^3/\text{s})} \right]} \right\} \tag{6.54}$$

$$= 0.135 \, \text{V}$$

最終我們得到燃料電池電壓為

$$V = 1.0 \, \text{V} - 0.0585 \, \text{V} - 0.135 \, \text{V} = 0.806 \, \text{V} \tag{6.55}$$

氣體消耗的影響：一維 SOFC 的修正模型 到目前為止所舉例的模型中，我們假設燃料電池入口氫氣和氧氣是無限量供給的。物理上，這表示圖 6.4(b)的邊界"a"和"d"的物質是保持其莫耳分數為某一固定常數的。但是，現在我們將考慮更實際或接近真實的一些情況，即在這些邊界上氧氣可能由於氧氣的供給和消耗的相對速度而呈**空乏狀態**。為了簡單起見我們用 SOFC 修正模型來說明，儘管相似的模型也可以在 PEMFC 模型中採用。這裡我們也只考慮氧氣空乏效應。因為我們的模型一開始就忽略了陽極過電位損失，故不考慮氫氣空乏。在陰極出口處(邊界"d")我們可以推導出如下計算公式：

$$x_{O_2}|_d = \frac{J^C_{O_2,\text{outlet}}}{J^C_{O_2,\text{outlet}} + J^C_{N_2,\text{outlet}}} \tag{6.56}$$

公式中，分母表示燃料電池陰極出口的總物質通量。上式簡單地說明邊界上氧氣的莫耳分數是由出口氧氣通量和出口總氣體通量的比值決定。由於燃料電池消耗氧氣，故氧氣的莫耳分數在"d"會減小。儘管我們在模型中固定了入口通量值，出口通量仍會隨著氧氣的消耗(和相對應工作電流密度)而有所變化。

現在我們用已知值取代 $J^C_{O_2,\text{outlet}}$ 和 $J^C_{N_2,\text{outlet}}$。由 SOFC 的通量平衡方程式(6.12)我們可以知道

$$J^C_{O_2,\text{outlet}} = J^C_{O_2,\text{inlet}} - J^C_{O_2} = J^C_{O_2,\text{inlet}} - \frac{j}{4F} \tag{6.57}$$

一般來說，在燃料電池工作中氧氣的入口通量 $J^C_{O_2,\text{outlet}}$ (和氫氣的入口通量)是根據**化學當量數**加以調節的。化學當量數的概念在下面的文本框中有簡要的介紹。根據化學當量數的定義

$$J^C_{O_2,\text{inlet}} = \lambda_{O_2} J^C_{O_2} \tag{6.58}$$

把上述等式代入公式(6.57)，我們就能夠用化學當量數求解$J_{O_2,\,\text{outlet}}^{C}$：

$$J_{O_2,\text{outlet}}^{C} = (\lambda_{O_2} - 1)J_{O_2}^{C} = (\lambda_{O_2} - 1)\frac{j}{4F} \tag{6.59}$$

求解$J_{N_2,\,\text{outlet}}^{C}$就更容易了。因為沒有消耗氮氣，所以

$$J_{N_2,\text{outlet}}^{C} = J_{N_2,\text{inlet}}^{C} = \omega J_{O_2,\text{inlet}}^{C} = \omega\lambda_{O_2}J_{O_2}^{C} = \omega\lambda_{O_2}\frac{j}{4F} \tag{6.60}$$

公式中，ω表示空氣中氮氣對氧氣的莫耳比值(一般情況下，$\omega = 0.79/0.21 = 3.76$)。

現在我們將公式(6.59)和公式(6.60)代入公式(6.56)並求出$x_{O_2}|_d$：

$$\begin{aligned} x_{O_2}|_d &= \frac{(\lambda_{O_2} - 1)[j/(4F)]}{(\lambda_{O_2} - 1)[j/(4F)] + \omega\lambda_{O_2}[j/(4F)]} \\ &= \frac{\lambda_{O_2} - 1}{(1 + \omega)\lambda_{O_2} - 1} \end{aligned} \tag{6.61}$$

當$\lambda_{O_2} = 1$時，公式(6.61)顯示$x_{O_2}|_d = 0$，因為所有的氧氣都被燃料電池消耗了。

化學當量數(stoichiometric number)

　　正如在 2.5.2 節中所描述的，為了使效率最大化我們經常使燃料電池在某一個**化學當量數**或比較高的燃料供應比下工作。化學當量數 λ 反映了燃料電池的反應物供給速率和消耗速率之比，λ = 2 表示對燃料電池提供了所需量的兩倍反應物。選擇一個最優的 λ 是一個非常棘手的任務。大的 λ 是一種浪費，會導致額外的功率消耗和／或燃料損失；但是，隨著 λ 減小趨近於 1，反應物空乏效應將變得越來越嚴重。顯然，在燃料電池中我們必須指定兩個化學當量數——氫氣當量數和氧氣當量數。在 SOFC 模型中，我們根據進口通量和消耗通量的比值定義氫氣和氧氣的當量數：

$$\lambda_{H_2} = \frac{J_{H_2,\text{inlet}}}{J_{H_2}^{A}} \qquad \lambda_{O_2} = \frac{J_{O_2,\text{inlet}}}{J_{O_2}^{C}} \tag{6.62}$$

我們可以直接把公式(6.61)代入公式(6.29)來將氣體空乏效應加入 SOFC 模型，得到下列最終模型計算公式：

Fuel Cell Fundamentals
燃料電池 基礎

$$V = E_{thermo} - \eta_{ohmic} - \eta_{cathode}$$

$$= E_{thermo} - j\frac{t^M T}{Ae^{-\Delta G_{act}/(RT)}} -$$

$$\frac{RT}{4\alpha F}\ln\left[\frac{j}{j_0 p^C\left(\frac{\lambda_{O_2}-1}{(1+\omega)\lambda_{O_2}-1} - t^C\frac{jRT}{4Fp^C D^{eff}_{O_2,N_2}}\right)}\right] \tag{6.63}$$

採用和之前 SOFC 例題一樣的燃料電池參數表，以及 $\lambda_{O_2}=1.5$ ， $j=500\,\text{mA/cm}^2$，該修正模型為

$$\eta_{cathode} = \frac{8.314\,\text{J/(mol}\cdot\text{K)}\times1073\,\text{K}}{4\times0.5\times96\,485\,\text{C/mol}}\times\ln\left[\frac{0.5\,\text{A/cm}^2}{0.1\,\text{A/cm}^2\times1\,\text{atm}}\times\right.$$

$$\left.\frac{1}{\left(\frac{1.5-1}{(1+3.76)\times1.5-1}-0.0008\,\text{m}\times\frac{0.5\,\text{A/cm}^2\times8.314\,\text{J/(mol·K)}\times1073\,\text{K}}{(4\times96\,485\,\text{C/mol})\times(101\,325\,\text{Pa})\times(0.000\,02\,\text{m}^2/\text{s})}\right)}\right] \tag{6.64}$$

$$= 0.228\,\text{V}$$

$$V = 1.0\,\text{V} - 0.088\,\text{V} - 0.228\,\text{V} = 0.684\,\text{V} \tag{6.65}$$

請注意我們是怎樣得到比第一個例子大很多的陰極過電位的。這是因為低 λ_{O_2} 值（ $\lambda_{O_2}=1.5$ ）會造成顯著的氣體空乏效應(在第一個例子中 $x_{O_2}|_d=0.21$ ，在這個例子中 $x_{O_2}|_d=0.0814$)。

6.2.5 其他考慮因素

如果更深一層地考慮所有的細節時，燃料電池模型馬上就會變得更加困難。對於一維模型的情況，請回想我們在 6.2.2 節是如何做出一系列簡化假設以使該系統得以計算。透過取消其中某些假設便可以建立一個更為精確的燃料電池模型。但是，這種精確是以極大複雜度增加作為代價的。

若想考慮更廣的燃料電池模型可以把熱效應(thermal effect)或機械效應(mechanical effect)也包括進來。燃料電池熱傳模型(thermal fuel cell modeling)非常困難，需要考慮到各種熱傳模式，包含經由燃料和空氣的對流熱傳遞(convective heat transfer)、穿過燃料電池結構的傳導熱傳遞(conductive heat transfer)、水的相變帶來的熱吸收／釋放(heat absorption/release from phase change of water)、電化學反應帶來的熵損失(entropy losses from the electrochemical reaction)和由於各式各樣的過電位(heating due to the various overvoltages)引起的加熱。同樣地，機械模型(mechanical modeling)也非常具有挑戰性。

大多數情況下，這些問題是透過使用基於數值方法的複雜電腦軟體程式來處理的。在下一節裏，我們將介紹一種基於流體動力學(CFD)的燃料電池模型，該模型包含了我們在本章前部分忽略的大部分問題。

▷ 6.3 基於計算流體動力學的燃料電池模型(選讀)

建立 CFD 模型是一個涵蓋很廣的研究領域。若要詳細討論該一領域則完全超出了本書的範圍。在這裏，我們提出的目的只是簡要地介紹這一主題。在本節中，我們將採用 CFD 來模擬一個帶有蛇形流場通道(serpentine channel)的 PEMFC。我們引用這個蛇形流體通道的流場板例子是為了說明使用 CFD 的作用、優點和限制性，而不是討論 CFD 的控制方程式和理論。對 CFD 建立模型細節感興趣的學生，可以在附錄 E 裏找到更多的討論。

圖 6.5 顯示了燃料電池的一個蛇形通道流場板之 CFD 模型。若要完全解析模擬燃料電池內部複雜的幾何流場即使不是不可能也是非常困難的。幸運的是，利用電腦程式的數值分析方法來建立模型是相當可行的。注意到圖 6.5 所示的燃料電池的陽極和陰極的流場板都採用了單蛇形通道幾何：陰極(空氣端)置於頂部，陽極(氫氣端)置於底部；空氣入口和空氣出口的位置也都標在圖上。表 6.6 所列的包括燃料電池模型的主要物理特性。

表 6.6　CFD 燃料電池模型中使用的物理特性

特性	值
燃料電池面積	14mm×14mm
電極厚度，t_g	0.25mm
催化層厚度，t_c	0.05mm
膜厚度，t_m	0.125mm
流場通道寬度，w_f	0.5mm
流場通道高度，t_f	0.5mm
脊寬度，w_r	0.5mm
入口氣體的相對溫度	100%
溫度，T	50℃
氫氣入口流動速率	1.8A/cm^2
空氣入口流動速率	1.9A/cm^2
出口壓力	1atm

註：氣體流動速率是用等效電流密度項表示的。

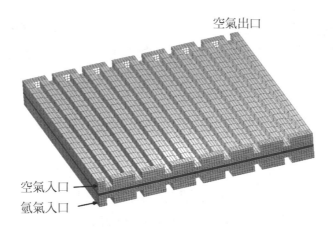

圖 6.5　燃料電池蛇形通道之流場板模型(通道特徵尺寸為 500 μ m)的視圖。

因為不存在任何重複單元或對稱特性，所以只好對整個區域建立模型

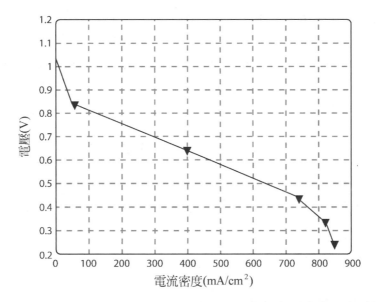

圖 6.6　蛇形流場板的 CFD 模型 *j-V 極化曲線*。可以很清晰地觀察到活化損失、歐姆損失和濃度損失

　　圖 6.6 表示根據 CFD 模型求出的 *j-V 極化曲線*。該 *j-V 極化曲線*實際上看起來和簡單的燃料電池解析求出的曲線沒有很大不同。不過，除了該 *j-V 極化曲線*之外，CFD 模型還可以研究不同幾何尺寸的影響，這就是 CFD 的好處所在。例如，我們可以用 CFD 模型研究在蛇形通道中的氧氣分佈，如圖 6.7 和圖 6.8 所示。圖 6.7 顯示了穿過蛇形通道中心的剖面圖：陰極側在頂部，空氣從左邊的入口流入，傳送到右邊的出口，請注意氧氣的濃度是如何逐漸被反應而消耗。因此，燃料電池在整個反應面積上的性能不是均勻的，出口附近由於氧氣流的空乏產生的電流也較少。圖 6.8 顯示溝脊結構也會導致氧氣空乏。溝脊阻礙了擴散通量，導致局部"死區"。我們的 CFD 模型提供了性能改進的一些線索，例如多重通道設計和／或窄脊設計都有可能減輕氧氣空乏問題。

圖 6.7　過電位為 0.8V 時陰極的氧氣濃度。穿過蛇形流場板中心的剖面圖顯
示流場通道中的氧氣濃度是如何從進口向出口緩慢減少的

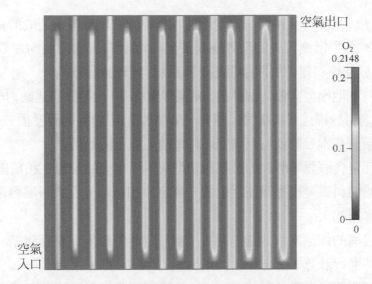

圖 6.8　過電位為 0.8V 時陰極的氧氣濃度。該平面圖說明沿陰極表面的氧氣濃度
分佈。在溝脊下因為氧氣流通受到阻礙可以觀察到低氧氣濃度

在一維或二維的燃料電池模型中是很難觀察到這些幾何效應的。建立 CFD 模型提供
的視覺化工具成為一種非常方便且直觀地瞭解和探索燃料電池的幾何效應的方法。當實驗
研究發生困難或不切合實際的情況下，CFD 就顯得特別有用。所以，CFD 和實驗結合一
起來使用可以加快燃料電池設計的過程。

▷ 6.4　本章摘要

　　燃料電池模型可用於研究和預測燃料電池行為。簡單的模型可以用來瞭解基本的趨勢(例如，當溫度上升或壓力下降時會發生什麼)。複雜的模型可以用作設計考量(例如，當擴散層厚度從 500μm 減少到 100μm 時會發生什麼)。所有的燃料電池模型都離不開假設，故解釋模型結果時必須說明主要的假設和限制。

- 有 3 種主要的燃料電池損失：活化損失(η_{act})、歐姆損失(η_{ohmic})和濃度損失(η_{conc})。
- 簡單模型是從燃料電池熱力學電壓減去 3 個主要的損失項：

  $V = E_{thermo} - \eta_{act} - \eta_{ohrnic} - \eta_{conc}$。

- 為了更精確反映真實燃料電池的行為，我們必須引入一個附加損失項稱為洩漏損失 j_{leak}。
- 洩漏損失 j_{leak} 是與電流洩漏、氣體滲透、多餘的副反應等所造成的寄生損失有關的一種損失。寄生電流損失的淨效應是使燃料電池的工作電流向左偏移一個固定量 j_{leak}，相當於使燃料電池的開路電壓下降到熱力學預測值以下。
- 基本的燃料電池模型需要 4 個參數，兩個參數(α 和 j_0)用於描述動力學損失，一個參數(ASR$_{ohmic}$)用於描述歐姆損失，還有一個參數(j_L)用於描述濃度損失。
- 透過改變幾個基本參數就可以研究燃料電池各種不同的行為。
- 所有模型都包含假設，假設的數量和類型決定了模型的複雜度和精確度。
- 更為複雜的燃料電池模型應使用質能守恆定律和控制方程式將燃料電池基本特性和物理原理聯結起來。
- 燃料電池模型的控制方程式透過通量平衡和質能守恆定律相互聯結。我們需要合適的邊界條件進行計算求解。
- 電極和電解質的幾何尺寸對於在 SOFC 的模型假設具有顯著影響。
- 在 PEMFC 中，建立水分佈的合理模型是最關鍵的。
- CFD 燃料電池模型使用數值方法來計算燃料電池的行為。建立 CFD 模型能夠對電化學和傳送現象進行更詳細的研究和具像化以利瞭解。當實驗研究發生困難或不切合實際時，CFD 便顯得特別有用。CFD 作為燃料電池設計工具具有強大的能力和應用的前景。

習 題

綜述題

6.1 把以下 5 種設定情況和圖 6.9 中 5 條相對應的假想的 *j-V 極化曲線*一一對應。

(a) 受限於極高的電解質阻抗的 SOFC。

(b) 受到大漏電流損失影響的 PEMFC。

(c) 嚴重受限於低下的反應動力學的 PEMFC。

(d) 歐姆電阻非常低的 PEMFC。

(e) 受到反應物不足影響的 SOFC。

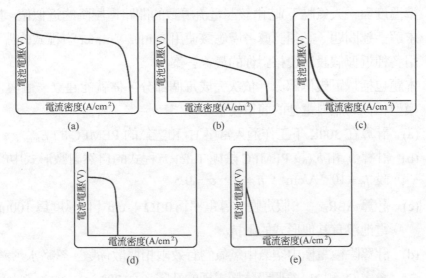

圖 6.9　習題 6.1 相對應的曲線

6.2 從效率角度來看，圖 6.3 中哪一種燃料電池更可取，PEMFC 還是 SOFC？

6.3 (a) SOFC 電極中催化活化區域的厚度取決於以下幾種因素的微妙平衡：質子阻抗、電子阻抗、氣體傳送阻抗和電荷傳送阻抗。請回答以下問題：

①當電極的氣體傳送阻抗增加時(如由於電極孔隙較小或者電極較厚等原因)，催化活化區域變得(a)更厚、(b)更薄還是(c)沒有影響？為什麼？

②當電極的離子阻抗增加時，催化活化區域(a)變厚、(b)變薄還是(c)沒有影響？為什麼？

③當電極的電子阻抗增加時，催化活化區域(a)變厚、(b)變薄還是(c)沒有影響？為什麼？

④ 當電極的電荷傳送阻抗增加時，催化活化區域(a)變厚、(b)變薄還是(c)沒有影響？爲什麼？

(b) 觀察 SOFC 的一般 j-V *極化曲線*，討論上面提到的哪一種阻抗通常會起支配作用，從而決定催化活化區域的厚度。

(c) 多數 PEMFC 的陰極一側都採用較厚的催化層設計。爲什麼？

計算題

6.4　估算 j_{leak} 對燃料電池開路電壓的影響。假設一個只考慮陰極活化損失的燃料電池簡單模型(即不考慮歐姆損失或濃度損失的影響)。對於一般的純氫－氧的 PEMFC 陰極，$j_0 \approx 10^{-3}$ A/cm^2，$\alpha \approx 0.5$。用上述值求出當 $j_{leak} = 10$ mA/cm^2(標準溫度與一大氣壓下)時由該漏電流導致的開路電壓降的近似值。**提示**：合理求解上述問題，必須認眞考慮應該使用 Butler-Volmer 方程式的哪一種近似。用各種近似假設反覆核對你的最終答案。

6.5　本題包括以下幾個部分。依次完成每個部分，你就能建立一個與書中討論的模型相似的燃料電池的簡單模型。

(a) 計算在 300K 下工作通入常壓 H$_2$ 和空氣的 PEMFC 的 E_{thermo}。

(b) 計算 a_c 和 b_c(該 PEMFC 陰極 Tafel 方程式的自然對數形式中的常數)，假設 $j_0 = 10^{-3}$ A/cm^2，$n = 2$，$\alpha = 0.5$。

(c) 計算 ASR$_{ohmic}$，假定膜的導電率爲 $0.1\Omega^{-1} \cdot$cm^{-1} 且厚度爲 100μm。假設該電池沒有其他形式的阻抗。

(d) 計算陰極電極中空氣中氧氣的有效兩相擴散係數。忽略水蒸氣的影響(只考慮 O$_2$ 和 N$_2$)並假設陰極電極的孔隙率爲 20%。

(e) 假設 $\delta = 500\mu$m，試計算陰極的限制電流密度。

(f) 假設 c(濃度損失方程式中的幾何常數)的值爲 0.10V，此時你的模型便完成了。假設 $j_{leak} = 5$ mA/cm^2 並忽略所有陽極效應。使用某種套裝軟體，畫出你的模型的 j-V 和功率密度曲線。

(g) 你所模擬的燃料電池的最大功率密度是多少？功率密度的最大值出現在什麼電流密度下？

(h) 假設燃料的利用率爲 90%，你所模擬的燃料電池在最大功率密度點的總效率是多少？

6.6　請根據 $J_i + J_j = 0$ 和 $x_i + x_j = 1$ 證明 $D_{ij} = D_{ji}$。

提示：使用公式 $J_i = \rho D_{ij}(dx_i/dz)$。

6.7　試證明 Maxwell-Stefan 方程式式(6.16)滿足 $x_1 + x_2 + \cdots + x_N = 1$。

6.8　(a)　畫出本書中例題(見 6.2.4)一維 SOFC 模型(不包含氣體消耗修正)的完整 *j-V 極化曲線*。

　　(b)　畫出歐姆過電位和陰極過電位隨電流密度的變化曲線。並找出 *j-V 極化曲線* 中的限制電流密度。

6.9　(a)　假定除了工作溫度為 873K，其他特性與表 6.4 相同，畫出本書中例題一維 SOFC 模型的完整 *j-V 極化曲線*。

　　(b)　畫出歐姆過電位和陰極過電位隨電流密度的變化曲線。與習題 6.8 的結果作比較，哪一種過電位(歐姆／陰極)變化較大？

6.10　(a)　利用一維 SOFC 模型，畫出**電解質支撐**的 SOFC 的 *j-V 極化曲線*，其中電解質厚為 200μm，陰極厚為 50μm，陽極厚為 50μm。忽略陽極過電位並使用表 6.4 提供的特性。

　　(b)　假設燃料電池的工作溫度為 873K，重複(a)中的步驟。試解釋為什麼電解質支撐的 SOFC 不適合工作在低溫下。

6.11　本書中的一維 SOFC 模型並未考慮陽極過電位，現在讓我們來考慮它：

　　(a)　對陽極使用 Butler-Volmer 方程式的線性近似：

$$j = j_0 \frac{p}{p_0} \frac{2\alpha\mathrm{F}}{RT} \eta_{\mathrm{act}} \tag{6.66}$$

　　　　顯示陽極過電位可用以下公式模擬：

$$\eta_{\mathrm{node}} = \frac{RT}{2\alpha F} \frac{j}{j_0 p^A \left(x_{H_2}\big|_a - T^A \dfrac{jRT}{2Fp^A D^{\mathrm{eff}}_{H_2,H_2O}} \right)} \tag{6.67}$$

　　(b)　根據表 6.1 和表 6.4 中的資訊，畫出該 SOFC 模型的陽極過電位和陰極過電位。

6.12　(a)　畫出陽極厚為 1000μm，陰極厚為 50μm 的陽極支撐的 SOFC 的 *j-V 極化曲線*。考慮由公式(6.66)和公式(6.67)得到的陽極過電位和陰極過電位。請採用表 6.4 所提供的各項特性。

　　(b)　畫出該燃料電池的陽極過電位和陰極過電位。

　　(c)　找出每種過電位曲線的限制電流密度。哪一個電極的損失較大？試解釋在陽極支撐的 SOFC 中忽略陽極過電位的結果。

6.13　(a)　畫出本書中(6.2.4 節)一維 PEMFC 例題的完整 *j-V 極化曲線* 圖。

(b) 畫出歐姆過電位隨電流密度的變化曲線。該曲線是否是線性？如果不是，請解釋原因。

6.14 (a) 考慮氧氣空乏效應，畫出本書中一維 SOFC 例題的完整 *j-V 極化曲線*。假設氧氣的化學當量數為 1.2。

(b) 假設該燃料電池使用一個消耗燃料電池 10%功率的空氣泵來傳送化學當量數為 1.2 的氧氣。當化學當量數設為 2.0 時，該泵消耗燃料電池 20%的功率。忽略所有其他寄生負載，以上哪一種工作模式產生的功率更多？小心計算兩種工作模式下的功率密度曲線來論述你的答案。

Chapter 7

燃料電池基本特性

　　燃料電池的基本特性測試技術可以定量地比較出燃料電池系統與設計的優劣，而其中最有效的技術還能夠表示出燃料電池性能好壞的**原因**。要解釋這些原因需要複雜的測試技術來瞭解電池的瓶頸。換言之，最好的基本特性測試技術能夠幫助瞭解一個燃料電池損失各種內部損失的來源：燃料滲漏、活化損失、歐姆損失以及濃度損失。

　　正如前面幾章中提到的，現場測試是非常必要的。一般來說，燃料電池系統的性能不能光只是透過求和其獨立的內部元件的性能得到。除了各個元件自己的損失之外，元件之間的界面經常對燃料電池系統的總損失造成巨大的影響。所以，當燃料電池被整合並運作在實際工作條件下時，對燃料電池各方面基本特性的瞭解是很重要的。

　　本章將介紹和討論了目前最常用、最有效的燃料電池基本特性測試技術。我們將重點介紹現場電學基本特性測試技術，因為這些測試技術提供了燃料電池工作時的各種有用數據。不過儘管我們著重於現場測試方法，但有很多非現場基本特性測試技術能有效地補充或強調現場測試技術提供的數據，所以我們也將討論一些非現場測試技術。

▷ 7.1　我們關注哪些基本特性

　　首先，我們列出可能需要瞭解的燃料電池各種基本特性參數：
- 總體極化曲線性能(i-V 曲線、功率密度)；
- 動力學特性(η_{act}，j_0，α，電化學活性表面積)；
- 歐姆特性(R_{ohmic}，電解質導電率、接觸電阻、電極電阻、內部接觸電阻)；
- 質量傳送特性(j_L，D^{eff}，壓力損失、反應物／生成物均勻性)；
- 寄生損失(j_{leak}，副反應、燃料滲漏)；

● 多孔電極的特性(孔隙率、彎曲率、導電率)；

● 催化劑的特性(厚度、孔隙率、催化劑負載、顆粒大小、電化學活性表面積、催化劑利用率、三相界面、離子傳導率、電子傳導率)；

● 流場板特性(壓力降、氣體分佈、導電率)；

● 產生熱／熱平衡；

● 使用的壽命(壽命測試、退化、迴圈、開啟／關閉、失效、侵蝕、疲勞)。

　　這個列表當然不完整，然而它代表了影響燃料電池整體性能和行為的基本特性、效應和問題，其中的一些特性影響甚微，而某一些特性對電池的性能則有很大的影響。我們怎樣才能知道應該注意哪些基本特性？哪些基本特性對於燃料電池來說是最重要的？基本上，這些問題的答案取決於你的興趣、你的目標和你希望瞭解的細節的程度。

　　在這一章中，我們將只關注於一些最常用的基本特性技術。為了瞭解燃料電池基本特性，我們的目標主要來自於以下兩點原因：

1.　測試燃料電池性能的好壞；

2.　瞭解燃料電池如何運作。

　　測試燃料電池的好壞是相當直接的，通常直接測量 j-V 性能就可以得到的；在實際使用的電流密度下輸出最高電壓的燃料電池的性能就是最好的。當然，燃料電池 j-V 特性會隨著如工作環境和測試步驟等因素而變化。為了保證測試 j-V 特性的公正性，我們必須維持相同的工作環境、測試步驟和相同的元件等。另外，極化曲線 j-V 特性代表燃料電池性能的"最終測試"結果。例如，我們研製了一種全新的極高導電性電極或者一種不可思議的新型燃料電池催化劑。這非常好——但是只有當我們把特殊材料放入一個工作中的燃料電池並使它大幅提昇各方面的性能時，它才會受到科學界的認可。

　　要瞭解燃料電池是如何運作的會比較困難一些。通常解決這個問題的最好方法是透過各種主要的損失來評判燃料電池的性能：活化損失、歐姆損失、濃度損失和洩漏損失。如果我們能夠在一定程度上決定各種損失的相對大小，那麼我們就已經相當接近燃料電池的問題所在。例如，如果我們發現濃度損失是關鍵因素，那麼重新設計流場板流道結構也許就能解決問題。在另一種情況中，如果測試顯示燃料電池有一個很大的不正常的歐姆電阻，在這種情況下我們應該要檢查電解質、電接觸、導電鍍層或互相聯接的部分。

　　正如以上例子所顯示的，燃料電池的測試應該要能夠確定各種燃料電池損失：η_{act}，η_{ohmic} 和 η_{conc}。在理想的情況下，基本特性測試技術就能夠決定出燃料電池潛在的基本性質，如 j_0、α、$\sigma_{electrolyte}$ 和 D^{eff}。

　　在以下幾節中，我們的目標就是瞭解燃料電池的基本特性。我們將從一些燃料電池基本性能的整體定量化數據測試開始，然後討論燃料電池各種損失的測試技術。透過精心設計和仔細分析，其中一些測試甚至可以用來得到如 j_0 或 D^{eff} 等基本性質。

▶ 7.2 基本特性技術總論

我們將燃料電池的基本特性測試技術分為兩類：

1. **電化學基本特性測試技術(現場)**。這些測試技術運用了電化學變數如電壓、電流、時間來表示燃料電池在某一個工作條件下的輸出性能。

2. **非現場基本特性測試技術**。這類測試技術表示燃料電池中獨立元件的結構或者性能，但通常是指測量那些脫離了電池運作環境下的非組裝與非工作狀態的元件性能。

現場電化學基本特性測試方面，我們將討論 4 種主要的方法：

1. **電流－電壓(j-V)極化曲線(Polarization Curve, PC)測量法**。最普遍使用的燃料電池基本特性測試技術，j-V 法提供了對燃料電池性能和功率密度的整體定量化評估。

2. **電流干擾測量法(Current Interrupt Measurement, CIM)**。這種方法可以區分出歐姆阻抗和非歐姆阻抗對燃料電池性能的影響。由於電流干擾法種類甚多且使用起來直接又快速，所以它甚至可運用於高功率燃料電池系統，而且也容易和 j-V 法一起配合使用。

3. **電化學阻抗譜法(Electrochemical Impedance Spectroscopy, EIS)**。這是一種能夠區別出歐姆損失、活化損失和濃度損失的複雜技術，但是其測試結果可能難以解釋。另外 EIS 也相對費時又難以應用到高功率燃料電池系統中。

4. **迴圈伏安法(Cyclic Voltammetry,CV)**。這是另一種可以測試燃料電池反應動力學的複雜技術。像 EIS 一樣，CV 也是既耗費時間而且結果又難以解釋的方法。CV 可能需要對測試中的燃料電池進行專門的修正，以及／或者需要使用額外的測試氣體，如氬氣或者氮氣。

非現場基本特性測試方面，我們將討論以下幾種方法：

1. **孔隙率測定(Porosity Determination)**。高效率的燃料電池電極和催化劑結構必須有高的孔隙率。我們有幾種測試多孔電極材料的基本特性測試技術能能夠測定樣品結構的孔隙率，儘管其中許多是毀壞性的測試。更複雜的技術甚至能測出近似的孔徑大小分佈。

2. **Brunauer-Emmett-Teller(BET)表面積測量(Surface area Measurement)**。燃料電池輸出性能明顯受到催化劑表面積利用率的影響。有一些電化學測試技術能測出近似的表面積值，但是 BET 法雖屬於非現場測試方法卻能準確地測試出幾乎任何類型樣品的表面積。

3. **透氣性(Gas Permeability)**。如果燃料電池高孔隙率的多孔電極不是遍佈所有的區域，那麼其也可能不甚透氣。燃料電池多孔電極中的質量傳送基本特性除了測定孔隙率以外還要測試透氣性。燃料電池的多孔電極和催化劑層需要有很高的透氣性，而電解質必須有很好的氣密性。電解質的氣密性檢測對於開發超薄膜的質子交換膜至關重要，因爲膜上的氣體洩漏會引起氫與氧的直接接觸問題。

4. **結構測定(Structure Determinations)**。要檢測燃料電池的材料結構可以使用各種顯微和繞射技術。說到材料結構,我們指的是顆粒大小、晶體結構、方向和形貌等。在開發新型的催化劑、電極或者電解質,或者運用新型的製備方法時,這種測定方法特別關鍵。

5. **化學測定(Chemical Determinations)**。除了物理結構之外,測試燃料電池材料的化學成分也是非常重要的。幸運的是,有很多技術能用來進行化學成分和分析。通常最困難的部分是決定哪種技術是最適合當下的。

▶ 7.3 現場電化學基本特性測試技術

　　在以下的章節裏,我們將詳細討論最常用的現場電化學基本特性測試技術。所有的燃料電池現場電化學基本特性測試技術主要還是電流和電壓的測量。當然,這些測量經常涉及包括電流和電壓以外的其他變數,例如我們也許想改變溫度、氣壓、氣流速率或者濕度。在所有這些情況中,我們試圖回答這樣的問題:一個給定的變數如何影響燃料電池的電流和電壓?電流和電壓是燃料電池性能的"最終性能指標"。

7.3.1 基本的電化學變數:電壓、電流和時間

　　在一個電化學實驗中,三個最基本的變數是電壓(V)、電流(i)和時間(t)。我們可以測量或控制系統的電壓,可以測量或控制系統的電流,此外也可以測量或控制二者之一隨著時間的變化,就是這樣。從電學測量的立場來看,我們無需做其他的事情。更進一步來說,由於電流和電壓在燃料電池基本特性中關係緊密,所以**我們不能同時獨立變化這兩者**。如果我們選擇控制電壓,那麼系統的電化學特性就決定了電流;相反地,如果我們選擇控制電流,那麼系統的電化學特性就決定了電壓。因爲電流和電壓之間的這種互相依賴性,所以實際上只有兩類基本的電化學基本特性測試技術:**定電壓測試**技術和**定電流測試**技術。

1. **定電壓測試技術(Potentiostatic Technique)**。控制系統的輸出**電壓**並測量**產生的電流響應**。"**定電壓**"這種說法是一個習慣性的誤用。定電壓測試技術既可以是穩態的(控制電壓在測量時間內固定的)也可以是動態的(控制電壓隨時間變化)。

2. **定電流測試技術(Galvanostatic Technique)**。使用者控制系統的**電流**並測量**產生的電壓響應**。定電流技術也可以是穩態的(控制電壓在測量時間內固定的)或動態的(控制電流隨時間變化)。

　　定電壓測試技術和定電流測試技術都適用於燃料電池。例如,燃料電池 j-V 極化曲線通常可以使用穩態的定電壓測量或者定電流測量得到。事實上,在長時間或穩態(steady state)時，用定電壓技術或者定電流技術來記錄一個燃料電池的 j-V 曲線都無所謂——這兩種測量方法是一體兩面。在穩定狀態下，一個系統在同一點的定電壓和定電流的測量會得到相同的結果。換言之，如果一個燃料電池的穩態定電流測量為在外加電流為 1.0A 的時候輸出 0.5V 電壓，那麼相同燃料電池的穩態的定電壓測量應該在外加電壓為 0.5V 的時候輸出 1.0A 電流。

對於短時間或者在非穩態(non-steady state)情況下，定電壓測量和定電流測量可能彼此有些偏差。這種偏差經常是因為一個系統沒有足夠的時間達到穩態而產生。事實上，由於緩慢的反應過程引起的相對於穩態的偏差有助於探索燃料電池的行為，這正是更複雜的動態技術所在。反映燃料電池動態行為的技術就是所謂的「電流中斷測量」(current interrupt measurement)。我們將簡單說明真正的穩態 j-V 測量技術和電流中斷測量技術的主要差異：

- **穩態 j-V 測量**。保持燃料電池的電流，經過長時間的平衡記錄燃料電池電壓的**穩態數值**；或者保持燃料電池的電壓，經過長時間的平衡記錄燃料電池電流的**穩態數值**。
- **電流中斷 j-V 測量**。在時間 $t = 0$ 的時候突然輸出(或者截止)電流而記錄系統電壓**隨時間達到穩定狀態的變化過程**。

雖然不隨時間變化的穩定狀態測試技術提供燃料電池基本性能測試的有用資訊，但是動態(時間變化)測試技術更能夠接近真實狀態深入瞭解影響電池性能的各種損失。除了電流中斷 j-V 測量技術之外，另外兩種非常有效的動態測試技術迴圈伏安法和電化學阻抗譜法也將在本章詳細介紹。讓我們先簡單比較一下這兩種動態技術：

- **迴圈伏安法 CV**。在這種動態測量技術中，我們隨著時間在某一段的電壓範圍進行對施加在燃料電池系統的電壓往返重覆的線性掃描，然後測量產生的迴圈電流隨時間的響應，再對迴圈電壓掃描作圖。
- **電化學阻抗譜法 EIS**。在這種動態測量技術中，我們將一種正弦微擾動(經常是電壓擾動)施加於系統，然後測量產生的電流響應的振幅和相移，該測量可以在相當寬的頻率範圍內進行，從而得到**阻抗譜圖**。

上述所有這些技術都要求一個燃料電池基本的測試平台和一些標準電化學測試設備。因此，在進一步深入到這些測試技術細節之前，我們先簡單的瞭解一下燃料電池測試平台的基本要求。

7.3.2　基本的燃料電池測試平台基本要求

圖 7.1 展示了一個用於燃料電池性能現場測量的基本測試平台。此圖雖然是針對 PEMFC，但類似的結構也可應用於任何類型的燃料電池。由於燃料電池的性能取決於其工作的環境條件，因此一個良好的測試平台應當對工作壓力、溫度、濕度水準以及反應氣體的流速提供靈活的控制。

質流量控制器、壓力計和溫度感測器可以不斷地監控測試程序中燃料電池的工作條件。電化學測量儀器通常包括定電壓儀／定電流儀和一個阻抗分析儀，與燃料電池連接在一起。這些測量裝置至少有兩個引出端：一個與燃料電池陰極相接，一個與燃料電池陽極相接。通常還會有第三個引出端作為參考電極。大多數商業化的定電壓儀可以進行一系列的定電壓／定電流實驗，包括 j-V 曲線測量、電流中斷法和迴圈伏安法。電化學阻抗譜法通常需要一個專用的阻抗分析儀或者一個除了定電壓儀之外的附加元件。

圖 7.1 顯示的是一套完整的燃料電池測試平台，由此可以進行數十種可能的測量實驗，而我們首先希望進行的一個實驗可能就是 j-V 曲線測試。

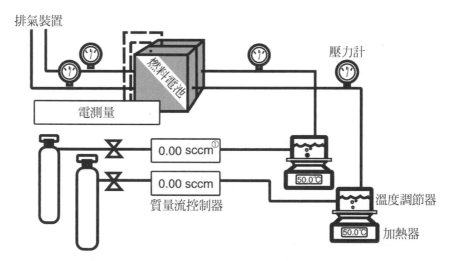

圖 7.1　一般的燃料電池測試平台。壓力、溫度、濕度及氣體的流速均可以控制[1]

7.3.3　電流－電壓測量

如前面介紹的，燃料電池的電流－電壓特性響應，即 j-V 曲線(回到圖 1.9)最能反映燃料電池的性能。j-V 曲線顯示了燃料電池在給定電流密度下的電壓輸出。高性能的燃料電池損失較小，因此在給定電流下會輸出一個較高的電壓。燃料電池 j-V 曲線通常由定電壓儀／定電流儀系統測量，該系統從燃料電池提取一固定電流同時測量相對應的輸出電壓，於是透過漸漸提高所需電流就能測定燃料電池的整個 j-V 響應。

在測量燃料電池的 j-V 曲線時，需要注意以下要點：

● 必須保證穩態；
● 必須記錄測試條件。

---

[1]　體積流量單位的法定計量單位為立方米每秒；單位符號為 m^3/s；sccm 表示標準狀況下每分鐘毫升數。1 seem = 0.01667×10^{-6} m^3/s ——譯者註。

我們現在將詳細說明這兩點。

穩態(Steady state)。測量可靠的 j-V 極化曲線需要在處於穩定狀態的系統中進行。穩態意味著電壓和電流讀數不隨著時間改變。當我們需要燃料電池的電流時，電池的電壓會下降以反映輸出電流時的高損失；但是這種壓力降不是暫態的，而通常需要幾秒鐘、幾分鐘甚至幾個小時使電壓達到穩定的數值。這種延遲是由於一些微弱的變化例如溫度的變化和反應物濃度的變化都需要時間傳至整個燃料電池而產生的。通常如果燃料電池越大，達到穩定狀態的過程就越慢。對於一個大的汽車或者居住用燃料電池堆來說，遇到突發的電流或電壓變化後經常需要 30 分鐘來達到穩定狀態。在燃料電池達到穩定狀態之前，測量記錄的電流或者電壓不是特別高要不然就會特別低。

以大型燃料電池系統來說，測量 j-V 曲線是一個乏味、耗時的測試過程。通常測量是在定電流下進行的：將燃料電池連接到一個定電流的負載，一直監控輸出電壓響應直到它不再隨時間顯著地變化，再記錄下此時的電壓值；然後將電流負載的電流提升到一個新預設值，重複以上的過程。由於時間的限制燃料電池 j-V 曲線經常只有 10 到 20 個資料點，不過雖然資料較粗略，但是大致上已經足以勾勒出燃料電池的性能。

對於小型燃料電池我們可以運用慢速掃描 j-V 曲線的測量方法。在慢速定電流掃描方法中，燃料電池需要的電流隨時間從 0A 到某一預設值**逐漸**掃描。隨著電流上升，燃料電池的電壓將持續下降。**如果電流掃描得夠慢**，那麼得到的電流相對電壓變化的圖表就可以代表燃料電池 j-V 曲線的一個擬穩定狀態的版本 (pseudo steady state version)。問題是如何才能知道電流掃描得夠慢呢？我們可以透過在不同的掃描速度下進行一系列 j-V 測量來得到答案。如果掃描速度太快，那麼 j-V 曲線就會過高；如果降低掃描速率不再影響 j-V 曲線，那麼就說明掃描速率夠慢了。

測試條件(test conditions)。測試條件會顯著地影響燃料電池的性能。因此，我們必須詳細記錄測試的條件、測試程序、測試裝置的使用狀況等等。一個 PEMFC 在 80℃、5 個大氣壓下加濕氧氣和加濕氫氣中工作的"不佳的"性能可能好過一個在 30℃、1 個大氣壓下乾燥氧氣和乾燥氫氣中工作的 PEMFC 的"良好的" 性能。但是，如果這兩個 PEMFC 燃料電池在相同的條件下測試，那麼真正性能"好"的燃料電池便會顯而易見。

現在我們簡單討論需要記錄的測試條件如下：

● **預熱(Warm up)**。為了保證燃料電池系統處於一個很好的平衡狀態，習慣上在測試電池的基本特性之前會先進行一個標準的預熱過程。一般預熱過程包括測試前讓燃料電池在固定電流下工作 30〜60 分鐘。不當的預熱會造成燃料電池較高的非穩態特性。

● **溫度(Temperature)**。在測量過程中，記錄並保持燃料電池內部固定溫度是非常重要的。不僅要測量燃料電池本身的溫度，還要測量燃料氣體進出口的溫度。複雜的技術甚至能即時監控燃料電池的溫度分佈情況。大致上來說，升高溫度能提高動力過程和傳送過程從而改善電池的性能(對於 PEMFC，這只適用於 80°C 以下的情況，高於此溫度就會出現膜乾燥或乾化的情況)。

● **壓力(Pressure)**。在燃料電池入口和出口都要監控燃料氣體壓力。這樣可以測定燃料電池的內部壓力及壓降。增大電池壓力能改進性能(但是，要增加壓力需要以壓縮機或者鼓風機等"輸入"額外的能量)。

● **流速(Flow rate)**。通常我們用質流量控制器(Mass Flow Constrollers)來設定流速。在 j-V 測試程序中，主要有兩種方法來處理反應物的流速。第一種方法是在整個測試程序中保持夠高的固定流速以便在即使最大的電流密度下也仍然有充足的供給，這種方法叫做**固定流速條件**。另一種方法是隨著電流化學計量式地進行流速調整使反應物供給和電流消耗的比值始終固定，這種方法叫做**固定化學計量條件**。合理的 j-V 曲線比較應該使用同樣的流速方法。流速增加通常能改進性能(對於 PEMFC 而言，增加加濕或者極端乾燥的燃料氣體流速會擾亂燃料電池中的水的平衡，反而降低電池性能)。

● **壓應力(Compression Force)**。對於大多數燃料電池堆的組裝來說，會有一最佳化的燃料電池壓應力值使得其輸出性能最好，因此我們應該關注並監控電池的壓應力。較低壓應力的電池會產生比較高的歐姆損失，而較高壓應力的電池堆會發生比較高的燃料氣體壓力損失或者濃度損失。

　　j-V 曲線測量說明。j-V 曲線測量通常被用來定量地描述燃料電池系統的整體性能。初步看來，從 j-V 曲線中獨立分離出各種損失部分(如活化損失、歐姆損失、濃度損失)似乎是不可能。然而如果使用 Tafel 等式和更詳細的數據分析還是可以將活化損失近似值分離出來。

　　在低的電流密度下，歐姆損失相對於活化損失而言較小，所以我們可以忽略歐姆損失，從測量數據中直接計算出近似的活化損失。在對數座標中，低電流密度的 j-V 曲線會顯現**線性特性**，如 Tafel 等式(3.41)所示。傳送係數和交換電流密度能透過將數據擬合曲線而得到。這條線能延伸至整個 j-V 曲線來確定在每個電流密度下大致的活化損失。圖 7.2 簡單的解釋了這個過程。

7.3.4　電化學阻抗譜法(EIS)

　　雖然燃料電池的性能可以定量地由 j-V 曲線反應出，但我們還需要一種更精確的測試技術來區分一個燃料電池中每一個主要損失。電化學阻抗譜法是最常用來區分出不同損失的技術。

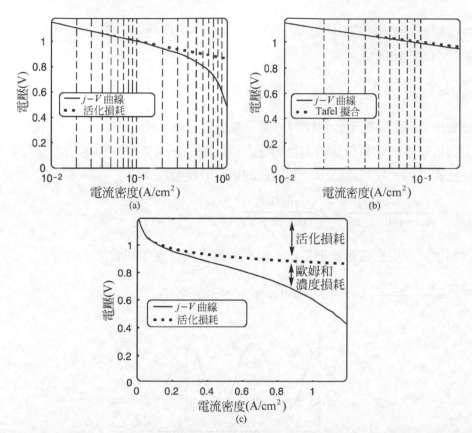

圖 7.2 (a)典型對數座標的 *j–V* 曲線。活化損失由虛線畫出。(b)*j–V* 曲線的低電流密度區域在對數座標中顯示
線性行為。用 Tafel 方程擬合這條直線可以得出傳輸係數和交換電流密度。(c)整個 *j–V* 曲線範圍內的
活化損失。*j–V* 曲線和活化損失的差代表歐姆損失和濃度損失

EIS 基礎。像電阻一樣,阻抗是一種測量系統阻礙電流流動能力的物理量。和電阻不同的是,阻抗可以是時間或者頻率的變數。回到我們如何用歐姆定律定義電阻 R 爲電壓和電流的比值:

$$R = \frac{V}{i} \tag{7.1}$$

依此類推,阻抗 Z 是隨時間變化的電壓和隨時間變化的電流的比值:

$$Z = \frac{V(t)}{i(t)} \tag{7.2}$$

阻抗測量的方法通常透過施加一個小的正弦電壓微擾動(sinusoidal voltage perturbation),$V(t) = V_0 \cos(wt)$,然後監控系統的電流相位差響應(phase shafted current response),$i(t) = i_0 \cos(wt - \phi)$ 來得到。在以上的運算式中,$V(t)$ 和 $i(t)$ 表示時間 t 時的電壓

和電流，V_0 和 i_0 是電壓信號和電流信號的振幅，w 是角頻率。角頻率 w(單位是 rad/s)和頻率 f(單位是 Hz)的關係是

$$w = 2\pi f \tag{7.3}$$

一般來說，系統的電流響應相對於電壓微擾動會產生相位變化，這種相移效應由 ϕ 來描述。正弦電壓擾動和有相移的電流響應之間的關係如圖 7.3 所示(適用於線性系統)。

根據公式(7.2)，我們能寫出一個系統的正弦阻抗響應：

$$Z = \frac{V_0 \cos (wt)}{i_0 \cos (wt - \phi)} = Z_0 \frac{\cos (wt)}{\cos (wt - \phi)} \tag{7.4}$$

另外，我們也可以用複數形式把系統的阻抗響應表述為實部和虛部：

$$Z = \frac{V_0 e^{jwt}}{i_0 e^{(jwt - j\phi)}} = Z_0 e^{j\phi} = Z_0(\cos \phi + j \sin \phi) \tag{7.5}$$

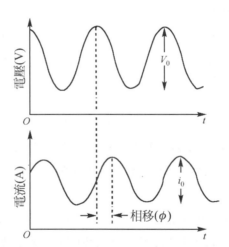

圖 7.3　正弦電壓微擾動和產生的正弦電流響應。電流響應與電壓微擾動有相同的週期(頻率)
　　　　但有一定的相位移 ϕ

因此，一個系統的阻抗可以用阻抗數 Z_0 和相移(ϕ)來表示，或者用一個實部($Z_{real} = Z_0 \cos \phi$)和一個虛部($Z_{imag} = Z_0 j \sin \phi$)來表示。注意到這裏運算式中的 j 代表一個虛數($j = \sqrt{-1}$)而不是電流密度！阻抗資料作圖時一般都表達成阻抗的實部和虛部(Z_{real} 在橫軸上，$-Z_{imag}$ 在縱軸上)。這樣的阻抗圖被稱為**奈奎斯特圖**(Nyquist Plot)。因為阻抗測量是在數十個甚至數百個不同的頻率下完成的，所以奈奎斯特圖大致涵蓋了一個系統幾個數量級頻率的阻抗特性。

簡化的阻抗分析要求系統滿足某一些部分線性。在線性系統中，加倍電流會加倍電壓。顯然，電化學系統不是線性的(考慮到 Butler-Volmer 動力學預測電壓和電流的指數關

係)。我們在阻抗測量中使用小訊號電壓擾動來克服這個問題。如圖 7.4 所示,如果我們在電池的 j-V 曲線取一個夠小的樣本,那麼它**看起來幾乎就是線性的**。在一般的 EIS 中,一個 1~20mV 的交流信號被輸入到燃料電池,這個信號通常夠小,使得電池的 j-V 曲線可以保持在擬線性的範圍內。

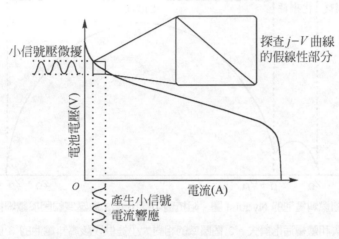

圖 7.4 應用小訊號的電壓微擾動可以使阻抗測量侷限在燃料電池 j-V 曲線的假線性部分

　　EIS 和燃料電池。在我們深入阻抗理論的細節之前,讓我們看一個簡單的例子來說明 EIS 對於燃料電池的分析。試想一個遭受 3 種損失的燃料電池:

1. 陽極活化損失;
2. 歐姆電解質損失;
3. 陰極活化損失。

　　圖 7.5 顯示了燃料電池的 EIS 奈奎斯特(Nyquist)曲線可能的樣子。先不必擔心無法瞭解這個頻譜,關鍵的是請注意圖中有兩個半圓形的波峰。在這個燃料電池例子當中,這兩個半圓形的波峰起因於陽極和陰極的活化損失。再仔細地觀察這一圖譜,可以看到半圓形與橫軸上的 3 個截點標記了 3 個阻抗區域,在圖中標記爲 Z_{Ω}、Z_{fA} 和 Z_{fC}。這 3 個阻抗的大小分別和燃料電池中 η_{ohmic}、$\eta_{\text{act; anode}}$ 和 $\eta_{\text{act; cathode}}$ 的大小相對應。所以,在這個假想的 EIS 例子中,我們清楚地看到陰極的活化損失決定了燃料電池的性能,而歐姆損失和陽極活化損失都很小。

　　我們如何能透過 EIS 產生這種譜圖,如何將頻譜中截距值與燃料電池的各種損失過程相對應?這需要我們討論阻抗理論和等效電路模型。

　　EIS 和等效電路模型。燃料電池內部發生的過程可以用電路元件加以模型化。例如,我們可以用電阻和電容來類比電化學之反應動力學特性、歐姆傳導過程,甚至質量傳送過程。這種使用電路元件類比的燃料電池行爲的表示方法被稱爲「**等效電路模型**」。如果我們測量一個燃料電池的阻抗頻譜並且將它和一個等效電路模型作類比，就可能瞭解關於反應動力學、歐姆傳導過程、質量傳輸以及其他特性的問題。

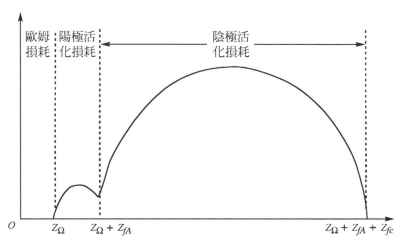

圖 7.5 假想的燃料電池的 Nyquist 圖。阻抗圖中標出的 3 個區域歸因於歐姆損失、陽極活化損失和陰極活化損失。3 個區域的相對大小提供了該燃料電池的 3 個損失的相對量級的資訊

現在我們來介紹用於類比燃料電池特性的一般電路元件。接著我們將利用這些基本電路元件建立一個燃料電池的等效電路模型。我們從歐姆傳導過程開始。

歐姆電阻(Ohmic Resistance)。類比歐姆傳導過程的等效電路模型非常簡單；它就是一個電阻！

$$Z_\Omega = R_\Omega \tag{7.6}$$

如前所述，阻抗數據可以大致表示成 Nyquist 奈奎斯特圖。回到阻抗的複雜定義，一個系統的阻抗可以表示爲實部($Z_0 \cos \phi$)和虛部($Z_0 \sin \phi$)兩部分：

$$Z = Z_0 \cos \phi + jZ_0 \sin \phi \tag{7.7}$$

Nyquist 奈奎斯特圖畫出了一系列不同頻率下阻抗的實部和虛部(其實是阻抗虛部的負數)的關係。對於一個簡單的電阻來說，電阻的虛數部分是 0，ϕ 是 0，所以阻抗不會隨著頻率變化而變化。因此，電阻的 Nyquist 奈奎斯特圖就是實數軸(x 軸)上的一個值爲 R 的點。簡單電阻的等效電路和相對應的 Nyquist 奈奎斯特圖如圖 7.6 所示。

電化學反應。一個類比電化學反應的等效電路的計算公式比較複雜一些。圖 7.7 描述了一般的電化學反應界面。如圖 7.7 所示，反應界面的阻抗特性可以類比於並聯一個電阻和一個電容(R_f 和 C_{dl})。在這裏爲了類比電化學反應的動力學特性，R_f 稱做**法拉第電阻**

(Faradaic Resistance)，而 C_{dl} 稱為**電雙層電容**(Double Layer Capacitance)，電化學反應界面用電容特性作類比。接著下面我們簡單討論 C_{dl} 和 R_f。

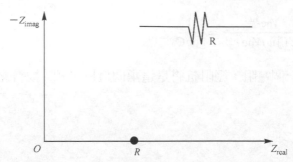

圖 7.6　簡單電阻的電路圖和 Nyquist 奈奎斯特圖。電阻的阻抗是在實部阻抗軸(x 軸)上的一個數值為 R 的點，電阻的阻抗與頻率無關

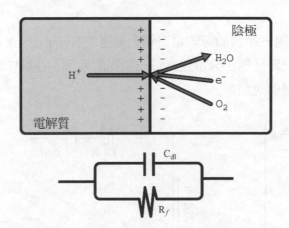

圖 7.7　一個電化學反應界面的物理表示和等效電路模型。電化學反應界面的阻抗特性可以由一個電容和一個電阻的並聯組合表示。電容 C_{dl} 描述穿過界面的離子和電子的電荷分離，電阻 R_f 描述電化學反應過程的動力學電阻

C_{dl} 是最容易瞭解的。如圖 7.7 所示，在電化學反應中，反應界面上發生了顯著的電荷分離，電子聚集在電極上，對應著離子聚集在電解質。這種電荷的分離導致了反應界面像電容一樣工作，其電容的強弱也就是 C_{dl} 的大小。對於一個完美的平滑電極／電解質界面來說，一般的 C_{dl} 值為 $30\,\mu\,F/cm^2$ 數量級。但是，對於高比表面積碳載體的燃料電池電極來說，C_{dl} 的數值會大好幾個數量級。

電容的阻抗效應是一個純虛數，用電壓和電流來表示電容：

$$i = C\frac{dV}{dt} \tag{7.8}$$

對於一個正弦電壓的微擾動($V = V_0 e^{jwt}$)，等式為

$$i(t) = C \frac{\mathrm{d}(V_0 \mathrm{e}^{jwt})}{\mathrm{d}t} = C(jw)V_0 \mathrm{e}^{jwt} \tag{7.9}$$

於是得到一個阻抗爲

$$Z = \frac{V(t)}{i(t)} = \frac{V_0 \mathrm{e}^{jwt}}{C(jw)V_0 \mathrm{e}^{jwt}} = \frac{1}{jwC} \tag{7.10}$$

如果串聯一個電容和一個電阻,總阻抗將是這兩個阻抗之和。換言之,串聯阻抗和串聯電阻一樣是相加的:

$$Z_{\text{series}} = Z_1 + Z_2 \tag{7.11}$$

對於一個串聯的電容和電阻來說,總阻抗應該是

$$Z = R + \frac{1}{jwC} \tag{7.12}$$

圖 7.8 顯示了串聯電阻-電容的等效電路和相對應的 Nyquist 奈奎斯特阻抗圖。Nyquist 奈奎斯特圖的其中一個缺點是無法分辨記錄每一個點的頻率。在圖 7.8 中,我們藉由觀察總體頻率的趨勢以緩解這個缺點。

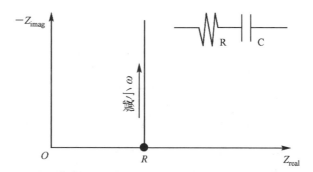

圖 7.8 RC 串聯組合的電路圖和 Nyquist 奈奎斯特圖。阻抗為一條直線,隨頻率 ω 降低而增大。阻抗的實部由電阻值決定。當頻率 ω 降低時,阻抗的虛部(由電容決定)在等效電路響應中佔主導地位

圖 7.7 中所示的反應界面是並聯一個電容和一個電阻而不是串聯一個電容和一個電阻。在我們討論並聯阻抗之前,我們先詳細地討論法拉第電阻 R_f。

爲了瞭解電化學反應過程如何能夠利用等效電路 R_f 模型化,我們回到反應動力學的 Tafel 簡化公式[參見公式(3.40)]:

$$\eta_{\text{act}} = -\frac{RT}{\alpha nF} \ln i_0 + \frac{RT}{\alpha nF} \ln i \tag{7.13}$$

請注意我們已經用電流 i 代替電流密度 j 以便於阻抗計算。對於一個小訊號的正弦微擾動來說，阻抗響應 $Z = V(t)/i(t)$ 可以近似成 $Z = dV/di$ (換言之，阻抗是 i-V 暫態響應的斜率)。所以一個像 Tafel 的動力學過程的阻抗可以計算為

$$Z_f = \frac{d\eta}{di} = \frac{RT}{\alpha nF}\frac{1}{i} \tag{7.14}$$

將 $i = i_0 e^{\alpha nF\eta_{\text{act}}/(RT)}$ 代入這個計算式，得到

$$Z_f = R_f = \left(\frac{RT}{\alpha nF}\right)\frac{1}{i_0 e^{\alpha nF\eta_{\text{act}}/(RT)}} \tag{7.15}$$

請注意 Z_f 沒有虛部所以可以表達成一個純電阻($Z_f = R_f$)。R_f 的大小受電化學反應的動力學所影響。高的 R_f 顯示了一個**高電阻**的電化學反應。大的 i_0 或者大的活化過電位(η_{act}) 會減小 R_f，也就是減小反應的動力學電阻。

如前所述，電化學界面模型的總阻抗是並聯一個電容之電雙層阻抗和一個電阻之法拉第阻抗而成。就像並聯電阻一樣，此並聯兩個阻抗電路元件的阻抗為

$$\frac{1}{Z_{\text{parallel}}} = \frac{1}{Z_1} + \frac{1}{Z_2} \tag{7.16}$$

在我們討論的情況中，它可以轉換為

$$\frac{1}{Z} = \frac{1}{R_f} + jwC_{\text{dl}} \tag{7.17}$$

所以，

$$Z = \frac{1}{1/R_f + jwC_{\text{dl}}} \tag{7.18}$$

這一種電化學反應界面模型的等效電路之相對應的 Nyquist 奈奎斯特圖顯示在圖 7.9 中。注意到阻抗表現為半圓形響應的特性。圖中最左端的點對應最高的頻率 w，隨著點在圖中從左邊移到右邊，頻率 w 穩定地下降。在大多數電化學反應系統裏，阻抗的實部幾乎總是隨著頻率 w 的降低而增加(或保持不變)。

圖 7.9 中半圓的高頻率 w 處的截距是 0，而低頻率 w 處的截距是 R_f。所以，半圓的直徑提供了燃料電池的活化電阻大小數據。一個具有高度快速反應動力學的燃料電池會顯現一個小的阻抗迴路(small impedance loop) ；相反地，一個**阻塞電極**(blocking electrode)(其中 $R_f \to \infty$，因為電極 "阻滯" (blocks) 了電化學反應)的阻抗迴路響應和圖 7.8 中純電容相似。觀察公式(7.18)中在 $w \to \infty$ 和 $w \to 0$ 時的極限情況證實了這些現象。在中間的頻率段，

阻抗迴路響應都包含實部和虛部。半圓頂點的頻率由界面的 RC 時間常數決定：$w = 1/(R_f C_{dl})$，由這個數值就能夠確定 C_{dl}。

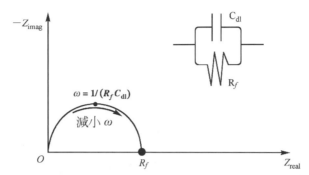

圖 7.9　RC 並聯的等效電路和 Nyquist 奈奎斯特圖。這個半圓形的阻抗迴路響應在一般的電化學界面中很典型。半圓的高頻截點 w 為零，而阻抗半圓的低頻截點 w 為 R_f。從半圓的直徑 R_f 得出了電化學界面的反應動力學的數據。小迴路顯示快速的反應動力學而大迴路顯示緩慢的反應動力學

　　研究 RC 等效電路模型就能直觀地瞭解圖 7.9 中描述的阻抗特性。在極高的頻率 w 時，電容相當於短路；在極低的的頻率 w 時，電容相當於開路。所以，在高頻時，全部電流從電容中通過，那麼模型的等效阻抗就是 0；反之，在極低的頻率 w 下所有的電流都被迫從電阻通過，該模型的等效阻抗就是電阻；在中間的頻率 w 段，其所有電流通過的情形介於以上二者之間，模型的阻抗響應中同時包括電阻成分與電容成分。

質量傳送。燃料電池的質量傳送現象也可以用 Warburg 電路元件模型化。因為時間關係我們無法在這裏推導 Warburg 電路元件。然而 Warburg 電路元件是以擴散過程為基底的，"無限" Warburg 電路元件的阻抗(無限厚的擴散層)由以下等式推導出

$$Z = \frac{\sigma_i}{\sqrt{w}}(1 - j) \tag{7.19}$$

公式中，等式中的 σ_i 是物質 i 的 Warburg 係數(不是導電率)，定義為

$$\sigma_i = \frac{RT}{(n_i F)^2 A \sqrt{2}} \left(\frac{1}{c_i^0 \sqrt{D_i}} \right) \tag{7.20}$$

公式中，A 是電極面積；c_i 是物質 i 的總濃度；D_i 是物質 i 的擴散係數。因此，σ_i 代表物質 i 傳輸到達或離開反應界面的有效程度。如果物質 i 數量很多或濃度很大 (c_i^0 很大)而且擴散速率很快(D_i 很高)，那麼 σ_i 將很小並且物質 i 的質量傳送引起的阻抗也可以忽略。另一方面，如果物質的濃度很低且擴散很慢，那麼 σ_i 將很大並且物質 i 的質量傳送引起的阻抗就會很顯著。請注意公式(7.19)中 Warburg 阻抗也受電壓微擾動的頻率 w 所影響。在高頻 w 段，由於擴散的反應物不必移動太遠，所以 Warburg 阻抗很小；但是在低頻 w 段，反應物必須擴散到更遠的地方，所以將增大 Warburg 阻抗。

圖 7.10 顯示了無限 Warburg 阻抗元件的等效電路和相對應的 Nyquist 奈奎斯特圖。注意到無限 Warburg 阻抗隨著 w 減小而線性增大。無限 Warburg 阻抗看起來是一條斜率為 1 的直線。

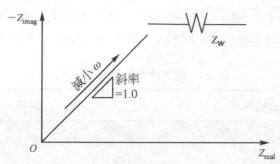

圖 7.10　用於類比擴散過程的 Warburg 元件的等效電路圖和 Nyquist 奈奎斯特圖。阻抗響應
　　　　為斜率 1 的直線，阻抗從左往右隨頻率降低而增大

　　無限 Warburg 阻抗只有在擴散層無限厚的情況下才有效。在燃料電池中這種情況很少見。正如我們在第 5 章裏介紹的，燃料電池流場板的結構中對流的混合經常將擴散層的厚度限制在多孔電極層的厚度內。在這種情況下，低頻 w 下的阻抗不再滿足無限 Warburg 等式－這時最好使用**多孔電極層有界限的 Warburg 模型**(也稱為 "O" 擴散元件)，以下面的形式表示：

$$Z = \frac{\sigma_i}{\sqrt{w}}(1-j)\ \tanh\left(\delta\sqrt{\frac{jw}{D_i}}\right) \tag{7.21}$$

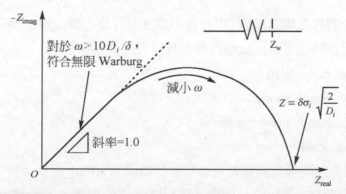

圖 7.11　多孔電極層有界限的 Warburg 元件的電路圖和 Nyquist 奈奎斯特圖，用來模擬有限
　　　　的擴散過程(擴散發生在一個固定的擴散層厚度，反應物質不會被空乏)，這種情形
　　　　是一般的燃料電池系統。高頻 ω 時多孔電極層有界的 Warburg 阻抗響應類似無限
　　　　的 Warburg 行為；低頻時阻抗響應回到實阻抗軸(這在直覺上也有道理：有限的擴
　　　　散層厚度應該產生一個有限的實阻抗)。低頻實軸阻抗截點提供擴散層厚度的資訊

公式中，δ 表示擴散層厚度。如圖 7.11 所示，在高頻 ω 或者 δ 很大的時候，多孔電極層有界限的 Warburg 阻抗會顯現無限 Warburg 的特性。但是在低頻 ω 或者擴散層很薄時，多孔有界的 Warburg 阻抗會返回到實軸。

我們現在已經彙集了足夠的工具，可以用等效電路元件來描述燃料電池基本的反應過程。我們把討論過的等效電路元件(也包括一些其他的元件)一起彙整在表 7.1 中。

表 7.1　常見等效電路的阻抗彙總

電路單元	阻抗
電阻(Resistor)	R
電容(Capacitor)	$1/(jwC)$
不變相元件(Constant-phase element)	$1/[Q(jw)^{\alpha}]$
電感(Capacitor)	jwL
無限 Warburg(Infinite Warburg)	$(\sigma_i/\sqrt{w})(1-j)$
有限(多孔電極層有界的) Warburg(Infinite Warburg)	$(\sigma_i/\sqrt{w})(1-j)\tanh(\delta\sqrt{jw/D_i})$
串聯阻抗元件 (Series impedance elements)	$Z_{\text{series}} = Z_1 + Z_2$
並聯阻抗元件 (Parallel impedance elements)	$1/Z_{\text{parallel}} = 1/Z_1 + 1/Z_2$

簡單燃料電池的等效電路模型。現在我們用之前討論的單元替一個完整的燃料電池建立一個簡單的等效電路模型。假設燃料電池有以下的損失過程：

1. 陽極活化(Anode activation)；
2. 陰極活化(Cathode activation)；
3. 陰極質量傳輸(Cathode mass transfer)；
4. 歐姆損失(Ohmic loss)。

為簡單起見，我們假設陰極質量傳輸過程類比於無限 Warburg 阻抗元件，而且陽極動力學比陰極活化動力學要快。圖 7.12 顯示了燃料電池的物理圖、等效電路模型和相對應的 Nyquist 奈奎斯特圖。Nyquist 奈奎斯特圖是根據表 7.2 中等效電路的數值得出的。請注意燃料電池模型的阻抗響應是由電路中每一個獨立元件的阻抗組合而成的！Nyquist 奈奎斯特圖中出現了兩個半圓並跟著一條斜線。高頻、實軸的截點對應燃料電池模型的歐姆電阻。第一條半圓弧對應陽極活化動力學的 RC 模型，而第二條半圓弧線對應陰極活化動力學的 RC 模型。第一個半圓弧的直徑爲陽極的 R_f，而第二個半圓的直徑爲陰極的 R_f。請注意陰極的半圓弧明顯地比陽極大，這反映了陰極的活化損失比陽極的活化損失明顯大許多。從 R_f 的數值，我們可以利用公式(7.15)獲得陽極反應和陰極反應的動力學特性。擬合 C_{dl} 的值我們就能得到燃料電池多孔電極的有效表面積數據。低頻 w 段的斜線是用無限 Warburg 阻抗模擬所產生的質量傳輸現象。計算這條直線的頻率－阻抗數據，就得到燃料電池的質量傳送特性。如果換成運用多孔電極層有界的 Warburg 阻抗，還能得到擴散層的厚度值。

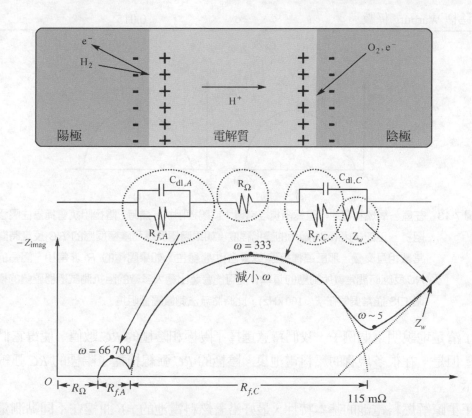

圖 7.12　一個簡單燃料電池阻抗模型的物理圖、電路圖及 Nyquist 奈奎斯特圖。燃料電池的等效電路是由一個電阻 R 與一個電容 C 並聯、一個 Warburg 元件和一個歐姆電阻組成。兩個並聯 RC 元件類比於陽極和陰極的活化動力學，無限 Warburg 元類比陰極質量傳送效應，歐姆電阻類比歐姆損失。雖然我們只示意了電解質區域，但實際上歐姆電阻類比了燃料電池所有部分(電解質、電極等)產生的歐姆損失。Nyquist 奈奎斯特圖中的阻抗響應是依照表 7.2 中提供的電路元件的數值而來的。每一個電路元件都對 Nyquist 奈奎斯特圖產生影響，如圖中所示。歐姆電阻決定了高頻阻抗的截點。小半圓弧發生於陽極 RC 元件，而大半圓弧發生於陰極 RC 元件。而低頻的斜線則發生於無限 Warburg 元件

表 7.2　產生圖 7.12 中所示的 Nyquist 奈奎斯特圖所用的參考數值

燃料電池過程	電路單元	值
歐姆阻抗	R_{Ω}	10mΩ
陽極法拉第阻抗	$R_{f,A}$	5mΩ
陽極雙電層電容	$C_{d1,A}$	3mF
陰極法拉第阻抗	$R_{C,A}$	100mΩ
陰極雙電層電容	$C_{d1,A}$	30mF
陰極 Warburg 係數	σ	0.015

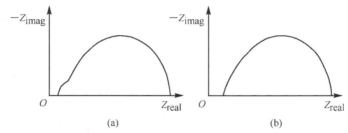

(a)　　　　　　　　　　(b)

圖 7.13　在氫－氧燃料電池中陰極阻抗經常遠大於陽極阻抗。這時，陰極阻抗會掩蓋住陽極阻抗，正如(a)和(b)中顯示的變化程度。如果陽極反應和陰極反應的 RC 反應時間常數相互交疊，那麼這種掩蓋(或重合)也會發生。如果陽極的 R_f 非常小，陽極的 RC反應時間常數所對應的頻率 w 便可能會超出絕大多數的阻抗測試儀器硬體的極限(EIS 通常侷限在 $f < 100\,kHz$)，此時將無法測量陽極阻抗

　　為了清楚地說明這個例子，我們特意選擇了陽極和陰極的 RC 數值，使得它們彼此區分開來。但是，在很多現實的燃料電池裏，陰極的 RC 弧線掩蓋了陽極的 RC 弧線，如圖 7.13 所示。

　　為了更瞭解燃料電池的基本特性，最好沿著燃料電池的 i-V 曲線在不同點測量阻抗響應。燃料電池的阻抗特性會隨著 i-V 曲線的變化，其是由關鍵的損失過程所決定的。圖 7.14 提供了幾個示範性的例子。在低電流下，活化動力學佔主導地位並且 R_f 的值很大，而質量傳輸效應則可以忽略。在此情況下，一般的阻抗響應類似於圖 7.14(a)所顯示的。較高電流下(高的活化過電位)，因為活化動力學隨著 η_{act} 的增加而獲得改進[參見公式(7.15)]所以 R_f 下降，活化阻抗迴路變小，如圖 7.14(b)所示。隨活化過電位的升高而阻抗迴路變小顯示一個活躍的電化學反應。在高電流密度下會發生質量傳送效應，阻抗響應會看起來如圖 7.14(c)所示。

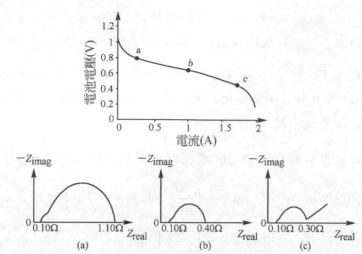

圖 7.14 燃料電池的 EIS 基本特性需要沿著 *i-V* 曲線在幾個不同點處測量阻抗。阻抗響應將依工作電壓而變化。(a)在低電流時，活化動力學佔主導地位，R_f 很大，但質量傳輸效應可以被忽略。(b)在中等電流時(較高活化過電位)，由於 R_f 隨 η_{act} 增大而減小，活化的迴路會減小[參見公式(7.15)]。(c)在高電流密度輸出時，活化的迴路可能會繼續減小但開始顯現質量傳送效應，導致低頻的 "Warburg" 響應

　　雖然 EIS 電化學阻抗譜法的功效很大，但是這種技術非常複雜而且充滿陷阱，我們**要格外小心**！因為時間和空間的限制，這裏無法對於 EIS 作任何全面性的結論。感興趣的讀者如果打算使用 EIS 來進行燃料電池基本特性研究，建議可以參考 EIS 的相關文獻[38~40]。

例 7.1 假設圖 7.14 的 *i-V* 曲線上的點 *a* 對應 $i = 0.25\,\text{A}$，$V = 0.77\,\text{V}$，點 *b* 對應 $i = 1.0\,\text{A}$，$V = 0.65\,\text{V}$。根據圖 7.14 的 EIS 資料，計算出燃料電池 *i-V* 曲線上點 *a* 和點 *b* 的 η_{ohmic} 和 η_{act}。假設只考慮歐姆損失和活化損失對電池性能產生的影響。如果活化損失幾乎源於陰極，根據你的 η_{act} 值($T = 300\,\text{K}$，$n = 2$，$E_{thermo} = 1.2\,\text{V}$)計算出陰極的 i_0 和 α。

解：在點 *a*，$i = 0.25\,\text{A}$，$R_{ohmic} = 0.10\,\Omega$，而且 $\eta_{tot} = 1.2\,\text{V} - 0.77\,\text{V} = 0.43\,\text{V}$，則

$$\eta_{ohmic} = iR_{ohmic} = 0.25\,\text{A} \times 0.10\,\Omega = 0.025\,\text{V}$$
$$\eta_{act} = \eta_{tot} - \eta_{ohmic} = 0.43\,\text{V} - 0.025\,\text{V} = 0.405\,\text{V} \tag{7.22}$$

註：寫成 $\eta_{act} = iR_f$ 是不妥當的，因為 R_f 是電流 *i* 的函數。因此，最好的辦法是透過總損失減去歐姆損失推導出活化損失。在點 *b*，$i = 1.0\,\text{A}$，$R_{ohmic} = 0.10\,\Omega$，而且 $\eta_{tot} = 1.2\,\text{V} - 0.65\,\text{V} = 0.55\,\text{V}$，則

$$\eta_{\text{ohmic}} = i R_{\text{ohmic}} = 1.0 \text{ A} \times 0.10 \text{ } \Omega = 0.10 \text{ V}$$
$$\eta_{\text{act}} = \eta_{\text{tot}} - \eta_{\text{ohmic}} = 0.55 \text{ V} - 0.1 \text{ V} = 0.45 \text{ V} \tag{7.23}$$

注意，R_f 在點 b 變小，但是總活化損失還是有少許的增大(從 0.405V 到 0.45V)。雖然 R_f 變小，總活化損失隨電流的增大而增大，但是活化過程的"等效電阻"卻是減小的。

我們可以從點 a 和點 b 的 EIS 數據擬合成公式(7.13)以計算 j_0 和 α：

對於點 b：
$$\eta_{\text{act}} = -\left(\frac{RT}{\alpha nF}\right) \ln i_0 + \left(\frac{RT}{\alpha nF}\right) \ln i$$
$$0.45 \text{ V} = -\left(\frac{RT}{\alpha nF}\right) \ln i_0 \tag{7.24}$$

對於點 a，代入活化過電位的公式，我們可以計算出 α：

對於點 a：
$$\eta_{\text{act}} = -\left(\frac{RT}{\alpha nF}\right) \ln i_0 + \left(\frac{RT}{\alpha nF}\right) \ln i$$
$$0.405 \text{ V} = 0.45 \text{ V} + \left(\frac{RT}{\alpha nF}\right) \ln 0.25 \tag{7.25}$$
$$\alpha = 0.398 \quad 對於 T = 300 \text{ K}, n = 2$$

對於點 b，將 α 代入等式中即可求出 i_0：

$$0.45 \text{ V} = -\left(\frac{8.314 \times 300}{0.398 \times 2 \times 96\,500}\right) \ln i_0$$
$$i_0 = 9.5 \times 10^{-7} \text{ A} \tag{7.26}$$

如果知道燃料電池的反應面積，我們還可以由 R_{ohmic} 和 i_0 計算出更基本的 $\text{ASR}_{\text{ohmic}}$ 和 j_0 特性。

7.3.5 電流中斷測量

電流中斷法(Current Interrupt Measurement)能夠提供跟 EIS 電化學阻抗譜法相類似的資訊。雖然電流中斷法沒有 EIS 電化學阻抗譜法的實驗來得精確或詳細，但是與 EIS 電化學阻抗譜法相比，它還是有一些的優點：

● 電流中斷法通常測量速度非常快；

● 電流中斷法通常只需要簡單的硬體測試設備即可；

● 電流中斷法能適用於高功率的燃料電池系統(一般 EIS 不適用於高功率系統)；

● 電流中斷法能夠與 j-V 曲線同時進行測量。

　　基於以上原因，電流中斷法在研究燃料電池的實驗方法中普遍被使用，特別是用來研究大型燃料電池的基本特性(如家用或車用燃料電池堆)。

　　圖 7.15 說明了電流中斷技術的基本概念。當突然切斷燃料電池系統的定電流負載時，所得到的隨時間變化的電壓響應將會反映出燃料電池所有元件的電容和電阻基本特性。利用相同的等效電路模型分析燃料電池阻抗行為可以瞭解燃料電池的電流中斷特性。

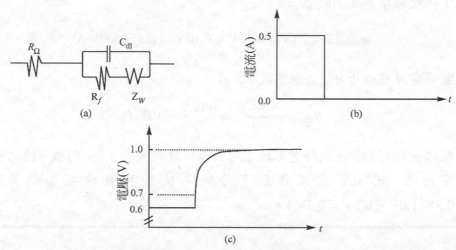

圖 7.15　(a)燃料電池系統簡化的等效電路。陽極和陰極的 *RC* 電路元件已經合併為單一個分
　　　　支。(b)假設施加於等效電路(a)上的電流中斷的輪廓曲線。此一案例當中，突然中
　　　　斷最初的 500mA 的穩態電流負載至零。(c)當(b)中燃料電池的電流負載系統突然中
　　　　斷時電壓的時間響應。電壓的暫態彈回現象與燃料電池系統中的純歐姆損失有關，
　　　　依賴於時間的電壓回彈與系統中的活化損失和質量傳輸損失有關

　　例如，請看圖 7.15(a)所示的燃料電池的簡單等效電路模型。如果此一燃料電池的輸出電流被突然中斷，如圖 7.15(b)所示，那麼相對應的電壓－時間響應將會如圖 7.15(c)所示。電流的中斷引起暫態電壓的彈回現象，這一個暫態電壓的彈回與時間相依。暫態的電壓彈回與燃料電池的歐姆電阻有關，時間的彈回則關聯於比較慢的反應過程和質量傳送過程。

　　電壓回彈過程(voltage rebound process)可以透過圖 7.15(a)的電路圖來瞭解。如圖 7.15(a)中所示，反應過程和質量傳送過程可以類比於時間相依的 *RC* 電路元件和 Warburg 元件。因為該元件的電容特性，這些電容元件兩端的電壓在經過一段時間會恢復，*RC* 元件的恢復時間可以用 *RC* 時間常數近似。因為電阻兩端的電壓彈回是暫態的，而 *RC*/Warburg 元件兩端的電壓彈回是與時間相依的，所以觀察電壓－時間的響應便能夠區分出這兩種情況，例 7.2 說明了這種技術。

例 7.2　根據圖 7.15 的電流中斷法計算出 η_{ohmic} 和 R_{ohmic}。

解：在圖 7.15 中，當燃料電池的負載電流為 500mA 時，穩態電壓為 0.60V。當電流突然中斷為零，電池電壓瞬間升至 0.70V。我們知道這一個燃料電池電壓的暫態彈回與燃料電池的歐姆過程有關。因此，燃料電池在 500mA 電流負載下的歐姆損失為 100mV：

$$\eta_{ohmic} = 0.70\ V - 0.60\ V = 0.10\ V \quad (當 i = 500\ mA) \tag{7.27}$$

歐姆電阻可以由 η_{ohmic} 和電流 i 算出：

$$R_{ohmic} = \frac{\eta_{ohmic}}{i} = \frac{0.10\ V}{0.50\ A} = 0.02\ \Omega \tag{7.28}$$

經過長時間鬆弛，燃料電池的電壓最後恢復到大約 1.0V 的值。因此，該燃料電池在 500mA 電流負載下的活化損失和濃度損失總共大約為 0.3V(1.0V − 0.7V = 0.3V)。

為了從電流中斷技術中得到精確的測量結果，電流必須非常快速地切斷(在微秒到毫秒量級以內)並需要一個快速的示波器來記錄電壓響應。電流中斷法經常和 i-V 曲線測量一起使用，它可以分析燃料電池 i-V 曲線上每一個測量點的各個歐姆損失。一般來說，當一個燃料電池 i-V 數據點被記錄下來之後，電流中斷法測量就可以用來確定那些點的 R_Ω，然後 i-V 測量再進行到下一個電流過程，一直到達成穩態電壓平衡。透過這一種方法就能獲得每一點的 i-V 曲線數據和詳細的歐姆損失。然後，如果移除 i-V 曲線中歐姆損失的部分，這樣的 i-V 曲線就叫做 "無 iR" 或 "iR 修正" 的 i-V 曲線。當擬合 Tafel 等式時，這種 "iR 修正" 曲線能分離活化損失和濃度損失。這個結果近似完整地定量化了燃料電池中歐姆損失、活化損失和濃度損失三部分。

7.3.6　迴圈伏安法

迴圈伏安法(Cyclic Voltammetry, CV)一般用於測量燃料電池催化劑的活性。在標準的 CV 測量當中，我們在兩個電壓區間來回掃描燃料電池系統的電位同時測量電流響應。電壓掃描的結果通常與時間呈線性的關係，所產生的電流-電壓的曲線稱之為迴圈伏安圖。圖 7.16 展示了一般的 CV 波形。

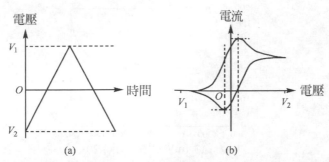

圖 7.16 一般的 CV 波形與引起的電流響應示意圖。(a)在 CV 實驗中,電壓在兩個電壓區間
(圖中示意為 V_1 和 V_2)往返作線性掃描。(b)引起的電流響應作為電壓的函數。當掃
過電壓相對應於活化電化學反應的電壓時,電流出現尖峰值。在此尖峰之後,電流
將保持在這一水準直到大部分可利用的反應物空乏為止。在掃描逆向電壓時,可以
觀察到逆向的電化學反應(相對應相反的電流方向)。峰的形狀和大小將提供燃料電
池系統中電化學反應和擴散的相對速率特性

在燃料電池中,CV 測量可以透過一種特殊的 "氫氣泵模式" (hydrogen pump mode)
來確定現地的催化劑活性。在這一種模式下,從陰極通過的是氫氣而不是氧氣,而從陽極
進入的是氫氣。在 CV 測量中,燃料電池相對於陽極參考電壓系統的電壓在 0V 和 1V 之
間反覆掃描。圖 7.17 舉出一個例子說明燃料電池中 "氫氣泵模式" 的迴圈伏安圖。當電
壓從 0V 增大時,電流開始流過(參考圖 7.17)。這一電流包括兩個成分,其中一種是固定
的——一種由於線性變化的電壓引起的簡單電容性充電電流;第二種電流響應是非線性
的,對應於電化學活性的陽極催化劑表面的氫氣吸附反應。當繼續增大電壓時,這種反應
電流就達到一個峰值,然後隨著整個催化劑表面達到氫氣飽和而下降。催化劑表面活性表
面積可以透過計量催化劑表面氫氣吸附的總電荷(Q_h)得到。當變換電位座標為時間並且保
證排除了電容性充電電流的成分之後,這個總電荷基本上對應於 CV 中氫氣吸收反應峰值
下的區域面積。

測量活性催化劑表面積除以相同大小的原子級但是平滑的催化劑電極活性表面積,就
能計算出有效的催化劑面積係數(A_c):

$$A_c = \frac{測量的活性催化劑表面積}{幾何表面積} = \frac{Q_h}{Q_m A_{\text{geometric}}} \tag{7.29}$$

公式中,Q_m 是原子級平滑的催化劑電極表面所吸收的電荷,對於一個平整的鉑表面來說,
Q_m 基本上是 $210 \mu C/cm^2$。

如前所述,高孔隙率(highly porous)的燃料電池多孔電極的有效表面積可能比它的幾
何面積要大好幾個數量級,這一效應透過 A_c 表現出來。

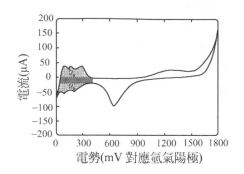

圖 7.17 燃料電池的 CV 曲線。標有 Q_h 和 Q'_h 的峰值分別代表燃料電池催化劑鉑表面的氫吸
附的峰值和脫附的峰值。兩個峰值之間灰色的長方形面積近似代表電容性充電電流
的部分。催化劑的活性表面積可以透過 Q_h 或 Q'_h 峰下的面積計算 (如果實驗的掃描
速率已知，那麼電壓軸便可由時間軸轉換而得)

▷ 7.4 非現地測試技術

　　雖然直接現地的電學測試技術是最廣泛用來研究燃料電池特性的方法，但是間接
非現地的測試技術能更深入瞭解燃料電池的特性。大多數**非現地**技術主要著眼於評估
燃料電池所使用材質成分的物理或化學的結構，以便瞭解影響燃料電池性能的因素。
這其中需要評估的主要特徵包括孔洞結構(pore structure)、催化劑表面積(catalyst
surface area)、電極／電解質微結構(electrode/electrolyte microstructure)和電極／電解質化
學性質(electrode/electrolyte chemistry)。

7.4.1 孔隙率的測定

　　材料的孔隙率 ϕ 被定義為孔洞空間和總體積的比值。為了保證有效性，燃料電池電極
和催化層必須有足夠高的孔隙率(porosity) ，而且，這種孔洞的空間(pore space)必須相互
連通(interconnected)並連接到材料表面。孔隙率的測定包括幾種測量方法。首先，如果測
量多孔介質樣品的質量和體積並將質量除以體積而得到密度(ρ_s)，而且也知道用來製備多
孔樣品的這種材料體密度(ρ_b)，那麼孔隙率可以計算如下

$$\phi = 1 - \frac{\rho_s}{\rho_b} \tag{7.30}$$

　　然而，對於燃料電池來說，**有效的孔隙率**(effective porosity)比總孔隙率(total porosity)
更重要。有效的孔隙率只計算相互連接並敞開到材料表面的孔洞(即忽略無效的孔)，可以
用體積滲透技術(volume infiltration technique)來確定，例如將樣品浸入一種不滲透孔洞的
液體中來確定多孔樣品的總體積，又或是例如在低壓下，因為表面張力效應水銀不會滲入

孔洞中。將樣品放入一個裝有惰性氣體而且體積已知的容器內，記錄容器內的氣壓，再將系統連接到第二個已知體積的真空容器內，然後記錄新系統的氣體壓力。運用理想氣體定律就能得到樣品中孔洞的總體積，然後便能得到有效的孔隙率。

　　孔徑大小的分佈(pore size distributions)也能透過水銀孔隙率法(mercury porosimetry)來測定。這種方法是將多孔樣品放在一個真空腔體內並抽真空，然後先在極低的壓力下往多孔樣品中注入水銀，再穩定地升高壓力。記錄在每種壓力下水銀吸收的體積。只有當腔體中的壓力 p 滿足以下不等式時水銀才能浸入半徑為 r 的孔洞中：

$$p \geq \frac{2\gamma}{r}\cos\theta \tag{7.31}$$

不等式中，γ 是水銀的表面張力；θ 是水銀的接觸角度。用這個不等式擬合實驗中水銀的體積－壓力的數據就能近似地計算出孔徑大小分佈曲線。

7.4.2　BET 表面積的測定

　　如前面多次討論到的，燃料電池最有效的催化劑觸媒層應該要有極高的表面積，所以表面積是一種重要的基本特性。如同我們從 CV 中學到的，電化學活性表面積使用特定的現地電化學測量方法。另外，阻抗測量中的電雙層電容 C_{dl} 也可以用來估計表面積，一個平整表面的反應面積大約是 $30\mu F/cm^2$ 的電容。然而，為了提高測定表面積的精確度，我們可以使用稱為「Brunauer-Emmett-Teller, BET method」的非現地測量方法。

　　BET 方法利用了像氮氣、氬氣或者氪氣這樣的惰性氣體會在極低的溫度下在樣品表面形成良好的吸附層的特性。在一個 BET 實驗中，將所有的氣體從一個乾燥的樣品中排出，然後冷卻到 77K，即液態氮的溫度。降低測試腔體內的壓力，惰性氣體將在樣品表面形成物理吸附層，如此從等溫吸附實驗就能計算出樣品的表面積。

7.4.3　氣體滲透性

　　如果燃料電池多孔電極和催化劑結構的滲透率極低(low permeability)，那麼即使具有高表面積和高孔隙率也沒有什麼實用價值。滲透率度量了氣體透過多孔介質的難易程度。如果大多數孔洞都是關閉的或者彼此互不連通，那麼即使高孔隙率的材料也可能具有很差的滲透率。燃料電池多孔電極和催化劑層應該要具有高滲透率。另一方面，燃料電池電解質是不能漏氣的。滲透率 K 可以用在一定壓降下($\Delta p = p_1 - p_2$)在一定時間段(Δt) 測量透過樣品的氣體體積(ΔV)來確定：

$$K = \frac{I}{\Delta p} - \frac{\Delta V}{\Delta t}\frac{2p_2}{(p_1 + p_2)\,\Delta p} \tag{7.32}$$

公式中，I 是一個常數。

7.4.4 結構測定

關於微結構的基本特性如孔隙率、孔徑大小分佈和互連性都能透過顯微鏡方法獲得。光學顯微鏡(OM)、電子掃描顯微鏡(SEM)、電子透射顯微鏡(TEM)和原子力顯微鏡(AFM)都是研究材料基本特性時非常有價值的工具。特定的定量化結構能透過 X 射線衍射(XRD)測量得到，XRD 提供了晶體結構、取向和化合物等基本特性資料。這種基本特性資料對於開發新的電極、催化劑或者電解質材料非常重要。更進一步，XRD 峰寬的測量能提供有關顆粒大小(在催化劑粉末樣品中)或者晶粒大小(在體晶化樣品中)的基本特性資料。結合 XRD 和 TEM 一起使用我們能確定小到 10Å 催化劑顆粒的微結構、化學和粉末大小分佈等基本特性資料。

7.4.5 化學測定

開發新的催化劑、電極或者電解質材料時，知道其中是什麼化學成份是很重要的。因此對於成分(composition)、相(phase)、鍵結(bond)或者空間分佈(spatial distribution)等化學的測定與結構的測定是同樣重要的。對於化學測定來說，TEM 和 XRD 都是極具價值的。另外，其他的技術諸如俄傴電子光譜(Auger electron Spectroscopy, AES)、X 射線光電子譜(X-ray photoelectron spectroscopy, XPS) 和 二 次 離 子 質 譜 法 (Secondary–Ion Mass Spectrometry, SIMS)都能提供有用的資訊。討論這些技術的優劣已超出了本書的範圍，有興趣的讀者可以參考相關的文獻資料。

▷ 7.5 本章摘要

本章討論了許多主要用於燃料電池基本特性的測量技術。我們想要知道燃料電池基本特性有兩個主要目的：(1)定量化區分燃料電池設計的好壞，(2)知道**如何的**燃料電池設計是好的或壞的。

- 現地電學基本特性測量技術利用 3 個基本的電化學變數(電壓、電流和時間)來瞭解燃料電池性能。

- 非現地測量技術著眼於將燃料電池各個元件的材料結構(孔隙率、晶粒大小、形貌和表面積等)或者化學性能(組成成分、相、空間分佈)與燃料電池整體性能連結起來。

- 現地電學測量技術有：(1)j-V 曲線測量、(2)電化學阻抗譜法(EIS)、(3)電流中斷法和(4)迴圈伏安法(CV)。

- 詳細的測量 j-V 曲線與記錄某一個條件下的燃料電池穩態性能。燃料電池的 j-V 性能對於測量過程和測試環境是非常敏感的。只有在相似的測量過程和測試環境下燃料電池 j-V 曲線才能相互比較。

- 電流中斷、EIS 和 CV 等測量主要是利用了燃料電池的非穩定狀態(動態)來測試燃料電池的性能。

- 電流中斷實驗可以區分出燃料電池的歐姆過程和非歐姆過程。在電流突然中斷後電壓暫態升高和歐姆過程有關，而與時間相依的電壓升高與活化過程和質量傳送過程有關。電流中斷實驗操作快速且相對容易，尤其適合用於高功率系統。

- 在 EIS 測試方法中，燃料電池系統的阻抗是在不同數量級的頻率下分別測量的。測量阻抗資料的 Nyquist 曲線可用以與燃料電池的等效電路模型作擬合。從擬合的結果可以分別確定歐姆損失、活化損失和質量傳送損失。EIS 測試方法比較慢，而且需要複雜的硬體設施，故不適用於高功率系統。

- 雖然分析阻抗的情況很複雜，但我們可以透過燃料電池元件的等效電路模型與相對應的阻抗響應來分析。

- 標準的 CV 測量方法是測試系統的電位在兩個電壓範圍內來回掃描並同時測量電流響應。CV 測量方法經常被用來測試現地催化劑的活性，儘管它們也可能被用來進行詳細的反應動力學分析。

- 常用的**非現地**基本特性測量技術包括了孔隙率分析、表面積測定、滲透性測量、顯微鏡觀測方法(OM，SEM，TEM，AFM)和化學分析(XRD，AES，XPS，SIMS)。

習　題

綜述題

7.1　燃料電池基本特性的測試之兩個主要目的是什麼？

7.2　列舉至少三個影響燃料電池性能的參數。對於每一個參數，寫出你認為最能描述燃料電池性能如何被該參數影響的重要公式。

7.3　討論 EIS 相對於電流中斷測量的優缺點。

7.4　在兩個掃描速率分別為 1mA/s 和 100mA/s 下得到一個燃料電池的 j-V 曲線。

    (a)　哪個掃描速率能得到更好的性能(假設掃描時電流從 0 開始穩定成長)。

    (b)　掃描速率的變化對 j-V 曲線的哪個部分(低電流密度、中等電流密度、高電流密度)影響最大，為什麼？

7.5　(a)　畫一個燃料電池的 EIS 曲線示意圖，電池電極一邊為阻塞電極(用串聯 RC 表示)，另一邊為活化電極(用並聯 RC 表示)。假設並聯 RC 的值比串連 RC 的值**小很多**。

    (b)　畫一個燃料電池的 EIS 曲線示意圖，基本資訊同上，不過假設並聯 RC 的值比串聯 RC 的值**大很多**。

    (c)　畫一個燃料電池的 EIS 曲線示意圖，其模型由以下三部分構成：兩個並聯的 RC 元件，一個歐姆電阻元件和一個多孔有界的 Warburg 元件。假設這兩個並聯的 RC 元件的時間常數相差至少兩個數量級。

7.6　勾畫一個有高孔隙率，但低滲透率的材料結構。

計算題

7.7　在例 7.1 中，我們根據圖 7.14 中點 a 和點 b 的 i-V 和 EIS 資料計算 η_{ohmic}、η_{act}、i_0 和 α。在此題中，請用點 b 和點 c 的 i-V 和 EIS 資料計算 η_{ohmic}、η_{act}、i_0 和 α。假設在 i-V 曲線上點 c 對應 $i=1.75\,\text{A}$，$V=0.45\,\text{V}$ 並假設活化損失全部源於陰極且 $T=300\,\text{K}$，$n=2$。

7.8　根據圖 7.17 的 CV 曲線，計算近似的鉑催化劑的有效面積係數，假設它是在掃描速率為 10mV/s 時，在面積為 $0.1\text{cm}\times0.1\text{cm}$ 的方形測試電極得到的。

PART 2
燃料電池技術

Chapter 8

燃料電池類型概述

▷ 8.1 引言

　　正如本書第 1 章中提及的，燃料電池依電解質的不同而分爲 5 種主要類型：

1. 磷酸燃料電池(PAFC)；
2. 高分子聚合物電解質膜燃料電池(PEMFC)；
3. 鹼性燃料電池(AFC)；
4. 熔融碳酸鹽燃料電池(MCFC)；
5. 固態氧化物燃料電池(SOFC)。

　　本書第一部分中的很多討論與範例主要針對 PEMFC 和 SOFC，因爲在所有燃料電池的類型中，PEMFC 和 SOFC 在技術和應用方面非常有前景。當然，其他幾種類型的電池仍然有其獨特的優點、特性和歷史，因而也有必要對它們進行一些簡明扼要的概述。在下面的章節中，我們將對這 5 種主要的燃料電池類型分別進行簡單的討論，並對每種類型的優劣作出總結。

▷ 8.2 磷酸燃料電池

　　在磷酸燃料電池中，多孔碳化矽基體夾在兩個塗有鉑催化劑的多孔石墨電極中間，液態 H_3PO_4 電解液(純的或高濃度的)被包含在這層很薄的多孔碳化矽基體中。氫氣作爲燃料，而空氣或者氧氣則充當氧化劑。陽極和陰極所發生的化學反應分別爲

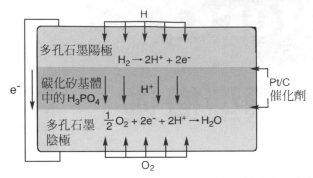

圖 8.1　氫－氧 PAFC 的示意圖。磷酸電解液浸在多孔碳化矽基體中。塗有鉑催化劑混合物的多孔石墨電極用於陽極和陰極。水在陰極處產生

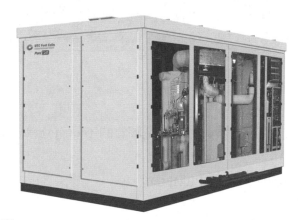

圖 8.2　PureCell™200 動力系統，一種商業化的 200kW PAFC 圖片。主要元件包括將天然氣加工成氫氣燃料的重整器。這種發電系統在許多地區提供了清潔可靠的動力，例如紐約市警察局、阿拉斯加的主要郵政設施、内布拉斯卡信用卡處理系統設施以及日本的科學中心。它也可用於建築供暖(UTC 燃料電池有限公司照片提供)

$$\text{陽極：} \qquad H_2 \rightarrow 2H^+ + 2e^-$$
$$\text{陰極：} \qquad \tfrac{1}{2}O_2 + 2H^+ + 2e^- \rightarrow H_2O \tag{8.1}$$

圖 8.1 為 PAFC 的示意圖。圖 8.2 則展示了一個 200 kW 固定式動力商用 PAFC 系統。純磷酸在 42℃時凝固，因此 PAFC 反應必須高於此一溫度。由於結凍 - 解凍循環會引起嚴重的應力問題，待命的 PAFC 通常要保持在反應溫度狀況。在 180℃～210℃的溫度範圍內，電池性能最佳。當溫度高於 210℃時，H_3PO_4 會發生不利的相變化，使之不再適合作為電解液。多孔碳化矽基體為電解質提供足夠的機械強度，保證兩個電極彼此分離，同時儘可能地減小反應物氣體的滲透。由於 H_3PO_4 溶液會不斷揮發(尤其當電池在高溫狀態時)，因此必須不斷對其補充 H_3PO_4 溶液。PAFC 的發電效率大約為 40%，如果考慮回收產生的熱量，包括回收熱能的功率元件時效率可達到大約 70%。

　　由於 PAFC 電池使用了鉑催化劑，所以它們在陽極很容易受到一氧化碳和硫的中毒影響。當電池的燃料為純氫氣的時候，這並不構成什麼毒化問題，但當使用重整過的燃料或非純淨的燃料氣體時，問題就可能非常嚴重。這種毒化特性隨溫度而變化，由於 PAFC 相對於 PEMFC 是在比較高的溫度下反應，所以對於一氧化碳和硫有較高的容忍度。陽極對於一氧化碳的容忍度最高可以達到 0.5%～1.5%，但陽極對於硫──一般以 H_2S 形式呈現──的容忍度大約為 50×10^{-6}。

PAFC 的優點：

- 技術成熟；
- 極佳的可靠性／長效性；
- 電解質成本相對較低。

PAFC 的缺點：

- 昂貴的鉑催化劑；
- 對一氧化碳和硫化氣體容易中毒；
- 電解質為揮發性液體，必須在反應時不斷補充。

▷ 8.3　高分子聚合物電解質膜的燃料電池(PEMFC)

　　高分子聚合物電解質膜燃料電池(Polymer Electrolyte Membrane Fuel Cells，簡稱 PEMFC)由一種質子導體聚合電解膜(通常是一種氟化磺酸基高分子聚合物)構成。因為高分子聚合物膜是質子導體，所以 PEMFC(像 PAFC 一樣)中陽極和陰極的反應式分別為

$$\text{陽極：} \quad H_2 \rightarrow 2H^+ + 2e^-$$

$$\text{陰極：} \quad \tfrac{1}{2}O_2 + 2H^+ + 2e^- \rightarrow H_2O$$

(8.2)

圖 8.3 提供了一個 PEMFC 的示意圖。圖 8.4 則展示了一張由 PEMFC 驅動的本田 FCX 燃料電池汽車的傳動系統佈局的圖片。

　　PEMFC 中的高分子聚合物膜非常薄(20～200μm)、柔韌而且透明，它兩邊各自沉積了一層薄的鉑催化劑和多孔的石墨碳紙或碳布支撐材料。這種電極－催化劑－膜－催化劑－電極的三明治結構被稱為膜電極元件(MEA)，整個 MEA 的厚度小於 1mm。因為高分子聚合物薄膜必須水合以保持足夠的導電率(參見第 4 章)，所以 PEMFC 的反應溫度必須限制在 90℃ 或者更低。因為反應溫度比較低，故鉑催化劑材料是目前唯一可用的實用催化劑。雖然氫氣是設計上選用的燃料，但是對於低功率(<1kW)可攜式應用來說，液體燃料如甲

醇和甲酸也在考慮之列。例如直接甲醇燃料電池(DMFC)便是其中一種使用液態燃料的電池,它是直接透過氧化甲醇以提供電力的 PEMFC。直接甲醇燃料電池(DMFC)也是現在廣泛研究的重點(2005)。有些研究者把這種替代燃料的 PEMFC 仍然歸為 PEMFC 類型,我們在參考文獻中提供了關於 DMFC 額外的資訊。

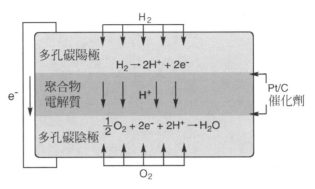

圖 8.3　氫－氧 PEMFC 的示意圖。多孔石墨碳紙或碳布用於陽極和陰極。
電極上塗有鉑催化劑混合物。水在陰極處產生

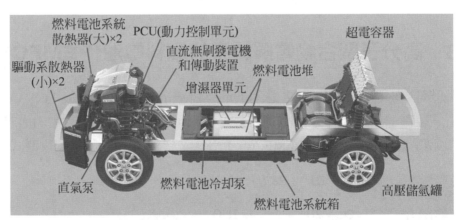

圖 8.4　本田 FCX 燃料電池汽車的傳動系統照片。兩個 PEMFC 堆產生 86kW 的電力。電容器在啟動和加速過程提供給發動機高速電能,並再回收剎車動力轉換為儲存電力。驅動車體由發動機、變速器、驅動軸組成,發動機最大功率為 80kW,最大扭矩為 272 N·m。兩個高壓儲氫罐的儲存能力為 350atm[1]下 156.6L 氫氣。動力控制系統(PCU)管理電池堆、電容器和發動機的電力輸出。增濕器單元回收電池堆產生的水並輸入到電池堆以加濕反應空氣。冷卻系統利用三個散熱器以冷卻系統和電池堆(圖片由本田汽車公司提供)

---

[1] 1 atm = 101.325 kPa —— 譯者註。

目前 PEMFC 在所有燃料電池類型中表現出最高的功率密度(300～1000mW/cm^2)，最快速啟動和開與關的循環特性。因為這些原因，它很適用於可攜式電源和運輸工具。大多數汽車公司開發的燃料電池也大都著重於 PEMFC。

PEMFC 的優點：

- 所有燃料電池類型中最高功率密度；
- 好的開與關切換能力；
- 低溫度反應環境使之適合可攜式電力應用。

PEMFC 的缺點：

- 使用昂貴的鉑催化劑；
- 使用昂貴的高分子聚合物薄膜和其他附屬元件；
- 需要良好的動態水管理；
- 對 CO 和 S 的容忍度很差。

直接甲醇燃料電池(DMFC)

甲醇(Methanol)是一種液體燃料，由於其很高的能量密度因此為可攜式燃料電池應用的最佳候選之一。甲醇在酸性電解質中發生的電化學氧化反應為

$$CH_3OH + H_2O \rightarrow CO_2 + 6H^+ + 6e^- \tag{8.3}$$

甲醇燃料電池的陽極需要水作為額外的一種反應物，同時產生廢產物 CO_2。

如同氫－氧 PEMFC，鉑基是低溫甲醇燃料電池最好的催化劑。遺憾的是，甲醇反應的交換電流密度 j_0 值非常低，**導致陽極和陰極都有很大的活化過電位損失**。低交換電流密度 j_0 值反映了甲醇氧化反應的複雜性。這一複雜反應可能分成許多的反應步驟，其中幾個步驟會產生我們並不想要的中間態產物，包括具有毒性的 CO。

鉑催化劑可以透過與第二種成分如 Ru，Sn，W 或 Re 等形成合金來提升對一氧化碳的容忍度。Ru 釕被認為是最有效的催化劑，它所在的吸附位置利於形成 OH_{ads} 物質。這些 OH_{ads} 與鍵結的 CO 反應生成 CO_2 並以此方式排除了 CO 毒素。目前 DMFC 的功率密度大約為 30～100mW/cm^2(然而 H_2 之 PEMFC 的功率密度大約為 300～1000mW/cm^2)。除了在陽極有相當大的活化過電位損失以外，DMFC 還有甲醇滲透過電解質(methanol crossover through the electrolyte)的問題。

▷ 8.4 鹼性燃料電池(AFC)

鹼性燃料電池(Alkaline Fuel Cell)使用氫氧化鉀(KOH)水溶液電解質。相對於酸性燃料電池中 H^+ 離子從陽極傳送到陰極，在鹼性燃料電池中卻是 OH^- 離子從陰極傳導至陽極。因此陽極和陰極的反應式爲

$$陽極:\qquad H_2 + 2OH^- \rightarrow 2H_2O + 2e^-$$

$$陰極:\qquad \tfrac{1}{2}O_2 + 2e^- + H_2O \rightarrow 2OH^-$$

(8.4)

因此 AFC 的陰極會消耗水然後在陽極 (以兩倍的速度)產生水。如果多出來一倍的水不從系統中排除的話，它就會稀釋 KOH 電解液，導致性能下降。圖 8.5 爲一個 AFC 的示意圖。圖 8.6 展示了 NASA 阿波羅任務(NASA Apollo missions)中使用的 AFC 燃料電池系統(Fuel Cell unit)的照片。

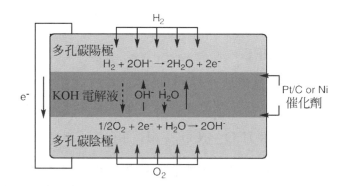

圖 8.5　氫－氧 AFC 的示意圖。多孔石墨碳紙或碳布或鎳電極用於陽極和陰極。可使用鉑或
　　　　非貴重金屬催化劑替代品如鎳，水在陽極產生兩倍量並且在陰極處消耗一倍量；因
　　　　此一倍過量水必須從陽極的排除中提取出來或利用電解液循環重新利用

AFC 中的陰極活化過電位比起同樣溫度的一個酸性燃料電池小很多，其中原因至今還不是很清楚。在某一些條件下，陰極甚至可以使用鎳(而不是鉑)催化劑。因爲 ORR 動力學過程在鹼性環境下比在酸性環境下進行得要快得多，所以 AFC 的反應電壓可以高達 0.875V。請記住高電壓會帶來高效率——當燃料很貴的時候這一點很重要。

根據電解液中 KOH 的濃度不同，鹼性燃料電池能在 60℃～250℃的溫度下反應。請記住鹼性燃料電池需要純氫氣和純氧氣作爲燃料或還原劑和氧化劑，因爲 AFC 甚至連大氣中二氧化碳的濃度都無法忍受。CO_2 的存在對 AFC 的 KOH 電解液產生的傷害如下：

$$2OH^- + CO_2 \rightarrow CO_3{}^{2-} + H_2O$$

(8.5)

KOH 電解液中 OH⁻ 的濃度會隨著時間不斷下降。另外，K_2CO_3 會不斷從電解液中析出(因為它的低溶解度)，從而導致嚴重的問題。利用 CO_2 清洗器(scrubbers)和持續供應新鮮 KOH 電解液在某種程度上會緩解這個問題。但是，以上這兩種方法都必然導致額外的費用和系統元件增加的麻煩。

　　因為以上這些限制，AFC 在經濟上不是很適用於當作大多數陸地上供電系統。但是，AFC 顯示了驚人的高效率和高功率密度，故在航空工業領域應用很顯著，例如 AFC 就曾成功用於阿波羅任務和太空梭(Space Suttle Orbiters)上。

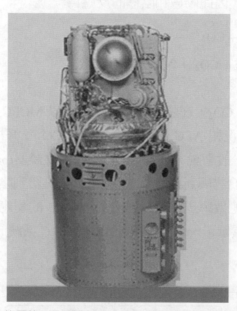

圖 8.6　UTC 公司 AFC 的圖片。這種燃料電池系統在阿波羅太空任務中用於提供基本電力。這種系統的功率為 1.5kW，最大功率 2.2kW，重量為 250lb[2]，燃料為低溫氫氣和氧氣。其性能以在阿波羅太空任務為例，在 18 項使命中累計反應時數 10000hrs 無事故(圖片由 UTC 燃料電池有限公司提供)

AFC 的優點：

● 較佳的陰極性能；
● 可以使用非貴重金屬催化劑如鎳的潛力；
● 低材料成本，非常廉價的電解質。

AFC 的缺點：

● 必須使用純氫氣－氧氣；

---

[2]　1 lb = 0.45359237 kg ——譯者註。

● KOH 電解液需要經常地再補充；
● 必須從陽極排除水。

8.5 熔融碳酸鹽燃料電池(MCFC)

熔融碳酸鹽燃料電池(Molten Carbonate Fuel Cell)中的電解質是一種固定在 $LiOAlO_2$ 基體(matrix)中的鹼性碳酸鹽，Li_2CO_3 和 K_2CO_3 的熔融混合物。碳酸根離子 CO_3^{2-} 在 MCFC 中扮演可移動的電荷載體，因此陽極和陰極的反應為

$$陽極：\quad H_2 + CO_3{}^{2-} \rightarrow CO_2 + H_2O + 2e^-$$

$$陰極：\quad \tfrac{1}{2}O_2 + CO_2 + 2e^- \rightarrow CO_3{}^{2-}$$

(8.6)

在 MCFC 中，在陽極產生 CO_2，在陰極消耗 CO_2。所以 MCFC 系統必須從陽極排除 CO_2 並循環至陰極使用(這種情況和 AFC 必須從陰極移除 CO_2 正好相反)。這種 CO_2 的循環過程其實比想像中要簡單。一般來說，陽極的排氣被送入燃燒器(burner)燃燒掉多餘的燃料，產生的水蒸氣和 CO_2 的混合物與新鮮空氣一起混合，再供給到陰極；燃燒器所釋放的熱量預熱了反應空氣，提高反應效率，並藉以維持了 MCFC 的反應溫度。圖 8.7 提供了一個 MCFC 的示意圖。圖 8.8 展示了一個 25kW 加壓的 MCFC 系統的照片。

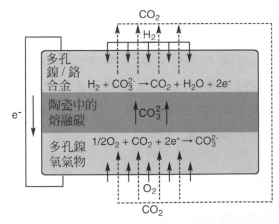

圖 8.7 氫－氧 MCFC 的示意圖。熔融碳酸鹽電解質固定在陶瓷基體(ceramic matrix)中。鎳基電極提供良好的抗腐蝕特性、導電率和催化活性。CO_2 必須從陽極到陰極循環使用以維持 MCFC 的正常運轉，否則就會消耗 CO_3^{2-} 碳酸根離子。水在陽極處產生

典型 MCFC 的電極是鎳基的材質；陽極通常由鎳／鉻合金構成，而陰極則由鋰化鎳氧化物(lithiated nickel oxide)所組成。兩個電極中，鎳提供了催化所需的活性和導電性：

在陽極，添加的鉻(chromium)保持高孔隙率和大比表面積的電極結構；在陰極，鋰化鎳氧化物將對鎳的溶解度降低到最小，以降低對燃料電池性能不良的影響。

MCFC 相對上比較高的反應溫度(650℃)提供了燃料選擇的靈活性。MCFC 可以使用氫氣、普通的碳氫化合物(像甲烷(methane))和普通的酒精(alcohols)。另外 MCFC 不需要考慮 CO 的毒化性；相反地，CO 還可以作為燃料使用而不是毒物！

由於啟動／關閉循環中電解液的凍結－解凍循環(freeze-thaw cycle)會產生應力(stress)，因此 MCFC 適合作為定置型的持續供電裝置。典型的 MCFC 系統的發電效率將近 50%，但如果結合熱回收裝置和發電機動力裝置，效率則可以達到近 90%。

(a)　　　　　　　　　　　　　　(b)

圖 8.8　一個 25 kW 加壓的 MCFC 系統圖片。(a)每一個電池尺寸為 120 cm × 81.4 cm × 0.65 cm(6000cm^2 有效電池面積)，產生 625W 的電能。(b)電池堆系統由 40 個單電池組成，一共產生 25kW 的電力。在反應過程中，整個系統是封閉在壓力為 3atm 的加壓容器內以提高反應性能(圖片為韓國科技研究所／韓國電力研究所提供)

MCFC 的優點：

- 燃料的選擇性很多；
- 使用非貴重金屬作為催化劑；
- 高質量的廢熱可供熱電共生(co-generation)。

MCFC 的缺點：

- 必須提供 CO_2 循環；
- 電解液是腐蝕性的、熔融的；
- 需要考慮性能退化／使用壽命等問題；
- 相對昂貴的材料。

8.6 固態氧化物燃料電池(SOFC)

固態氧化物燃料電池(Solid Oxide Fuel Cell)使用固體陶瓷電解質(solid ceramic electrolyte)。最普遍使用的電解質材質是氧化釔穩定的氧化鋯(yttria-stabilized zirconia,YSZ),它是氧離子(氧空位(oxygen vacancy))的導體。由於這種情況下氧離子是可移動的,故陽極反應和陰極反應為

陽極: $\quad H_2 + O^{2-} \rightarrow H_2O + 2e^-$

陰極: $\quad \frac{1}{2}O_2 + 2e^- \rightarrow O^{2-}$ $\qquad\qquad$ (8.7)

在 SOFC 中,水在陽極產生,而 PEMFC 則是在陰極產生水。圖 8.9 為 SOFC 的示意圖。圖 8.10 是一幅 SOFC 原型的照片。

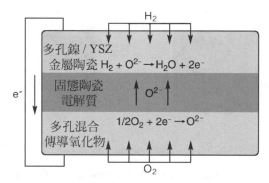

圖 8.9 氫-氧 SOFC 的示意圖。電解質是固態陶瓷。鎳金屬觸媒-YSZ 的陶瓷陽極和陶瓷混合導體的陰極提供了高溫下反應所需要的穩定熱學性質、機械性質及催化性質。水在陽極產生

圖 8.10 西門子-西屋 200kW SOFC/微型氣渦輪機複合發電系統。該系統於 2000 年 5 月移送到 Southern California Edison 建置(圖片由西門子-西屋提供)

　　SOFC 的陽極材料和陰極材料是不相同的：陽極必須能承受高溫環境下的高還原反應，陰極必須能承受高溫環境下的高氧化反應。SOFC 之陽極電極最常使用鎳－YSZ 金屬陶瓷材料(nickel YSZ cermet)(一種陶瓷和鎳金屬的混合物)。鎳同時提供導電性和催化活性，而 YSZ 則是增添了離子傳導性、熱膨脹相容性、機械穩定性，還保持了陽極的高孔隙性和大的比表面積結構。陰極電極通常使用的是一種能傳導離子和電子混合導體陶瓷。典型的陰極材料包括摻雜鍶的亞錳酸鑭鹽(Lanthanum Strontium doped Manganite, LSM)、鍶鑭鐵酸鹽(Lanthanum-Strontium Ferrite,LSF)、鍶鑭鈷酸鹽(Lanthanum-Strontium Cobaltite,LSC)以及鍶鑭鐵鈷酸鹽(Lanthanum-Strontium Cobaltite Ferrite,LSCF)。在陰極環境下以上這些材料都具有很高的抗氧化性和高催化活性。

　　目前，SOFC 的反應溫度大約是 600℃～1000℃。高的反應溫度既是優勢也帶來一些挑戰。挑戰包括電池堆硬體本身、封裝和電池相互關連等問題。高溫環境下使得對材料、機械強度、可靠性，以及熱膨脹係數互相匹配的要求都變得更難滿足。SOFC 的優勢包括選擇燃料的多元靈活性、高效率，並且還可以利用產生的高質量廢熱來構建熱電共生裝置。SOFC 的發電效率是 50%～60%；但可將熱回收設備和發電機整合的熱電共生裝置，其效率則可高達 90%。

　　中溫型的 SOFC(400℃～700℃)設計可以避免因高溫運轉帶來的缺點而同時保留SOFC 的優點。這種中溫型的 SOFC 可以使用更低成本的密封技術、堅固且廉價的金屬(而不是陶瓷)電池堆元件。同時，這種 SOFC 仍然能提供高效率和燃料選擇的多元靈活性。當然，在較低反應溫度的 SOFC 實現正式運轉之前，還有很多根本性的問題有待解決。

SOFC 的優點：

- 燃料選擇的多元靈活性；
- 非貴重金屬催化劑；
- 高質量的廢熱可供熱電共生；
- 固體電解質；
- 相對高的功率密度。

SOFC 的缺點：

- 顯著的高溫材料問題；
- 密封問題；
- 相對昂貴的元件。

▷ 8.7 總結

目前，沒有任何一種型態的燃料電池已經為商業化的應用作好了完全的準備。除非在成本、功率密度、可靠性以及耐久度等技術上都有顯著突破或改進，否則燃料電池還只能算是一種有利基技術(niche technology)。在我們討論的 5 種燃料電池的類型中，PEMFC 和 SOFC 兩種目前最具有持續發展而達到應用的可能性。雖然 PAFC 和 AFC 受益於早期在太空應用成功的歷史發展，但是其他類型的燃料電池之性能紛紛逐漸趕上，並顯現出具有長遠發展下去新的優勢。PEMFC 和 DMFC 因高能量密度、功率密度和低反應溫度因此非常適用於可攜式電力裝置。PEMFC 和 SOFC 可以應用於住宅用電和其他小型的定置型電力裝置。SOFC 和熱電共生的複合式循環技術(SOFC／渦輪(turbine))最適用於高功率應用(大約 250kW)。高溫燃料電池提供了誘人的高效率和燃料多元靈活性的優勢，它們產生的高質量廢熱還能運用於熱電共生發電裝置。雖然所有的燃料電池在氫氣燃料下運行得最好，但是那些在更高溫度條件下反應的燃料電池提高了對不純淨燃料的容忍度，並且有可能實現碳氫化合物燃料內部重整(internal reforming)而產生氫氣。表 8.1 總結了本章討論的 5 種燃料電池類型的主要優點和缺點。

表 8.1　5 種主要燃料電池類型比較概要

燃料電池類型	電效率(%)	功率密度 (mW/cm^2)	功率範圍 (kW)	內部重整	CO 容忍性	設備的平衡
PAFC	40	150～300	50～1000	否	毒物(<1%)	適中
PEMFC	40～50	300～1000	0.001～1000	否	毒物 (< 50 ppm)	次中等
AFC	50	150～400	1～100	否	毒物 (< 50 ppm)	適中
MCFC	45～55	100～300	100～100000	是	燃料	複雜
SOFC	50～60	250～350	10～100000	是	燃料	適中

▷ 8.8 本章摘要

本章簡單介紹了 5 種主要的燃料電池類型。不同的電解質導致了化學反應、反應溫度、電池材料以及電池設計的不同。這些不同進一步導致了這 5 種燃料電池類型的相對優勢、劣勢和特性的重要差異。

- 5 種主要的燃料電池類型是磷酸型燃料電池(PAFC)、高分子聚合物電解質膜燃料電池(PEMFC)、鹼性燃料電池(AFC)、熔融碳酸鹽燃料電池(MCFC)及固態氧化物燃料電池(SOFC)。基於電解質的不同,它們彼此都有很大差異。

- 你應當要能判別和討論這 5 種主要的燃料電池類型在化學反應、反應溫度、電池設計、催化劑和電極材料的重要差異。

- 你應當要能寫出這 5 種燃料電池類型中每種氫氣/氧氣的陽極和陰極的半反應。

- PAFC 的優點包括技術成熟度、可靠性和電解質成本低。缺點包括需要昂貴的鉑催化劑、易中毒和腐蝕性液體電解質。

- PEMFC 的優點包括高功率密度、低反應溫度和良好的開/關切換循環耐久性。缺點包括需要使用昂貴的鉑催化劑、質子交換膜和電池輔助元件的高成本、低 CO 毒化容忍度和水管理等問題。

- AFC 的優點包括已改善的陰極性能、非貴重金屬催化劑和低成本的電解質/電池材料。缺點包括需要去除陰極水增加系統複雜性、KOH 電解質需要定時補充,以及需要使用純氫氣和純氧氣(AFC 甚至連大氣中的 CO_2 濃度都不能忍受)。

- MCFC 的優點包括燃料多元靈活性、非貴重金屬催化劑、高品質廢熱可供熱電共生應用。缺點包括因回收 CO_2 利用而增加系統複雜性、腐蝕性的熔融電解液和相對昂貴的電池材料。

- SOFC 的優點包括燃料選擇的多元靈活性、非貴重金屬催化劑、完全的固體電解質,以及產生的高質量廢熱可供熱電共生應用。缺點包括高溫反應環境下增加系統複雜度、高溫反應電池的密封問題(尤其是在熱循環下),以及相對昂貴的元件。

- 雖然所有的燃料電池都在氫氣環境下運轉得最好,但是高溫燃料電池透過直接的電化學氧化或內部重整而能使用多元的碳氫燃料或 CO 反應。

- 從歷史的角度來看,PAFC 和 AFC 受益於早期在太空探勘廣泛的研發。可是今天已經變成是 PEMFC 和 SOFC 兩種技術最具有發展潛力,其中 PEMFC 尤其適合可攜式和小型定置型應用,而 SOFC 則適合用於分散式電力和公共事業級的電力裝置。

習 題

綜述題

8.1　(a)　為什麼鎳能使用於很多高溫燃料電池中？

　　　(b)　在 SOFC 陽極，為什麼 YSZ 和鎳混合使用？

　　　(c)　在 MCFC 陽極，為什麼要在鎳中加入鉻？

8.2　你認為與低溫燃料電池相比，什麼是高溫燃料電池最重要的優點？論述你的觀點。

8.3　畫一張類似於圖 8.9 使用 CO 燃料的 SOFC 示意圖。寫出陽極和陰極的半反應，以及反應物、生成物和離子。

計算題

8.4　(a)　根據圖 8.8 說明所給的資訊，計算 MCFC 系統單體電池的單位面積功率密度。

　　　(b)　根據此圖資訊，估算 MCFC 電池堆系統的體積功率密度。

8.5　圖 8.4 所示的燃料電池汽車在氫罐裝滿氫氣時可以以 100km/h 的速度行駛 430km。根據圖 8.4 說明所給的資訊，估算在行駛過程中燃料電池的功率輸出。假設氫氣是理想氣體且燃料電池效率是 55%。

8.6　試想一個電效率為 55%的 SOFC 系統，假設 SOFC 在 800℃釋放熱量。

　　　(a)　如果一個熱引擎從燃料電池中吸熱，然後在 100℃釋放，這個熱引擎的卡諾效率是多少？

　　　(b)　假設熱引擎的實際效率是卡諾效率的 60%。在這種情況下，如果將熱引擎和燃料電池聯合起來，這個聯合系統的總電效率將是多少？

Chapter 9

燃料電池系統介紹

在這一章，我們將由單一燃料電池元件過渡到完整的燃料電池系統。任何一個燃料電池系統的最終目標就是在合適的時間為合適的場合提供適量的動力。為了達到這個目標，一個燃料電池系統通常包括帶有**一套**附屬配備的燃料電池堆。因為每一個單電池在正常電流下只能提供 0.6～0.7V 的輸出電壓，所以才需要將單一電池堆疊成燃料電池堆(Fuel Cell Stack)使用，其他的附屬配備主要是用於維持燃料電池的正常運轉。這些附屬配備包括提供燃料的供應、冷卻、電力調變、系統監控等裝置。通常這些附屬裝置所佔用的空間(和花費)比燃料電池本身要多。從燃料電池系統所提取電能的裝置被稱為附加能量裝置或寄生能量裝置。

燃料電池的應用規格決定了燃料電池的設計。在需要可以移動與高能量密度的可攜式燃料電池系統中，有必要減化附屬設備的零件；在重視可靠性和高能量效率的公共事業定置型發電系統中則需要高效率的系統配備。圖 9.1 所示的兩個完全不同燃料電池系統設計可以用以比較這兩種相反的設計觀點。

本章涵蓋了一般燃料電池系統設計所包含的主要次系統。這些次系統（有些在圖 9.1 中出現）包括：

1. 燃料電池堆(fuel cell stack) (被視為**燃料電池次系統**)；
2. 熱管理次系統(thermal management subsytem)；
3. 燃料傳送／重組次系統(fuel delivery/procesing subsystem)；
4. 電力電子轉換次系統(power electronics subsytem)。

除了細述這些次系統外，本章還將討論其他相關系統設計的問題，如系統增壓、加濕和可攜式燃料電池的尺寸等。

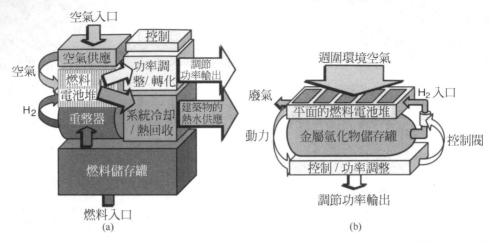

圖 9.1　兩個燃料電池系統示意圖。(a)固定式住宅級燃料電池系統；(b)攜帶型燃料電池系統

◢ 9.1　燃料電池堆(燃料電池次系統)

　　正如我們已經學過的，單一個燃料電池的輸出電壓侷限在大約 1V，此外，我們瞭解到在一定負載下單一個氫-氧燃料電池的輸出電壓一般為 0.6～0.7V。這個電壓輸出範圍相對應於一個"最佳值"，在此一點燃料電池的發電效率大約為 45%，同時此時燃料電池的輸出功率密度接近它的最大值。但是，大部分實際的應用需要幾伏特到幾百伏特的電壓。那麼我們怎樣才能用 0.6V 的單電池來滿足實際應用需要的高輸出電壓呢？第一種方式是將許多個單一燃料電池串聯起來：串聯連接，電壓就是多個單一電池電壓的總和。這一項稱為燃料電池"堆疊"的技術使燃料電池系統可以滿足任何電壓的需求。

　　除了增加輸出的電壓大小，這種燃料電池堆積的設計還要滿足以下的要求：

1. 簡單且低成本的製造；
2. 單電池之間的低電能損失連接；
3. 有效的氣體分配與輸送(以提供反應氣體的均勻分佈)；
4. 有效的冷卻設計(針對高功率的電池堆)；
5. 可靠的單電池之間的密封。

　　圖 9.2 舉例說明了最常用的燃料電池互相連結形式，稱為**垂直式**(vertical stacking)或**雙極板式堆疊**(bipolar plate stacking)。在垂直堆疊結構中，最上層一個單獨可導電的流場板與一個陽極和下一個燃料電池的陰極相連，從而使得所有單電池串聯在一起。這個雙面電極板既是其中一個電池的陰極也是另一個電池的陽極，因此被稱為**雙極板**(bipolar plate)。雙極板堆疊的結構類似於手電筒裏數節單電池的首尾堆疊。這種雙極板堆疊電池具有直接連接的優點，而且由於單電池之間比較大的電性接觸面積而大大地降低電阻損

失，另外雙極板設計也使得燃料電池的堆疊非常堅固。絕大部分傳統的 PEMFC 電池堆都採用這一種堆疊結構。

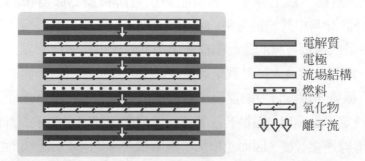

圖 9.2　立式電池堆連接。燃料電池透過雙極板串聯連接。雙極板同時扮演一個燃料電池的陽極和鄰近燃料電池的陰極。圖中導電的流場結構為兩極板

　　雙極板結構是很難密封的。如圖 9.3 為燃料電池的一種組裝配置的考慮，透過立體效果圖可以很明顯地看出，除非對電池堆中的每一個電池的邊緣進行密封，否則氣體可經由多孔且透氣的多孔電極邊緣洩漏出來。一種常用的邊緣密封的方法是使電解質膜略大於多孔電極層，並在電解質膜的兩邊加入一種密封墊圈，圖 9.4 示意說明了這項密封技術。在一固定壓應力下，這些邊緣密封墊圈能讓每一個電池的周圍完成緊密的密封。

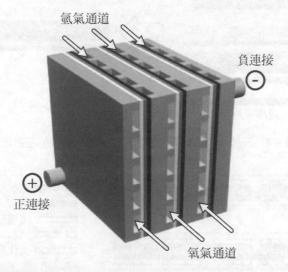

圖 9.3　燃料電池雙極板堆疊設計的三維視圖。除非對每個單電池的邊緣進行密封，否則這個電池堆疊的邊緣是會漏氣的

　　同一平面互連設計(Planar series interconnection)近來被研究成為垂直式堆疊結構的一種替代方式。在同一平面結構中，各單電池採用**平行串接**而不是**立式串接**。由於**平行串接**

結構電阻損失的增大故其不大適合用於大電力系統，但這一種形式非常適合用於如筆記型電腦(notebooks)或個人資料助理(PDA)這類可攜式電子產品。圖 9.5 顯示了兩種可能的同一平面互連設計的結構。最上圖是一種所謂**帶狀電解質膜的設計**(banded membrane design)，在這一種設計當中其一個電池的陰極透過(或環繞著)電解質膜與另外一個電池的陽極相連接。這種帶狀電解質膜的設計結構在小功率的應用比傳統的立式堆疊結構更容易包裝。但是，這一種設計的最大缺點就是單電池之間的連接都是由隔膜的一側貫穿電解質膜到另外一側。這種貫穿電解質膜的連接可以透過電池的四周"邊緣接片"或是穿過電解質膜的中間區域特定導通開口。但是若沿著電池四周的連接將限制了設計的靈活度，同時也會需要更長的導線連接長度，因而也增加了電阻損失。穿過電解質膜的中間區域特定導通開口的設計對於電池的局部密封是一個極大的挑戰，尤其密封問題對於高分子聚合物的電解質膜來說更是嚴重，因為高分子聚合物的電解質膜會因吸濕而變形。為了克服帶狀電解質膜設計帶來的挑戰，近來已經提出平面翻轉式的設計(Flip-Flop design)，如圖 9.5 中的下圖就顯示了這樣一種平面翻轉配置設計。翻轉式設計最大的特點就是兩個相鄰的電池之陰極/陽極電極之間是在電解質膜的同一側相互連接的。

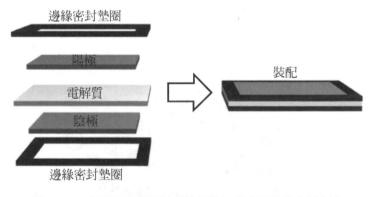

圖 9.4　一種利用每個電池的邊緣加一個密封圈的密封方法

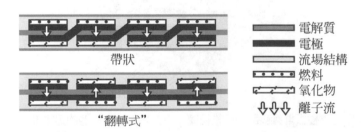

圖 9.5　平板串聯連接。圖中所示為兩種平板連接方案，帶狀設計和翻轉設計。與帶狀結構不同，翻轉設計方案只有同一面的連接，不必穿過電解質膜面

對於固體氧化物燃料電池(SOFC)而言，如圖 9.2 和圖 9.5 所顯示的 PEMFC 之雙極板式和垂直式堆疊結構就會因密封問題而不合適了。雖然這些設計已經成功地應用於 SOFC 上，但是最好還是選擇可以減少密封數量的堆疊方式。圖 9.6 顯示了一種最成功的管狀結構設計而減少密封的方法。管狀結構非常適合用於需要承受很大溫度變化的高溫 SOFC 燃料電池。很大的溫度梯度讓不同熱膨脹係數的材料之間產生應力，於是對於密封更是困難。西門子－西屋公司製造的 SOFC 系統採用了管狀結構的設計，圖 9.7 爲一張西門子－西屋公司製造的管狀 SOFC 燃料電池堆的照片。

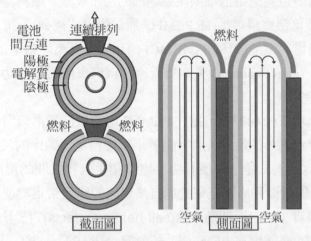

圖 9.6 西門子－西屋公司採用的管狀堆疊設計之燃料電池的截面圖和側面圖。空氣透過管道內部注入，而燃料氣流則沿著管道外送入。串聯電池堆透過在垂直方向堆疊多個電池串接來完成，而並聯電池堆則透過在水平方向堆疊多個電池來完成

圖 9.7 西門子－西屋公司研製的管狀 SOFC 電池堆(24 個單電池構成)圖片及端面細節。每個管子長為 150cm，直徑為 2.2cm(西門子－西屋提供圖片)

▷ 9.2 熱管理次系統

我們知道燃料電池在正常的功率密度下運轉時只能達到 30%～60%的發電效率。化學能沒有轉換爲電能的部分能量則是以熱量的形式產生了。如果產生的熱量太多,電池堆就會出現過熱現象。此時若電池堆的冷卻不夠充分,它將會超過安全的運轉溫度的上限,或電池堆內的溫度梯度就會上升。燃料電池堆內部的溫度梯度可能會使其中不同電池輸出不同電壓從而對其性能產生負面影響。在這一種過熱現象下燃料電池需要充分的冷卻以保持正常的運轉溫度,同時也避免電池堆內產生過高的溫度梯度。燃料電池的種類和大小決定了冷卻的程度。小型低溫燃料電池(如 PEMFC)通常使用"被動冷卻"(passive cooling)(自然對流冷卻),而高溫燃料電池(如 SOFC 和 MCFC)和大型低溫燃料電池(如 PEMFC 和 PAFC)則需要"主動冷卻"(active cooling)(強制對流冷卻)。汽車使用的高功率密度的燃料電池堆則需要主動式液體冷卻。

如上面所述,低功率(<100 W)可攜式 PEMFC 電力系統通常只需要利用周圍環境的自然冷卻,而不需要增加額外的冷卻元件。隨著小型燃料電池製作的尺寸不斷減小,表面積－體積比也就不斷增大。於是乎僅僅藉由反應物和生成物之間的溫度差異產生的自然冷卻,以及由電池堆四周壁面和周圍空氣透過自然對流效應而帶走熱便足以平衡燃料電池內部所產生的熱量。事實上,**自行加熱效應(self-heating effects)**對於小型 PEMFC 燃料電池系統來說是十分有幫助的,因爲 PEMFC 系統最適合在 60℃～80℃溫度下工作,因此透過精心熱傳設計與計算在不同輸出功率範圍下產生的熱量便可以使小型 PEMFC 電力系統利用本身放熱讓電池堆維持在 60℃～80℃的溫度範圍。

高功率(>100 W)可攜式 PEMFC 電力系統通常需要額外使用液體的強制對流冷卻。圖 9.8 展示了一種附帶空氣強制冷卻通道的雙極板設計。一個有效強制冷卻的電池堆也需要一些輔助設備如風扇、鼓風機或壓縮機來壓縮液體經過冷卻通道再到熱交換器散熱到空氣中。但是,使用這些輔助設備會消耗一部分燃料電池產生的功率,稱爲「寄生功率」。風扇、鼓風機或壓縮機的選擇取決於熱管理所要求的冷卻速率和必須克服的冷卻劑通道產生的壓力降。一般而言,風扇、鼓風機消耗比較少的功率,適用於低壓的工作條件下。當要求更高的空氣流動速率(和必然產生更大的壓力降)時就需要使用壓縮機。一個冷卻系統的效率由其排放的熱量與本身消耗的電能的比值來計算:

$$效率 = \frac{熱量排放速率}{由風扇、鼓風機或壓縮機消耗的電能} \tag{9.1}$$

設計良好的冷卻系統的效率比值通常可達到 20～40%。

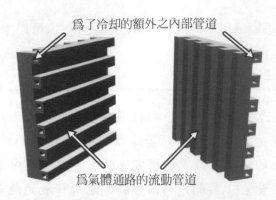

為了冷却的額外之內部管道

為氣體通路的流動管道

圖 9.8　燃料電池的雙極板另一側額外的內部通道之冷却系統的範例

　　高功率密度的電池堆通常採用主動式的液體強制冷却來代替主動的空氣體強制冷却(如空氣)。當設計的燃料電池堆體積有限制時(如在汽車上的應用)，最好採取用主動式的液體強制冷却。因為液體的熱容量(heat capacities)遠大於氣體的熱容量，所以小型的液體冷却通道能夠排出比相等容量氏氣體多好幾倍的熱量。在一個以液體冷却的系統中，冷却用的液體是需要循環利用的，因為機具儲量無法無限供應冷却物(不像空氣冷却)，故這一點可能會增加系統的複雜性。如果冷却液體是水，那它必須使用去離子的水，才不致於導電。大部分汽車用燃料電池堆(50～90kW)都是使用液體強制冷却，其中有一部分使用水和乙二醇混合的冷却液體。

　　與低溫 PEMFC 對照，高溫燃料電池如 MCFC 和 SOFC 需要比較高的運轉溫度，因此電池堆本身的冷却問題就不是那麼重要，電池堆對於過熱也不是非常敏感。事實上，電池堆本身產生的熱量通常可以有效地被利用。在高溫燃料電池中利用電化學氧化作用釋放出來的熱量可以用來作為以下用途：(1)提供電池堆本身內部高溫電化學反應所需要的熱量；(2)對於進來的燃料氣體進行預熱；(3)若使用碳氫化合物燃料而需要進行改質重組的上游化學反應，即分解碳氫化合物(稱為內部重整，將在下一節討論)時提供所需要的熱量。在正常的運轉過程當中，只需要增加一些額外的空氣流動就足以冷却這些高溫型燃料電池堆了。

　　上述的部分著重於冷却燃料電池堆的熱管理工作的重要性，主要是為了避免以下問題發生：(1)電池堆過熱和(2)燃料電池堆內較大的溫度梯度。從其他的角度來看，如何回收燃料電池堆的排熱也是十分重要的：電池堆釋放出來的熱量是有實用價值的。燃料電池堆釋放出來的熱量回收可以用於：(1)內部次系統加熱和(2)外部加熱。內部加熱的例子包括：(1)將要進入電池堆的燃料氣體預熱；(2)蒸發反應水用來加濕進入電池堆的燃料氣體。外部加熱的例子包括：(1)利用車用燃料電池系統為車內的乘客供暖；(2)利用固定燃料電池熱回收系統提供建築供暖和熱水。我們將在第 10 章詳細討論內部系統供熱和外部系統供熱的熱回收問題。熱量不僅可以由電池堆本身回收利用，還可以由次系統的其他配件加以回收利用，這些將在第 10 章中討論。

例 9.1　圖 9.1 左邊所示的 MCFC 燃料電池系統，參考天然氣燃料的熱值，其產生的發電功率是 200kW，發電效率是 52%。(1)計算這個 MCFC 燃料電池所放出的熱量。假定燃料電池所產生的能量中未轉化爲電功的部分都轉化爲熱量。(2)我們想利用燃料電池所釋放的熱量爲建築物供暖。假定我們能利用其中的 70% 熱量而另外 30% 散失掉了，計算被回收利用的熱量和損失掉的熱量。

解：1. 由第 2 章我們得知燃料電池堆的實際發電效率可以表示爲

$$\varepsilon_R = \frac{P_e}{\Delta \dot{H}_{(HHV),fuel}} \tag{9.2}$$

公式中，P_e 是燃料電池堆的輸出功率。我們假定燃料電池所產生的沒有轉化爲電功的能量全部轉換爲熱量。這即是假定空氣泵、壓縮機和其他配件的寄生消耗功率被忽略不計。這時燃料電池所釋放出的熱量就是最大可回收熱量(dH_{MAX})。最大熱回收效率爲

$$\varepsilon_{H,MAX} = 1 - \varepsilon_R = 1 - 0.52 = 0.48 = 48\% \tag{9.3}$$

燃料電池釋放的最大熱量爲

$$d\dot{H}_{MAX} = \frac{(1-\varepsilon_R)P_e}{\varepsilon_R} = \frac{(1-0.52)\times 200\text{ kW}}{0.52} = 185\text{ kW} \tag{9.4}$$

2. 回收熱量爲 0.70×185kW＝130kW，散失到環境中的熱量爲 0.30 × 185 kW ＝ 55 kW。

9.3　燃料運送／處理次系統

　爲燃料電池提供燃料是系統設計工程師所面對最艱巨的任務。幾乎所有實際應用的燃料電池都採用氫氣或是含有氫氣的混合物來作爲燃料，因此燃料電池總共有兩種主要提供燃料的方式：

1. 直接使用氫氣(pure phydrogen)；
2. 使用氫載體(hydrogen carrier)。

氫載體是一種十分方便能夠為燃料電池輸送氫的化學物質。例如，甲烷 CH_4 就是一種方便的氫載體，而且比氫氣更容易獲得。如果直接使用純氫，就必須先經過在第 10 章中學習到的其中一種改質方式製備出純氫，而且在使用前還必須先把氫氣儲存起來。

對於定置型燃料電池系統，選擇燃料最重要的考量之一就是燃料的易獲得性。而對於可攜式型燃料電池，則燃料的儲存效率是主要關鍵。儲存效率可以用以下：(1)質量能量密度(Gravimetric energy density)和(2)體積能量密度(Volumetric energy density)來比較：

$$質量能量密度 = \frac{燃料的存儲焓}{系統的總質量} \tag{9.5}$$

$$體積能量密度 = \frac{燃料的存儲焓}{系統的總體積} \tag{9.6}$$

這兩個公式反映了一個燃料電池系統儲存能量的多少與系統的大小有關。這兩個公式不但適用於直接氫氣儲存的系統，同時也適用於使用氫載體的系統。

現在我們將更為詳細地討論幾種主要的燃料供給方式。

9.3.1 氫氣的儲存

在氫氣儲存系統中，氫氣可以直接供給燃料電池使用。直接提供氫氣的主要優點如下：

● 大多數燃料電池使用純氫氣效果最好；
● 不必考慮氫氣純度或者被污染的可能；
● 燃料電池系統比較簡單；
● 氫氣有比較長的保存期限(液態氫除外)。

氫氣儲存效率

直接氫氣儲存系統的效率可利用(1)氫氣質量儲存效率和(2)氫氣體積儲存密度來度量。這兩個參數描述了與儲存系統大小有關的直接儲存系統所能夠儲存氫氣的量：

$$質量存儲效率 = \frac{存儲氫氣的質量}{系統的總質量} \times 100\% \tag{9.7}$$

$$體積存儲密度 = \frac{存儲氫氣的質量}{系統的總體積} \tag{9.8}$$

遺憾的是，氫氣不是一種容易獲得的燃料，而且目前尚無有效的高密度氫氣儲存系統。最為常用的 3 種儲氫方式如下：

● 壓縮氫氣；

● 液化氫氣；

● 金屬氫化物。

以下將簡要地討論每一種儲氫方式。表 9.1 總結這 3 種儲氫方法的基本特性。

表 9.1　不同的直接儲氫系統比較

儲存系統	質量儲存效率 (%H$_2$/kg)	體積儲存密度 (kgH$_2$/L)	質量儲存能量密度(kWh/kg)	體積儲存能量密度(kWh/L)
壓縮氫氣，300bar	3.1	0.014	1.2	0.55
壓縮氫氣，700bar	4.8	0.033	1.9	1.30
低溫液態氫氣	14.2	0.043	5.57	1.68
金屬氫化物(保守的)	0.65	0.028	0.26	1.12
金屬氫化物(樂觀的)	2.0	0.085	0.80	3.40

註：整個儲存系統(在這些資料中還考慮儲存罐、閥、調整器、管件)的質量和體積。

● **壓縮氫氣(Compressed H$_2$)**。這是一種最直接儲存氫氣的方法。在很高的壓力下壓縮氫氣並放在特殊設計的氣瓶中，其儲存效率相當一般，不過會隨著增大氣瓶的尺寸和壓力而增加氫氣的儲存量。目前的氣瓶技術允許儲存時的壓力高達 700bar[1]，但是太高的壓力有可能產生重大安全的隱憂。此外，壓縮氫氣的過程非常消耗能量，大約需要相當於氫氣本身能量的 10%來將其壓縮到 300bar。幸好這種能量消耗並非隨著儲存壓力的增大而呈等比例的增大，因此若是再進一步壓縮氫氣則消耗額外能量的缺點將被儲存量所彌補。

● **液態氫氣(Liquid H$_2$)**。如果氫氣的溫度被冷卻到 22K 時，它就會完全被液化。液化氫氣可以在很低壓力下被儲存。液氫的儲存方法在這三種直接儲氫方式中具有最高的能量儲存密度，大約為 0.071g/cm^3。液態氫氣儲存容器必須是夠厚而且雙層強化的高真空隔熱容器以保持極低的溫度。所以，儘管體積儲存效率只是一般，但是質量儲存效率卻相當可觀(由於這個原因，液態氫氣一般被用在特別重視質量能量密度的太空任務上)。液化氫氣最大的問題是十分耗能：液化一定量的氫氣需要消耗的能量大約相當於氫氣本身能量的 30%。

[1] 1 bar = 10^5 Pa ——譯者註。

● **金屬氫化物(Metal Hydride)**。常見的金屬氫化物包括鐵、鈦、錳、鎳和鉻等合金。將這些合金研磨成極細的粉末並載入容器內,它們就能透過把氫氣分子解離成氫原子再吸進合金中而像 "海綿" 一樣吸收大量的氫氣,而只要稍微加熱,這些氫化物就能再度將儲存起來的氫氣釋放出來。金屬氫化物能夠吸收大量的氫氣:事實上,當氫氣原子進入到某些氫化物結構內部時甚至能達到比液態氫還要大的體積能量密度!可惜這些氫化物材料本身很重,所以質量能量密度特性就很一般,而且這些材料也十分昂貴。不過金屬氫化物儲存方式對於可攜式燃料電池應用還是最有吸引力的。

9.3.2 使用一種氫載體

使用氫載體可以用來代替氫氣而得到更高的質量能量密度和體積能量密度。這些氫載體對於可攜式電力應用特別具有吸引力。一般的氫載體包括甲烷(CH_4)、甲醇(CH_3OH)、硼氫化鈉($NaBH_4$)、甲酸(HCO_2H)和汽油($C_nH_{1.87n}$)。

氫載體對於定置型的燃料電池發電系統應用也有著同樣的吸引力。因為氫氣不能自然生成,所以它必須由其他的含氫化合物中分離出來。不像天然氣或是石油,我們不能在自然界中 "開採" 到現成的氫氣。因此,大部分定置型燃料電池發電系統運轉使用的氫載體是廣泛且容易獲得的如甲烷氣體或生物氣體。若能普遍使用這一些氫載體燃料,相對於現存的電力發電廠,燃料電池依舊能夠達到高效率、模組化及低排放的目標。

遺憾的是,大多數的氫載體不能直接被燃料電池使用,而必須透過一定的化學反應如改質或重組過程製造出氫氣,然後才供給燃料電池使用。只有極少數的氫載體**可以**直接被燃料電池使用,其中包括 SOFC 和 MCFC 的甲烷和 DMFC 的甲醇。

為了對比各種不同氫載體供應燃料的 "效率",我們需要考慮的是儲存在氫載體中被燃料電池有效利用的能量百分比,例如,甲醇的能量密度就比壓縮氫氣更大,但是直接甲醇燃料電池 DMFC 一般只能將其蘊涵的 20%能量轉換為電能,而 PEMFC 卻能將壓縮氫氣中所蘊涵的 50%能量轉換為電能。在這一種情況下,甲醇對比氫氣的效率值只有 0.40。一個氫載體燃料系統的效率可以定義為燃料電池中氫載體所蘊涵能量轉換為電能的百分比率與氫氣所蘊涵能量轉換為電能的百分率比值:

$$載體系統的效率 = \frac{載體能量轉換為電能的\%}{氫氣能量轉換為電能的\%} \tag{9.9}$$

依照以上這個氫載體的效率公式來評估,對於可攜式燃料電池直接使用純氫系統的儲存能量密度與使用氫載體燃料系統的儲存能量密度便可以有個客觀的比較。

回到甲醇氫載體的例子,甲醇重整需要與水按 1:1 混合,依照化學反應

$$CH_3OH + H_2O \rightarrow CO_2 + 3H_2 \tag{9.10}$$

如果一個甲醇燃料系統由 1L 體積的 50%甲醇－50%水混合燃料與一個 1L 體積的重整器組成，則該燃料系統的淨體積能量密度為 1.71kWh/L。如果假定這種燃料－水混合物所攜帶能量效率的比值為 0.7，那麼這個甲醇燃料系統就和一個具有 1.2kWh/L 體積儲存能量密度的純氫燃料系統是相等的。若考慮淨質量能量密度，則這種甲醇燃料系統可能和一個具有 1.4kWh/kg 質量能量密度的純氫系統是相等的。表 9.2 詳細敘述了各種不同的氫載體燃料儲存系統的儲存量和效率大小。

表 9.2 幾種不同氫載體儲存系統的比較

儲存系統	質量儲存能量密度 (kWh/kg)	體積儲存能量密度 (kWh/L)	載體效率
直接甲醇(50%莫耳與水混合)	4	3.4	0.40
重整甲醇(50%莫耳與水混合)	2	1.7	0.70
重整 NaBH$_4$(30%莫耳與水混合)	1.5	1.5	0.90

註：在這些資料中考慮整個氫載體燃料儲存系統(儲存罐、閥、重整器、管件)的質量和體積。

如這一節前面部分所提到的，使用氫載體的方式主要有兩種。第一種是它們可以經過燃料電池中的直接電化學氧化過程產生電能(只有當氫載體是相對簡單且容易於反應的物質時)，第二種是先經過改質或重組轉換成氫氣(化學過程)，然後再供應給燃料電池使用產生電能。轉換過程可以依據是否(1)發生在燃料電池外部的一個獨立反應器中(外部轉換)或(2)發生在燃料電池內部的催化劑表面(內部轉換)來做區分的。現在我們將簡單討論這 3 種方式。

● **直接電氧化(Direct Electro-Oxidation)**。直接電氧化過程由於簡單故而很有吸引力。直接電氧化過程與一般氫－氧燃料電池相比，不需要額外的外部化學反應器或其他配件，雖然可能需要使用不同的觸媒催化劑、電解質和電極材料等等。能夠直接在燃料電池中發生電化學氧化過程的載體包括了甲醇、甲烷和甲酸。在直接電氧化過程中，電子從燃料分子中被直接剝離，因此可以省略燃料轉換為氫氣的外部過程。在第 8 章我們展示了直接甲醇燃料電池作為範例的反應化學。遺憾的是，直接使用非氫燃料的燃料電池由於動力學的複雜性導致了顯著的功率密度和電能效率損失。由於這些反應的複雜性，在提供同等功率前提下，使用非氫燃料的直接電氧化燃料電池要比純氫的燃料電池尺寸大許多，通常要增加 10 倍的體積。這樣的條件大大削弱了直接使用氫載體以獲得高能量密度的優點。我們需要對燃料儲存容量尺寸、燃料電池堆大小和燃料效率等因素之間的平衡進行仔細評估來決定直接電氧化法是否具有實用效益。

- **外部重整(External Reforming)**。燃料處理器利用熱量並結合催化劑和水蒸氣將氫載體燃料分解爲氫氣。在燃料重整過程中也會產生如 CO 和 CO_2 等物質。最好的情況下是這些副產物稀釋了進入燃料電池堆中的氫氣並稍微降低電池的性能；最壞的情況是這些副產物成爲有害的物質並且嚴重降低燃料電池的性能。在這一種情況下，我們需要使用額外的過程來增加燃料氣體中氫氣的含量，並在重整氣體(已經重整的氫氣混合物)進入到燃料電池之前先除掉這些有害的物質，這一個過程對於低溫燃料電池是十分重要的。這樣的化學過程有一些是放熱的，而有一些則是需要吸熱的。對於高溫燃料電池來說，反應所需要的熱量由本身提供即可；而低溫燃料電池可能就需要燃燒一部分的燃料來提供反應所需要的熱量。外部重整之燃料處理器的尺寸和複雜程度是由需要轉換的燃料類型、是否需要去除雜質與有害物質，和需要生成多少轉換物來一起決定的。如圖 9.9 展示了幾個外部重整之燃料處理器的實例。第 10 章將詳細討論關於燃料處理器次系統的設計。

- **內部重整(Internal Reforming)**。在內部重整過程中，重整過程主要是發生在燃料電池內部，也就是在陽極催化劑的表面。內部重整只能使用在選擇特定燃料的高溫燃料電池中發生。在這些高溫型燃料電池中，高溫催化劑不僅能催化電化學反應產生電能，還可以促進燃料重整反應的發生。在一般的內部重整轉換過程中，氫載體氣體在接觸到燃料電池陽極之前會先與水蒸氣混合，在陽極催化劑的表面發生反應產生 H_2、CO 和 CO_2。產生的 CO 對於這種高溫燃料電池不但沒有毒化的問題而且還可以直接作爲燃料使用。此外，CO 能和更多的水蒸氣反應生成氫氣與 CO_2。與外部重整過程相比，內部重整過程更具有一些優勢，這些優勢包括降低系統的複雜性(可以捨去外部重整化學反應器)、降低發電系統的造價、更高的發電系統效率和更高的轉換效率以及在吸熱轉換反應和放熱電化學反應之間作直接熱交換。

直接電氧化 DEO 過程最適合於系統比較簡單、配件體積小、低功率和長時間運轉的可攜式電子裝置。燃料外部重整 ER 過程最適合於定置型的應用，因爲它強調燃料選擇的靈活性以及多餘的熱量能夠回收被系統或系統外部使用。目前燃料外部重整技術要實際應用到可攜式型和移動裝置上似乎還不大可能。2004 年，美國能源部決定終止了針對燃料電池汽車的車載燃料重整處理器的研究與開發，主要是基於以下理由：

- 目前的燃料重整處理技術尚不能滿足應有的技術指標和經濟目標；
- 尚未有明確的技術路線可以滿足燃料電池汽車所建立的實用／整合標準；

● 在效率和廢氣排放量方面，重整汽油的燃料電池汽車與汽油－電力混合動力汽車之間相比，只有很微小的效率提昇。

(a)   (b)

圖 9.9　兩個外部重整器 ER 之實例。(a)本田家用能源站由天然氣製備氫氣供燃料電池汽車使用，同時，產生的電能和熱水透過燃料電池熱電共生功能供給住戶使用。這一本田家用能源站坐落在紐約，是第二代原型(與 Plug Power 公司合作開發)，為減小體積將天然氣重整器和加壓裝置整合為一體，每小時產生兩標準立方米的氫氣(本田汽車有限公司提供)。(b)太平洋西北國家實驗室的微型燃料處理器，它將甲醇轉化為氫氣和二氧化碳。該微型系統包括催化燃燒器、氣體轉換器、兩個蒸發器和一個熱交換器，這些微型系統都包含在不到十美分硬幣大的元件中！這是世界上最小的整合催化重整之燃料處理器(太平洋西北國家實驗室提供)

9.3.3　燃料傳送／重組處理次系統總結

在不同特定的情況下，燃料電池的種類和應用決定了燃料供應次系統的最佳選擇。針對分散式供電的固置型發電系統，可利用當地容易獲得的燃料，如甲醇或生物氣體的燃料重組改質處理次系統就是一個不錯的選擇。針對運輸系統來說，高壓氫儲存壓縮氫氣的方式將是比較優先考慮的選擇。針對小型可攜式燃料電池的應用來說，金屬氫化物儲存氫氣和直接液態氫載體燃料(尤其是甲醇)電氧化方式將是優先考慮的選擇。直接氫氣燃料次系統相對簡單，然而氫載體之氣體的燃料重組處理次系統則十分複雜。由於其複雜性，我們將在第 10 章再來仔細討論。

表 9.3 總結了主要燃料的傳送／重組處理次系統相關的儲存能量密度、優點、缺點和應用。請注意，表 9.3 中特性均來自實際次系統。包括系統設計、尺寸和應用等細節都會決定其儲存密度的大小。

表 9.3　對於移動式和定置型燃料電池裝置，各種燃料／燃料重組系統選擇的特性比較

燃料系統	質量儲存能量密度	體積儲存能量密度	燃料可用性	燃料電池的燃料適合性	說明
移動式應用的燃料系統					
壓縮的氫氣	中	中	低	高	適合運輸方面
低溫的氫氣	中～高	中	低	高	液化是能量增強的
金屬氫化物	低	高	低	高	昂貴的、重的
直接甲醇	高	高	中	低～中	適合攜帶式裝置
重整的甲醇	中～高	中～高	中	中	適合運輸裝置
重整的汽油	低	低	高	低	昂貴的、難以轉化
固定式應用的燃料					
純氫氣	低	低	低	高	必須有氫氣源!
甲烷	中	中	高	中	最適合於高溫燃料電池
生物氣體	低	低	低	中	最適合於高溫燃料電池

▷ 9.4　電力電子電能轉換之次系統

　　電力電子電能轉換之次系統(power electronics subsystem)是由(1)電力調節(power regulation)、(2)電力轉換(power inversion)、(3)電能監視和控制(monitoring and control)以及(4)電力供應管理(power supply management)等部分所組成的。電力電子電能轉換次系統依照這 4 個任務步驟將在接下來的 4 小節中詳細討論。

　　燃料電池的電力調節包括兩個工作：(1)**電力調節**和(2)**電力轉換**。所謂「電力調節」是提供一個固定的電壓並且保持這一個固定電壓的長時間穩定狀態，即使電流負載發生很大的變化。所謂「電力轉換」是將燃料電池提供的直流電力轉換為大多數電子設備使用的交流電力。對於幾乎所有種類的燃料電池之不同應用來說，電力調節是必要的，而對大多數定置型和汽車用移動式燃料電池系統來說，電力轉換也是必要的。定置型燃料電池發電系統需要提供電力給附近的交流電網和廠房或住家的交流設備。在汽車上電力系統需要將直流電力轉換為交流電力以供給比直流電機效率更高的交流電機使用。對於可攜式燃料電

池的應用則不需要直流轉換交流電力過程(DC/AC power)，例如一個 DMFC 燃料電池型可以直接供應直流電力給筆記型電腦使用。遺憾的是，使用電力調節在經濟和效率方面都必須要付出代價。電力調節將會增加相當於燃料電池系統造價 10%～15%的費用，而且電力調節會減少燃料電池系統 5%～20%的效率。所以針對實際上不同的應用，我們必須要仔細選擇最適合的電力調節方式。接下來我們將討論電力調節和電力轉換。

9.4.1 電力調節

大多數的實際應用都需要一個長時間穩定且固定電壓輸出對應的電力。遺憾的是，燃料電池所提供的電力並不是十分穩定；燃料電池的輸出電壓很大程度上取決於溫度、壓力、濕度以及反應氣體流速。另外，電池的輸出電壓也會隨著電流負載的變化而顯著變化。例如，觀察圖 1.9 所示的單一電池極化曲線，我們可以看出電壓會隨著電流的增大而明顯降低。即使將很多個燃料電池仔細地堆疊串聯起來，這個燃料電池堆系統的輸出電壓還是不能達到應用上的固定電壓要求。基於這些原因，燃料電池的輸出電力通常會先經過 DC/DC 轉換器作調節。將燃料電池直流電壓輸入 DC/DC 轉換器，然後再將直流電壓轉換為固定、穩定、特定範圍的直流電壓輸出。

目前主要有兩種類型的 DC/DC 轉換器：升壓轉換器(step-up converters)和降壓轉換器(step-down converters)。在升壓轉換器中，由燃料電池提供的輸入電壓被提升為更高的輸出電壓；在降壓轉換器中，由燃料電池提供的輸入電壓被減小為更低的輸出電壓。無論是任何一種情況，不管輸入電壓大小(甚至它還隨時間變化)它都會在一定範圍內轉換為 DC/DC 轉換器所設定的輸出電壓值。降壓轉換器聽起來還合理，而升壓轉換器則似乎不可能。我們不是在無中生有嗎？回答是否定的！在任何一種情況下，除去一些元件的損失之外總電力必須是不變或守恆的。例如，一般的升壓轉換器將燃料電池堆輸出電力從 10V 和 20A 轉換為 20V 和 9A 的電力輸出。儘管電壓增大了兩倍，但是電流卻減小到比原來的一半還少。透過輸出功率與輸入功率的比值可以計算出 DC/DC 轉換器的效率：

$$效率 = \frac{輸出功率}{輸入功率} = \frac{20V \times 9A}{10V \times 20A} = 0.90 \tag{9.11}$$

這個升壓轉換器的效率是 90%。一般的 DC/DC 轉換器的效率範圍是 85%～98%。降壓轉換器的效率還更高，而且轉換效率隨著輸入電壓的增大而增大。由於這個原因，燃料電池的堆疊結構便十分重要。雖然理論上有可能，但實際上即使可以將燃料電池輸出電壓從 0.5V 轉換到 120V，但是其效率卻是十分低的。圖 9.10 舉例說明了在升壓轉換器和降壓轉換器中電流與電壓之間相互關係的幾個例子。在燃料電池中，無論負載如何變化，升壓轉換器都可以得到一個穩定的電壓輸出。這一個概念如圖 9.11。請記住，如前面剛剛討論過的，增大電壓同時會減小輸出電流。因此，如圖中箭頭所示，燃料電池 j-V 曲線上的點 X 與升壓轉換曲線上的點 X' 相對應，而燃料電池 j-V 曲線上的點 Y 對應升壓轉換曲線上的點 Y'。

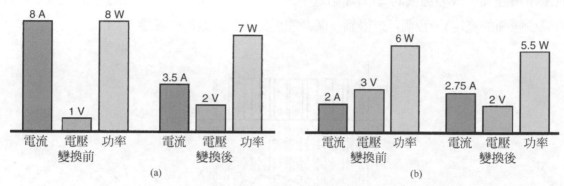

圖 9.10　(a)升壓轉換器和(b)降壓轉換器中電流－電壓－功率的關係

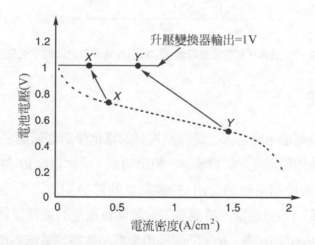

圖 9.11　直流轉換器可用於將燃料電池的可變化 j-V 曲線行為轉變為一固定的電壓輸出。升壓轉換器轉換為高固定輸出電壓伴隨著相當量電流的減小，如點 X 對應點 X'，點 Y 對應點 Y'

9.4.2　電力轉換

在大多數定置型系統應用中如公共事業或住宅用電力，燃料電池發電將會與附近的電網相互連結或直接滿足一般家用用戶的電力需要。這時，我們需要交流電(AC power)而非直流電(DC power)。依據一般客戶特定應用會需要單相或三相交流電。公共事業和大型的工業用戶需要三相交流電力，而大多數家用和商用只需要單相交流電力。幸運的是，單相與三相的交流電力轉換技術現在已經十分成熟和高效率。與 DC/DC 轉換器(converters)相似，DC/AC 轉換器(inverters)的效率通常可達到 85%～97%。

圖 9.12 介紹了一種一般的單相轉換方式，名為脈衝－寬度調變(pulse width modulation, PWM)。在脈衝－寬度調變 PWM 電路中，一系列的開關透過一個調變電路觸發週期性的直流電壓脈衝，改變脈衝的寬度(開始是少量的短脈衝信號，先是增加脈衝的寬度，然後再減少脈衝的寬度)，我們可以得到一個合理近似正弦波電流的響應。

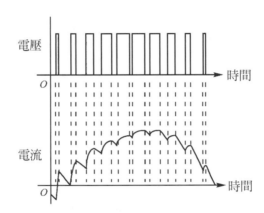

圖 9.12　脈衝－寬度電壓調變可以將直流轉變為近似的正弦電流波

9.4.3　監控系統

一個大型的燃料電池系統基本上是一個複雜的**電化學處理裝置**。在運轉過程中，許多可變參數例如電池堆內部溫度、氣體流速、輸出功率、冷卻過程和轉換過程都需要作監測和控制。燃料電池的控制系統通常由 3 個獨立的部分組成：一個是系統監測(system monitoring aspect)部分(測量儀器、感測器等監測燃料電池的運轉條件)；一個是系統驅動(system actuation aspect)部分(閥、泵、開關等用來調節並控制系統內部的變化)；還有一個是中心控制單元(central control unit)，它能調節與監測感測器與控制器之間的相互作用。中心控制單元的目的是使燃料電池保持在一個穩定的、特定的條件下運轉，故被認為是燃料電池系統的"大腦"。大部分的控制系統是採用回授運算來維持燃料電池的穩定運轉。例如，在燃料電池堆內溫度感應器和熱管理次系統之間加一個回授電路，在這樣一個回授電路中，如果中心控制單元探測到燃料電池堆的溫度不斷地在上升中，它可能會增大通過電池堆的冷卻氣體流速；另一方面，如果燃料電池堆的溫度持續地下降，則控制系統會減小冷卻空氣的流速。圖 9.13 是一種燃料電池控制系統的示意圖。

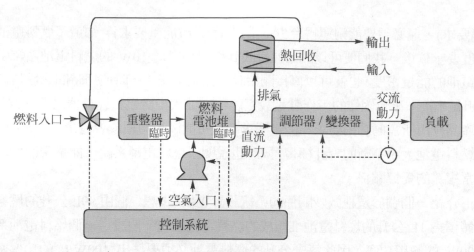

圖 9.13 燃料電池控制系統示意圖

9.4.4 電力供應管理

　　電力供應管理系統(power supply management)是電力電子(power electronics)次系統的一部分，用來使燃料電池的電力輸出滿足負載的要求。由於輔助系統配備如泵、壓縮機和燃料重整器上的延遲時間，燃料電池和其他電子設備如二次電池和電容器等相比，其動態響應更為緩慢。燃料電池系統可以在增加一組能量緩衝裝置(如二次電池)或完成沒有能量緩衝裝置(如電容)的各種條件下運轉，在沒有能量緩衝裝置的條件下，燃料電池系統的響應時間是從數秒(seconds)到數百秒量級(hundreds of seconds)；在有能量緩衝裝置的條件下，系統的響應時間可以減少到數毫秒(milliseconds)。電力供給管理系統也涵蓋了一種處理負載變化的電能管理目的。一個中型電動轎車平均消耗功率 25kW 的電能，但在尖峰功率時可以達到 120kW。一個燃料電池系統的電力供給要設計成即使在很大負載的波動下也能夠提供穩定電力。在分散式供電系統應用中，電力供應管理還包含燃料電池發電系統與當地電網之間的相互作用，以及滿足家庭或工業對電力的要求等目的。例如，當突然發生供電中斷的狀況時，燃料電池必須立即關閉或與當地電網完全切斷，因為如果仍然繼續提供電力給當地電網就會使維修的工程師觸電。

▶ 9.5 燃料電池系統之設計個案研究：可攜式燃料電池的設計

　　可攜式燃料電池系統(portable fuel cell systems)面臨定置型燃料電池系統(stationary fuel cell system)不會遭遇到的幾個重要問題。當我們設計可攜式電力系統時，應用產品的功率和能量要求是兩個最基本的要求。例如一台筆記型電腦可能需要至少 10W 以上的功率(功率要求)，還必須要能夠運轉至少 3 個小時以上(能量要求)。知道了燃料電池的輸出功率密度要求以後，我們便可以開始直接設計輸出功率為 10W 的燃料電池系統；若設定了燃料電池的能量密度，也就可以直接開始設計滿足系統 3 小時使用時間之燃料儲存器的尺寸。但是，接下來更困難的工作就是設定燃料電池大小與燃料儲存器之間的**最佳比例**，在滿足產品應用所需的功率要求和能量要求時盡可能減小體積或者質量。這種最佳化設計是針對燃料電池大小不斷的設計練習，同時也說明了燃料電池系統中能量密度與功率密度之間非常複雜的妥協關係。

以下介紹一個關於這種微妙關係的系統設計實例，試想一個由 99L 公升的燃料貯存器和一個體積為 1L 公升的燃料電池堆組成的燃料電池系統。假設這一個燃料電池系統可以提供 100W 的輸出功率，因此每一公升的燃料電池必須要輸出 100W/L 的功率密度。在 100W/L 功率密度的條件下，假設燃料電池的發電效率為 40%，那麼 99L 公升的燃料儲存器應該能有效提供 39.6L 燃料所釋放出的電能。

現在重新再設計這個燃料電池系統的尺寸，假設燃料儲存器的體積改變為 98L，燃料電池堆的大小改變為 2L。輸出還是保持 100W 的功率，燃料電池現在必須達到 50W/L 的功率密度。減少功率密度，燃料電池的發電效率就會提高(這是因為燃料電池減少功率密度的要求便可以在比較低的電流密度下輸出比較高的電壓與效率)。假設該燃料電池系統在功率密度為 50W/L 時的發電效率提高到 50%，這時燃料儲存器體積為 98L 且發電效率為 50%能夠有效轉換 49L 公升燃料所釋放出的電能。只要改變燃料電池堆與燃料儲存器之間的尺寸，所以我們能夠在不增大系統總體積 100 公升的條件下大大地增加電能輸出的時間！實質上在此是犧牲了一小部分燃料儲存器的空間來增大燃料電池堆的尺寸，如此就可以更有效率地使用燃料轉換更多的電能補償這裏做出的犧牲(由於燃料電池要求的功率密度減小)。

繼續上面的實例，如果再犧牲更多燃料儲存器的空間來提高燃料電池發電效率，我們便能夠轉換更多的電能時間，在某一設計點上將達到最佳化。怎樣才能確定這一個最佳化的設計點呢？基本上來說，當設定一個固定大小和一個固定輸出的功率的要求時，我們希望的是發電系統的"使用"電能時間能夠最大化。接下來的文框描述了在給定燃料電池、燃料儲存器、系統體積和功率要求等相關條件下，怎樣計算出這一種設計最佳化的狀態。透過最佳化系統設計的大小範圍和功率需求的計算可以產生一個 Ragone 圖來說明之。

Ragone 圖很清楚地說明能量密度和功率密度之間妥協的關係，而且讓設計師能夠參考比較一系列不同的發電系統的最大設計極限。NASA 工程師會關注如圖 9.15 所示的每單位質量的 Ragone 圖來設計一種針對太空任務(質量最關鍵)的可攜式電力。該圖顯示了各種可攜式電力系統的質量功率密度和質量能量密度之間的關係，其樣貌應該也相似於體積功率和能量密度的 Ragone 圖。設計者可以使用某一專門技術，而 Ragone 圖上的曲線代表了設計點的功率密度與能量密度比值的軌跡，例如，我們要設計一個 10kg 重的可攜式燃料電池系統，它要輸出 100W 的電力(系統淨功率密度為 10W/kg)。由圖 9.15 可知，假設這一個可攜式電力系統所提供的能量密度約為 250Wh/kg，由此就可以計算出供電時間應為 25h 左右。如果電力系統需要輸出 200W 的電力(將系統淨功率密度增加為 20W/kg)，則系統的能量密度就會降為 150Wh/kg 左右，供電時間降為 8h 左右。這一種妥協關係是因為要增加燃料電池系統的輸出功率我們只能增大燃料電池系統本身的質量，而這一種的調整設計將減少燃料可以使用時間。在非常極端的情況下，我們可以想像設計一個燃料電池系統，其電池堆的質量佔系統總質量的 100%(燃料可用量為 0%)。這樣的系統設計的功率密度只與燃料電池本身的功率密度相關，系統的能量密度將為 0。這一個設計點相對應於燃料電池 Ragone 曲線在功率密度座標軸或 Y 軸上的截距。在另一個極端情況下，燃料電池系統有 100%的可用燃料，而功率密度為 0，能量密度就相對應於燃料本身的能量密度。這個設計點對應於燃料電池 Ragone 曲線在能量密度座標軸或 X 軸上的截距。

燃料電池系統(Fuel cell systems)和燃燒系統(Combustion systems)是完全可以提升的，它們的 Ragone 曲線完全可以在能量密度／功率密度的空間裏作性能的延伸。在電池和電容器中，功率(power)和容量(capacity)的關係複雜，它們的 Ragone 曲線不能在整個能量密度／功率密度的空間作性能的延伸。

一個可攜式型燃料電池系統的最佳化

基本上一個可攜式燃料電池系統之最佳化包括下述問題：對於滿足一個固定系統的體積和功率需求之前提下，燃料電池的體積與燃料儲存器的體積之最佳比值是多少時才能使發電系統的使用時間達到最大(這種最佳化也適於質量問題)？圖 9.14 列舉了關鍵術語：

p_{FC} 表示燃料電池系統的功率密度；

x 表示燃料電池系統所佔的體積百分比值；

e_F 表示燃料儲存系統的能量密度；

$1-x$ 表示燃料儲存系統所佔的體積百分比值；

V 表示系統的總體積；

P 表示所需的系統總功率；

E 表示燃料儲存系統所能使用的總電能。

最佳化系統的使用時間意味著最大化燃料儲存系統所能提取的總電能 E。系統功率 P 和系統的總體積 V 是最佳化的限制條件。已知燃料電池系統的功率密度(p_{FC})和燃料儲存系統的能量密度(e_F),但燃料電池系統相對於燃料儲存系統所佔的體積百分比值 x 未知。

這一問題可透過下述方法進行解答。首先,對於燃料儲存系統所能提取的總能量 E 建立一個運算式,因為我們要試圖使之最大化:

$$E = (1-x) V e_F \varepsilon \tag{9.12}$$

其中,ε 為燃料儲存系統所含燃料供給燃料電池系統的發電效率,它將是燃料電池系統中功率密度 p_{FC} 的函數,即 $\varepsilon = \varepsilon(p_{FC})$。在高功率密度時,燃料電池系統在利用燃料方面發電效率降低;在低功率密度時,燃料電池系統發電效率較高。燃料電池系統中功率密度和發電效率之間的函數關係必須猜想或確定(它可透過燃料電池 i-V 曲線及電池堆體積等數據計算得到)。在確認 ε 的函數關係以後,公式(9.12)變為

$$E = (1-x) V e_F \varepsilon(p_{FC}) \tag{9.13}$$

系統必須實現總功率 P。功率密度 p_{FC} 的限制條件為 $xVP_{FC} = P$。將這一限制條件加入最佳化方程式中,得到

$$E = (1-x) V e_F \varepsilon\left(\frac{P}{xV}\right) \tag{9.14}$$

求最大化 E 的體積百分比值 x,則可透過考慮體積百分比值 x 等於零時計算這一運算式推導,並求解 x。將 x 代入公式(9.14)即可確定 E 的最佳化值。

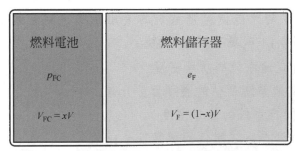

整個系統 V、P、E
$P = xV p_{FC}$,$E = (1-x)V e_F \varepsilon$

圖 9.14 最佳化燃料電池系統包括找到燃料電池系統大小與燃料儲存系統大小之間的最佳比值,以便發電系統能在設定功率下儘可能延長使用的時間

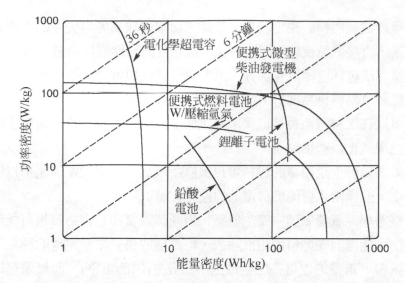

圖 9.15　各種可攜式電源的 Ragone 圖，顯示了發電系統之質量功率密度和質量能量密度之間的平衡關系。
圖中虛斜線表示對於各種功率密度／能量密度比值相同使用時間的輪廓線

9.6　本章摘要

- 一個燃料電池系統一般由一組燃料電池系統和一套輔助系統所構成。燃料電池堆用於滿足實際應用中對電壓的要求；輔助系統一般包括冷卻、燃料供應、監測、功率調節和燃料電池系統控制等設備。

- 燃料電池系統的設計主要是視實際的應用而定。例如，在可攜式電力的應用中，移動性的應用主要考量能量密度因素，此時必須儘可能減小輔助系統零件或簡單化。

- 燃料電池堆是指串聯若干個燃料單電池以提高輸出電壓。最常見的堆疊方式包括垂直式(雙極板)結構、平面堆疊式結構、平面翻轉式結構和管狀結構。

- 隨著電池堆尺寸和功率密度的增加，電池堆冷卻或熱管理越來越重要。內部空氣或冷卻水流道與燃料電池堆的一體化整合設計可以提供更有效的冷卻。

- 電池堆冷卻用以防止電池堆內(1)過熱和(2)溫度梯度。

- 電池堆釋放的熱量可以回收並用於：(1)內部系統加熱和(2)外部系統的加熱(例如建築物暖氣或住宅熱水)。

- 冷卻系統的效率可以透過計算冷卻速率與冷卻系統消耗功率的比值得到。好的冷卻系統設計效率比值為 20～40。

- 定置型燃料電池發電系統的燃料選擇首先是考慮易獲得性；移動式燃料電池發電系統的燃料選擇則還要比較質量儲存能量密度和體積儲存能量密度。

- PEM 燃料電池的兩個最基本的燃料是：直接氫氣或純氫以及氫載體。

- 直接氫氣或純氫燃料的優點包括高性能、簡單與無須考慮純度的影響或毒化問題。遺憾的是，直接氫氣或純氫並不普及，而且目前的儲氫技術還不太成熟。

- 直接儲氫方法包括壓縮氣體儲存、低溫液態儲存和可逆金屬氫化物儲存。

- 氫載體比氫氣燃料更易獲得，而且其儲存非常便利。

- 氫載體可以在燃料電池裏被直接電氧化而產生電流，也可以先重整生成氫氣，再被燃料電池電氧化以產生電流。

- 除了氫氣，只有少量簡單的燃料可以被直接電氧化。直接電氧化可以使燃料電池系統簡單化，但通常也會使燃料電池的性能大幅下降。

- 燃料重整過程從載體氣體中產生氫氣，但同時雜質和有害物質也可能產生出來。這些污染物可能需要在燃料使用前除去，但是這取決於燃料電池的種類。在高溫燃料電池系統中，重整過程可在燃料電池內部發生(內部重整)，而無須在單獨的化學反應器中進行(外部重整)。

- 對於可攜式電力應用來說，直接甲醇 DMFC 或重整的(reformed)甲醇 PMFC 燃料系統比直接儲氫法提供更高的能量密度。

- 定置型發電系統應用主要是使用重整的甲烷氣體和生物氣體燃料，因為相對於氫氣而言它們更易獲得而且成本低廉。

- 燃料電池輸出的功率必須調整為穩定和可靠的電力輸出。

- 電力調節包括電力調節和電力轉換。電力調節使用 DC/DC 轉換器(converters)來升高或降低燃料電池堆的可變電壓以達到預設的固定電壓輸出。電力轉換使用逆變器(inverters)以將燃料電池提供的直流電力(DC power)轉變為交流動力(AC power) (電力轉換並不在所有情況下都必要)。

- 在電力調節和電力轉換中，總電力是守恆或不變的(但會減去一些損失)。DC/DC 轉換器和 DC/AC 轉換器的效率一般為 85%～98%。

- 燃料電池控制系統是燃料電池系統的"大腦"。控制系統利用系統監測元件(感測器)和系統驅動元件(閥、閘、風扇)之間的回授電路維持系統在所設定的範圍內運轉。

- 電力供給管理利用電能緩衝器和專用控制器使燃料電池系統電力輸出與負載需求互相匹配。

- 可攜式燃料電池的尺寸設計包括燃料電池系統與燃料儲存系統之間的折衷與妥協。正確地平衡兩者之間的尺寸需要最佳化設計。

- 這些折衷與妥協可以利用 Ragone 圖表達出來，它可以比較若干不同的可攜式電力系統在設定的功率密度／能量密度限制下的最佳化設計。

習　題

綜述題

9.1　試想將垂直式結構和管狀結構相結合，畫出可能的電池堆排列，包括一系列堆疊的環狀電池，在環狀電池中氫氣由中心的管狀核供給，而空氣由其週邊供給。不要忘記了密封！

9.2　為什麼美國政府認為車上汽油重整的燃料電池汽車是無法實現的？你是否同意？為什麼？

計算題

9.3　(a)　假定在標準態條件下，一個 1000W 的氫聚合物電解質膜燃料電池在 0.7V 電壓下產生熱量的速率是多少？

　　(b)　(a)中的燃料電池配備有冷卻效率比值為 25 的冷卻系統。假定再無其他冷卻設備，要保持一個穩定的運轉溫度，這個冷卻系統將要消耗多少寄生功率？

9.4　在 9.3.2 節裏指出由一個 1L 的重整器和一個 1L 的裝有按 1：1 莫耳比混合的甲醇和水的燃料儲存器組成的一個燃料系統，其所具有的淨能量密度是 1.71kWh/L(按燃料的熱值計算)。推導這個數值。假定為標準態條件下，同時使用甲醇的 HHV 焓值。且假定水的密度為 1.0g/cm³，甲醇的密度為 0.79g/cm³。寫清楚所有的推導步驟。

9.5　我們將計算一個使用重整天然氣的燃料電池的氫載體系統的效率。由於這個重整過程的效率並不完美，在這個例子中我們假定供給燃料電池的氫氣熱焓值大小只相當於原始天然氣的 75%。另外，我們認為由重整器供給的氫氣會被 CO_2、其他惰性氣體、甚至一些有害氣體所稀釋。假定對比使用純氫氣的條件下，這種稀釋將使燃料電池系統的效率減少 20%。這個天然氣重整系統的總淨效率是多少？

9.6　假定燃料電池單元的功率密度與燃料利用的電效率之間的函數關係可以描述為

$$\varepsilon(p_{FC}) = A - Bp_{FC} \tag{9.15}$$

在等式中，隨著燃料電池的體積功率密度 p_{FC} 增高，能量效率 ε 將會減低(A 和 B 均為正數)。利用關於最佳化的文框中所述的方法步驟，在給定系統體積

V 和功率要求為 P 的條件下，推導出最佳化值 X(燃料電池單元的體積分數) 的運算式。如果 $V = 100\,L$，$P = 500\,W$，$A = 0.7$ 和 $B = 0.003\,L/W$，計算出 X。 檢查並確認解法中所要求的燃料電池功率密度是否合理。

Chapter 10

燃料電池系統整合和次系統設計

在第 9 章介紹完燃料電池系統的所有元件之後,現在我們來瞭解一下燃料電池外部次系統的主要細節,尤其是燃料傳送和熱管理所需要的次系統。透過定置型燃料電池系統範例的背景,我們將探究次系統設計的細節。尤其將重點放在以下幾個方面:

1. 廣泛地瞭解定置型燃料電池範例中四個主要的燃料電池次系統的組合;
2. 詳細地學習其中最重要的次系統——燃料處理次系統;
3. 詳細地學習另一個至關重要的次系統——熱管理次系統。

本章分爲上述 3 個主要部分。

燃料處理次系統是一個小型化學工廠。它的功能主要是以化學方式將燃料(如碳氫化合物燃料或液態氫)轉換爲可以在燃料電池陽極被氧化的富氫燃料。它也可以把燃料電池的陽極和陰極上沒有消耗的燃料或氧化劑轉換爲有用的電能。**熱管理次系統**是一個包含加熱或冷卻元件的熱交換器與控制系統,將熱量從一個系統傳送到另一個系統,並且把多餘的熱量轉換成熱水或暖氣輸送到外部(如建築物的空調或熱水系統)以便利用。本章中,我們將介紹(1)燃料電池系統的四個主要次系統的整合,(2)燃料處理次系統的化學工程模組和(3)內部的熱管理與能量效率最大化方法。

▷ 10.1 四個主要次系統的總述

一個設計良好的燃料電池系統可以把燃料中的化學能轉換爲電能和有用的熱能。圖 10.1 是一個定置型燃料電池系統的示意圖,包括主要的化學反應器、質量流和熱量流(一

Fuel Cell Fundamentals
燃料電池 基礎

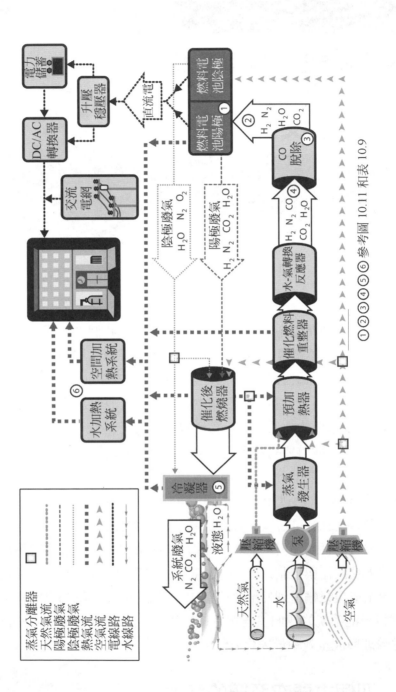

圖 10.1　熱電共生 (CHP) 燃料電池系統的流程圖

個流程圖)。這種特定的燃料電池系統使用天然氣燃料轉換為氫氣燃料與電池堆,替建築物或家庭供電和供熱,稱為熱電共生(Combined Heat and Power , CHP)。

熱電共生

　　熱電共生(CHP)或同時發電又發熱(Cogeneration)是指從同一能量來源同時產生的電和熱。CHP 發電站既產生電能也產生熱能,這種熱能可被回收利用,如提供建築物內部空間的暖氣、熱水或者某個工業加熱過程(像釀造啤酒!)。對於 CHP 發電站來說,定義**總效率**(ε_O)這一詞彙非常有用。總效率是發電站的電效率(ε_R)和熱回收效率(ε_H)之和

$$\varepsilon_O = \varepsilon_R + \varepsilon_H < 100\% \tag{10.1}$$

公式中,ε_O 不可能超過 100%。熱電共生燃料電池系統在 $\varepsilon_O = 70\%$ 時可以達到 $\varepsilon_R = 50\%$ 和 $\varepsilon_H = 20\%$。CHP 發電站的另一項重要詞彙是熱—電比值(H/P),H/P 是可回收的熱能(dH)與系統產生的淨電能($P_{e,SYS}$)的比值

$$\frac{H}{P} = \frac{dH}{P_{e,SYS}} \tag{10.2}$$

對於上述的 CHP 燃料電池系統,$H/P = \varepsilon_H / \varepsilon_R = 0.20/0.50 = 0.40$。$H/P$ 值對於不同種類的發電站設計有所不同,通常 H/P 值為 0.25～2。再舉個例子,某一個大學可能使用 CHP 天然氣發電站為你的校園提供電能和熱能。對這樣一個發電站來說,一般的值為 $\varepsilon_R = 40\%$,$\varepsilon_H = 20\%$,$\varepsilon_O = 60\%$ 和 $H/P = 0.50$。

天然氣燃料

　　天然氣是建築物供應熱水和供給發電站最常用的燃料之一,其主要成分是甲烷(CH_4)。脫硫的天然氣燃料成分請見表 10.1。視氣體的來源區域(開採氣體的氣田)不同及純度要求的不同,實際天然氣的成分會有所變化。實際天然氣總是會含有微量的硫化合物,硫化合物在氣田中自然存在,但也是供氣公司添加的氣味劑。

如圖 10.1 所示的燃料電池系統包括在第 9 章中已經介紹的四個主要次系統:(1)燃料處理次系統、(2)燃料電池次系統、(3)電力電子次系統和(4)熱管理次系統。燃料處理次系

統是由輸入天然氣、水與空氣的多股氣流和一系列化學反應器所組成(圖中分別表示為箭頭和圓柱形)。燃料電池輔助次系統表示為燃料電池堆、泵和壓縮機，以及電池組的冷卻劑迴路。電力電子次系統由深虛線表示的電流線路和右上角互連的方框組成。熱管理次系統表示為帶箭頭的熱流虛線，包括由熱交換器、流體和泵構成的網路。

表 10.1　脫硫的天然氣燃料樣品成分

CH$_4$	0.9674	N$_2$	0.0045
C$_2$H$_6$	0.0164	H$_2$O	0
C$_3$H$_8$	0.0019	CO	0
C$_4$H$_{10}$	0.0005	CO$_2$	0.0091
C$_5$H$_{12}$	0.0002	H$_2$	0
O$_2$	0		

註：一般的天然氣含有超過 90%的甲烷(CH$_4$)，但是成分會隨著產地而變化。它經常包含少部分更為複雜的碳氫化合物(HC)，包括乙烷(C$_2$H$_6$)、丙烷(C$_3$H$_8$)、丁烷(C$_4$H$_{10}$)和戊烷(C$_5$H$_{12}$)。事實上天然氣也可能含有微量硫化物。

如圖 10.1 所示的 4 個次系統具有以下幾項功能：

1. **燃料處理次系統**的主要工作是以化學方式把碳氫化合物燃料(如天然氣)轉換為富氫(H$_2$)氣體。該次系統也具有淨化氣體與去除或減少毒物(如一氧化碳或硫化物)的功能。這種純化過的氣體才可以與燃料電池電極和燃料處理器中化學反應器中的敏感催化劑(如鉑)接觸。如在圖 10.1 中，標號為 3 的"CO 脫除"反應器就會淨化 CO 氣流。最後，該次系統帶著所有未被燃料電池消耗的多餘燃料和氧化劑，使之在系統內循環利用。

2. **燃料電池次系統**的主要包含了把富氫氣體和氧化劑轉換為直流電和熱量的燃料電池堆(在圖 10.1 中標號為 1)，和後段相連的傳送反應物和生成物的泵和壓縮機，以及電池組和這些流體所需要的加熱/冷卻的循環裝置。

3. **電力電子次系統**(如圖 10.1 中電流線路所示)的主要工作是把燃料電池的直流電轉換為一般建築物或家庭中使用的交流電。電力電子次系統透過與電池或電容等能源儲存裝置或與附近交流電網並聯，平衡產生了建築物或家庭的電能需求與燃料電池系統專門的電能供給的作用。

4. **熱管理次系統**(如圖 10.1 中虛線熱流所示)的主要工作是蒐集由燃料電池和燃料處理次系統釋放的熱能。該熱能可用於加熱其他系統元件(如蒸氣發生器)或提供建築物或家庭供熱。最後過剩的熱量才排放到周圍空氣中。

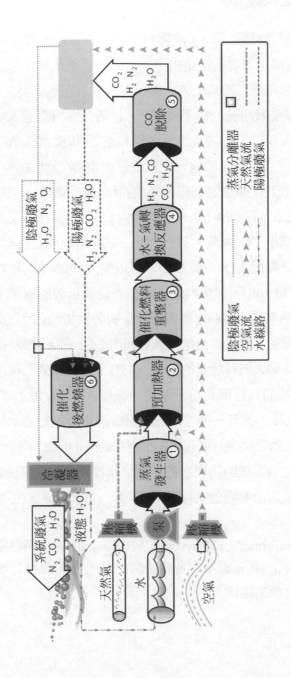

圖 10.2　燃料處理次系統

以下幾節將簡要討論定置型燃料電池系統的 4 個主要次系統，以便對其設計有更好的理解。

10.1.1 燃料處理次系統

　　燃料處理次系統請詳見圖 10.2。該燃料處理次系統的主要工作是把碳氫化合物燃料(如 CH_4)轉換為富氫氣體。該次系統是由一系列的觸媒催化之化學反應器、熱管理元件、反應物和生成物的輸送和純化設備組成。第一，液態水在蒸氣發生器(標號 1)中被加熱並轉換為水蒸氣。此水蒸氣將用於一些下游部分，包括替燃料電池入口氣體加濕和成為燃料處理改質器的反應物。第二，壓縮天然氣燃料和空氣和/或水蒸氣一起混合，並在預熱器中(標號 2)加熱。第三，燃料混合物進入燃料改質重組器(標號 3)，在觸媒催化劑的反應及高溫下(>600 ℃)發生反應，產生富氫燃料氣流(稱為**重組氣流**)。第四，重組氣流進入一個水－氣移轉反應器(water gas shift reactors)(標號 4)，水－氣移轉反應器用來增加重組氣流中氫氣的含量，同時減小 CO 含量。第五，在一氧化碳脫除反應器中(標號 5)，重組氣流透過化學反應或物理分離把 CO 分離去除才可以輸入 PEMFC 燃料電池不至於毒化。第六，在後燃燒單元(標號 6)中，從燃料電池陽極和陰極排放的廢氣透過催化燃燒回收熱量提供內部加熱例如預熱等其他燃料處理過程所需要的熱量，或用以提供燃料電池系統以外的外部加熱所需要的熱能。根據燃料電池氫氣利用率的不同，燃料電池排放氣體含有大量可以再利用的氫氣，佔輸入燃料能量的 15%～45%。另外，氫氣在後燃燒器中燃燒還會產生水，這些水可供系統的其他單元重新使用。最後，如圖 10.2 所示，在催化後燃燒器(catalytic afterburner)之後，還有一個冷凝器透過冷卻水蒸氣把該水蒸氣重新變回液態水。冷凝器(condenser)可用於吸收冷凝過程中的潛熱(laternal heat)。在一個燃料電池系統中，冷凝器對回收熱能和達到**系統中熱與水的平衡**是同等重要的。無論燃料的來源為何，幾乎所有的燃料處理次系統設計都將包括(1)後燃燒器、(2)水蒸氣產生器、(3)冷凝器以達到更高的總效率。

　　燃料重組器(fuel reformer's efficiency)的效率(ε_{FR})為送往燃料電池的重組氣中氫氣的高熱值(HHV)($\Delta H_{(HHV), H_2}$)和重組器本身為提供能量所燃燒的所有燃料在內的輸入燃料的HHV($\Delta H_{(HHV), fuel}$)的比值來描述：

$$\varepsilon_{FR} = \frac{\Delta H_{(HHV), H_2}}{\Delta H_{(HHV), fuel}} \tag{10.3}$$

水平衡

　　水平衡(water balance)是指被系統元件所消耗的水都能由系統內部其他元件產生的水來提供，也就是說系統不需要由外部提供額外的水。例如，燃料電池系統的某些零件可能消耗液態水(如燃料處理器)，而系統的其他零件產生的水(如燃料電池陰極和冷凝器)則與之平衡。為了達到水平衡，燃料電池的陽極排放氣流中的氫氣與陰極排放氣流中的水蒸氣應該被冷凝。一個燃料電池系統可能達到水平衡的條件為

$$\sum \dot{m}_P - \sum \dot{m}_C \geq 0 \tag{10.4}$$

式中，$\sum \dot{m}_P$ 表示產生水的質量流速率之和；$\sum \dot{m}_C$ 表示消耗水的質量流速率之和。為了達到水平衡，燃料電池系統需要冷凝水的質量流速率總和 $\sum \dot{m}_{CD}$ 等於 $\sum \dot{m}_C$，即

$$\sum \dot{m}_{CD} = \sum \dot{m}_C \tag{10.5}$$

其中，

$$\sum \dot{m}_P = \sum \dot{m}_{CD} + \sum \dot{m}_{NCD} \tag{10.6}$$

$\sum \dot{m}_{NCD}$ 是尚未冷凝的水蒸氣質量流速率之和，即以水蒸氣形式排出系統的水。尚未冷凝的水的量(non-condensed water, NCD)主要取決於冷凝器或氣流的出口溫度。某一些情況下，輸入燃料電池入口的空氣流也包含來自周圍環境濕度的水蒸氣，這些也應該考慮到系統水平衡當中。

(對 HHV 的討論，參見第 2 章)。燃料重組器的控制體積分析包含了圖 10.2 中的化學反應器 3。燃料處理器(fuel processor's efficiency)的效率(ε_{FR})可以透過類似重組器的術語來描述，這裏，ε_{FR} 是重組氣中氫氣的 HHV($\Delta H_{(HHV), H_2}$)和包含為燃料處理器本身提供能量所必須燃燒的所有燃料在內的輸入燃料的 HHV($\Delta H_{(HHV), fuel}$)的比值：

$$\varepsilon_{FP} = \frac{\Delta H_{(HHV), H_2}}{\Delta H_{(HHV), fuel}} \tag{10.7}$$

　　燃料處理器的控制體積分析需要包含圖 10.2 中的所有化學反應器(1 號～6 號)。在這兩種情況中，分母應該包含所有輸入到燃料重組和／或燃料處理過程中的能量。天然氣燃料處理器的實際的 ε_{FR} 是 85%。

10.1.2 燃料電池次系統

　　燃料電池次系統把富氫燃料氣流轉換爲直流電力。如圖 10.3 所示，供給富氫燃料氣流和水給燃料電池陽極。對於 PEMFC 系統來說，該燃料氣流通常被特意加濕以維持電解質的水合作用。同時，壓縮的空氣被通入燃料電池的陰極。正如前面章節所討論的，在一個氫氣燃料電池中，H_2 和 O_2 在電極處發生氧化－還原反應，並產生電流、熱量和水[42]。

　　圖 10.4 顯示燃料電池堆的總發電效率和燃料電池包括次系統的淨發電效率是有差別的。這兩種效率之間的差別是由於泵、壓縮機以及其他系統輔助裝置的運轉所需要的寄生功率消耗所造成的。該**寄生功率消耗**來自於燃料電池堆本身的輸出電力，從而減小了從系統中實際獲得的淨電功率。圖 10.4 顯示，對於一個燃料電池堆來說，最大效率出現在最小功率處；相反地，對於一個燃料電池次系統來說，最小效率出現在最小功率處。燃料電池包括次系統的淨發電效率($\varepsilon_{R,SUB}$)是用燃料電池次系統的淨電功率($P_{e,SUB}$)和輸入燃料氣體中 H_2 的 HHV($\Delta \dot{H}_{(HHV),H_2}$)來描述的：

$$\varepsilon_{R,SUB} = \frac{P_{e,SUB}}{\Delta \dot{H}_{(HHV),H_2}}$$

(10.8)

實際的 $\varepsilon_{R,SUB}$ 的值爲 42%。

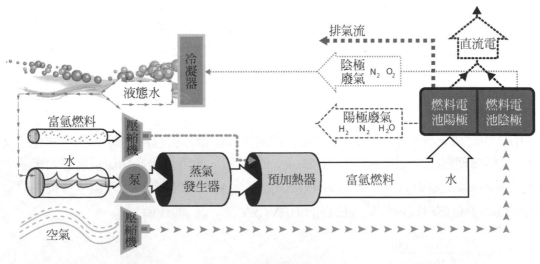

圖 10.3　燃料電池次系統

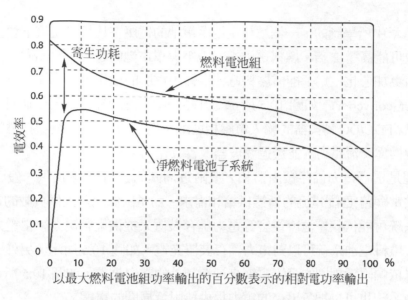

圖 10.4　燃料電池次系統的總效率和淨效率

例 10.1　燃料電池次系統的淨電功率($P_{e,SUB}$)可以表示爲

$$P_{e,SUB} = P_e - P_{e,P} \tag{10.9}$$

式中，P_e 是電池堆輸出的總電功率；$P_{e,P}$ 是寄生電功率。根據圖 10.4 推算一個近似 $P_{e,P}$ 的特性的方程式。

解：以下公式是一種可能的答案：$P_{e,P} = \alpha + \beta P_e$，其中，$\alpha$ 表示一個固定的寄生功率負載(如 1kW)；βP_e 表示與負載成某一百分比關係(如 $\beta = 0.10$)的寄生功率。這裏，α 表示輔助系統的 "前緣能量損耗" (upfront energy cost)。α 項則是指開啓泵和壓縮機等輔助元件所需要的最小功率消耗。

10.1.3　電力電子次系統

電力電子次系統(power electronics subsystem)(詳見圖 10.5)包括：(1)電力調節(power conditioning)(第 9 章中已經討論)和(2)電能管理(supply management)。

1. **電力調節**是將燃料電池堆直接輸出的低壓直流電力轉換爲高品質的直流或交流電(通常 120V 和 60Hz 單相交流電力應用於一般家庭，而三相交流電則應用於商業與工業)。燃料電池次系統在一個電壓隨著輸出功率的調整而變化的環境下產生直流電流。如我們在第 1 章中所學到的，一個燃料電池單電池的電壓在比較高電流下會產生衰減，其下降指數可能高達 2 倍。燃料電池堆的電壓與單電池的趨勢完全相同，而且可能隨時間變化而更加惡化。爲了補償燃料電池堆輸出電壓的變化，我們採用了一個升壓穩壓器(booster converter)，如圖 10.5 所示。升壓穩壓器透過補償電壓波動使燃料電池堆的輸出電壓和 DC/DC 轉換器的輸入電壓相匹配。然後 DC/AC 逆變器把燃料電池堆的直流電力轉換爲交流電力，並透過濾波器改善其電力品質。

2. **電能管理**是透過電力儲存緩衝器和／或附近周圍的公用電網(提供一般建築物或家庭電力的供電網路)匹配電流的暫態供給和需求。爲了確保能夠提供負載的電流需求，燃料電池系統可能依賴電池或電容等電力儲存裝置來提供備載電力。當電力需求比較低的時候，燃料電池系統可以對電力儲存裝置充電，如圖 10.5 所示。另外，燃料電池系統還可以依賴附近周圍的交流電網來補充額外的電力需求，如圖 10.5 所示。同樣地，燃料電池系統也可以把多出來的電力提供給附近周圍的電網。

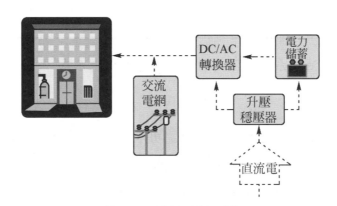

圖 10.5　電力電子次系統

電力電子次系統的淨電效率($\varepsilon_{R,PE}$)是燃料電池次系統的淨電功率($P_{e,SUB}$)和燃料電池系統的淨電功率($P_{e,SYS}$)的比值

$$\varepsilon_{R,PE} = \frac{P_{e,SYS}}{P_{e,SUB}} \tag{10.10}$$

如果電力電子次系統簡化爲只有一個升壓穩壓器(DC/DC 轉換器的一類)與一個 DC/AC 逆變器串聯的話，$\varepsilon_{R,PE}$ 也可以表示爲

$$\varepsilon_{R,PE} = \varepsilon_{R,DC-DC} \times \varepsilon_{R,DC-AC} \tag{10.11}$$

式中，$\varepsilon_{R,DC-DC}$ 表示 DC/DC 轉換器的效率；$\varepsilon_{R,DC-AC}$ 表示 DC/AC 逆變器的效率。如果 $\varepsilon_{R,DC-DC} = \varepsilon_{R,DC-AC} = 96\%$，則實際的 $\varepsilon_{R,PE}$ 爲 92%。

10.1.4 熱管理次系統

　　熱管理次系統(如圖 10.6 所示)回收系統過剩的熱能用於內部系統和外部系統，如為建築物空間和熱水或暖氣加熱。熱管理次系統管理來自燃料處理次系統和燃料電池次系統的熱流。對於如圖 10.6 所示的熱管理次系統而言，回收熱能來自於(1)燃料重組器(如果它**放熱**工作)、(2)燃料電池堆、(3)後燃燒器和(4)冷凝器。熱能被傳送到(1)水蒸氣發生器、(2)預熱器、(3)建築物的熱水加熱系統和(4)建築物的空間暖氣加熱系統，在圖 10.6 中可以看到所有這些熱流方向。熱能可以透過直接和間接的熱傳導在各個系統中進行傳送。例如，在某一些燃料處理系統設計中，上游的放熱過程可以直接作為下游吸熱過程所需要的熱量；後燃燒器輸出的熱量直接被用於加熱水蒸氣發生器就是這一種情況，如圖 10.6 所示。熱管理系統的熱回收效率取決於熱交換器的設計和控制。

　　熱管理次系統的效率(thermal management subsystem efficiency)可以用燃料處理次系統的熱回收效率($\varepsilon_{FP,H}$)(heat recovery efficiency of the fuel processor subsystem)和燃料電池次系統的熱回收效率($\varepsilon_{SUB,H}$)(heat recovery efficiency of the fuel cell subsystem)表示，根據

$$\varepsilon_{FP,H} = \varepsilon_{TM}(1 - \varepsilon_{FP}) \tag{10.12}$$

$$\varepsilon_{SUB,H} = \varepsilon_{TM}(1 - \varepsilon_{R,SUB}) \tag{10.13}$$

式中，ε_{TM} 是熱管理次系統的效率，即成功回收的有用熱能(recovered for a useful heat)與可利用的熱能(heat available)的百分比。設計良好的熱交換器可以回收可利用熱能的 80%($\varepsilon_{TM} = 80\%$)。

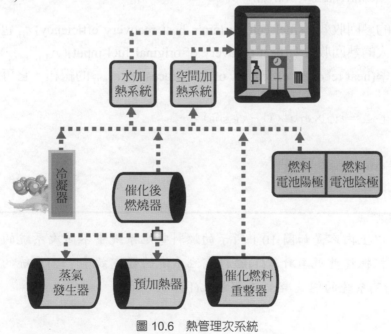

圖 10.6　熱管理次系統

放熱反應器(exothermic reactor)和吸熱反應器(endothermic reactor)

  燃料電池系統中一些化學反應器(chemical reactors)會產生熱量，它們的反應是**放熱的**(exothermic)。而其他一些反應是**吸熱的**(endothermic)，它們的反應需要加熱。吸熱反應器是熱能接收器，需要系統把熱能從放熱反應器或其他熱源傳遞到此處。

10.1.5 淨電效率和熱回收效率

CHP **熱電共生**燃料電池發電系統能達到很高的總效率(ε_O)，其中

$$\varepsilon_O = \varepsilon_R + \varepsilon_H \tag{10.14}$$

燃料電池系統的發電效率(ε_R)是系統的淨電力輸出和輸入燃料高熱值 HHV 的比值

$$\varepsilon_R = \frac{P_{e,SYS}}{\Delta \dot{H}_{(HHV),fuel}} \tag{10.15}$$

公式中，

$$\varepsilon_R = \varepsilon_{FP} \times \varepsilon_{R,SUB} \times \varepsilon_{R,PE} \tag{10.16}$$

$$= \frac{\Delta \dot{H}_{(HHV),H_2}}{\Delta \dot{H}_{(HHV),fuel}} \frac{P_{e,SUB}}{\Delta \dot{H}_{(HHV),H_2}} \frac{P_{e,SYS}}{P_{e,SUB}} \tag{10.17}$$

燃料電池系統的熱回收效率(fuel cell system's heat recovery efficiency)ε_H 包括燃料電池系統原始燃料輸入的熱回收效率(heat recovery of original fuel input)($\varepsilon_{SUB,H,fuel}$)和燃料處理系統的熱回收效率(heat recovery efficiency of fuel processor)$\varepsilon_{FP,H}$ 的總和。它可以表示為

$$\varepsilon_{SUB,H,fuel} = \varepsilon_{FP} \times \varepsilon_{TM} \times (1 - \varepsilon_{R,SUB}) \tag{10.18}$$

和

$$\varepsilon_H = \varepsilon_{SUB,H,fuel} + \varepsilon_{FP,H} \tag{10.19}$$

例 10.2 以上內容是如圖 10.1 所示的燃料電池系統中不同次系統的實際效率值。根據這些效率計算(1)燃料電池系統的發電效率；(2)系統的熱回收效率；(3)系統的總效率；(4)電熱比(H/P)。

解：1. 對於上面所討論的 4 個次系統，表 10.2 總結了 4 個獨立次系統的效率及系統的淨發電效率(ε_R)(system's net electrical efficiency)，計算如下

$$\varepsilon_R = \varepsilon_{FP} \times \varepsilon_{R,SUB} \times \varepsilon_{R,PE} = 0.85 \times 0.42 \times 0.92 = 0.328 \qquad (10.20)$$
$$= 33\% \qquad (10.21)$$

2. 表 10.2 整理了燃料電池次系統的熱回收效率及系統的熱回收效率(ε_H)。具有 80%效率的熱管理系統能夠從燃料處理次系統和燃料電池次系統回收 80%的可利用熱能，則

$$\varepsilon_{FP,H} = \varepsilon_{TM} \times (1 - \varepsilon_{FP}) = 0.80(1 - 0.85) = 0.12$$
$$\varepsilon_{SUB,H} = \varepsilon_{TM} \times (1 - \varepsilon_{R,SUB}) = 0.80(1 - 0.42) = 0.46$$
$$\varepsilon_{SUB,H,fuel} = \varepsilon_{FP} \times \varepsilon_{TM} \times (1 - \varepsilon_{R,SUB}) = 0.85[0.80(1 - 0.42)] = 0.39 \qquad (10.22)$$
$$\varepsilon_H = \varepsilon_{SUB,H,fuel} + \varepsilon_{FP,H} = 0.12 + 0.39 = 0.51$$
$$= 51\%$$

3. $\varepsilon_O = \varepsilon_R + \varepsilon_H = 0.33 + 0.51 = 84\%$。

4. $H/P = \varepsilon_H/\varepsilon_R = 0.51/0.33 = 1.55$。

表 10.2　四個主要次系統的發電效率和熱回收效率

	燃料處理次系統	燃料電池次系統	電力電子次系統	熱管理次系統	總系統
電效率	85%	42%	92%	NA	33%
熱回收效率	12%	46%	NA	80%	51%

◗ 10.2　外部重組：燃料處理次系統

　　如第 9 章所討論的，H_2 氣體可以由任何含有氫原子的物質生成，如水、酸或鹼、或碳氫化合物(HC)燃料。一種產生氫氣的方法是將碳氫化合物(HC)燃料轉換為富氫氣體，這種方法稱為燃料改質或重組處理(reformed)。先進國家都市中大多數建築物都有都市天然氣(NG)分佈管線或者液態石油氣(LPG)的管道。無論是 NG 或 LPG 碳氫化合物燃料都能夠經過化學反應重組或改質成一種可用於燃料電池的富氫氣體。燃料處理次系統就像一個小型的化學工廠，其複雜程度取決於燃料電池的種類和所使用的改質處理燃料種類。燃料處

理次系統包含一系列透過化學反應把天然氣(或 LPG)轉換為低雜質、高氫含量氣體的催化化學反應器。PEMFC 和 PAFC 對於通入燃料氣體中的雜質非常敏感，這些雜質可能會毒化(阻塞)催化劑。因此，它們需要完善的有多重處理步驟的燃料處理系統。相反地，由於 MCFC 和 SOFC 通常在夠高的溫度下工作，可以進行內部燃料重組，所以燃料和氧化劑氣體混合物通常直接進入燃料電池堆。由於低溫燃料電池對燃料處理要求最為嚴格，因此我們就來研究對於 PEMFC 或 PAFC 而言常見的燃料處理次系統，這樣一個次系統可能需要至少 3 個主要反應過程(參見圖 10.2)：

- 燃料重組(標號 3)；
- 水－氣移轉反應(標號 4)；
- 一氧化碳去除(標號 5)。

雖然去硫不在我們的討論範圍內，但是燃料中的硫磺也必須在燃料的上游處理流程中去除。下面我們將探究這 3 個主要燃料處理步驟。

10.2.1 燃料重組總論

燃料重組的總目標是把碳氫氣體轉換為富氫氣體。主要的轉換是在使用或不使用催化劑的情況下透過下述三種主要燃料處理過程之一來完成：

- 水蒸氣重組(SR)；
- 部分氧化重組(POX)；
- 自熱重組(AR)。

為了比較各種燃料重組過程的效率，我們引入了 H_2 產率(y_{H_2})的概念來表示燃料重組器出口處重組氣中 H_2 的莫耳百分比：

$$y_{H_2} = \frac{n_{H_2}}{n} \tag{10.23}$$

式中，n_{H_2} 是燃料重組器產生的 H_2 莫耳數；n 是出口處所有氣體的總莫耳數。類似地，我們引入水－碳比(S/C)的概念來表示化學氣流中水分子莫耳數(n_{H_2O})與燃料(如甲烷 CH_4)中碳原子莫耳數(n_C)的比值：

$$\frac{S}{C} = \frac{n_{H_2O}}{n_c} \tag{10.24}$$

表 10.3　3 個主要的燃料重組反應的化學反應特性比較

類型	化學反應	溫度範圍 (°C)	氫氣輸出氣體成分 (有天然氣燃料)					放熱或吸熱
			H_2	CO	CO_2	N_2	其他	
水蒸氣重整	$C_xH_y + xH_2O(g) \leftrightarrow$ $xCO + (\frac{1}{2}y+x)H_2$ $\Rightarrow CO，CO_2，H_2，O$	700~1000	76%	9%	15%	0%	微量 $NH_3，CH_4，SO_x$	吸熱
部分氧化	$C_xH_y + \frac{1}{2}xO_2 \leftrightarrow xCO + \frac{1}{2}yH_2$	>1000	41%	19%	1%	39%	少許 $NH_3，CH_4，SO_x，HC$	放熱
自熱重整	$C_xH_y + zH_2O_{(g)} + (x-\frac{1}{2}z)O_2$ $\leftrightarrow xCO + (z+\frac{1}{2}y)H_2$ $\Rightarrow CO，CO_2，H_2，H_2O$	600~900	47%	3%	15%	34%	微量 $NH_3，CH_4，SO_x，HC$	中性

註：水蒸氣重組 SR 反應的 H_2 產率最高且排放的氣體最潔淨。對於部分氧化 POX 和自熱重組 AT 反應來說，由於需要空氣，空氣中的 O_2 使燃料部分氧化且空氣中的 N_2 稀釋了出口氣體中的 H_2 成分，所以 H_2 產率比較低。所有這 3 個反應都可以利用下游水－氣移轉反應來增加 H_2 的產率。在蒸氣重組 SR 化學反應中，第一行得出了以恰當的莫耳比值表示了一般的反應物和生成物，第二行得出了實際反應器中的生成物，它們不僅包含 CO 和 H_2，還包含 CO_2 和 H_2O。自熱重組 AT 的化學反應也是以類似的方式表示。濃度是在乾燥狀態下爲參考基準(即空氣流中沒有水蒸氣)而做記錄的。

三個主要的重組過程中的每一個過程都有不同的 H_2 產率，需要不同的水－碳比，且有各自獨特的優缺點。表 10.3 和表 10.4 詳細描述了上述 3 個重組過程的主要特性。在下面的章節中，我們將詳細討論每一個重組過程。

表 10.4　3 個主要生產 H_2 方法的優點和缺點

類型	優點	缺點
水蒸氣重組	最高的 H_2 產率	要求精準的熱管理系統爲重組反應提供必要的熱量，特別是爲(a)啓動和(b)動態響應只在特定的燃料下工作
部分氧化	由於反應是放熱的，因而啓動快、響應快 動態響應快 沒有精準的熱管理要求 能在許多燃料下工作	最低的 H_2 產率 最高的污染物排放(HC_3，CO)

表 10.4　3 個主要生產 H_2 方法的優點和缺點(續)

類型	優點	缺點
自熱重組	透過結合放熱反應和吸熱反應來簡化熱管理 由於省略了熱交換得到系統的簡化 啓動快	低 H_2 產率 要求很精確的控制系統設計以平衡負載變化和啓動期間的放熱過程和吸熱過程

註：自熱重組 AT 結合了水蒸氣重組 SR 和部分氧化重組 POX 以獲得二者的某一些優勢，包括簡單的熱管理和快速響應。部分氧化重組 POX 則提供了最大的燃料種類靈活性。

10.2.2　水蒸氣重組

水蒸氣重組(Steam reforming)是一個在高溫下透過催化劑使碳氫燃料和水蒸氣結合的吸熱反應，根據以下：

$$C_xH_y + xH_2O_{(g)} \leftrightarrow xCO + \left(\tfrac{1}{2}y + x\right)H_2 \Rightarrow CO, CO_2, H_2, H_2O \qquad (10.25)$$

基於乾燥反應之參考基準(即在空氣流中沒有水蒸氣)，天然氣水蒸氣重組的 H_2 產率通常為 76%[43]。因為重組反應中沒有包括空氣中的氧氣，出口氣流並未被空氣中的 N_2 稀釋，因此 H_2 的產率是 3 種重組類型中最高的。為了提高 H_2 的產率，Le Chatelier 原理告訴我們，反應在水蒸氣過量條件下將有助於使反應平衡偏向產生 H_2。為了進一步提高 H_2 產率，水蒸氣重組器出口的 CO 可以透過另一個反應，即水－氣移轉(WGS)反應而 "轉換" 出 H_2：

$$CO + H_2O_{(g)} \leftrightarrow CO_2 + H_2 \qquad (10.26)$$

WGS 反應能夠提高大約 5%的 H_2 產率。表 10.5 總結甲烷的水蒸氣重組反應(在表中以及本章中反應焓都是在標準溫度和壓力下的情況，我們利用這些標準態值作為本章的計算過程)。

表 10.5　水蒸氣重組反應

反應數	反應類型	化學計算方程式	$\Delta \hat{h}^0_{rxn}$ (kJ/mol)
1	水蒸氣重組	$CH_4 + 2H_2O(g) \rightarrow CO_2 + 4H_2$	+165.2
2	水－氣移換反應	$CO + H_2O(g) \rightarrow CO_2 + H_2$	−41.2
3	水蒸發	$H_2O_{(l)} \rightarrow H_2O_{(g)}$	+44.1

註：主要的水蒸氣重組反應是吸熱的，氣態水(水蒸氣)是反應物。水－氣移轉反應增加了 H_2 的產率。

　　水蒸氣重組器必須設計成能夠提供足夠的熱量以維持吸熱反應。常見的水蒸氣重組器設計成管狀(tubular reformer)，主要包含很多填充催化劑管道的加熱爐(furnace)，這些管道是水蒸氣重組反應物流經的通路。大多數水蒸氣重組催化劑會逐漸因硫化物而毒化，因此輸入的燃料必須降低硫含量使其低於[(10～15)×10^{-6}]。吸熱的水蒸氣重組反應在管道內部發生。通常管道由輸入的一部分燃料經燃燒來加熱。另外，在燃料電池系統中，吸熱反應的水蒸氣重組 SR 反應所需要的熱能也可以透過如圖 10.2 中標號 6 的催化後燃燒器(catalytic afterburner)中燃燒陽極排放的殘餘氫氣(燃料電池陽極未被消耗的燃料)來提供。

例 10.3 (1)對於一個理想的甲烷(CH_4)燃料的重組器來說，採用水蒸氣重組和水－氣移轉反應結合的反應模式，最大的 H_2 產率是多少？(2)此一重組反應的水－碳比是多少？(3)在一個實際的燃料重組器中，我們為什麼希望反應器在較高的水－碳比下工作？(4)為簡化起見，假設反應物和生成物都是在標準溫度和壓力下流入和流出反應器，那麼反應消耗的熱量是多少？

解：1. 對於 CH_4 的水蒸氣重組，我們知道

$$CH_4 + H_2O_{(g)} \leftrightarrow CO + 3H_2 \qquad (10.27)$$

對於水－氣移轉反應，我們得到

$$CO + H_2O_{(g)} \leftrightarrow CO_2 + H_2 \qquad (10.28)$$

結合二者的反應，得到以下

$$CH_4 + 2H_2O_{(g)} \leftrightarrow CO_2 + 4H_2 \qquad (10.29)$$

即表 10.5 中所示的第一個反應(1)。該重組反應的氫氣產率為

$$y_{H_2} = \frac{4 \text{ mol } H_2}{4 \text{ mol } H_2 + 1 \text{ mol } CO_2} = 0.80 \qquad (10.30)$$

或 80%。

2. 水－碳比為

$$\frac{S}{C} = \frac{n_{H_2O}}{n_c} = 2 \qquad (10.31)$$

3. 根據 Le Chatelier 原理，我們希望重組器在比較高的水－碳比之下工作，因為可以減少碳沉積並增加 H_2 產率。由表 10.6 中反應 3(熱分解)可以見到會發生碳沉積。一般來說，水－碳比值在 3.5～4 之間可以防止碳沉積的形成。

4. 根據表 10.5，如果水是以水蒸氣進入重組器，那麼每莫耳 CH_4 吸熱反應需要供給 165.2kJ 的熱量。如果是以液態水進入重組器，那麼每莫耳 H_2O 還需要增加額外的 44.1kJ 的熱量，或者每莫耳 CH_4 還需要增加額外的 88.2kJ 的熱量。因此，如果是以液態水進入重組器，且吸熱反應發生在標準溫度和壓力下，則每莫耳 CH_4 總共需要供給 253.4kJ(=165.2kJ+88.2kJ)的熱量。

10.2.3 部分氧化重組

部分氧化重組(Partial Oxidation Reforming, POX)是一個碳氫化合物燃料和氧氣發生**部分氧化**(或部分燃燒)生成 CO 和 H_2 的放熱反應，此一反應發生在含有催化劑的情況下。在**完全**燃燒的情況下，碳氫化合物和充分的氧氣反應可以把所有生成物都完全氧化成 CO_2 和 H_2O。在完全氧氣反應中，反應物不再含有 H_2、CO、O_2 或燃料。例如，丙烷(C_3H_8)的完全氧化燃燒為

$$C_3H_8 + xO_2 \leftrightarrow yCO_2 + zH_2O \tag{10.32}$$

沒有 H_2、CO、O_2 或 C_3H_8 生成。根據質量守恆原理，反應方程式兩邊的 H、C 和 O 的莫耳數必須相等。於是我們得到

$$C_3H_8 + 5O_2 \leftrightarrow 3CO_2 + 4H_2O \tag{10.33}$$

O_2 的最小需求量為 $5molO_2/molC_3H_8$。完全燃燒所需要的 O_2 的最少量稱為 O_2 的**化學當量**(stoichiometric amount)。

在部分氧化(或**部分**燃燒)中，碳氫化合物燃料和少於化學當量的氧氣(O_2)反應，因此會生成**不完全**燃燒生成物的 CO 和 H_2。例如，丙烷(C_3H_8)的不完全燃燒為

$$C_3H_8 + xO_2 \leftrightarrow yCO + zH_2 \tag{10.34}$$

根據質量守恆原理，我們可得到

$$C_3H_8 + 1.5O_2 \leftrightarrow 3CO + 4H_2 \tag{10.35}$$

可見，氧氣的需要量為 $1.5molO_2/molC_3H_8$，遠少於氧氣的化學當量。用少於化學當量的 O_2 反應操作又稱為**燃料富足**或 O_2 **不足**。更廣義來說，對於任何 HC 燃料而言部分氧化反應被定義為

$$C_xH_y + \tfrac{1}{2}xO_2 \leftrightarrow xCO + \tfrac{1}{2}yH_2 \qquad (10.36)$$

就像水蒸氣重組反應一樣，透過水－氣移轉反應可以把重組器出口處的 CO 再轉換為 H_2 以進一步提高 H_2 的產率：

$$CO + H_2O_{(g)} \leftrightarrow CO_2 + H_2 \qquad (10.37)$$

甲烷氣體的部分氧化重組 POX 過程的主要反應列於表 10.6 中。

表 10.6　部分氧化反應

反應數	反應類型	化學計算方程式	$\Delta \hat{h}_{rxn}^0$ (kJ/mol)
1	部分氧化	$CH_4 + \dfrac{1}{2}O_2 \rightarrow CO + 2H_2$	−35.7
2	部分氧化	$CH_4 + O_2 \rightarrow CO_2 + 2H_2$	−319.1
3	熱分解	$CH_4 \rightarrow C + 2H_2$	+75.0
4	甲烷燃燒	$CH_4 + 2O_2 \rightarrow CO_2 + 2H_2O_{(l)}$	−880
5	一氧化碳燃燒	$CO + \dfrac{1}{2}O_2 \rightarrow CO_2$	−283.4
6	氫氣燃燒	$H_2 + \dfrac{1}{2}O_2 \rightarrow H_2O_{(l)}$	−284

註：自熱重組反應包括上述反應和表 10.5 中的水蒸氣重組反應。

例 10.4　一個理想的甲烷(CH_4)與空氣的部分氧化燃料 POX 重組器。(1)最大的 H_2 產率是多少？(2)如果反應發生在標準溫度和壓力下，其釋放的熱量是多少？(3)重組器的效率是多少？在標準溫度和壓力下，甲烷的 HHV 是 55.5MJ/kg[或 880MJ/(k · mol)]，而 H_2 的 HHV 是 142MJ/kg[或 286MJ/(k · mol)]。

解：1. 在空氣中反應，每莫耳 O_2 對應 3.76 莫耳 N_2，則

$$C_xH_y + \tfrac{1}{2}x(O_2 + 3.76N_2) \leftrightarrow xCO + \tfrac{1}{2}yH_2 + 1.88xN_2 \qquad (10.38)$$

對於甲烷可得

$$CH_4 + \frac{1}{2}(O_2 + 3.76N_2) \leftrightarrow CO + 2H_2 + 1.88N_2 \qquad (10.39)$$

則反應的氫氣產率為

$$y_{H_2} = \frac{2 \text{ mol } H_2}{2 \text{ mol } H_2 + 1 \text{ mol } CO + 1.88 \text{ mol } N_2} = 0.41 \qquad (10.40)$$

或 41%。由於重組反應涉及了空氣中的 O_2，出口氣體被空氣中的 N_2 所稀釋，因此，H_2 的產率是 3 種重組類型中最低的。

2. 查表 10.6 可知，在標準溫度和壓力下，放熱反應中 CH_4 釋放的熱量為 35.7kJ/mol。

3. 燃料重組器的效率用 HHV 的形式表示為

$$\varepsilon_{FR} = \frac{\Delta H_{(HHV).H_2}}{\Delta H_{(HHV).fuel}} = \frac{2 \text{ kmol } H_2(286 \text{ MJ/kmol}H_2)}{1 \text{ kmol } CH_4(880 \text{ MJ/kmol } CH_4)} = 65\% \qquad (10.41)$$

10.2.4　自熱重組(AR)

自熱重組(Autothermal Reforming, AR)在單一重組過程中整合了(1)水蒸氣重組反應、(2)部分氧化反應和(3)水－氣移轉反應。自熱重組整合了以上這些反應，從而(1)它們同時在同一個化學反應器中進行；並且(2)吸熱的水蒸氣重組 SR 反應和水－氣移轉反應所需要的熱量是由放熱的部分氧化 POX 反應提供。透過使用水蒸氣做為反應物，自熱重組 AR 完成與水蒸氣重組的一體化。相似地，透過使用低於化學當量的 O_2 反應物，又完成與部分氧化的一體化。AR 反應方程式為

$$C_xH_y + zH_2O_{(l)} + (x - \frac{1}{2}z)O_2 \leftrightarrow xCO_2 + \left(z + \frac{1}{2}y\right)H_2 \qquad (10.42)$$

$$\Rightarrow CO, CO_2, H_2, H_2O \qquad (10.43)$$

水－碳比的值(在這裏表示為 z/x)應該是根據既不放熱也不吸熱的能量中性反應來確定。

例 10.5　(1)對於甲烷(CH_4)燃料，估算使用自熱重組反應能量平衡的水－碳比。假設 H_2O 以液態水輸入，生成物只有 CO_2 和 H_2。為了簡化，假設反應物和生成物在標準溫度和壓力下流入和流出反應器(2)H_2 的產率是多少？(3)重組器的效率是多少？

解:1. 對於吸熱的水蒸氣重組 SR 反應,可得

$$CH_4 + 2H_2O_{(l)} \leftrightarrow CO_2 + 4H_2 + 253.4 \text{ kJ/mol } CH_4 \tag{10.44}$$

對於放熱的部分氧化 POX 反應,可得

$$CH_4 + \frac{1}{2}O_2 \leftrightarrow CO + 2H_2 - 35.7 \text{ kJ/mol } CH_4 \tag{10.45}$$

上述整合重組反應的生成物只有 CO_2 和 H_2,部分氧化 POX 反應中的 CO 必須透過水-氣移轉 WGS 反應轉變為 H_2。此一問題的解釋見表 10.7,其中列出了(1)SR 反應、(2)POX 反應和(3)WGS 反應,以及每一個反應的熱量。透過把反應 2(POX)和反應 3(WGS)相加,我們可以得到反應 4,其中 CO 被移除,生成物中只有 CO_2 和 H_2。另外,每一個反應的反應焓也相加,計算可得反應 4 必須發生 7.73 次,其所釋放的能量才能夠與反應 1 所消耗的能量相等,如反應 5 所示。把反應 5 和反應 1 相加得到反應焓為 0 的反應 6。透過除以 CH_4 的莫耳數歸一化反應 6 得到反應 7。根據反應 7,水一碳比(S/C)為

$$\frac{S}{C} = \frac{n_{H_2O}}{n_c} = 1.115 \tag{10.46}$$

和

$$z = 1.115 \tag{10.47}$$

2. H_2 的產率是多少?當在空氣中工作時,對於每莫耳 O_2,有 3.76 莫耳的 N_2。由於入口處有 0.44 莫耳 O_2,我們同樣應該有 1.66 莫耳 N_2。所以,該反應的 H_2 產率為

$$y_{H_2} = \frac{3.11 \text{ mol } H_2}{3.11 \text{ mol } H_2 + 1 \text{ mol } CO_2 + 1.66 \text{ mol } N_2} = 0.54 \tag{10.48}$$

由於反應涉及了空氣中的氧氣,出口氣流被空氣中的 N_2 稀釋,由此降低了 H_2 的產率。但是,作為反應物的水蒸氣的存在又增加了 H_2 的產率。因此,H_2 的產率比 SR 低,但比 POX 高。

3. 用 HHV 表示的燃料重組器的效率為

$$\varepsilon_{FR} = \frac{\Delta H_{(HHV),H_2}}{\Delta H_{(HHV),fuel}} = \frac{3.11 \text{ kmol } H_2(286 \text{ MJ/kmol } H_2)}{1 \text{ kmol } CH_4(880 \text{ MJ/kmol } CH_4)} = 100\% \tag{10.49}$$

表 10.7　例 10.5 的解

反應數	反應類型	化學式	$\Delta\hat{h}^0_{rxn}$
1	SR	$1CH_4+2H_2O$ 液態$\rightarrow1CO_2+4H_2$	+253.4
2	POX	$1CH_4+0.5O_2\rightarrow2H_2+1CO$	−35.7
3	WGS	$1H_2O$ 液態$+1CO\rightarrow1CO_2+1H_2$	+2.9
4	POX + WGS	$1CH_4+1H_2O+0.5O_2\rightarrow1CO_2+3H_2$	−32.8
5	(POX + WGS)$\times7.73$	$7.73CH_4+7.73H_2O$ 液態$+3.86O_2\rightarrow$ $7.73CO_2+23.2H_2$	−253.4
6	(POX + WGS)$\times7.73$ + SR	$8.73CH_4+9.73H_2O$ 液態$+3.86O_2\rightarrow$ $8.73CO_2+27.2H_2$	0.0
7	[(POX + WGS)$\times7.73$ + SR]/8.73	$1CH_4+1.115H_2O$ 液態$+0.44O_2\rightarrow$ $1CO_2+3.11H_2$	0.0

註：計算甲烷自熱重組的近似水－碳比。自熱重組整合了蒸氣重組(SR)、部分氧化(POX)和水－氣移轉(WGS)反應以獲得能量平衡。

例 10.6　你正在設計一個爲燃料電池車輛提供氣態氫氣的氫氣發生器，想要使用來自附近管道的甲烷和公用設施的水作爲輸入。由於 SR 反應的高氫氣產率，你希望它作爲燃料重組方法的首選。然而，吸熱的 SR 反應需要熱量。爲了提供上述熱量，你設計了蒸氣重組器燃燒一些甲烷燃料。(1) 透過對資料的初步計算，估算爲了提供水蒸氣重組器足夠的熱量所必須燃燒甲烷燃料的最小量。假設甲烷燃燒器和水蒸氣重組器之間的熱傳輸的效率是 100%。假設水蒸氣重組反應達到最大的 H_2 產率，參考例 10.3。假設 CH_4 與化學當量等量的 O_2 完全燃燒。爲簡化起見，我們假設反應發生在標準溫度和壓力下，因此甲烷的 HHV 爲 55.5MJ/kg[或 880MJ/(k·mol)]，H_2 的 HHV 爲 142MJ/kg[或 286MJ/(k·mol)]。(2)計算由 HHV 表示的重組器效率(ε_{FR})。

解：1. 假設一個基於能量守恆的理想熱交換移轉，放熱反應釋放的熱能(Q_{out})和吸熱的 SR 反應吸收的熱能(Q_{in})相等，即

$$Q_{in} = Q_{out} \tag{10.50}$$

因此

$$n_{CH_4.SR}(\Delta\hat{h}^0_{rxn})_{SR} = n_{CH_4.C}(\Delta\hat{h}^0_{rxn})_C \tag{10.51}$$

式中，$n_{CH_4,SR}$ 是 SR 反應所消耗的 CH_4 莫耳數；$(\Delta\hat{h}^0_{rxn})_{SR}$ 是 SR 反應的反應熱；$n_{CH_4,C}$ 是燃燒反應所消耗的 CH_4 莫耳數；$(\Delta\hat{h}^0_{rxn})_C$ 是 CH_4 燃燒的反應熱。於是，$n_{CH_4,C}$ 與 $n_{CH_4,SR}$ 的比值為

$$\frac{n_{CH_4.C}}{n_{CH_4.SR}} = \frac{(\Delta\hat{h}^0_{rxn})_{SR}}{(\Delta\hat{h}^0_{rxn})_C} \tag{10.52}$$

由此可見，質量比和反應熱有關。根據表 10.5，SR 反應為

$$CH_4 + 2H_2O_{(g)} \leftrightarrow CO_2 + 4H_2 \tag{10.53}$$

在標準溫度和壓力下，每莫耳 CH_4 需要 165.2kJ 的能量。然而，該 SR 反應也假設 H_2O 以水蒸氣存在[公式中(g)表示氣體]。

因為我們獲得的是液態 H_2O，所以需要把液態水轉換成水蒸氣，根據相變化反應

$$H_2O_{(l)} \rightarrow H_2O_{(g)} \tag{10.54}$$

公式中，每莫耳液態水轉變為氣態水蒸氣需要吸收+44.1kJ 能量。因此，對於每莫耳重組的 CH_4，共需要為反應提供：

$$\begin{aligned}(\Delta\hat{h}^0_{rxn})_{SR} &= 165.2 \text{ kJ/mol } CH_4 + \\ &\quad 44.1 \text{ kJ/mol } H_2O \times 2 \text{ mol } H_2O/ \text{ mol } CH_4 \\ &= 253.4 \text{ kJ/mol } CH_4\end{aligned} \tag{10.55}$$

根據表 10.6，CH_4 的燃燒式為

$$CH_4 + 2O_2 \leftrightarrow CO_2 + 2H_2O \tag{10.56}$$

公式中，如果水是以水蒸氣之氣態生成，那麼每莫耳 CH_4 要釋放 803.5kJ 能量[$(\Delta\hat{h}^0_{rxn})_C$]，因此

$$\frac{n_{CH_4,C}}{n_{CH_4,SR}} = \frac{253.4 \text{ kJ/mol } CH_4}{|-803.5 \text{ kJ/mol } CH_4|} = 0.315 \tag{10.57}$$

燃燒的 CH_4 莫耳數、質量或體積的最少量是水蒸氣重組器的 CH_4 莫耳數、質量或體積的 31.5%。

2. 用 HHV 表示的燃料重組器效率為

$$\varepsilon_{FR} = \frac{\Delta H_{(HHV),H_2}}{\Delta H_{(HHV),fuel}} = \frac{4 \text{ mol } H_2 \times 286 \text{ kJ/mol } H_2}{1.315 \text{ mol } CH_4 \times 880 \text{ kJ/mol } CH_4} = 98.9\% \tag{10.58}$$

10.2.5 水－氣移轉反應器

在燃料重組階段大量轉換 H_2 之後，重組氣通常被送到水－氣轉換反應器(Water-Gas Shift Reactors, WGS)。例如，如圖 10.2 所示的燃料處理次系統的設計中，在催化燃料重組器(標號 3)之後，重組氣進入水－氣移轉反應器(標號 4)。水－氣移轉反應器的目的是：(1)增加重組氣流中 H_2 的產率，(2)減少 CO 的產率(即使是很少量級的 CO 也可能毒化低溫類型的燃料電池，如 PEMFC 對 CO 的容忍限制必須低於10×10^{-6} 或 10 ppm)。我們已經瞭解了水－氣移轉反應器是怎樣增加 H_2 的產率。現在我們來更詳細地研究水－氣移轉反應，討論它是如何降低重組氣流中 CO 的產率的。

水－氣移轉反應器降低重組氣流中 CO 的產率與增加 H_2 的產率的百分比相同。CO 的產率(y_{CO})是重組氣中 CO 的莫耳百分比：

$$y_{CO} = \frac{n_{CO}}{n} \tag{10.59}$$

公式中，n_{CO} 表示重組氣中 CO 的莫耳數。在催化劑存在的情況下，水－氣移轉反應通常可以把 CO 的產率降低到 0.2%～1.0%的範圍內。

如果水以水蒸氣形式進入重組器，則水－氣移轉反應是略微放熱的：

$$CO + H_2O_{(g)} \leftrightarrow CO_2 + H_2 \qquad \Delta \hat{h}_r(25°C) = -41.2 \text{ kJ/mol} \tag{10.60}$$

根據 Le Chatelier 原理，由於水－氣移轉反應是放熱的，因此在高溫下它會產生更多的反應物(CO 和 H_2O)；在低溫下，它會產生更多的生成物(CO_2 和 H_2)。因此，在低溫下該 WGS 反應可增加 H_2 的產率，但是在高溫時其反應速率比較高。為了同時兼顧平衡狀態下高 H_2 產率和快速反應動力學，水－氣移轉過程一般經歷兩個階段。第一，水－氣移轉反應在高溫條件下工作的一個反應器中達到高反應速率。第二，在下游增加的第二個反應器中，水－氣移轉反應在低溫下反應以增加 H_2 的產率。同樣根據 Le Chatelier 原理，重組器入口處過多的水蒸氣反而有利於反應平衡偏向高 H_2 產率。

催化劑失去活性

催化劑失去活性(catalyst dcactivation)有兩種主要原因:**燒結(sintering)**和**毒化(poisioning)**,這兩個問題在 WGS 反應器中是值得注意的。

1. 燒結是在高溫影響下催化劑的表面積減少的過程。在高溫下,暴露的催化劑顆粒為達到比較低能態會融合在一起,從而減小其表面積。隨著時間的推移,反應器的催化劑將喪失活性。例如,WGS 反應器可能使用氧化鋁支撐的銅和氧化鋅催化劑,氧化鋅分子作為物理障礙可以阻止銅分子融合在一起。但是,如果溫度太高銅分子也將融合在一起。因此,即使只發生一個高溫過程也可能使催化反應器失去活性。例如,當催化劑暴露在 700℃ 高溫時,其活性表面積可能在工作的前幾天內就降低 20 倍。由於銅分子的可移動性比較弱,故低溫下將減少燒結。

2. 毒化本質上是催化劑表面的化學失去活性。例如,硫磺等化學雜質可能聚集在催化劑顆粒上並透過佔據反應場所致使其失去活性。毒化首先在反應器前端減小催化劑的活性。WGS 反應器對硫磺中毒尤其敏感。

10.2.6 一氧化碳的去除

即使經過高溫和低溫水−氣移轉反應處理,重組氣中的 CO 濃度對於大多數的低溫燃料電池而言還是太高了。例如,PEMFC 催化劑能夠忍受的 CO 量僅為 100×10^{-6} (100ppm) 或更少。因此,在如圖 10.2 所示的燃料處理次系統設計中,重組氣通常流過 "CO 去除反應器"(標號 5),該 CO 去除過程的主要目的是把 CO 產率減小到極低的水準,其可以透過(1)化學反應或(2)物理分離來實現。在化學反應過程中,另一種物質和 CO 反應以去除它,這樣的兩個過程包括

1. CO 的選擇性甲烷化(selective methanation of CO);
2. CO 的選擇性氧化(selective oxidation of CO)。

在這以上兩種情況中,選擇性代表使用催化劑去除 CO 的反應,並且抑制消耗 H_2 的反應。在物理分離過程中,透過選擇性吸附(selective adsorption)或選擇性擴散(selective diffusion)從氣流中去除 CO 或者 H_2,這兩個過程包括

1. 變壓吸附(pressure swing absorption);
2. 鈀膜分離(selective oxidation of CO)。

在接下來的 4 節中將進一步說明這 4 種 CO 脫除過程。

10.2.7 CO 生成甲烷的選擇性甲烷化

在選擇性甲烷化過程中，催化劑有選擇地催化去除 CO 的反應，並且抑制其他消耗 H_2 的反應。選擇性促進 CO 甲烷化的反應為

$$CO + 3H_2 \leftrightarrow CH_4 + H_2O \qquad \Delta\hat{h}_r(25°C) = -206.1 \text{ kJ/mol} \tag{10.61}$$

CO_2 的甲烷化反應為

$$CO_2 + 4H_2 \leftrightarrow CH_4 + 2H_2O \qquad \Delta\hat{h}_r(25°C) = -165.2 \text{ kJ/mol} \tag{10.62}$$

第一個反應減少了 CO 和產生 H_2；第二個反應則消耗更多的 H_2，同時也達不到減小 CO。因此，我們需要一個有選擇性的甲烷化催化劑促進第一個反應但是同時抑制第二個反應。表 10.8 總結了這一關係。當重組氣中 CO 的濃度相對比較低的時候，選擇性甲烷化是一種可選擇的方法，即使甲烷化反應過程中也消耗 H_2。

表 10.8　重組氣流中 CO 的化學去除

反應類型	化學反應	$\Delta\hat{h}_{rxn}^0$ (kJ/mol)	催化劑促進(√) 或者抑制(×)反應
1.選擇性甲烷化	$CO + 3H_2 \leftrightarrow CH_4 + H_2O$	−206.1	√
	$CO_2 + 4H_2 \leftrightarrow CH_4 + 2H_2O$	−165.2	×
2.選擇性氧化	$CO + 0.5O_2 \leftrightarrow CO_2$	−285.2	√
	$H_2 + 0.5O_2 \leftrightarrow H_2O$	−286.0	×

註：相對於 H_2 的消耗催化劑選擇性地提高 CO 的消耗量。

10.2.8 CO 生成 CO_2 的選擇性氧化

在選擇性氧化過程中，催化劑選擇性地促進去除 CO 的反應並且抑制消耗 H_2 的其他反應。選擇性促進 CO 氧化的反應為

$$CO + 0.5O_2 \leftrightarrow CO_2 \qquad \Delta\hat{h}_r(25°C) = -285 \text{ kJ/mol} \tag{10.63}$$

H_2 氧化的反應為

$$H_2 + 0.5O_2 \leftrightarrow H_2O \qquad \Delta\hat{h}_r(25°C) = -286 \text{ kJ/mol} \tag{10.64}$$

第一個反應降低 CO 的產率，而第二個反應降低 H_2 的產率。

對於 CO 反應來說，Gibbs 自由能的變化(ΔG_{rxn})在比較低溫度下有比較大的負值或釋放熱量，顯示低溫對該催化反應有很強驅動。因此，在低溫下會有比較高百分比的 CO 吸

附到催化劑表面,這裏 CO 將阻礙 H_2 的吸附和氧化反應。根據 Le Chatelier 原理,高濃度處的 CO 將對應更多的 CO 吸附。因此,我們可以透過一系列連續的選擇性氧化催化流體化床來去除 CO,每一個選擇性氧化催化流體化床工作在溫度和 CO 濃度越來越低的環境下。由於後續催化反應器中更低的濃度,CO 吸附量的減少將由低溫運作中 CO 吸附的有效性增加來抵消。

例 10.7 你需要從重組氣流中去除 0.2%的 CO。(1)你決定使用甲烷化處理,此時你已經找到一種對 CO 的甲烷化反應選擇性為 100%的催化劑,那麼將消耗多少 H_2?(2)為了去除相同的 CO 量,你決定嘗試選擇性氧化處理,並且使用一種對 CO 的氧化反應具有 100%選擇性的催化劑,此時將消耗多少 H_2?

解:1. 對於 CO 選擇性為 100%的催化劑,每去除一個 CO 分子仍將消耗 3 個 H_2 分子,這一處理過程浪費掉原本想要獲得的氫氣。為了從氣流中去除微量 0.2%的 CO,同樣會用浪費掉佔混合物總量 0.6%的 H_2。

2. 對於 CO 選擇性為 100%的催化劑,去除所有 0.2%的 CO 的同時沒有 H_2 被消耗。

10.2.9 變壓吸附

一種 CO 的物理分離方法是變壓吸附(PSA)。PSA 不僅可以去除 CO,還能去除除了 H_2 以外的所有其他物質,它可以產生純度為 99.99%的 H_2 氣流。在 PSA 系統中,重組氣流中所有非氫氣物質(如 HC_s,CO,CO_2 和 N_2)被優先吸附到沸石、碳素或矽石等組成的吸附流體化床上。吸附熱取決於表面溶質相互作用的強度,其主要與被吸附物質的分子質量有關。由於氫氣的分子質量為 2.016g/mol,而其他分子的分子量都比氫氣高,因而只有氫氣穿過吸附流體化床而不被吸附。結果是流體化床吸附了除 H_2 以外的絕大多數其他物質。吸附的次要決定因素包括分子的極性和形狀。

一個 PSA 單元至少有兩個這樣不同的吸附流體化床同時運轉,每一個吸附過程都是分批次處理過程。因此,為了得到連續淨化的重組氣流,至少需要有兩個吸附流體化床並列工作:當一個吸附雜質時,另一個則脫附。當一個吸附流體化床對所有非氫氣物質吸付飽和以後,該吸附流體化床將關閉進口閥與未處理的重組氣隔離。未處理的重組氣則被引入第二個未飽和的吸附流體化床,在那裏發生相同的吸附過程。與此同時,非氫氣物質將透過 3 個再生步驟從飽和的吸附流體化床去除：(1)減壓(depressurization)、(2)淨化(purging)和(3)再加壓(repressurization)。第一個減壓步驟(depressurization)將非氫氣物質脫附，因為在較低壓力下吸附流體化床吸附的物質變得比較少；第二個淨化步驟(purging)將非氫氣物質從吸附罐(adsorbent vessel)中移除；第三個再加壓步驟(repressurization)則確保吸附流體化床為下一批重組氣做好準備。這兩個吸附流體化床在吸附(adsorption)和脫附(desorption)之間交替循環，這樣就可以連續不斷地純化重組氣[44]。對吸附流體化床的減壓處理可以降低它的吸附能力，然後再加壓，這個過程稱為變壓過程(pressure swing mechanism)[45]。我們可以忽略 PSA 工作所需要的寄生功率消耗，因為 PSA 控制系統的功率消耗只佔燃料處理次系統的電力負載很小一部分的能量。

10.2.10 鈀膜分離

鈀－銀合金薄膜可用來過濾氣體得到純氫 H_2。混合氣體中的各種不同物質可以以不同的速度穿透薄膜。其他物質(如 CO、N_2 和 CH_4)相比，H_2 分子能夠以更快的速度穿透鈀膜，這是由於鈀金屬的晶格結構的緣故[46]。

從鈀膜得到 H_2 的產率取決於鈀膜的(1)壓力差(pressure differential)、(2)反應溫度(operating temperature)和(3)膜的厚度(thickness)。

1. 穿過薄膜的氫氣流量隨著增加鈀膜兩側的壓力差增大，這樣一來就能使較高的氫分子密度穿透鈀膜。高的壓力差將驅使氫氣分子穿透薄膜並產生低壓 H_2。

2. 提高工作溫度也可以增加氫氣流量。較高的溫度增大滲透動力學(permeation kinetics)，因為活化能控制反應過程的速度是隨溫度呈指數函數變化的。在低溫下滲透動力學受到整體擴散(bulk diffusion)所控制，而在高溫下則是受到表面化學吸收(surface chemisorption)所控制[47]。高溫時，鈀材料會轉變為 α 相並且具有很高的氫氣溶解性，允許更高百分比的氫分子滲透。

3. 除了壓力差和反應溫度以外，膜的厚度也影響它的性能。氫分子穿透比較薄的膜需要做的功較少，儘管薄膜可能比較脆弱而且容易洩漏。根據描述在某一壓力差下穿過某一厚度薄膜物質的整體擴散的 Sievert 定律，如果整個反應過程是由整體擴散所支配的，那麼正規化流量(normalized flux)(流量與厚度的乘積)應該與厚度無關。但在實際情況上 Sievert 定律並非總是有效。

高的 H_2 產率受到(1)淨化(purging)和(2)洩漏(leak)的限制。H_2 的產率會受到淨化氣流的限制，這會釋放一定量的 H_2。因為鈀膜允許只 H_2 穿過它，故沒有穿過薄膜的非 H_2 物質就會堆積在鈀膜的表面，因此，鈀膜表面的 H_2 濃度會下降。在大多數的鈀膜分離設計中，為了增加表面的 H_2 濃度，在一段時間內氣流會被週期性淨化，H_2 和非 H_2 物質都刻意被從系統中釋放出來。氣流的週期性淨化可以增加鈀膜表面的 H_2 濃度，因而也將增加 H_2 的分壓和穿過鈀膜的氫氣流量。另外，鈀膜上若是有針孔導致洩漏而降低氣體純度也會影響 H_2 的產率。

10.3　熱管理次系統

在學習了燃料處理次系統的重要元件之後，我們現在來詳細地研究第二個主要次系統——熱管理次系統(thermal management subsystem)。該次系統被用於管理燃料電池堆、燃料處理次系統中化學反應器和系統以外任何對熱的需求並且提供熱源等機制中的熱量。熱管理次系統包含一套熱交換器系統，用於加熱或冷卻系統元件，把放熱反應器(如燃料電池和後燃燒器)中過剩的熱能傳送到吸熱反應器(如水蒸氣發生器)和外部接收系統(如為建築物提供熱能的熱電共生燃料電池系統)。一個最佳化的熱回收功能的 CHP 熱電共生燃料電池系統的總效率 ε_O 可以達到 80%。在本一節中，我們將學習燃料電池系統中熱管理的方法論，以使熱回收最大化。

我們將要學習使用節點分析技術來管理燃料電池系統中的熱量[48,49]。節點分析的主要目的是將額外的加熱和冷卻的需求最小化，如此可以使得一個燃料電池系統內部的總熱回收得以最佳化[50,51]。在理想的節點分析方案中，熱流直接被用來加熱，而使來自外部熱源的額外熱傳減到最小。使用不必要的外部熱傳會大量增加燃料的消耗，從而降低總能量效率(ε_O)(overall energy efficiency)和收益率(profitability)。熱回收最大化和能量補給最小化的目標可以透過設計熱交換器網路(heat exchanger networks)來實現，各種熱交換器網路的不同排列可以利用燃料電池系統狀態分析和化學工程模型來檢測。

10.3.1　節點分析步驟總論

節點分析(Nodal point analysis)是一種熱傳送的分析方法，它遵循以下幾個步驟：
1. 確定系統中的熱流和冷流；
2. 確定這些氣流的熱參數；
3. 選擇一個冷、熱流之間可以接受的最小溫度差($dT_{min,set}$)；
4. 建立溫度－熱焓圖，並核對 $dT_{min}>dT_{min,set}$；
5. 如果 $dT_{min}<dT_{min,set}$，改變熱交換器的方向；
6. 進行熱交換器指向分析，直到 $dT_{min}>dT_{min,set}$。

以如圖 10.1 所示的燃料電池系統設計為例，這些步驟可以解釋如下。

1. **確定熱流和冷流**。熱流是需要冷卻流體(或者可以被冷卻)的流動，冷流是需要加熱流體的流動。參考圖 10.1 中的系統設計，我們將研究 3 類重要的需要冷卻的熱流：
   (a) 經水－氣移轉反應器出口並且流入燃料電池陽極的熱重組氣流(標號 4～2)；

(b) 燃料電池堆的冷卻迴路(標號 1)；

(c) 經後燃燒器排放並流入冷凝器的燃料電池陽極和陰極的殘餘熱流(標號 5)。

上述每股熱流的熱管理都很重要。(a)重組熱流必須保持在某一溫度範圍內以免使 CO 去除反應器和燃料電池陽極的催化劑發生燒結現象。(b)燃料電池堆在某一溫度範圍內有最高的工作效率。同樣很重要的是，電池堆系統會產生大量可回收的熱能。(c)冷凝器也可在很大的溫度範圍內釋放出大量可回收的熱能。我們也將研究需要加熱的最冷的氣流：建築物加熱迴路(標號 6)，該迴路可加熱建築物內的空氣和水。

熱交換器如何工作

熱交換器是一種機械元件，它將一側的熱流體的熱能或熱量(Q)傳遞到中間含有阻隔物的另一側的冷流體，而不是把冷熱流體直接混合。例如汽車的散熱器就是一個氣-液熱交換器，它透過熱對流把熱量從引擎內的熱流體傳遞到周圍冷空氣。如圖 10.7 所示為某一類熱交換器——逆流熱交換器 (counterflow heat exchanger)，其中的熱流體由左向右沿水平方向流動，而冷流體沿由右向左相反的水平方向流動。當熱流體流經中間薄板的上方時，熱量(Q)透過薄板傳導到下方的冷流體。因此，熱流體的溫度沿著薄板長度方向遞減，從進口的溫度($T_{H,IN}$)降到出口的溫度($T_{H,OUT}$)。這種沿熱交換器長度方向的溫度遞減為一種非線性的溫度曲線。基於相同的熱交換器長度，冷氣流的溫度從其進口($T_{C,IN}$)向其出口($T_{C,OUT}$)遞增，同樣地也表示為溫度的曲線。熱氣流和冷氣流之間的溫度差是 dT，熱量只能從熱流體流向冷流體。

為什麼燃料電池的熱回收很重要？

我們現在將對燃料電池中兩個熱傳遞設計問題做個初步瞭解：

● **外部熱傳送(External Heat Transfer)**。假定你有一個 70°C 的 PEMFC 電池堆，能夠產生 6kW 的電力和 9kW 的熱能。已知熱能釋放百分比很大，你希望用這些熱能為一個建築物將水溫加熱到 90°C。因為熱只從熱流體流向冷流體，所以剛開始你可能假設燃料電池堆的熱能無法傳送到建築物的熱水。但事實上它是可以的。你可以在我們的例題討論中注意到這一點。

熱流體的溫度(T_H)和冷流體的溫度(T_C)差越小，熱流體的溫度(T_H)越低，那麼有效的熱回收就會變得更具挑戰性。因為低溫燃料電池系統(如 PEMFC 和 PAFC)在低的熱流溫度(T_{II})情況下產生熱量，所以如何設計適合的熱交換器網路來回收熱能就變得更為重要[52]。

● **內部熱傳送(Internal Heat Transfer)**。假設你正在操作一個如圖 10.1 所示的燃料電池系統。你想要設計一個熱交換器系統以回收由 150℃的燃料電池堆(如圖 10.1 中標號 1 所示)和由 600℃的後燃燒器(如圖 10.2 中標號 6 所示)所散發的熱能。你希望把這一熱能應用在 800℃的上游吸熱水蒸氣重組 SR 器(如圖 10.2 中標號 3 所示)和在 500℃的入口燃料氣體預熱器(如圖 10.2 中標號 2 所示)。什麼是最佳化的設計？

節點分析會有所幫助。設計熱交換器網路對於具有複雜燃料處理器的燃料電池系統尤其重要，該系統的不同零件都可能產生或消耗熱能。

2. **確定這些流體的熱參數**。對於所確定的每股熱流體和冷流體都必須整理一下其熱參數。這些熱參數包括：

   (a) 供給溫度(supply temperature)T_{in}，即可用的流體進入熱交換器之前的初始溫度；

   (b) 目標溫度(target temperature)T_{out}，即氣流流出熱交換器時所希望的出口溫度；

   (c) 熱容流率(heat capacity flow rate)$\dot{m}c_p$，即氣流的質量流速 $\dot{m}$(單位為 kg/s)和氣流的流體比熱熱容 c_p[單位為 kJ/(kg·℃)]的乘積，假設氣流的比熱在溫度範圍內是常數；

沿熱交換器的長度方向顯示溫度縱剖圖

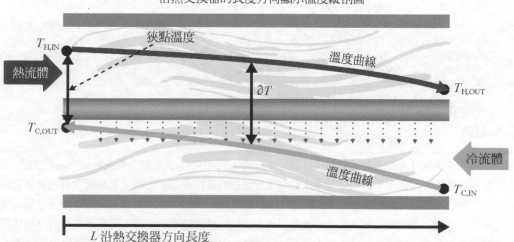

圖 10.7　逆流熱交換器中冷、熱氣流的溫度曲線。節點是熱交換器長度(L)方向上的冷、熱流體的最小溫度差，在本圖中位於 $L = 0$

(d) 通過熱交換器的流體的焓變(change in enthalpy) d$\dot{H}$ 。

如第 2 章中討論的，根據熱力學第一定律，在常壓下可得

$$d\dot{H} = \dot{Q} + \dot{W} \tag{10.65}$$

由於熱交換器不做任何機械功($\dot{W} = 0$)，則 $d\dot{H} = \dot{Q} = \dot{m}c_p(T_{in} - T_{out})$，其中 $\dot{Q}$ 代表流入或流出氣流的熱流，d$\dot{H}$ 代表氣流的焓變。溫度的資料可以由熱交換器中直接測量或者透過反應器的化學工程模型計算，目標溫度(預期出口溫度)可以透過這種方式來確定或其他系統限制的方法確定。對於步驟 1 確定的熱流體和冷流體，其參數列在表 10.9 中。

表 10.9　如圖 10.1 所示的燃料電池系統設計中熱流體和冷流體的熱力學參數

流體編號	放熱源或冷卻源	流體描述	熱或冷	供給溫度 Tin(℃)	目標溫度 TOUT(℃)	熱容量 $\dot{m}c_p$ (W/K)	熱流 $\dot{Q}$ (W)
1	燃料電池組	從燃料電池組中提取的熱量	熱	70	60	276	2760
2	後冷卻器	從選擇性氧化反應器之後的重組氣流中提取的熱量	熱	110	70	276/6	860
3	選擇性氧化	從放熱的選擇性氧化反應的重組氣流中提取的熱量	熱	120	110	6	60
4	後 WGS 反應器	從水－氣移轉反應器之後的重組氣流中提取的熱量	熱	260	120	6	840
5	冷凝器	從陽極和陰極廢氣的冷凝水中提取的熱量	熱	219	65	200/9.5	3370
6	建築物加熱迴路	燃料電池系統和建築物之間的熱量交換的內部水冷循環	冷	25	80	143	7890

註：流體編號參考圖 10.1 中的標記。資料用於建立 T-H 圖。氣流 1～5 表示燃料電池系統內的熱流體。流體 1 是燃料電池堆的冷卻氣流，流體 2 是進入燃料電池之前的重組氣流，流體 3 是流經選擇性氧化學反應器的重組氣流，流體 4 是流經水－氣移轉反應器的重組氣流。流體 2～4 實際上是同一股連續氣流流經不同的場所。流體 5 是流經冷凝器的，電池的陽極和陰極的殘餘氣流，流體 6 表示建築物的冷水流體，該冷流體需要加熱來爲建築物提供熱水和熱氣。對於每一股流體都列出了它們的熱力學參數，包括(1)入口溫度、(2)出口溫度、(3)熱流熱容量及(4)流體的焓變或熱流。熱流容量是流體的質量流量 $\dot{m}$ 與熱容 c_p 的乘積。

例 10.8　如圖 10.1 所示的燃料電池系統，基於系統消耗的原始天然氣燃料的高熱值 HHV，以 34% 的發電效率產生 6kW 的電能。(1)請估算出來自於燃料電池系統，用於加熱建築物的最大可利用熱量。(2)只考慮熱力學第一定律，如果有可能把該燃料電池系統的熱流體中所有可獲得的能量透過水箱都傳送到冷流體中以加熱建築物，估算該冷流體中水的最大流率。假設上述建築物中循環的冷水流體的供給溫度為 25℃，目標溫度為 80℃。(3)如果上述熱量被用於為建築物提供熱水，它能提供多少次熱淋浴？

解：1. 正如我們在第 2 章中已經學到的，燃料電池組的實際發電效率可以描述為

$$\varepsilon_R = \frac{P_e}{\Delta \dot{H}_{(HHV),fuel}} \tag{10.66}$$

式中，P_e 是燃料電池堆的輸出功率。假設可以忽略泵和壓縮機所消耗的寄生功率，則最大熱回收效率 ε_H 為

$$\varepsilon_H = 1 - \varepsilon_R \tag{10.67}$$

燃料電池系統的最大可回收熱能($d\dot{H}_{MAX}$)為

$$d\dot{H}_{MAX} = \frac{(1 - \varepsilon_R)P_e}{\varepsilon_R} \tag{10.68}$$

$$= \frac{(1 - 0.34)\,6\ kW}{0.34} = 11.6\ kW \tag{10.69}$$

2. 假設為理想熱交換器，水的質量流速是

$$\dot{m} = \frac{\dot{Q}}{c_p(T_{in} - T_{out})} \tag{10.70}$$

水的比熱容為 4.19kJ/(kg·℃)[1]，因此

$$\dot{m} = \frac{11.6\ kW}{4.19\,[kJ/(kg \cdot ℃)] \times (80℃ - 25℃)} = 0.05\ kg/s \tag{10.71}$$

3. 如果最大流量下淋浴的熱水流速為 0.20kg/s。對於 100L(100kg) 的熱水蓄水池來說，該流速下足夠每 30 分鐘提供一次 8 分鐘的熱水淋浴。

---

[1] 比熱熱容的標準計量單位名稱是焦耳每千克度 K，單位符號為 J/(kg·K)——編者註。

3. 選擇熱流體和冷流體之間的最小溫度差($dT_{min,set}$)。熱力學第一定律描述了能量守恆方程式可以用於計算焓的變化；熱力學第二定律則描述了熱流的方向，熱量傳送只可能從熱流體向冷流體。因此，在熱交換器中，熱流體溫度不可能降到冷流體溫度以下，冷流體不可能被加熱到比熱流體供給溫度更高的溫度。在流體之間必然存在最小溫度差 dT_{min} 以驅動熱傳送，沿著熱交換器方向上任何長度的熱流體溫度 T_H 和冷流體溫度 T_C 滿足下式：

$$T_H - T_C \geqslant dT_{min} \tag{10.72}$$

對一系列的流體，在沿著熱交換器方向上任意長度的流體之間的最小溫度差被稱為節點溫度。在如圖 10.7 所示的熱交換器中，冷、熱流體之間的溫度差(dT)沿熱交換器長度方向發生改變，表現為在其長度 L 上冷、熱溫度曲線的差異。在該熱交換器中，最小溫度差 dT_{min} 出現在 $L = 0$ 處，即熱流體的進口和冷流體的出口處。為了節點分析，dT_{min} 通常被設定為一個期望值，根據熱交換器的不同類型和應用大約在 3℃～40℃ 之間作取捨。例如，管殼式熱交換器(shell and tube heat exchangers)要求 $dT_{min,set}$ 為 5℃ 或更高，而密集式熱交換器(compacted heat exchangers)由於其比較大的有效表面積可達到更高的熱傳送速率，可能只要求 $dT_{min,set}$ 為 3℃ 即可。

在對圖 10.1 的熱流體的分析中，我們選擇 $dT_{min,set} = 20$ ℃。

4. **建立溫度－焓圖**(temperature enthalpy diagram, *T-H* 圖)，並核對 $dT_{min} > dT_{min,set}$。溫度－焓圖表示冷、熱流體中焓會隨著溫度變化的情形。在 *T-H* 圖中，任何具有常數比熱 c_p 的流體都可以由 T_{in} 到 T_{out} 表示為一條直線。

使用表 10.9 中的熱力學參數來建立 *T-H* 圖。根據從冷凝器中可獲得的很大的熱能(表 10.9 中的氣流 5)，我們把它的資料畫在 *T-H* 圖中。圖 10.8 中的資料點是基於冷凝器在 $T_{in} = 219$ ℃，$T_{out} = 65$ ℃，$Q = 3370$ W 的工作狀態。同樣地，我們把建築物中冷水流體迴路(表 10.9 中的流體 6)的資料也畫在圖中，其溫度狀態為 $T_{in} = 25$ ℃，$T_{out} = 80$ ℃。假設該迴路可以從冷凝器中吸收到 3370W 的能量，這是它能從所有 5 股熱流體中吸收到的 7890W 熱能中的一部分。我們把這一資料畫在一條 *T-H* 圖中。

圖 10.8 中的 *T-H* 圖使得我們更瞭解冷凝器的熱流體和建築物中加熱迴路的冷水流體，假設這些迴路是相互隔離的，即不透過熱交換器互相連接。注意到下半部的示意圖中顯示冷、熱流體是如何透過沒有交叉的不同管路互相隔離的。如果兩股流體是互相隔離的，那麼每一股流體必須就依賴於燃料電池堆以外的外部熱源來冷卻或加熱它們本身。例如，建築物的加熱迴路必須要依賴於燃燒天然氣來作為熱源，而不是依靠來自冷凝器的熱能。

　　圖 10.9 反映出了在兩股流體之間包含了一個熱連接的熱交換器的影響。要使熱流體和冷流體之間發生熱交換，熱流體的 *T-H* 曲線必須在冷流體的 *T-H* 曲線之上。冷流體的 *T-H* 圖平移到了左邊，這樣冷流體就會使熱流體變冷，而熱流體會使冷流體變熱。如此就沒有必要外部的熱交換。因此，提高了系統的熱回收效率 ε_H，根據

$$\varepsilon_O = \varepsilon_R + \varepsilon_H \tag{10.73}$$

系統的總效率 ε_O 也將提高。

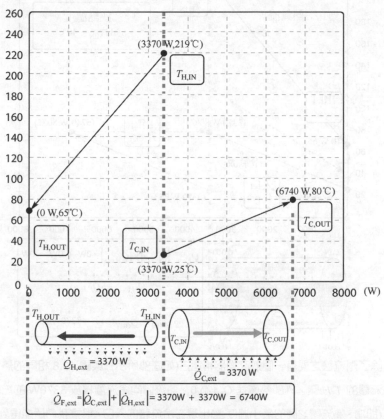

圖 10.8　沒有透過熱交換器連接的熱流體和冷流體的溫度－焓圖(*T-H* diagram)。外部熱傳最大。熱流體向外部環境排放出 3370W 的熱能量，冷流體從外部熱源吸收 3370W 的熱能量。*T-H* 圖上的箭頭表示流體流動的方向。下半部的示意圖示意了承載流體的管路和穿過這些管路的熱傳送發生的過程。焓的改變與管路長度的變化大致是類似的

　　當一個熱流體的 *T-H* 圖和一個冷流體的 *T-H* 圖在彼此的頂部平移時，沿著 *x* 軸的焓變可以想成是沿著熱交換器方向的長度變化。對於一個沿熱交換器方向的給定長度來說，離開熱流體流入冷流體的熱量(熱流體中所累積的焓變化)必須等於冷流體從熱流體中吸

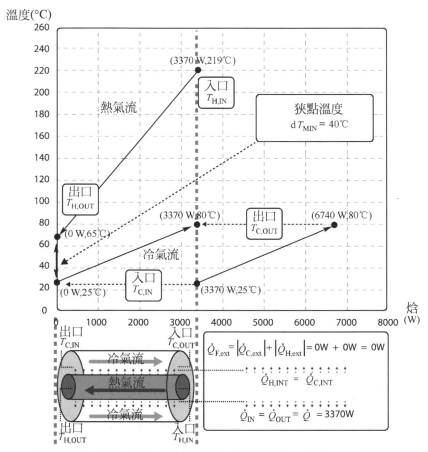

收的熱量(冷流體中累積的焓的變化)。圖 10.9 的下半部顯示兩個獨立管道中的冷、熱流體就像兩個同心管道(熱交換器)合併在一起。這樣一來,沿著熱交換器長度變化就與氣流中焓的累積變化相類比。

圖 10.9 除了兩流體之間有一個熱交換器相連接(如底部所示),與圖 10.8 相同的熱流體和冷流體的 *T-H* 圖。外部熱傳送 Q_{ext} 為 0。熱流體向冷流體釋放 3370W 的能量。節點 (即冷、熱流體之間的最小溫度差)出現在冷流體的入口,根據我們所能得到的資料,其值為 40℃。下半部的示意圖描述了熱交換器內的組合流體

例 10.9 我們希望利用冷凝器的熱能(表 10.9 中的流體 6)將公共設施中的冷水從 25℃ 加熱到 80℃,以完成對建築物的加熱。(1)將由該元件獲得的熱量用輸入燃料能量 HHV 的百分比表示出來。(2)建立合適的 *T-H* 圖,並核對節點溫度。確保 $T_{min} > T_{min, set} = 20℃$。

解：1. 根據例 10.8 中的資料可得

$$\Delta \dot{H}_{\text{(HHV),fuel}} = \frac{P_e}{\varepsilon_R} = \frac{6 \text{ kW}}{0.34} = 17.6 \text{ kW} \qquad (10.74)$$

來自熱流體的最大可用熱量為

$$\text{d}\dot{H}_{\text{MAX}} = 3370 \text{ W} \qquad (10.75)$$

$$\frac{\text{d}\dot{H}_{\text{MAX}}}{\Delta \dot{H}_{\text{(HHV),fuel}}} = 19\% \qquad (10.76)$$

由此單一個元件中可回收的熱能幾乎佔燃料能量的 20%。

2. 對於下面的假設，$T\text{-}H$ 圖如圖 10.8 和圖 10.9 所示：

$$\text{d}T_{\text{min}} = 40°C > \text{d}T_{\text{min,set}} = 20°C \qquad (10.77)$$

例 10.10 倘若考慮從冷凝器獲得的大量熱能，你會對此更加瞭解。我們意識到冷凝器的流體在熱交換過程中會發生相變化，如水蒸氣冷卻變成液態水。因為氣態和液態之間流體的比熱或比容 c_p 發生了很大的改變，在經過熱交換器時，$\dot{m}c_p$ 不是常數。我們將更仔細地測量流體的熱力學性質。透過測量質量流速，並根據流體組成物質的不同來估算液相和氣相的比熱或比容。對於液相，$\dot{m}c_{p,1} = 200 \text{ W/}°C$，而對於氣相，$\dot{m}c_{p,2} = 9.5 \text{ W/}°C$。(1) 計算氣流相變化的溫度。(2) 重構合適的 $T\text{-}H$ 圖，並核對節點溫度。

解：1. 利用

$$\dot{Q} = \dot{m}c_{p,1}(T_{\text{cond}} - T_{\text{out}}) + \dot{m}c_{p,2}(T_{\text{in}} - T_{\text{cond}}) \qquad (10.78)$$

可以得到

$$3370 \text{ W} = (200 \text{ W/}°C)(T_{\text{cond}} - 65°C) + (9.5 \text{ W/}°C)(219°C - T_{\text{cond}}) \qquad (10.79)$$

則

$$T_{\text{cond}} = 75°C \qquad (10.80)$$

2. 圖 10.10 顯示了合適的 T-H 圖。該冷凝器範例中，節點既不在熱交換器的進口，也不在熱交換器的出口，而是在熱交換器內部。此節點發生在從氣相到液相的相變化點，即 17℃。因為 $dT_{min} = 17$℃不大於 $dT_{min,\,set} = 20$℃，所以我們需要重新設計熱交換器以滿足節點溫度的要求。為此，例如在部分加熱公用冷水迴路之後，我們可以用冷凝器加熱系統中一股比較冷或低溫度的流體，並用比較熱或高溫度流體繼續加熱公用水迴路中其餘的部分。這個例子非常重要，因為所有燃料電池系統的生成物流體中都有水蒸氣，而絕大多數燃料電池系統都會利用來自於其他元件的冷流體冷卻該水蒸氣而達到熱回收和水平衡。

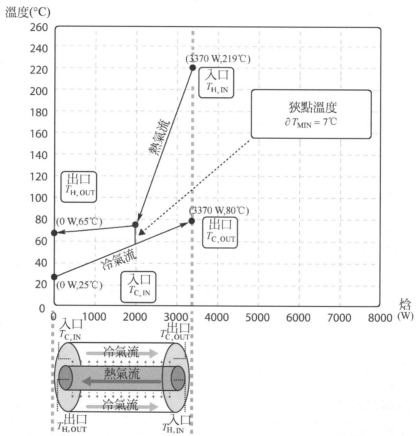

圖 10.10 由熱交換器連接的熱流體和冷流體的 T-H 圖，其中熱流體從氣態相變為液態。相變化的標誌是熱流體斜率發生突然變化，其中斜率是熱流體容量 mc_p 的倒數。相的改變會產生一個節點。經由總能量守恆計算無法發現節點

3. 如果 $dT_{min} < dT_{min,set}$，則改變熱交換器的熱流方向。如果實際的節點溫度小於設定的最小節點溫度，則熱流體和冷流體都必須重新定向。對於新的定向我們需要建立一個新的 T-H 圖，重新計算節點溫度和在熱交換器網路中的位置。為了增加可選擇的設計，分析時可增加一些額外的流體。

4. 進行熱交換器定向分析，直到 $dT_{min} > dT_{min,set}$ 為止。冷熱流體和熱交換器的不同定向可以用分析來評估。結合了化學工程過程和節點溫度分析能力的電腦軟體可以協助這類的分析。儘管這些內容超出了本書對於節點分析的範圍，但是這些電腦程式確實可以更深入地用於研究熱交換器網路設計。透過這些分析，人們可以確定需要的熱交換器的數目，並且引入成本－收益分析來比較不同熱交換器網路的成本，由此帶來高燃料效率和熱回收的經濟效益。

例 10.11 你正在為如圖 10.1 所示的燃料電池系統設計熱管理次系統，計畫從燃料電池系統中回收熱能來加熱建築物。表 10.9 提供了燃料電池內最重要的部分熱流體(流體 1～5)的熱力學特性。圖 10.1 顯示了這 5 股熱流體(流體 1～5)在系統中的佈局，你計畫利用來自這 5 股流體的熱能(總熱能為 7890W)來加熱建築物。表 10.9 也顯示了想要加熱的一股流體，即建築物內的冷流體(流體 6)的熱力學特性。你希望把這股冷流體從 25℃ 加熱到 80℃，如表 10.9 所示。你想要回收來自這 5 股熱流體中每 1 瓦特的熱能來為建築物加熱，回收此熱量能夠使燃料電池系統具有非常高的熱回收效率，從而得到高的總效率。

採用節點分析來設計一種可能的加熱迴路設計。假設建築物的冷流體和熱流體交換熱量按如下順序先後進行：(1)燃料電池堆；(2)後冷卻器；(3)選擇性氧化反應器；(4)後水－氣移轉反應器；(5)冷凝器。

1.在 T-H 圖中畫出這些熱流體和冷流體，並確定節點的位置。

2.計算節點溫度 dT_{min}。

3.如果 $dT_{min} > dT_{min,set} = 10℃$，提出另一種加熱迴路設計來提高節點。

對於後冷卻器來說，流體中液態部分的熱流容量 $\dot{m}c_{p,1,aft}$ 為 276W/℃；流體中氣態部分的熱流容量 $\dot{m}c_{p,2,aft}$ 為 6W/℃。

解：1.我們知道冷凝器中流體的熱容 c_p 不是常數，後冷卻器中的流體也是如此。在這兩股流體中，水從氣態水蒸氣冷凝成液態水。

利用

$$\dot{Q} = \dot{m}c_{p,1,\text{aft}}(T_{\text{cond,aft}} - T_{\text{out}}) + \dot{m}c_{p,2,\text{aft}}(T_{\text{in}} - T_{\text{cond,aft}}) \tag{10.81}$$

可以得到

$$860\ \text{W} = (276\ \text{W}/^\circ\text{C})(T_{\text{cond,aft}} - 70^\circ\text{C}) + (6\ \text{W}/^\circ\text{C})(110^\circ\text{C} - T_{\text{cond,aft}}) \tag{10.82}$$

這樣一來，後冷卻器的氣流冷凝溫度為

$$T_{\text{cond,aft}} = 72.3^\circ\text{C} \tag{10.83}$$

透過例 10.10，我們知道冷凝器中的流體將在 $T_{\text{cond}} = 75^\circ\text{C}$ 時冷凝。在熱力學特性表 10.9 中可得到這 5 股流體中每一股流體焓的變化($dH = \dot{Q}$)和溫度的變化(dT)。對這 5 個階段的每一個階段，我們從最冷到最熱連續地畫出 dH-dT 曲線，從而得到了圖 10.11 中的 T-H 曲線，可以看到節點出現在冷凝器中。

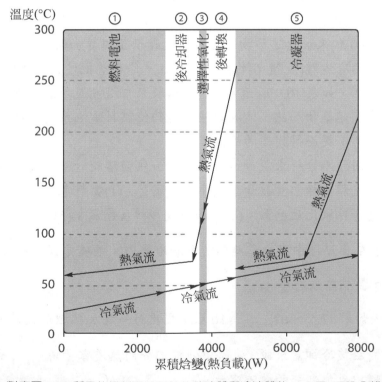

圖 10.11　對應圖 10.1 所示的燃料電池系統的熱流體和冷流體的 *T-H* 圖。兩股分離的熱流來自系統的兩個不同部分，陸續地加熱冷流體。首先，冷流體從(1)燃料電池堆、(2)後冷卻器、(3)選擇性氧化反應器和(4)水－氣移轉反應器排放的重組氣中吸收熱量。然後，冷流體從冷凝器中吸收熱量。根據表 10.9 中資料繪出 d*T*-d*H* 曲線

2. 爲了找出冷凝器中節點溫度的值 $\mathrm{d}H_{\min}$，我們觀察到節點恰好出現在水蒸氣冷凝的時候，即 $T_{\mathrm{cond}} = 75℃$。另外，$\mathrm{d}H_{\min} = T_{\mathrm{cond}} - T_{\mathrm{b}}$，其中 T_{b} 爲建築物迴路的溫度。當 $T_{\mathrm{cond}} = 75℃$ 時，我們想要知道在 x 軸上累積的焓變 $\mathrm{d}\dot{H}_{\mathrm{cum}}$：

$$\mathrm{d}\dot{H}_{\mathrm{cum}} = \dot{Q}_{\mathrm{FC}} + \dot{Q}_{\mathrm{AC}} + \dot{Q}_{\mathrm{SO}} + \dot{Q}_{\mathrm{PS}} + \dot{Q}_{\mathrm{cond1.A}} \tag{10.84}$$

公式中，$\dot{Q}_{\mathrm{FC}}$ 是燃料電池的熱流；$\dot{Q}_{\mathrm{AC}}$ 是後冷卻器的熱流；$\dot{Q}_{\mathrm{SO}}$ 是選擇性氧化反應器的熱流；$\dot{Q}_{\mathrm{PS}}$ 是後轉換反應器的熱流；而 $\dot{Q}_{\mathrm{cond1.A}}$ 是冷凝器中冷態(液態)中的熱流。由例 10.11 可以得到

$$\dot{Q}_{\mathrm{cond1.A}} = \dot{m}c_{p,1}(T_{\mathrm{cond}} - T_{\mathrm{out}}) = (200\ \mathrm{W/℃})(75℃ - 65℃) = 2000\ \mathrm{W} \tag{10.85}$$

$$\mathrm{d}\dot{H}_{\mathrm{cum}} = 2760\ \mathrm{W} + 860\ \mathrm{W} + 60\ \mathrm{W} + 840\ \mathrm{W} + 2000\ \mathrm{W} = 6520\ \mathrm{W} \tag{10.86}$$

公式中，$d\dot{H}_{\mathrm{cum}} = 6520\ \mathrm{W}$ 是當節點出現時對應 x 軸的值。對於建築物的加熱迴路，T_{b} 和 $\mathrm{d}\dot{H}$ 之間的關係可以描述爲

$$T_{\mathrm{b}} = \left(\frac{80℃ - 25℃}{7890\ \mathrm{W}}\right) \mathrm{d}\dot{H} + 25℃ \tag{10.87}$$

$$= \left(\frac{80℃ - 25℃}{7890\ \mathrm{W}}\right) \times 6520\ \mathrm{W} + 25℃ \tag{10.88}$$

$$= 70.5℃ \tag{10.89}$$

$$\mathrm{d}T_{\min} = T_{\mathrm{cond}} - T_{\mathrm{b}} = 75℃ - 70.5℃ = 4.5℃ < dT_{\mathrm{min,set}} = 10℃ \tag{10.90}$$

該節點溫度極低。我們需要設計另一個熱交換器網路來提高節點。

3. 一個選擇是把建築物的冷卻流體拆分爲兩股獨立而平行的流體。一股流體從前 4 個熱源中相繼獲取熱能：(1)燃料電池堆、(2)後冷卻器、(3)選擇性氧化反應器和(4)後水—氣移轉反應器。第二股流體從第 5 個熱源，即冷凝器中獲取熱能。建築物迴路的兩股平行流體的流速比值可以被最佳化直至節點最大化。如此詳細的分析可以由電腦類比完成，達到在莫耳流速範圍內節點溫度大於 $dT_{\mathrm{min,set}}(10℃)$。

▷ 10.4 本章摘要

在本章中，我們對燃料電池的 4 個主要次系統有了充分的理解，學習了其中兩個主要次系統的詳細內容：(1)燃料處理次系統和(2)熱管理次系統。

- 燃料電池系統的總效率 ε_O 是其系統的淨電效率 ε_R 和熱回收效率 ε_H 之和。
- 燃料處理器的效率 ε_{FP} 是輸出氣體中 H_2 的 $HHV(\Delta H_{(HHV), H_2})$ 和包括為燃料處理器本身提供能量所消耗的燃料在內的入口處燃料的 $HHV(\Delta H_{(HHV),fuel})$ 的比值，即

$$\varepsilon_{FP} = \frac{\Delta H_{(HHV), H_2}}{\Delta H_{(HHV), fuel}} \tag{10.91}$$

- 放熱反應釋放能量；而吸熱反應消耗能量。
- H_2 的產率 y_{H_2} 是 H_2 在化學氣流中的莫耳百分比：

$$y_{H_2} = \frac{n_{H_2}}{n} \tag{10.92}$$

式中，n_{H_2} 表示 H_2 的莫耳數；n 表示氣流中所有氣體的總莫耳數。

- H_2 可以由碳氫化合物(HC)透過 3 個主要過程產生：(1)蒸氣重組、(2)部分氧化和(3)自熱重組。
- 蒸氣重組是一個碳氫燃料和水蒸氣化合的吸熱反應：

$$C_x H_y + x H_2 O_{(g)} \leftrightarrow xCO + \left(\tfrac{1}{2}y + x\right) H_2 \tag{10.93}$$

- 部分氧化是一個碳氫燃料和不足量的 O_2 化合的放熱反應：

$$C_x H_y + \tfrac{1}{2} x O_2 \leftrightarrow xCO + \tfrac{1}{2} y H_2 \tag{10.94}$$

- 自熱重組是能量中性的，碳氫燃料和水與 O_2 化合的反應：

$$C_x H_y + z H_2 O_{(l)} + \left(x - \tfrac{1}{2}z\right) O_2 \leftrightarrow xCO + \left(z + \tfrac{1}{2}y\right) H_2 \tag{10.95}$$

- 水−氣轉換反應(1)提高了 H_2 的產率，同時(2)降低了 CO 的產率：

$$CO + H_2 O_{(g)} \leftrightarrow CO_2 + H_2 \qquad \Delta \hat{h}_r (25°C) = -42.1 \text{ kJ/mol} \tag{10.96}$$

- 節點分析就是透過使額外加熱和／或冷卻的需要最小化來最佳化熱回收。人們透過構造 $T\text{-}H$ 圖來確定節點溫度 dT_{min}，即冷熱流體的最小溫度差。並且我們可以重新排列熱交換器以獲得最大的(1)內部熱能利用和(2)dT_{min}。

習　題

論述題

10.1 燃料電池系統的 4 個主要次系統分別是什麼？舉例說明依賴於其他次系統元件工作的次系統元件。這些次系統元件是如何整合的？

10.2 解釋變壓吸附單元的目的和操作方式，以及其命名的原因。

10.3 把以下過程分類爲吸熱、放熱或既不吸熱也不放熱：燃料電池中氫燃料的氧化、水蒸氣重組、部分氧化、自熱重組、水－氣移轉反應、選擇性甲烷化、選擇性氧化、鈀膜氫分離、變壓吸附、燃料電池殘餘氣體的燃燒、水蒸氣的冷凝液化、天然氣的壓縮和氫氣的膨脹。

10.4 爲小型機踏車設計一個燃料電池系統，並畫出其工作流程圖。系統的基本元件包括 PEMFC 組、氫氣記憶體、用於緩衝負載的電池或電容等蓄電裝置，以及安裝在機踏車輪軸上的電動馬達。畫出系統的主要元件、氣流和熱流。標出 4 個次系統(解決這一問題的一種途徑是參照圖 10.1 所示的工作流程圖，並判斷哪些元件是不需要的)。

10.5 假設氫氣以金屬氫化物(如第 9 章所討論的)的形式儲存在腳踏車內，則其需要加熱或冷卻使氫氣儲存和釋放。重新畫出習題 10.4 中的工作流程圖和熱管理的 $T\text{-}H$ 圖，並討論金屬氫化物重要的熱力學特性。

計算題

10.6 一個理想的部分氧化燃料重組器，其消耗異辛烷($C_8H_{18(l)}$)燃料(類似於汽油)和空氣。H_2 的最大產率是多少？

10.7 (a) 根據例 10.3 和例 10.6，假設熱交換效率只有 72%，爲了提供蒸氣重組器足夠的熱量，必須燃燒甲烷燃料的最小量是多少？

(b) 計算由 HHV 表示的燃料重組器效率 ε_{FR}。假設反應物和生成物在 1000K 溫度時進入和離開重組器。

10.8 假設你想要使用像丙烷($C_3H_{8(g)}$)等應急備用燃料操作一台與例 10.6 所述類似的氫氣發生器，並使用一個自熱重組器(不是蒸氣重組器)。對於一台效率爲 100%的重組器，說明合理的水－碳比(S/C)和每消耗 1 單位的燃料時重組器所能產生氫氣的量。假設反應物和生成物進入和離開重組器的溫度均爲 1000K。

10.9 假設吸熱水蒸氣重組器從甲烷的燃燒中獲取熱量，對於(1)水蒸氣重組器、(2)部分氧化重組器和(3)自熱重組器，比較每消耗 1 單位甲烷產生氫氣的比率。假設在上述 3 種情況下，反應物被預熱並在 1000K 時進入反應器，且生成物在 1000K 時離開反應器。

10.10 如果例 10.8 所描述的燃料電池系統被用於空間加熱,當冬天室外溫度爲 0℃時若希望室內溫度爲 23℃,試估算該燃料電池系統能夠加熱的空氣區域。假設熱輻射系統爲封閉迴路,那麼本建築物內有多少房間可以加熱?假設一個小木屋由 5cm 厚的木板建成,其木板的熱導率爲 0.17W/℃,小木屋沒有窗戶並且和外界沒有空氣對流。

10.11 你正在爲一個水資源匱乏的發展中國家設計 PEMFC 小型機踏車。利用 PEMFC 電池組相對較低工作溫度的特點,你設計的燃料電池系統可以使出口處冷凝生成的水循環利用。畫出從這樣的冷凝器中獲取熱能的 *T-H* 圖。試決定機踏車與空氣的強制對流該如何爲冷凝器提供足夠製冷使其不再需要任何附加的空氣泵或送風機。電池組的最大輸出電功率爲 1kW,試估算車載水箱的體積和質量。假設燃料電池的效率爲 40%,透過燃料電池系統陰極廢氣會消耗一半熱量,機踏車儲存的氫氣最小量可供其工作 2 個小時。

10.12 繼續例 10.11 的分析,試想另一種使節點增加的熱交換網路設計。如果使用平行氣流網路,在 $dT_{min} \geq dT_{min, set} = 10℃$ 的條件下,計算質量流速比值的範圍。

10.13 在例 10.11 中,考慮除冷凝器以外的所有熱氣流,確定節點的位置和值。

Chapter 11

燃料電池的環境效應

　　在這一章裏，我們將學習如何定量化燃料電池對環境的潛在影響，計算燃料電池使用過程中所排放物質的潛在變化及其如何影響地球暖化、大氣污染和人類健康。我們將學習不僅在機動車輛或者動力設施層面來評估這些變化，並且還要將這些變化放到整個供應鏈中來考慮，即從原始材料的開採到最終的使用。

　　首先，我們將學習一種叫做壽命週期評價(Life Cycle Assessment , LCA)的工具，用它來評估一種新的能源技術(如燃料電池)如何影響能源使用、能源效率和排放物。其次，為了更完全地運用 LCA，我們需要將最重要的地球暖化和大氣污染的排放物定量化。因此，我們將簡要地討論有關地球暖化的理論，並且詳細地討論來自傳統機動車輛、動力設施和燃料電池系統中導致地球暖化的主要排放物。再其次，我們將回顧化石燃料燃燒設備和燃料電池系統產生的主要大氣污染物，以及它們對人類健康的影響。最後，運用 LCA 和有關排放物影響的知識，我們將提出一個完全的"假設"情形來研究燃料電池的應用如何改變地球環境。在學習這些工具和領會這些實例之後，你便能熟練地量化你自己設想的燃料電池的未來效應。

▷ 11.1　壽命週期評價

　　壽命週期評價(LCA)是一種系統地分析在與能源相關技術的實現和運用過程中的變化效應的方法論[1]。隨著能源技術的變化，LCA 幫助我們評估效率、排放物和其他環境問題的變化[53,54]，這些環境問題包括地球暖化的經濟代價和大氣污染對人類健康的影響。

---

[1] 根據分析的重點是環境的還是經濟的不同，壽命週期評價也可以稱為連環分析、過程鏈分析或供應鏈分析。

11.1.1 壽命週期評價工具

壽命週期評價包含 3 個主要步驟:

1. 分析與整個供應鏈中能源技術的轉變相關聯的能量與材料的投入和產出。供應鏈從原始材料的提取開始,接著是處理然後到生產和最終使用,最後是廢棄物管理。在這條供應鏈中,重要的是把焦點集中在能量和排放物最密集的過程,即"過程瓶頸"[55]。
2. 定量化與這些能量和材料變化相關的環境影響。
3. 評價能源技術相對其他情況的變化。

圖 11.1 是一個當今傳統的汽油內燃機(ICE)機動車輛的供應鏈例子。該圖顯示了在石油燃料提取、生產、運輸、儲存、供給和在機動車輛上使用過程中的主要能量流和污染物流。其中,方塊圖用於描述過程,方塊圖頂部波浪式的箭頭用於描述排放物,方塊圖間的小箭頭用於描述燃料流,方塊圖底部的粗箭頭用於描述能量流。這條供應鏈可以作為其他機動車輛供應鏈的比較基準。

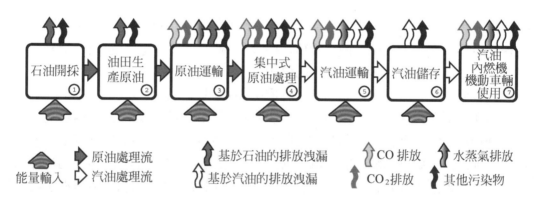

圖 11.1 傳統的汽油內燃機機動車輛的供應鏈。從石油燃料的開採到機動車輛上使用的主要過程中(方塊圖 1 ~方塊圖 7)能量被消耗(如底部箭頭所示)並產生排放物(如頂部箭頭所示)

既然我們瞭解了供應鏈和過程瓶頸的概念,那麼我們將更深入地研究詳細的 LCA 方法論。有效的 LCA 方法論遵循以下幾個步驟:

1. **研究並建立一條從原始材料的生產到最終使用的合理供應鏈。**
2. **草擬一條可以描繪重要的過程和主要的質量流和能量流的供應鏈。**過程的例子包括化學和能量轉換、燃料的產生和傳送,以及燃料的貯存。質量流包括原始材料、燃料、廢棄物和排放物的流動。能量流包括電能的使用,反應過程中消耗的化學能以及過程中所做的功。
3. **確定"瓶頸"過程,**該過程消耗最大量的能量或者生產最大量的有害排放物(或兩者皆有)。

4. **利用控制容積分析和質量與能量守恆原理分析供應鏈中的能量流和質量流**。控制容積是質量流進和流出的空間體積，其邊界由控制表面進出。在供應鏈中獨立的過程周圍畫出控制表面，並標出瓶頸過程。分析進入和流出這些反應過程的質量流和能量流，使用如下質量平衡方程：

$$m_1 - m_2 = \Delta m \tag{11.1}$$

式中，m_1 是進入控制容積的質量；m_2 是離開控制容積的質量；Δm 是控制容積中的質量增量。使用穩定流的能量守恆方程式：

$$\dot{Q} - \dot{W} = \dot{m}\left[h_2 - h_1 + g(z_2 - z_1) + \tfrac{1}{2}(V_2^2 - V_1^2)\right] \tag{11.2}$$

式中，$\dot{Q}$ 是進入反應過程的熱流；$\dot{W}$ 是反應過程的做功速率；$\dot{m}$ 是質量流速率；$h_2 - h_1$ 是進入流體與流出流體之間的焓變；g 是重力加速度；$z_2 - z_1$ 是高度變化；$V_2^2 - V_1^2$ 是速率平方的變化。最後 3 項分別代表流的內能變化、勢能變化和動能的變化。

5. 分析供應鏈內部的獨立反應過程後，**將整個供應鏈作為一個單獨的控制容積來評估**。將鏈中的淨能量流和淨排放物流進行合計。

6. **定量化這些淨流的環境影響**，如有關人類健康的影響、外部成本，以及地球暖化的潛在影響。我們將在接下來的部分討論這些術語的定義和運用這些分析的方法。

7. **比較該供應鏈和其他供應鏈的能量流、排放物和環境影響的淨變化。**

8. **評價每一條供應鏈相對於其他供應鏈的環境影響。**

9. **重複供應鏈中擴展的、更多過程的分析。**

在接下來的章節中，我們將著重於燃料電池技術，對上述步驟中的每一步透過詳細的例子和解釋加以說明，並著重討論定量化環境影響的方法。

11.1.2　壽命週期評價應用於燃料電池

運用 LCA 方法論中的前 3 個步驟，我們將為燃料電池機動車輛建立並分析一個合理可能的供應鏈：

1. **研究並建立一條從原始材料生產到最終使用的合理供應鏈**。利用第 10 章的知識，我們知道可以利用化學方法將天然氣轉換成富氫氣體。假設我們將從天然氣重整氣流中得到的氫氣作為燃料電池車輛的燃料。這些水蒸氣重整裝置可以安置在類似於傳統加油站的地方，而消耗的天然氣燃料來自且存放於原有的天然氣管網中，在這些過程中天然氣中的一些甲烷(CH_4)可能會洩漏到周圍的環境中。燃料處理器產生的氫氣可以被壓縮至高壓容器中，儲存在站內以備用，最終為車輛中的高壓容器重新加入燃料。在這些過程中，一些氫氣可能會洩漏到環境中。

2. 草擬一條描繪重要過程和主要質量流和能量流的供應鏈。圖 11.2 顯示了一種燃料電池機動車輛的供應鏈草圖。這些過程包括天然氣勘探(方塊圖 1)、氣田開採(方塊圖 2)、地下容器中貯存(方塊圖 3)、化學處理成精煉氣(包括添加硫磺作為加味劑,方塊圖 4),以及透過管道的傳輸(方塊圖 5)。截至目前供應鏈中的這一部分與原有的天然氣供應住宅和建築用暖,以及汽輪機用燃料發電的供應鏈是一樣的。其餘的處理過程包括在燃料處理器中將天然氣轉換為氫氣(方塊圖 6)、壓縮氫氣(方塊圖 7)、儲藏氫氣(方塊圖 8),以及在機動車輛中的使用(方塊圖 9)。如圖 11.2 所示,大部分過程至少需要輸入一些額外的能量或作功。黑色箭頭表示天然氣燃料流,淺色箭頭表示氫氣燃料流。排放物包括天然氣氣流中洩漏的甲烷(CH_4)、氫氣氣流中洩漏的氫氣、在燃料處理和為氫氣壓縮機提供動力過程中排放的二氧化碳(CO_2)、一氧化碳(CO)和其他的排放物,以及在機動車輛中所釋放的水蒸氣排放物(H_2O)。

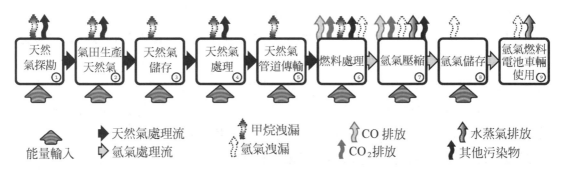

圖 11.2　氫燃料電池機動車輛的供應鏈,其氫燃料來自於天然氣的水蒸氣重整。大約 30%的天然氣 HHV 用於水蒸氣重整器(方塊圖 6)的運轉,約 10%的氫氣 HHV 用於氫氣的壓縮(方塊圖 7),這兩個部分是整個供應鏈中能量最集中的鏈環

3. **確定供應鏈中能量消耗最集中的部分與污染最嚴重的部分,即"瓶頸"過程。**讓我們思考一下過程方塊圖下面的能量輸入箭頭。大約 0.7%的天然氣 HHV 用於天然氣勘探(方塊圖 1),大約 5.6%用於天然氣開發生產(方塊圖 2),1.0%用於儲存和處理(方塊圖 3 和方塊圖 4),2.7%用於輸運(方塊圖 5)。因此,我們需要向圖 11.2 中的前 5 個方塊圖提供大約天然氣 HHV10%的能量。如第 10 章所講到的,大約 30%的天然氣 HHV 需要用於燃料處理器的運轉;正如我們在第 9 章中學到的,用於壓縮氫氣的能量大約是氫氣 HHV 的 10%,貯存能量只是它的一小部分。因此,供應鏈中兩個能量最集中的過程是(1)天然氣的燃料處理和(2)氫氣的壓縮。

能量最集中的過程有可能產生最大量的有害排放物,因此,我們應該最先檢測能量最集中的過程。但是,這一種關係並不一定成立,因為某一些種類的排放物比其他種類的排放物更有害。因此，先確定能量最集中的過程是不是排放量最高的過程是一個很好的起點，不過也應該同時研究其他過程。

讓我們思考一下過程方塊圖上部的排放箭頭，從能量最密集的過程開始：(1)天然氣的燃料處理和(2)氫氣壓縮。首先研究第一個過程瓶頸，即燃料處理。基於對與燃料電池系統相連的水蒸氣重整器的研究，表 11.1 給出一個商用天然氣水蒸氣重整器的排放因素。作為參照，表 11.1 以水蒸氣重整器的排放物為基準，標定了來自其他類型設備的排放物，如氫氣發生器、煤炭氣化設備，以及使用天然氣和煤炭作為燃料的電力發電站。水蒸氣重整器的排放物很少，例如其產生的 SO_x 和顆粒物質皆可以被忽略。現在我們來考慮第二個過程瓶頸，即氫氣壓縮。氫氣壓縮機消耗附近周圍電力網的電力。雖然壓縮氫氣所需能量佔它本身 HHV 的 10%，但是此一能量僅是指壓縮機消耗的電能，而由於電力站的發電效率因此過程中還要消耗一些額外的能量。所有與電力網路相連的電力發電站平均發電效率大約為 32%，其他燃料類型的分佈如圖 11.3 所示。美國電力發電站的一半以上是燃煤發電站，它是有害排放物的最主要來源。考慮到天然氣水蒸氣重整器相對較少的排放物和電力發電站的效率損失，故電力發電站用於氫氣壓縮所排放的污染可能是最顯著的。

表 11.1　兩種氫氣發生器和兩種發電機的排放因素

排放物	氫氣發生器排放因素		發電站排放因素			
	天然氣蒸氣重整器(kg 排放物／kg 天然氣燃料)	煤氣化(kg 排放物／kg 煤燃料)	天然氣燃燒 (組合迴圈燃氣渦輪、低 NO_x)		煤燃燒 (煤鍋爐、蒸氣輪機、低 NO_x)	
			g 排放物／kWh 電	kg 排放物／kg 天然氣燃料	g 排放物／kWh 電	kg 排放物／kg 煤燃料
CO_2	2.6	2.37	390	2.5	850	2.4
CH_4	0.000048	未知	1.5	0.010	3.0	0.0084
微粒物	可忽略	0	0.074	0.00047	0.20	0.00056
SO_2	可忽略	0.000762	0.27	0.0017	1.0	0.0028
NO_x , NO_2	0.00046	0.000108	0.70	0.0045	2.0	0.0056
CO	0.0000033	0.00734	0.33	0.0021	0.12	0.00035
VOC	0.00000066	0	0.016	0.00010	0.013	0.000038

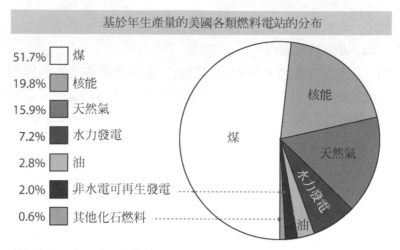

圖 11.3　美國的電力主要來源於傳統的煤燃燒發電站，鍋爐裏的煤燃燒而產生蒸氣來帶動蒸氣輪機。電力的第二大來源是核能發電站，透過核裂變反應得到的熱量來產生爐內蒸氣，從而帶動蒸氣渦輪機。第三種最普遍的電力來源是天然氣發電站，主要靠天然氣在渦輪機內的燃燒

例 11.1　(1)在汽油內燃機引擎汽車的供應鏈中確定瓶頸過程。(2)從油田的石油生產(圖 11.1 中方框 2)到汽油被注入汽車(方框 6)的供應鏈中，估算為完成其中一些重要過程所需的能量。

解：1. 瓶頸過程在供應鏈中消耗最大量的能量或者產生最大量的有害排放。基於如圖 11.1 所示的石油工業和供應鏈的研究背景，一些瓶頸過程是：(1)原油生產(方框 2)，(2)原油到汽油的集中化學處理過程(方框 4)和(3)內燃機引擎的汽油燃燒(方框 7)。其他的能量密集過程可能包括原油和汽油的傳送(方框 3 和方框 5)，這取決於汽車與油田的相對位置。這些瓶頸過程將是使用 LCA 方法對供應鏈進一步研究的焦點。

2. 雖然估算會因時因地而變，但是對於汽油燃料的生產、運輸和處理(方框 2 ～方框 5)來說大約必須消耗 12%的汽油燃料高熱值(HHV)[56]。因為汽油在室溫下以液體存在，同時伴隨著少許蒸發，所以其儲藏(方框 6)不需要大量能量(考慮進行石油工業的額外研究來量化這些評估，並且由於地區到油田距離的差異和環境立法的不同，這些評估可能隨著地域的不同而變化)。

例 11.2 已經完成 LCA 的步驟 1～3，我們現在將透過這個例子來探索 LCA 的第 4 個步驟，亦即利用控制容積分析、質量守恆原理和能量守恆原理來分析供應鏈中的能量流和質量流。設想用圖 11.2 中的燃料電池機動車輛替換圖 11.1 中的現有路面車輛。燃料電池機動車輛的排放量基本上取決於它消耗 H_2 燃料的量。假設燃料電池機動車輛要求和路面車輛相同的推進力——車的總質量、動力牽動、滾動阻力、最大截面和慣性都相同[57]。根據燃料稅收記錄，美國環保總署(EPA)估計 1999 年路面車輛行駛 2.68×10^{12} 英哩[2]，而每加侖汽油的平均英哩數是 17.11。汽油燃料的 HHV 是 47.3MJ/kg，H_2 燃料的 HHV 是 142.0MJ/kg[58]，汽油的密度是 750kg/m³。回顧相關文獻，我們對當前路面車輛的效率做一個估計。汽油機動車輛的平均效率(推動汽車的運動能量／燃料的 HHV)是 16%。鑑於商業化前的燃料電池機動車輛原型的性能，估計燃料電池機動車輛的效率是 41.5%[59,60]。根據能量守恆，估計此燃料電池汽車所需 H_2 燃料的質量。

解：我們在圖 11.1 中的方框 7 和圖 11.2 中的方框 9 周圍畫一個控制表面，用來比較流進和流出這些過程的質量流和能量流。根據能量守恆，我們假設當前路面機動車輛所做的功($\dot{W}_c$)等於燃料電池機動車輛所做的功($\dot{W}_f$)，$\dot{W}_c = \dot{W}_f$。每種車輛所需的平均牽引功都是相同的。當前路面機動車輛的牽引功是

$$\dot{W}_c = \dot{m}_g \, \Delta H_{(HHV),g} \varepsilon_g \tag{11.3}$$

式中，$\dot{m}_g$ 是每年車輛所消耗的汽油燃料質量(kg/year)；$\Delta H_{(HHV),g}$ 是汽油燃料的 HHV(MJ/kg)；ε_g 是汽油車輛的效率。

每年所消耗的汽油質量也可表示為

$$\dot{m}_g = \frac{\rho_g V_{MT}}{\overline{M}_{gvf} V_c} \tag{11.4}$$

公式中，ρ_g 是汽油的密度(kg/m³)；V_{MT} 是車輛每年行駛的英哩數(10^6mile)；$\overline{M}_{gvf}$ 是傳統車輛的平均英哩數(mile/USgal)[3]；V_c 是單位體積的換算數(264.17USgal/m³)。燃料電池機動車輛的牽引功是

---

[2] 英哩為非國際標準度量長度單位名稱，其單位符號為 mile，其中 1 mile = 1609.344 m——譯者註。
[3] 美加侖為非國際標準度量體積單位名稱，其單位符號為 USgal，其中 1 USgal = 3.78541 L——譯者註。

$$\dot{W}_f = \dot{m}_h\,\Delta H_{(HHV),h}\,\varepsilon_h \tag{11.5}$$

公式中，$\dot{m}_h$ 是車輛每年所消耗的氫氣質量(kg/year)；$\Delta H_{(HHV),h}$ 是氫氣燃料的HHV(MJ/kg)；ε_h 是燃料電池機動車輛的效率。使 $\dot{W}_c = \dot{W}_f$，結合最後 3 個公式，車輛所消耗的氫氣質量是

$$\dot{m}_{H2,C} = \frac{V_{MT}}{F_h} \tag{11.6}$$

公式中，

$$F_h = \frac{\bar{M}_{gvf}\,V_c\,\Delta H_{(HHV),h}\varepsilon_h}{\rho_g\,\Delta H_{(HHV),g}\varepsilon_g} \tag{11.7}$$

是氫氣燃料電池車輛的英哩數(mile/kgH$_2$)。根據本例中的資訊可得

$$F_h = \frac{(17.11\ \text{miles/gal})(264\ \text{gal/m}^3)(142\ \text{MJ/kg})(0.415)}{(750\ \text{kg/m}^3)(47.3\ \text{MJ/kg})(0.16)} \tag{11.8}$$
$$= 46.9\ \text{miles/kg H}_2$$

$$\dot{m}_{H2,C} = \frac{V_{MT}}{F_h} = \frac{2.68 \times 10^{13}\ \text{miles/year}}{46.9\ \text{miles/kg H}_2} = 5.71 \times 10^{10}\ \text{kg H}_2/\text{year} \tag{11.9}$$

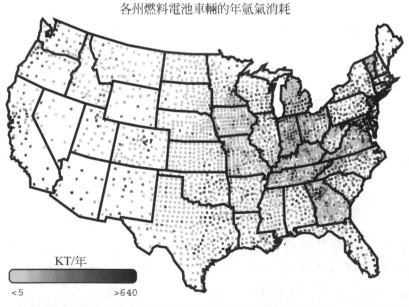

各州燃料電池車輛的年氫氣消耗

KT/年

<5   >640

圖 11.4　美國各州燃料電池車輛每年的氫氣消耗量都用點標記在該州的中心。假設傳統車輛
　　　　 全部轉換成燃料電池車輛

根據這個推導，燃料電池車輛每年需消耗 57MT 的 H_2[4]。根據由 EPA 報告的各州汽油消耗資料[61]，圖 11.4 顯示了各州這種燃料電池車輛所消耗氫氣的空間分佈。

11.2 LCA 的重要排放物

爲了進行 LCA 中接下來的步驟(尤其是步驟 5 和步驟 6)，我們首先要確定在供應鏈中哪些類型的排放物是重要且需要評估的。重要的排放物分爲兩類：(1)導致地球暖化的排放物和(2)導致大氣污染的排放物。在接下來的兩節中，我們將對這兩種類型的排放物進行討論。導致地球暖化的排放物包括 CO_2 和 CH_4，導致大氣污染的重要排放物包括臭氧(O_3)[5]、CO、氮氧化物(NOx)、顆粒物、硫化物(SOx)和揮發性的有機化合物(VOC)。在接下來的章節中，我們將(a)討論這些排放物的重要性和(b)描述量化它們對環境影響的方法。

11.3 有關地球暖化的排放物

11.3.1 氣候變化

地球的氣候隨時間流逝已經發生了變化。地球的近表面平均溫度現在接近 15℃，但是據地質學的事實顯示，在過去的一百萬年中，地球的近表面溫度曾在 8℃～17℃的範圍內波動。目前，氣候學家所關注的是這些自然發生的溫度波動正在被人類行爲所導致的溫度暖化趨勢所超越，尤其是化石類燃料燃燒時所釋放的氣體和粒子對大氣具有暖化效應[62]。

11.3.2 自然溫室效應

大氣中通常含有如 CO_2 和水蒸氣(H_2O)等氣體，它們在紅外線波長範圍(infrared radiation(IR))吸收一部分太陽光的能量過程被稱爲自然溫室效應。因此，地球的表面溫度就可以升高到可以維持生命。當太陽光照射到地球表面時，其中一部分能量被吸收而使地球暖化，而地球表面又將其中一部分能量以紅外線輻射(IR)或者熱能的形式重新輻射到大氣中。與其他分子不同，溫室氣體的特別之處在於它們可以選擇性地吸收 80%的紅

---

[4] 噸爲非國際標準度量質量單位，其單位符號爲 ton，其中 1 ton = 907.18 kg——譯者註。

[5] 在高層大氣層中，臭氧透過吸收紫外線輻射而在地球周圍產生一個保護層，否則地球會變暖。但是，海平面散發的臭氧會導致煙霧和空氣污染，損害人類的健康。

外線輻射，並將這種射線重新輻射到太空和地球表面。圖 11.5 左側的部分表示溫室氣體的升溫原理。在一個與玻璃溫室吸熱方式類似的過程中，溫室氣體吸收並再次輻射一部分紅外輻射，同時可以使得 50%的可見光和其他波長射線保留。因此，大氣中的溫室氣體越多，接近地球表面所吸收的熱量也就越高。288K 的平均接近地球表面大氣溫度中有33K 是自然溫室效應的貢獻。正如我們所知道的，如果沒有自然溫室效應，地球表面就會冷得難以維持生命。

11.3.3　地球暖化

大多數的氣候學專家一致認為，日益成長的人為排放(如人造的)溫室氣體嚴重加劇了溫室效應。地球暖化是指由於人為排放的溫室氣體和某些粒子的增加導致地球溫度高於由自然溫室效應所導致的地球溫度。人為排放的溫室氣體包括 CO_2、CH_4、H_2O 和二氧化氮(N_2O)。除了這些氣體，某些顆粒對地球也有暖化效果，只不過是透過不同的原理。深色顆粒如煤煙會吸收陽光，並將這些能量以紅外線輻射的方式重新輻射出去，從而導致地球表面溫度變暖化。炭黑(BC)是一種引起地球暖化的主要粒子[63,64]。炭黑的暖化效應由於有機物的存在而加強，因為有機物可將額外的陽光聚集在炭黑上。圖 11.5 的中心區域顯示

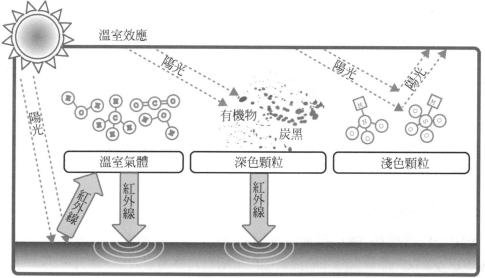

圖 11.5　左側：太陽光照射地表並且部分被吸收，地球以 IR 射線的形式(熱能)反射一部分能量。溫室氣體包括 H_2O、CH_4、CO_2 和 N_2O，選擇性地吸收這種 IR 射線並重新輻射到太空和地表，從而提高地球表面的溫度。中間：太陽光照射深色顆粒，如懸浮在地球大氣層中的炭黑，這些深色顆粒吸收光，並以紅外輻射方式重新輻射能量，其中一部分可能會到達地球表面而使其變暖。炭黑上的有機物質會聚焦光線，因而加強了炭黑的暖化效應。右側：淺色顆粒包括硫酸鹽和硝酸鹽，反射陽光並且具有冷化效應

了深色顆粒的升溫原理。圖 11.5 顯示這些氣體和顆粒重新向地球表面輻射紅外線而導致變暖，它們也向地球外重新輻射出紅外線。相反地，淺色顆粒反射陽光，有冷化效應。冷化地球的淺色顆粒包括硫酸鹽(SULF)和硝酸鹽(NIT) ；SULF 也吸收水分，同時反射陽光。有冷化效應的排放氣體包括氧化硫(SO_x)、氧化氮(NO_x)和非甲烷的有機化合物或者揮發性的有機化合物(VOC)。這些氣體在大氣中相互作用，大部分轉化成淺色顆粒，硫氧化物轉化成 SULF，NO_x 轉化成 NIT，VOC 轉化成淺色有機物。圖 11.5 的右邊區域顯示了淺色顆粒的冷化原理。

11.3.4　地球暖化的例證

　　自 1860 年以來，低層大氣層中主要的溫室氣體 CO_2、CH_4 和 N_2O 的濃度分別增加了 30%、143%和 14%。圖 11.6 顯示了上個世紀 CO_2 和 CH_4 的成長。隨著 200 年前工業革命的開始，人們開始燃燒化石燃料為工業過程提供能量，同時釋放大量的 CO_2 進入大氣。工業革命開始時，CO_2 的濃度大約是單位體積280×10^{-6}，現在，這個數值接近380×10^{-6}，並且正在以每年2×10^{-6}的速度成長。圖 11.7 顯示了同一時期地球近地表溫度的變化，它在過去的 100 年裏增加了 $0.6℃ \pm 0.2℃$。與歷史紀錄相比較，地表溫度成長異常地快。地球暖化的更多例證包括：

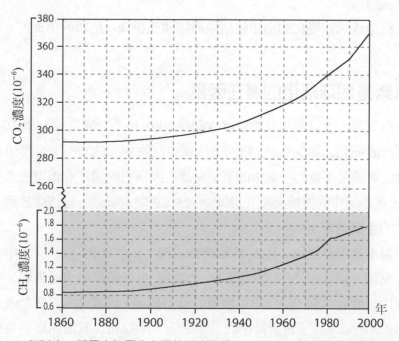

圖 11.6　自 1860 年以來，低層大氣層中主要的溫室氣體 CO_2 和 CH_4 的濃度分別增加了 30%和 143%

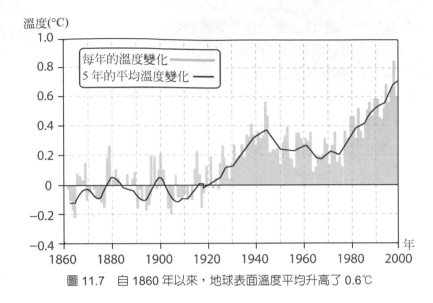

圖 11.7　自 1860 年以來，地球表面溫度平均升高了 0.6℃

1. 過去 40 年內大氣層低層 8km 內的溫度升高；
2. 積雪涵蓋面積、冰層面積和冰河面積的減小；
3. 最近幾十年內，夏天和秋天的北極冰面厚度有 40%的減少；
4. 由於海洋變暖造成的全球海平面平均升高 10～20cm；
5. 海洋的熱容量升高。

　　其他的人為造成氣候變化的例證包括像植物開花提前、鳥類孵化提前，以及大氣層中部的變冷。

11.3.5　氫氣是地球暖化的潛在因素

　　自工業革命以來，大氣中氫氣的濃度大約從 200×10^{-9} [65] 成長到 530×10^{-9} [66]。大部分的氫氣排放源於碳氫化合物的氧化，特別是汽車中汽油和柴油的不完全燃燒和植物材料的燃燒。排放的氫氣通常不會和空氣中的氧氣反應，因為它的濃度和溫度太低。氫氣的自燃溫度是 858K，在空氣中的燃燒極限介於 4%～75%之間。氫氣一旦被釋放到大氣中，大概會有 2～10 年的生命週期。

　　如果燃料電池被廣泛應用，H_2 的排放將會加速。正如我們在圖 11.2 中看到的，氫氣可能在生產、壓縮、儲存和使用(方塊圖 6～方塊圖 9)等環節中洩漏到環境中。此外，氫氣在輸運過程中可能會洩漏，特別是長距離的管道輸運，同樣地，天然氣就是這麼洩漏的(方塊圖 5)。因為氫氣是分子質量最小的氣體之一，所以它比其他燃料更易洩漏，例如，氫氣的質量擴散係數是天然氣的 4 倍。除了洩漏，氫氣還可能有意地被釋放到環境中，例如有些燃料電池系統被設計成從電池組內定期淨化陽極，排出氣體(包括 H_2)，以防止陽極反應場所被其他物質(如水)阻塞。另外，氣態氫氣容器也需要定期地釋放氫氣來避免壓力累積。

所以，氣候學專家正在努力解決排放的氫氣對地球暖化的潛在影響。氫氣導致地球暖化的途徑之一是透過間接地增加溫室效應氣體 CH_4 的濃度。在對流層中(低大氣層)，氫氣和氫氧自由基(OH)會發生如下的反應：

$$H_2 + OH \rightarrow H + H_2O \tag{11.10}$$

如果在該反應中氫氣不消耗 OH，OH 就會透過如下的反應消耗 CH_4：

$$CH_4 + OH \rightarrow CH_3 + H_2O \tag{11.11}$$

然而我們也必須考慮眾多的其他化學反應。氫氣對地球暖化的淨效應仍在進一步研究中。

例 11.3　有一篇文章宣稱燃料電池車輛可能會因為其產生額外的水蒸氣而加重地球暖化。你決定利用 LCA 做出你自己的判斷。你將比較兩種不同的情況，一個是當前路面機動車輛(如圖 11.1 所示)，另一個是燃料電池機動車輛(如圖 11.2 所示)。你需要計算每一種情況所排放的水蒸氣來進行比較，從而瞭解兩種機動車輛中水蒸氣的排放是否有一個真正的增加。1999 年，路面機動車輛消耗的汽油($C_nH_{1.87n}$)和輕柴油($C_nH_{1.8n}$)混合燃料大約為 450MT／年[67]。汽油燃料和輕柴油燃料分別佔機動車輛中燃料消耗的 78%和 22%[68]。

1. 尋找每一條供應鏈中水蒸氣的來源。
2. 確定水排放的瓶頸過程。
3. 根據質量守恆方程式，計算瓶頸過程中水蒸氣的排放量。
4. 該文章的結論是否正確？

解：1. 尋找每一條供應鏈中水蒸氣的來源。在當前機動車輛中，水蒸氣的排放是燃燒的結果。如圖 11.1 所示，石油燃料在車運、鐵路運輸或航運(方塊圖 3 和方塊圖 5)的過程，以及在內燃機引擎車輛的使用過程中會排放水蒸氣。如圖 11.2 所示，至於燃料電池機動車輛的情況，水蒸氣的排放是氫的電化學氧化的結果(方塊圖 9)。由於氫氣壓縮機要從發電站消耗電能(方塊圖 7)，一些這樣的發電站(煤和天然氣)會由於燃燒的結果產生水。

2. 確定水排放的瓶頸過程。作為最初的近似，我們假設機動車輛使用期間大多數的水排放發生在每一個過程鏈的最後一步(如圖 11.1 中的方塊圖 7 和圖 11.2 中的方塊圖 9)。

3. 計算瓶頸過程中水蒸氣的排放量。在內燃機引擎內部，燃燒可以描述為

$$CH_{1.85} + 1.4625O_2 \rightarrow CO_2 + 0.925H_2O + work + heat \tag{11.12}$$

公式中，$CH_{1.85}$ 是一個化學運算式，表示汽油($C_nH_{1.87n}$)和輕柴油($C_nH_{1.8n}$)燃料在機動車輛中的消耗質量比例(分別是 78%和 22%)。$CH_{1.85}$ 的分子量是 13.85g/mol，水的分子量是 18g/mol。如此一來，每消耗 1kg 的 $CH_{1.85}$ 會產生 1.2kg 的水($18kg/mol\,H_2O \times 0.925\,molH_2O/13.85g/mol$)。那麼，一年消耗 450MT 燃料就會產生約 540MT 的水。在燃料電池中，消耗 1mol 的氫氣會產生 1mol 的水，根據

$$H_2 + 0.5O_2 \rightarrow H_2O + electricity + heat \tag{11.13}$$

氫氣的分子量是 2g/mol。這樣一來，每消耗 1kg 的 H_2 就會產生 9kg 的 H_2O。在例 11.2 中，我們曾計算出燃料電池機動車輛每年要消耗 57MT 的氫氣，那麼機動車輛每年會產生大約 510MT 的水。根據這些估計，燃料電池機動車輛和當前機動車輛將產生大致相同量的水蒸氣[69](此計算可能高估了由燃料電池車輛產生的水蒸氣量，因為這裏假設所有的水都是以蒸氣形式排放，而實際上它可能被冷凝成液態，特別是在低溫下工作的氫-氧燃料電池)。

4. 文章的結論是否正確？無論是當前機動車輛還是燃料電池機動車輛，它產生的水蒸氣量要比來自大自然的水蒸氣的排放速率——5×10^8 MT／年小 10^6 倍。基於這樣的考慮，任一種機動車輛排放的水蒸氣在大氣層中均可忽略。因此，文章的結論並不正確。

11.3.6 定量化環境的影響——二氧化碳當量

定量化與地球暖化相關排放物對環境影響的一個重要方法是計算排放氣體和顆粒混合物的二氧化碳當量($CO_{2equivalent}$)。為了估算氣體與顆粒混合物對地球暖化的影響，我們可以計算這些氣體的 $CO_{2equivalent}$。$CO_{2equivalent}$ 是指與這些不同氣體混合物具有對地球同等暖化

效果的二氧化碳氣體的質量。$CO_{2equivalent}$ 可以幫助我們定量化和比較不同性質和類型的排放物所引起的暖化效果。一個以 100 年為週期的測量氣體 $CO_{2equivalent}$ 的公式[69,70]是

$$CO_{2equivalent} = m_{CO_2} + 23m_{CH_4} + 296m_{N_2O} + \alpha(m_{OM,2.5} + m_{BC,2.5}) - \\ \beta(m_{SULF,2.5} + m_{NIT,2.5} + 0.40m_{SO_x} + 0.10m_{NO_x} + 0.05m_{VOC}) \tag{11.14}$$

公式中，m 代表每種排放物的質量，例如，$m_{OM,2.5}$ 表示直徑等於或小於 2.5μm 的有機物的質量；係數 α 的變化範圍為 95～191；係數 β 在 19～39 之間變化。此公式的邏輯遵循了我們對不同氣體和顆粒對地球暖化或變冷影響的描述，如圖 11.5 所示。公式中，具有暖化效應的氣體和顆粒前有一個正號 '+'；而具有冷化效應的氣體和顆粒前則有一個負號 '−'。各個質量 m 之前的係數(分別為 23，296，α，β)代表每種排放物在 100 年中所造成的地球暖化潛力(Global Warm Potential, GWP)。GWP 是一個指標，用於估算單位質量某種溫室氣體或者顆粒相比於等單位質量 CO_2 的排放對地球暖化的相對影響。例如，甲烷的GWP 是 23，這表示甲烷在吸收輻射方面的能力是 CO_2 的 23 倍。氫氣的 GWP 並未包含在上述公式中，這是因為氣候學家們尚未確定該值。由於各種氣體在大氣中存在時間的長短不同，因此不同氣體的 GWP 也是在不同時間尺度上計算得到的。正如在例 11.3 中瞭解的一樣，$CO_{2equivalent}$ 的計算中通常並不考慮人為排放的水蒸氣，因為大自然環境產生的水蒸氣要比人為排放的水蒸氣高出 5 個數量級。上述 $CO_{2equivalent}$ 計算公式僅僅是對於一些重要氣體和顆粒對地球暖化潛在影響的估算，並且必須依據未來氣候研究成果進行週期性更新。更加精確的結果可以利用大氣的全球超級電腦模型計算獲得。

11.3.7　定量化環境的影響——地球暖化的外部成本

　　定量化與地球暖化相關排放物對環境影響的另一個重要方法是計算地球暖化的外部成本(external costs)。地球暖化的潛在影響因素包括：

1. 海平面上升，導致一些低窪地區被淹沒；
2. 水循環(hydrological cycle)更加劇烈，由於急劇的降雨事件導致更多旱澇災害的發生；
3. 耕地的遷移和農業區域發生變化；
4. 生態系統的破壞。

　　研究人員對地球暖化造成的外部成本進行了估算，每千克 $CO_{2equivalent}$ 的排放所耗費的成本在 0.026～0.067 美元之間(2004 年美元價格)[71,72]。這一外部成本是大氣層中每額外增加單位質量 CO_2(或者當量氣體)所造成的損失[6]。當一件商品的所有成本都不包含在它的市場價格時，就形成了外部成本[73]。例如，地球暖化導致海平面上升從而淹沒了一片地產，

---

[6] 根據成本的來源不同，外部成本也可認為是損害成本、社會成本和／或環境成本。

那麼損毀的代價就是外部成本。按照這樣的定義，與土地使用相關的地球暖化外部成本並不包含在土地所有權的市場價格當中。學者們所估算的外部成本經濟價值通常有比較大的出入，因為這些成本實在很難進行精確地量化。但是，為了忽略它們而假設外部成本為零則絕對是錯誤的。

例 11.4　(1)美國環保署(EPA)在國家排放目錄(NEI)中報告了來自機動車輛、發電站和其他所有來源的排放量。你可以在 NEI 中查出 1999 年路面化石燃料機動車輛的排放情形並製作表 11.2。在表 11.2 中，PM_{10} 指直徑小於和等於 10μm 的顆粒物質；$PM_{2.5}$ 指直徑小於和等於 2.5μm 的顆粒物質。計算這些車輛排放的 $CO_{2equivalent}$，與這種機動車輛僅僅排放的 CO_2 量相比較。(2)設想我們現在將這種化石燃料機動車輛替換為氫燃料電池機動車輛，計算這些氫燃料電池機動車輛排放的 $CO_{2equivalent}$。在美國，以總人為排放的 $CO_{2equivalent}$ 表示，其減少的百分比是多少？(3)為了使這個比較更公平，你還要考慮什麼？(4)外部成本減少多少(由地球暖化對社會帶來損害成本，並不包含在市場價格內)？

解：1. 根據 $CO_{2equivalent}$ 公式和表 11.2 中的資料，我們可以計算由當前機動車輛排放的 CO_2 當量氣體和顆粒的最大值和最小值。

$CO_{2\,equivalent,\,LOW}$

$$= m_{CO_2} + 23m_{CH_4} + 296m_{N_2O} + 95(m_{OM_{2.5}} + m_{BC_{2.5}}) - \qquad (11.15)$$
$$39(m_{SULF_{2.5}} + m_{NIT_{2.5}} + 0.40m_{SO_x} + 0.10m_{NO_x} + 0.05m_{VOC})$$

$CO_{2\,equivalent,\,HIGH}$

$$= m_{CO_2} + 23m_{CH_4} + 296m_{N_2O} + 191(m_{OM_{2.5}} + m_{BC_{2.5}}) - \qquad (11.16)$$
$$19(m_{SULF_{2.5}} + m_{NIT_{2.5}} + 0.40m_{SO_x} + 0.10m_{NO_x} + 0.05m_{VOC})$$

因為 NEI 沒有把 N_2O 列入表中，因此作為估計我們僅考慮其他項。這個範圍是在 $1.36\times10^9 \sim 1.39\times10^9$ 噸／年之間。這些數值與這些車輛 CO_2 的總排放值不同，分別差 -0.87% 和 1.75%。因此，在這個例子中 $CO_{2equivalent}$ 的主要貢獻是 CO_2 本身。

2. 只考慮機動車輛的變化，不考慮上游燃料產生來源，氫-氧燃料電池機動車輛將不產生 CO_2。它的 $CO_{2equivalent}$ 也將是零。

根據 $CO_{2equivalent}$ 公式和表 11.2 中的資料，我們可以計算出美國所有來源排放的氣體和顆粒的 $CO_{2equivalent}$ 最小值和最大值分別為 5.33×10^9 噸／年和 5.86×10^9 噸／年。這個變化表示 $CO_{2equivalent}$ 大約減少 23.21%～26.17%。

表 11.2　美國所有人為排放，1999(立方噸／年)

物質	路面車輛 a	所有排放源排放總量 b
氣體		
一氧化碳(CO)	6.18×10^7	1.12×10^8
氧化氮(NO_x)如 NO_2	7.57×10^6	2.19×10^7
氧化硫(SO_x)如 SO_2	2.72×10^5	1.81×10^7
氨(NH_3)	2.39×10^5	4.53×10^6
氫氣(H_2)	1.55×10^5	2.79×10^5
二氧化碳(CO_2)	1.37×10^9	5.30×10^9
水(H_2O)	5.19×10^8	1.99×10^9
有機物		
石蠟(PAR)	3.53×10^6	1.40×10^7
烯烴(OLE)	1.61×10^5	5.21×10^5
乙烯(C_2H_4)	2.27×10^5	9.12×10^5
甲醛(HCHO)	4.43×10^4	2.23×10^5
高級醛(ALD2)	1.72×10^5	3.39×10^5
甲苯(TOL)	3.29×10^5	2.60×10^6
二甲苯	4.66×10^5	2.25×10^6
橡膠基質(ISOP)	4.86×10^3	9.92×10^3
全部的解甲烷系有機物	4.93×10^6	2.09×10^7
甲烷(CH_4)	7.91×10^5	6.31×10^6
顆粒物質		
有機物($BC_{2.5}$)	5.04×10^4	2.64×10^6
炭黑($BC_{2.5}$)	9.07×10^4	5.92×10^5
硫酸鹽($SULF_{2.5}$)	1.88×10^3	3.10×10^5
硝酸鹽($NIT_{2.5}$)	2.47×10^2	2.67×10^4
其他($OTH_{2.5}$)	2.40×10^4	8.26×10^6

表 11.2 美國所有人為排放，1999(立方噸／年)(續)

物質	路面車輛 a	所有排放源排放總量 b
全部的 $PM_{2.5}$	1.67×10^5	1.18×10^7
有機物(OM_{10})	7.19×10^4	5.77×10^6
炭黑(BC_{10})	1.07×10^5	9.62×10^5
硫酸鹽($SULF_{10}$)	2.99×10^3	4.91×10^5
硝酸鹽(NIT_{10})	3.15×10^2	7.10×10^4
其他(OTH_{10})	3.66×10^4	3.75×10^7
全部的 PM_{10}	2.19×10^5	4.48×10^7

a 傳統路上化石燃料車輛的排放物。

b 所有人為的排放源，包括工業設施和發電站的排放物。

3. 為了使這一分析更公平，還應該考慮上游源的氣體和顆粒的 $CO_{2equivalent}$ 變化，包括供應鏈中化石燃料和氫燃料的生產。

4. 根據使地球暖化的每千克 $CO_{2equivalent}$ 在 0.026～0.067 美元之間的外部成本範圍，$1.36 \times 10^9 \sim 1.39 \times 10^9$ 噸／年之間的 $CO_{2equivalent}$ 減少將轉換為地球暖化外部成本在 353.0～935.0 億美元／年範圍內的減少。

11.4 有關空氣污染的排放物

為了進行與排放相關的 LCA 的後續步驟，除了那些影響地球暖化的排放物外，我們還必須確定供應鏈中的哪些排放物影響著空氣污染。空氣污染的主要來源是發電站、熔爐和機動車輛內部的燃燒。這些污染在危害人類、動物和植物的健康的同時也會破壞原始材料。造成空氣污染的 6 種主要的排放物是 O_3、CO、NO_x、PM、SO_x 和 VOC。揮發性有機化合物(VOC)是非甲烷有機化合物，如較重碳氫化合物($CxHy$)。其中的一些化合物本身就是空氣污染物，其餘的則能夠和其他化學物質反應生成空氣污染物。空氣污染對人類健康的影響包括呼吸疾病、肺部疾病、中樞神經系統的損害、癌症和遞增的死亡率。

11.4.1 氫氣是潛在的空氣污染因素

隨著燃料電池使用的增加，排放到大氣中的 H_2 量也會增加，氣候學專家正試圖測定 H_2 的排放對空氣污染的潛在影響。H_2 對空氣污染的影響其一是透過一系列化學反應增加了 O_3 的濃度。在對流層中，H_2 透過增加氫原子(H)的濃度使 O_3 的濃度增加。若干年後，大氣中的氫氣分子由於氫氧基(OH)的存在透過如下反應衰變反應生成氫原子：

$$H_2 + OH \rightarrow H_2O + H \tag{11.17}$$

氫原子(H)又在光能(hv)的作用下與空氣中的氧氣(O_2)經過下面一系列反應而增加 O_3：

$$H + O_2 + M \rightarrow HO_2 + M \tag{11.18}$$
$$NO + HO_2 \rightarrow NO_2 + OH \tag{11.19}$$
$$NO_2 + hv \rightarrow NO + O \tag{11.20}$$
$$O + O_2 + M \rightarrow O_3 + M \tag{11.21}$$

式中，M 代表空氣中的任一分子，在反應中既不會生成也不會消失，只是吸收反應釋放的能量。當然，我們也必須考慮其他一些對空氣污染有淨效應的反應，這些效應可以透過大氣(大氣模型)化學反應的電腦類比來確定。正如我們在 LCA 中學到的，為了精確起見，這些類比不僅要類比單一化學成分的增加或減少，更要模擬不同情形下排放物的變化。

11.4.2 定量化環境的影響——空氣污染對健康的影響

表 11.3 總結了一些最重要的排放物，以及它們與其他化合物透過化學反應生成的環境空氣污染物[74]。表格還列出了一些污染物對健康的重要影響，例如 CO 和 PM 的排放會增加人的死亡率。最後，表中還顯示了單位質量環境污染物對各種健康影響的定量化數值[7]。表中的估計值主要適用於機動車輛而不是發電廠，其機動車輛也主要指在人口聚集地使用的機動車輛。所以，這些單位質量排放物對人類健康的影響比發電廠更大，因為發電廠選址傾向於遠離人口聚集地。表 11.3 列出了環境污染物水準對人體健康的影響。為了計算每噸排放物對健康的影響，我們可以估計每噸 VOC 或 NOx 透過化學反應而生成的 1 噸 O_3 作為環境污染物：

$$m_{O_3,\text{AMB}} = m_{\text{VOC}} + m_{\text{NO}_x} \tag{11.22}$$

---

[7] 統計來源於美國的汽車污染對人體健康影響的案例資料和美國每一種汽車排放物的資料(NEI)。

式中，m 是每種排放物的質量，並且 PM_{10} 的環境污染物可以透過下式計算：

$$m_{PM10,AMB} = m_{PM2.5} + 0.1(m_{PM10} - m_{PM2.5}) + 0.4m_{SO_2} + 0.1m_{NO_2} + 0.05m_{VOC} \quad (11.23)$$

式中，m 前的係數是指污染物透過與其他物質發生化學反應生成 PM_{10} 的質量百分比[69]。

表 11.3　空氣污染對人體健康影響

排放物	環境污染物	健康影響	健康影響因素 (數千個案例／噸環境污染物)		隨著傳統車輛到燃料電池車輛的飛速變化，對健康影響的變化(數千個案例)	
			低	高	低	高
CO	CO	頭痛	1.22	1.45	-7.53×10^4	-8.95×10^4
		住院治療	0.000572	0.000164	-3.54	-10.2
		致命性	0.00000357	0.0000107	-0.221	-0.663
NO_x	NO_2	喉嚨痛	11.5	11.6	-8.68×10^4	-8.81×10^4
		痰過多	5.26	5.34	-3.98×10^4	-4.04×10^4
		眼刺激	4.73	4.81	-3.58×10^4	-3.64×10^4
VOC+ NO_x	O_3	哮喘	0.0811	0.255	-1.01×10^3	-3.19×10^3
		眼刺激	0.752	0.830	-9.40×10^3	-1.04×10^4
		輕微的呼吸疾病	1.08	1.80	-1.35×10^4	-2.25×10^4
		較嚴重的呼吸疾病	0.328	0.548	-4.10×10^3	-6.85×10^3
		任何症狀或狀況	0	6.13	0	-7.67×10^4
PM_{10}, SO_2	PM_{10}	哮喘	0.147	0.155	-188	-199
NO_x, VOC		活動期呼吸受限	4.33	5.87	-5566	-7540
		慢性病	0.00190	0.00454	-2	-6
		致命性	0.00391	0.00669	-5	-9

註：汽車排放的尾氣(第 1 列)透過化學反應生成環境污染物(第 2 列)，從而影響人們的健康(第 3 列)。這裏，對健康的影響主要考慮汽車污染，利用具有低值(第 4 列)和高值(第 5 列)單位質量的環境污染物對人體健康影響的數值估計。同時顯示了一個例子，即用氫-氧燃料電池車輛替代傳統車輛對人體健康影響的變化(第 6 列和第 7 列)。

11.4.3 定量化環境的影響──空氣污染的外部成本

如果人們健康不佳，他們就需要更多的醫療服務，損失更多的工作日，額外的醫療服務消耗和生產力的下降導致社會財政負擔加重。因此，空氣污染對健康的影響在財政方面是可以定量化的。根據表 11.3 中的健康效應資料，表 11.4 估計了各種排放物對健康影響的財政成本[74]。有趣的是，表 11.4 中所列的健康成本大部分是源自於車輛排放物。據統計，因為發電廠與人們的距離遠得多，故每單位質量排放所引起的健康成本比車輛低一個數量級。涉及人類健康的財政成本在空氣污染的外部成本中佔主導，與地球暖化的外部成本一樣，空氣污染的外部成本也不計入其市場價格，雖然這些成本難以量化，但是不能因為忽視它們而錯誤地假設它們的值為零。

表 11.4 大氣污染的經濟代價

排放物	環境污染物	空氣污染的健康成本 (2004 美元／噸排放物)		隨著從傳統車輛到燃料電池車輛的飛速變化，空氣污染引起的健康成本的變化(2004 美元)	
		低	高	低	高
CO	CO	12.7	114	-7.87×10^8	-7.08×10^9
NOx	硝酸鹽 PM_{10}	1.30×10^3	2.11×10^4	-9.83×10^9	-1.60×10^{11}
	NO_2	191	929	-1.45×10^9	-7.03×10^9
$PM_{2.5}$	$PM_{2.5}$	1.33×10^4	2.03×10^5	-2.22×10^9	-3.39×10^{10}
$PM_{2.5}{\to}PM_{10}$	$PM_{2.5}{\to}PM_{10}$	8.52×10^3	2.25×10^4	-4.38×10^8	-1.16×10^9
SOx	硫酸鹽$\to PM_{10}$	8.78×10^3	8.33×10^4	-2.39×10^9	-2.27×10^{10}
VOC	有機物$\to PM_{10}$	127	1.46×10^3	-6.27×10^8	-7.21×10^9
VOC+NOx	O_3	12.7	140	-1.59×10^8	-1.75×10^9
總合				-1.79×10^{10}	-2.40×10^{11}

註：汽車排放的尾氣(第 1 列)透過化學反應生成環境污染物(第 2 列)，從而影響人們的健康和人類健康對社會的代價(第 3 列和第 4 列)。同時顯示了一個例子，即用氫-氧燃料電池車輛替代傳統車輛對人體健康影響的變化(第 5 列和第 6 列)。

例 11.5 (1)根據例 11.4 概述採用燃料電池機動車輛的情況，對於用燃料電池機動車輛替換傳統機動車輛的情況，計算其健康效應的變化。為了簡化，在此 LCA 比較中主要考慮機動車輛排放的變化，忽略上游排放帶來的變化。(2)計算外部成本的變化(社會健康損害的財政成本)。(3)比較由於空氣污染導致的外部成本的變化和由於地球暖化導致的外部成本的變化。

解：1. 表 11.3 的最後一列顯示了健康效應的變化。VOC 包括除甲烷以外的所有列於表 11.2 中的有機物。根據 m_{O_3} 能夠計算來源於 VOC 和 NOx 排放的環境臭氧污染量，根據下面公式計算 $m_{O_3, AMB} = m_{voc} + m_{NO_x}$ 和來源於幾種排放的 PM_{10} 的環境污染物量：

$$m_{PM10, AMB} = m_{PM2.5} + 0.1(m_{PM10} - m_{PM2.5}) +$$
$$0.4m_{SO_2} + 0.1m_{NO_2} + 0.05m_{VOC}$$

(11.24)

表 11.3 中顯示的對健康效應的減弱是一個上限的估算。更完善的分析應該要考慮所有供應鏈排放的淨變化。

2. 表 11.4 的最後一列顯示了健康成本的變化。表 11.4 列出的外部成本是按照單位質量排放物來計算的(不是表 11.3 中以單位質量環境污染物來計算的)。由於機動車輛的轉換，健康成本每年的減少量在 180～2400 億美元之間。

3. 由於機動車輛的轉換，地球暖化成本每年減少量在 353～935 億美元之間。健康成本的減少量在一個相似的範圍。

11.5 利用 LCA 的整體分析

我們已經學習了 LCA 中不同部分的幾個例子。我們也學會了用於定量化不同供應鏈的環境影響的一些重要工具。現在我們將結合這些工具，利用能量效率來分析電力生產的另外一些情形。

11.5.1 電力概要

當學習了這麼多燃料電池知識之後，我們一定有興趣探索在校園裏建立一個燃料電池系統的可能性，並且希望這個系統能提供電力給鄰近的建築物。因為生活在一個煤礦資源豐富的地區，所以我們希望探索使用煤作為原始燃料的可能性。目前，大學透過附近的火力電廠獲得大部分的電力。我們決定比較這兩種情況：(1)當前火力電廠發電；(2)由煤生成的氫氣作為燃料的燃料電池系統的一種可能的過程鏈。我們希望由此知道使用燃料電池系統是否更為高效率，並且透過過程鏈中的總電力效率的比較來決定哪種情況更為有效。

1. **研究並開發這種供應鏈**。首先我們來考慮當前電力的供應鏈。來自煤礦的煤塊透過碾碎機破碎成小塊，並由火車或者船舶運輸到毗鄰的電廠。火力電廠產生的電能透過高壓線傳輸很遠的距離並利用變壓器降壓後輸送給大學的建築物。

   其次，我們來考慮合理可能的氫氣供應鏈。根據第 10 章所學到的關於燃料處理的知識和一些補充閱讀資料，我們知道如何利用化學過程將燃煤轉變為富氫氣體，該過程稱為煤的氣化。煤的氣化是一個在高溫和高壓條件下將固體的煤和水蒸氣轉變為由 H_2 和 CO 組成的混合氣體的化學轉化過程。因為煤中僅含有少量的 H_2，因而絕大多數的 H_2 是由加入的水蒸氣產生的。最佳化氫氣生產的煤氣化工廠的排放物如表 11.1 所示，這種工廠具有 60% 的 HHV 效率。

   假定我們的煤氣化工廠所處的地理位置與傳統的火力電廠基本上相同。和傳統的火力電廠一樣，煤氣化工廠依賴相同的上游過程，包括煤礦開採、處理和運輸。氫氣生成以後，透過巨大的輸送管道傳輸到很遠的地方，然後再透過小型的分佈管線分配到局部地區。接下來，H_2 被貯存並被大學校園內的燃料電池系統所消耗，每個燃料電池系統將為一個或者多個建築物提供電力。

2. **繪製一條供應鏈**。圖 11.8 和圖 11.9 描述了兩條獨立的供應鏈，它們之中的前 3 個方塊圖是相同的。

3. **確定"瓶頸"過程**。在圖 11.8 中，讓我們從效率的角度來考慮過程方塊圖底部的能量輸入箭頭。前面 3 個過程(即採礦、處理和運輸)的總 HHV 效率大約是 90%，燃煤中大約 10% 的原始能量用於聯合開採(方框 1)、處理(方框 2)和運輸(方框 3)。典型的傳統火力電廠(方框 4)的 HHV 效率大約是 32%，也就是火力電廠所消耗的每 100 個單位的燃煤中，其中有 32 個單位轉換為電能，同時 68 個單位生成了熱量並散失在周圍的環境中。電力傳送(方框 5)的效率是 97%，亦即當電能由電廠透過高壓線路向城區傳送時，大約有 3% 的電能以熱量的形式散失。電能分配的效率大約是 93%，亦即電能在局域低壓電路的傳輸中有大約 7% 的電能以熱量的形式散失到周圍環境。因此，針對圖 11.8 中的情形，目前能量最密集的過程就是火力電廠中的電力生成過程。

   我們從效率的角度來考慮圖 11.9 中方塊圖底部的能量輸入箭頭。與圖 11.8 所示的供應鏈相同，前面 3 個過程(方框 1、方框 2 和方框 3)的 HHV 效率大約是 90%。燃煤氣化裝置(方框 4)的 HHV 效率大約是 60%，即發電廠每消耗 100 個單位能量的燃煤中，有 60 個單位轉換為生成氫氣所需的能量。與天然氣類似，氫氣傳輸(方框 5)的效率和氫氣分配(方框 5)的效率都是 97%。氫氣在無壓條件下貯存的 HHV 效率大約是 100%。燃料電池系統的 HHV 發電效率是 50%。因此，針對圖 11.9 中的情形，目前能量最密集的過程是燃料氣化過程和燃料電池系統的電力生成過程。

4. **供應鏈中能量流和質量流的分析**。焦點集中在瓶頸過程、火力電廠和燃料氣化裝置的排放物如表 11.1 所示，燃料電池的排放物只有水蒸氣。

5. **彙總供應鏈的淨能量流和淨排放流**。圖 11.8 中的供應鏈總體效率是 26%，圖 11.9 中的供應鏈總體效率是 25%。因此，在這一種情況下就總效率而言換成燃料電池並沒有多大的益處。

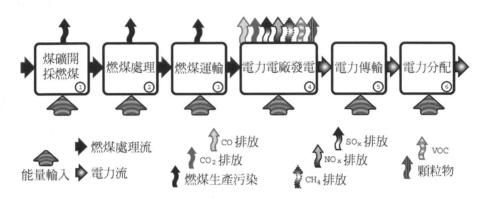

圖 11.8 傳統火力發電的供應鏈。供應鏈中能量和排放最密集的過程是電廠的發電過程(方塊圖 4)

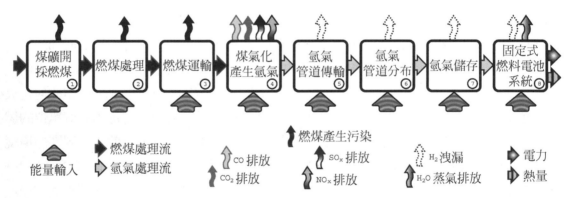

圖 11.9 煤氣化工廠的供應鏈。供應鏈中能量最密集的過程是煤氣化過程(方塊圖 4)和燃料電池系統的發電過程(方塊圖 8)

然而，表 11.1 中單位質量的燃料所生成的排放物的比較顯示了轉換爲圖 11.9 所示的燃料電池供應鏈具有減少排放物的潛力。因此，我們將繼續考慮如何使一個燃料電池系統爲校園服務。我們意識到我們所感興趣的燃料電池系統還可以回收熱量，燃料電池系統的 HHV 熱回收效率是 20%。而整條供應鏈中，熱回收效率($\varepsilon_{H,SC}$)是 10%，即燃煤中 10%的原有能量可以作爲熱量被用於大學校園。因此，整個供應鏈的總效率(電效率和熱回收效率)爲

$$\varepsilon_{O,SC} = \varepsilon_{R,SC} + \varepsilon_{H,SC} = 25\% + 10\% = 35\% \tag{11.25}$$

為了公正地對比，我們也可以研究圖 11.8 所示的供應鏈熱回收。你會發現那些火力電廠大多建在煤礦附近，這是由於固體燃料的運輸成本較高。因此，火力電廠一般不會建在電力和熱量需求源頭的人口密集地。為大學服務的發電站也是一樣，它會位於大學 20 英哩以外，同時離最近的城市也有 50 英哩以外。因此，從這個發電站回收熱量顯然是不實際的，故此供應鏈的實際熱回收效率為零。圖 11.8 所示的供應鏈總電熱效率是

$$\varepsilon_{O,SC} = \varepsilon_{R,SC} + \varepsilon_{H,SC} = 26\% + 0\% = 26\% \tag{11.26}$$

所以，我們決定在大學校園裏建立一個具有熱回收功能的燃料電池系統的應用前景還有待深入探究。

D 11.6　本章摘要

本章的目的是利用定量化的工具來幫助我們計算排放量、能量使用和使用效率的變化，從而瞭解燃料電池對環境的潛在影響。我們學習了一種叫做壽命週期評價(LCA)的工具。

● 為了比較能源技術之間的變化，我們要考慮與各項技術相關的整條供應鏈。

● 供應鏈從原料的開採開始到材料的處理，然後是能量的產生和最終使用，最後是廢棄物的管理。

● 在一條供應鏈中，我們最關注的是能量和排放物最密集的過程，即"過程瓶頸"。

● 根據質量守恆公式 $m_1 + m_2 = \Delta m$ 和能量守恆公式：

$$\dot{Q} - \dot{W} = \dot{m} \left[h_2 - h_1 + g(z_2 - z_1) + \tfrac{1}{2}(V_2^2 - V_1^2) \right] \tag{11.27}$$

透過分析沿著整條供應鏈相對應的能量和物質的輸入與輸出來比較各種情形。

● 比較一條供應鏈與其他供應鏈之間總排放物和總能量消耗。

● 與地球暖化相關排放物的環境效應可以透過如下兩種方式量化：(1)計算排放氣體的二氧化碳當量 $CO_{2equivalent}$；(2)計算排放物的外部成本。

● $CO_{2equivalent}$ 是指與不同氣體混合物具有對地球同等溫室效應的二氧化碳氣體的質量。一個以 100 年為週期的測量氣體 $CO_{2equivalent}$ 的公式為

$$\begin{aligned} CO_{2\,equivalent} = {}& m_{CO_2} + 23 m_{CH_4} + 296 m_{N_2O} + \alpha(m_{OM2.5} + m_{BC2.5}) - \\ & \beta[m_{SULF2.5} + m_{NIT2.5} + 0.40 m_{SO_x} + 0.10 m_{NO_x} + 0.05 m_{VOC}] \end{aligned} \tag{11.28}$$

● 外部成本是指未包含在它的自由市場價格中的商品成本。

- 與空氣污染相關排放物的環境效應可以透過如下兩種方式定量化：(1)計算對人類健康的影響；(2)計算這些排放量的外部成本。
- 透過比較這些量，各條供應鏈的環境效應就可以劃分等級。
- 爲了使供應鏈中各段的細節分析更具體而重複同樣的分析。

習 題

綜述題

11.1 壽命週期分析(LCA)的主要步驟有哪些？

11.2 哪些氣體和顆粒對地球有暖化影響？如何發生作用？哪些氣體和顆粒對地球有冷化影響？如何發生作用？

11.3 危害人類健康最重要的大氣污染物有哪些？

11.4 什麼是美國國家排放物目錄？描述它包含的資訊類別。

11.5 洩漏的氫氣何時會與空氣中的氧氣燃燒？

11.6 氫氣如何影響地球暖化和大氣污染？

11.7 針對一個你認為重要的燃料電池環境影響問題，擬一份研究建議的摘要。你將利用美國國家排放物名錄中的資料並進行 LCA 分析。

計算題

11.8 估算以下氣體和顆粒混合物的 $CO_{2equivalent}$：在 1999 年的 NEI 中列出的所有有機氣體和顆粒物質。

11.9 根據例 11.2，估算為了提供給下游的蒸氣重整器充足的燃料而生成的天然氣質量流速率。假設燃料電池車輛的效率和汽油車輛的效率比值是 2，供應鏈中有 2%的氫氣洩漏，天然氣中有 1%的甲烷洩漏。此天然氣的量如何與目前天然氣年生產量比較(以百分比表示)？計算洩漏的甲烷的 $CO_{2equivalent}$ 和外部成本。

11.10 根據表 11.2 和例 11.4 中列出的美國排放物，比較氫氣車輛和汽油車輛排放物的 $CO_{2equivalent}$，考慮氫氣和汽油生產過程中上游排放物的變化。假設氫氣透過一個高效率的水蒸氣重整器產生，美國全部 VOC 排放物的一半都和交通有關，並且都是在汽油和柴油生產的過程中釋放。根據 1999 年的美國 NEI，有關排放物的其他資料可透過 EPA 的網站得到。

11.11 假設將當前的美國電力系統替換成定置型氫-氧燃料電池電力系統。運用 LCA 來評估供應鏈的效率和排放物的變化。

11.12 假設情況與例 11.11 相同，除了熱量可以從燃料電池系統中回收。回收的熱量將替代在爐內燃燒天然氣和石油產生的熱量。假設一年中天然氣燃料的高熱值(HHV)平均有 30%作為有用的熱量透過燃料電池系統回收，同時用於周圍建築物的供暖或者工業應用。假設表 11.1 中所示的水蒸氣重整器的排放物描述與燃料電池系統中的相符。其資料源自美國 United

Technologies Corporation PAFC200-kWe 系統。運用 LCA 來評估電力供應鏈和熱量供應鏈中效率和排放物的變化。

11.13　根據例 11.4 和例 11.5，用同樣的 LCA 方法重新計算由於考慮上游的大氣污染排放物帶來的健康影響和外部成本的變化。同時，對於整條供應鏈，計算由於地球暖化產生的 $CO_{2equivalent}$ 變化和外部成本的變化。根據 1999 年的美國 NEI，有關排放物的其他資料可透過 EPA 的網站得到。

11.14　進行煤氣化生產氫氣的 LCA 分析。假設煤氣化裝置的排放物描述如表 11.1 所示。

11.15　根據例 11.2，估算由燃料電池機動車輛洩漏到環境中的氫氣量。假設氫氣的洩漏速率和天然氣相似(大約是產量的 1%)。這部分洩漏的氫氣量和表 11.2 中所示的傳統路面機動車輛洩漏的量相比，情況如何呢？

PART 3

附 錄

附錄 A　常數與換算

物理常數

阿伏加德羅數	N_A	6.02×10^{23} atom/mol
通用氣體常數	R	0.08205 L $\cdot$ atm /(mol $\cdot$ K)
		8.314 J/(mol $\cdot$ K)
		0.08314 bar.m^3/(mol $\cdot$ K)
		8.314 kPa $\cdot$ m^3 /(mol $\cdot$ K)
普朗克常數	h	6.626×10^{-34} J $\cdot$ s
		4.136×10^{-15} eV $\cdot$ s
玻耳茲曼常數	k	1.38×10^{-23} J/K
		8.61×10^{-5} eV/K
電子質量	m_e	9.11×10^{-31} kg
電子電荷	q	1.60×10^{-19} C
法拉第常數	F	96485.34 C/mol

換算

質量	$2.20 \text{lb} = 1 \text{kg}$
距離	$0.622 \text{mile} = 1 \text{km}$
	$3.28 \times 10^{-2} \text{ft} = 1 \text{cm}$
體積	$1000 \text{L} = 1 \text{m}^3$
	$0.264 \text{gal} = 1 \text{L}$
	$3.53 \times 10^{-2} \text{ft}^3 = 1 \text{L}$
壓強	$1.013250 \times 10^5 \text{Pa} = 1 \text{atm}$
	$1.013250 \text{bar} = 1 \text{atm}$
	$10^5 \text{Pa} = 1 \text{bar}$
	$14.7 \text{psi} = 1 \text{atm}$
能量	$6.241506 \times 10^{18} \text{eV} = 1 \text{J}$
	$4.186800 \text{calorie} = 1 \text{J}$
	$9.478134 \times 10^{-4} \text{Btu} = 1 \text{J}$
	$2.777778 \times 10^{-7} \text{kWh} = 1 \text{J}$
功率	$1 \text{J} / \text{s} = 1 \text{W}$

$$1.34 \times 10^{-3} \, \text{horsepower} = 1 \, \text{W}$$

$$3.415 \text{Btu} / \text{h} = 1 \, \text{W}$$

附錄 B　熱力學資料

該附錄列出了對於 H_2，O_2，$H_2O_{(g)}$，$H_2O_{(l)}$，CO，CO_2，CH_4 和 N_2，在 $P = 1\,bar$ 時作為溫度的函數時的熱力學資料。

表 B.1　H_2 熱力學資料

T (K)	$\hat{g}(T)$ (kJ/mol)	$\hat{h}(T)$ (kJ/mol)	$\hat{s}(T)$ (J/mol·K)	$C_p(T)$ (J/mol·K)
200	−26.66	−2.77	119.42	27.26
220	−29.07	−2.22	122.05	27.81
240	−31.54	−1.66	124.48	28.21
260	−34.05	−1.09	126.75	28.49
280	−36.61	−0.52	128.87	28.70
298.15	−38.96	0.00	130.68	28.84
300	−39.20	0.05	130.86	28.85
320	−41.84	0.63	132.72	28.96
340	−44.51	1.21	134.48	29.04
360	−47.22	1.79	136.14	29.10
380	−49.96	2.38	137.72	29.15
400	−52.73	2.96	139.22	29.18
420	−55.53	3.54	140.64	29.21
440	−58.35	4.13	142.00	29.22
460	−61.21	4.71	143.30	29.24
480	−64.08	5.30	144.54	29.25
500	−66.99	5.88	145.74	29.26
520	−69.91	6.47	146.89	29.27
540	−72.86	7.05	147.99	29.28
560	−75.83	7.64	149.06	29.30
580	−78.82	8.22	150.08	29.31
600	−81.84	8.81	151.08	29.32
620	−84.87	9.40	152.04	29.34
640	−87.92	9.98	152.97	29.36
660	−90.99	10.57	153.87	29.39
680	−94.07	11.16	154.75	29.41
700	−97.18	11.75	155.61	29.44
720	−100.30	12.34	156.44	29.47
740	−103.43	12.93	157.24	29.50
760	−106.59	13.52	158.03	29.54
780	−109.75	14.11	158.80	29.58
800	−112.94	14.70	159.55	29.62
820	−116.14	15.29	160.28	29.67
840	−119.35	15.89	161.00	29.72
860	−122.58	16.48	161.70	29.77
880	−125.82	17.08	162.38	29.83
900	−129.07	17.68	163.05	29.88
920	−132.34	18.27	163.71	29.94
940	−135.62	18.87	164.35	30.00
960	−138.91	19.47	164.99	30.07
980	−142.22	20.08	165.61	30.14
1000	−145.54	20.68	166.22	30.20

表 B.2　O_2 熱力學資料

T (K)	$\hat{g}(T)$ (kJ/mol)	$\hat{h}(T)$ (kJ/mol)	$\hat{s}(T)$ (J/mol·K)	$C_p(T)$ (J/mol·K)
200	−41.54	−2.71	194.16	25.35
220	−45.45	−2.19	196.63	26.41
240	−49.41	−1.66	198.97	27.25
260	−53.41	−1.10	201.18	27.93
280	−57.45	−0.54	203.27	28.48
298.15	−61.12	0.00	205.00	28.91
300	−61.54	0.03	205.25	28.96
320	−65.66	0.62	207.13	29.36
340	−69.82	1.21	208.92	29.71
360	−74.02	1.81	210.63	30.02
380	−78.25	2.41	212.26	30.30
400	−82.51	3.02	213.82	30.56
420	−86.80	3.63	215.32	30.79
440	−91.12	4.25	216.75	31.00
460	−95.47	4.87	218.14	31.20
480	−99.85	5.50	219.47	31.39
500	−104.25	6.13	220.75	31.56
520	−108.68	6.76	221.99	31.73
540	−113.13	7.40	223.20	31.89
560	−117.61	8.04	224.36	32.04
580	−122.10	8.68	225.48	32.19
600	−126.62	9.32	226.58	32.32
620	−131.17	9.97	227.64	32.46
640	−135.73	10.62	228.67	32.59
660	−140.31	11.27	229.68	32.72
680	−144.92	11.93	230.66	32.84
700	−149.54	12.59	231.61	32.96
720	−154.18	13.25	232.54	33.07
740	−158.84	13.91	233.45	33.19
760	−163.52	14.58	234.33	33.30
780	−168.21	15.24	235.20	33.41
800	−172.93	15.91	236.05	33.52
820	−177.66	16.58	236.88	33.62
840	−182.40	17.26	237.69	33.72
860	−187.16	17.93	238.48	33.82
880	−191.94	18.61	239.26	33.92
900	−196.73	19.29	240.02	34.02
920	−201.54	19.97	240.77	34.12
940	−206.36	20.65	241.51	34.21
960	−211.20	21.34	242.23	34.30
980	−216.05	22.03	242.94	34.40
1000	−220.92	22.71	243.63	34.49

表 B.3　$H_2O_{(l)}$ 熱力學資料

T (K)	$\hat{g}(T)$ (kJ/mol)	$\hat{h}(T)$ (kJ/mol)	$\hat{s}(T)$ (J/mol·K)	$C_p(T)$ (J/mol·K)
273	−305.01	−287.73	63.28	76.10
280	−305.46	−287.20	65.21	75.81
298.15	−306.69	−285.83	69.95	75.37
300	−306.82	−285.69	70.42	75.35
320	−308.27	−284.18	75.28	75.27
340	−309.82	−282.68	79.85	75.41
360	−311.46	−281.17	84.16	75.72
373	−312.58	−280.18	86.85	75.99

表 B.4　H₂O₍g₎熱力學資料

T (K)	$\hat{g}(T)$ (kJ/mol)	$\hat{h}(T)$ (kJ/mol)	$\hat{s}(T)$ (J/mol·K)	$C_p(T)$ (J/mol·K)
280	−294.72	−242.44	186.73	33.53
298.15	−298.13	−241.83	188.84	33.59
300	−298.48	−241.77	189.04	33.60
320	−302.28	−241.09	191.21	33.69
340	−306.13	−240.42	193.26	33.81
360	−310.01	−239.74	195.20	33.95
380	−313.94	−239.06	197.04	34.10
400	−317.89	−238.38	198.79	34.26
420	−321.89	−237.69	200.47	34.44
440	−325.91	−237.00	202.07	34.62
460	−329.97	−236.31	203.61	34.81
480	−334.06	−235.61	205.10	35.01
500	−338.17	−234.91	206.53	35.22
520	−342.32	−234.20	207.92	35.43
540	−346.49	−233.49	209.26	35.65
560	−350.69	−232.77	210.56	35.87
580	−354.91	−232.05	211.82	36.09
600	−359.16	−231.33	213.05	36.32
620	−363.43	−230.60	214.25	36.55
640	−367.73	−229.87	215.41	36.78
660	−372.05	−229.13	216.54	37.02
680	−376.39	−228.39	217.65	37.26
700	−380.76	−227.64	218.74	37.50
720	−385.14	−226.89	219.80	37.75
740	−389.55	−226.13	220.83	37.99
760	−393.97	−225.37	221.85	38.24
780	−398.42	−224.60	222.85	38.49
800	−402.89	−223.83	223.83	38.74
820	−407.37	−223.05	224.78	38.99
840	−411.88	−222.27	225.73	39.24
860	−416.40	−221.48	226.65	39.49
880	−420.94	−220.69	227.56	39.74
900	−425.51	−219.89	228.46	40.00
920	−430.08	−219.09	229.34	40.25
940	−434.68	−218.28	230.21	40.51
960	−439.29	−217.47	231.07	40.76
980	−443.92	−216.65	231.91	41.01
1000	−448.57	−215.83	232.74	41.27

Fuel Cell Fundamentals
燃料電池 基礎

表 B.5　CO 熱力學資料

T (K)	$\hat{g}(T)$ (kJ/mol)	$\hat{h}(T)$ (kJ/mol)	$\hat{s}(T)$ (J/mol·K)	$C_p(T)$ (J/mol·K)
200	−150.60	−113.42	185.87	30.20
220	−154.34	−112.82	188.73	29.78
240	−158.14	−112.23	191.31	29.50
260	−161.99	−111.64	193.66	29.32
280	−165.89	−111.06	195.83	29.20
298.15	−169.46	−110.53	197.66	29.15
300	−169.83	−110.47	197.84	29.15
320	−173.80	−109.89	199.72	29.13
340	−177.81	−109.31	201.49	29.14
360	−181.86	−108.72	203.16	29.17
380	−185.94	−108.14	204.73	29.23
400	−190.05	−107.56	206.24	29.30
420	−194.19	−106.97	207.67	29.39
440	−198.36	−106.38	209.04	29.48
460	−202.55	−105.79	210.35	29.59
480	−206.77	−105.20	211.61	29.70
500	−211.01	−104.60	212.83	29.82
520	−215.28	−104.00	214.00	29.94
540	−219.57	−103.40	215.13	30.07
560	−223.89	−102.80	216.23	30.20
580	−228.22	−102.19	217.29	30.34
600	−232.58	−101.59	218.32	30.47
620	−236.95	−100.98	219.32	30.61
640	−241.35	−100.36	220.29	30.75
660	−245.77	−99.75	221.24	30.89
680	−250.20	−99.13	222.17	31.03
700	−254.65	−98.50	223.07	31.17
720	−259.12	−97.88	223.95	31.31
740	−263.61	−97.25	224.81	31.46
760	−268.12	−96.62	225.65	31.60
780	−272.64	−95.99	226.47	31.74
800	−277.17	−95.35	227.28	31.88
820	−281.73	−94.71	228.07	32.01
840	−286.30	−94.07	228.84	32.15
860	−290.88	−93.43	229.60	32.29
880	−295.48	−92.78	230.34	32.42
900	−300.09	−92.13	231.07	32.55
920	−304.72	−91.48	231.79	32.68
940	−309.37	−90.82	232.49	32.81
960	−314.02	−90.17	233.18	32.94
980	−318.69	−89.51	233.86	33.06
1000	−323.38	−88.84	234.53	33.18

表 B.6　CO_2 熱力學資料

T (K)	$\hat{g}(T)$ (kJ/mol)	$\hat{h}(T)$ (kJ/mol)	$\hat{s}(T)$ (J/mol · K)	$C_p(T)$ (J/mol · K)
200	−436.93	−396.90	200.10	31.33
220	−440.95	−396.25	203.16	32.77
240	−445.04	−395.59	206.07	34.04
260	−449.19	−394.89	208.84	35.19
280	−453.39	−394.18	211.48	36.24
300	−457.65	−393.44	214.02	37.22
320	−461.95	−392.69	216.45	38.13
340	−466.31	−391.92	218.79	39.00
360	−470.71	−391.13	221.04	39.81
380	−475.15	−390.33	223.21	40.59
400	−479.63	−389.51	225.31	41.34
420	−484.16	−388.67	227.35	42.05
440	−488.73	−387.83	229.32	42.73
460	−493.33	−386.96	231.23	43.38
480	−497.98	−386.09	233.09	44.01
500	−502.66	−385.20	234.90	44.61
520	−507.37	−384.31	236.66	45.20
540	−512.12	−383.40	238.38	45.76
560	−516.91	−382.48	240.05	46.30
580	−521.72	−381.54	241.69	46.82
600	−526.59	−380.60	243.28	47.32
620	−531.46	−379.65	244.84	47.80
640	−536.37	−378.69	246.37	48.27
660	−541.31	−377.72	247.86	48.72
680	−546.28	−376.74	249.32	49.15
700	−551.29	−375.76	250.75	49.57
720	−556.31	−374.76	252.15	49.97
740	−561.37	−373.76	253.53	50.36
760	−566.45	−372.75	254.88	50.73
780	−571.56	−371.73	256.20	51.09
800	−576.71	−370.70	257.50	51.44
820	−581.86	−369.67	258.77	51.78
840	−587.05	−368.63	260.02	52.10
860	−592.26	−367.59	261.25	52.41
880	−597.50	−366.54	262.46	52.71
900	−602.76	−365.48	263.65	53.00
920	−608.05	−364.42	264.82	53.28
940	−613.35	−363.35	265.97	53.55
960	−618.68	−362.27	267.10	53.81
980	−624.04	−361.19	268.21	54.06
1000	−629.41	−360.11	269.30	54.30

表 B.7　CH₄ 熱力學資料

T (K)	$\hat{g}(T)$ (kJ/mol)	$\hat{h}(T)$ (kJ/mol)	$\hat{s}(T)$ (J/mol·K)	$C_p(T)$ (J/mol·K)
200	−112.69	−78.25	172.23	36.30
220	−116.17	−77.53	175.63	35.19
240	−119.71	−76.83	178.67	34.74
260	−123.32	−76.14	181.45	34.77
280	−126.97	−75.44	184.03	35.12
298.15	−130.33	−74.80	186.25	35.65
300	−130.68	−74.73	186.48	35.71
320	−134.43	−74.01	188.80	36.47
340	−138.23	−73.27	191.04	37.36
360	−142.07	−72.52	193.20	38.35
380	−145.95	−71.74	195.31	39.40
400	−149.88	−70.94	197.35	40.50
420	−153.85	−70.12	199.36	41.64
440	−157.86	−69.27	201.32	42.80
460	−161.90	−68.41	203.25	43.98
480	−165.99	−67.51	205.15	45.16
500	−170.11	−66.60	207.01	46.35
520	−174.27	−65.66	208.86	47.54
540	−178.46	−64.70	210.67	48.73
560	−182.69	−63.71	212.47	49.90
580	−186.96	−62.70	214.24	51.07
600	−191.26	−61.67	215.99	52.23
620	−195.60	−60.61	217.72	53.37
640	−199.97	−59.53	219.43	54.50
660	−204.38	−58.43	221.13	55.61
680	−208.82	−57.31	222.80	56.71
700	−213.29	−56.16	224.46	57.79
720	−217.79	−55.00	226.10	58.85
740	−222.33	−53.81	227.73	59.90
760	−226.90	−52.60	229.34	60.93
780	−231.51	−51.37	230.94	61.94
800	−236.14	−50.13	232.52	62.93
820	−240.81	−48.86	234.08	63.90
840	−245.50	−47.57	235.64	64.85
860	−250.23	−46.26	237.17	65.79
880	−254.99	−44.94	238.70	66.70
900	−259.78	−43.60	240.20	67.60
920	−264.60	−42.23	241.70	68.47
940	−269.45	−40.86	243.18	69.33
960	−274.33	−39.46	244.65	70.17
980	−279.23	−38.05	246.11	70.99
1000	−284.17	−36.62	247.55	71.79

表 B.8　N₂ 熱力學資料

T (K)	$\hat{g}(T)$ (kJ/mol)	$\hat{h}(T)$ (kJ/mol)	$\hat{s}(T)$ (J/mol · K)	$C_p(T)$ (J/mol · K)
200	−38.85	−2.83	180.08	28.77
220	−42.48	−2.26	182.82	28.72
240	−46.16	−1.68	185.31	28.72
260	−49.89	−1.11	187.61	28.76
280	−53.66	−0.53	189.75	28.81
298.15	−57.11	0.00	191.56	28.87
300	−57.48	0.04	191.74	28.88
320	−61.33	0.62	193.60	28.96
340	−65.22	1.20	195.36	29.05
360	−69.15	1.78	197.02	29.14
380	−73.10	2.37	198.60	29.25
400	−77.09	2.95	200.11	29.35
420	−81.11	3.54	201.54	29.46
440	−85.15	4.13	202.91	29.57
460	−89.22	4.72	204.23	29.68
480	−93.32	5.32	205.50	29.79
500	−97.44	5.92	206.71	29.91
520	−101.59	6.51	207.89	30.02
540	−105.76	7.12	209.02	30.13
560	−109.95	7.72	210.12	30.24
580	−114.16	8.33	211.19	30.36
600	−118.40	8.93	212.22	30.47
620	−122.65	9.54	213.22	30.58
640	−126.92	10.16	214.19	30.69
660	−131.22	10.77	215.14	30.80
680	−135.53	11.39	216.06	30.91
700	−139.86	12.01	216.96	31.02
720	−144.21	12.63	217.83	31.13
740	−148.57	13.25	218.69	31.24
760	−152.96	13.88	219.52	31.34
780	−157.35	14.51	220.34	31.45
800	−161.77	15.14	221.13	31.55
820	−166.20	15.77	221.91	31.66
840	−170.64	16.40	222.68	31.76
860	−175.11	17.04	223.43	31.86
880	−179.58	17.68	224.16	31.96
900	−184.07	18.32	224.88	32.06
920	−188.58	18.96	225.58	32.16
940	−193.10	19.61	226.28	32.25
960	−197.63	20.25	226.96	32.35
980	−202.17	20.90	227.63	32.44
1000	−206.73	21.55	228.28	32.54

附錄 C　25°C時的標準電極電動勢

電化學半反應			E^0
$Li^+ + e^-$	$\rightarrow$	Li	-3.04
$2H_2O + 2e^-$	$\rightarrow$	$H_2 + 2OH^-$	-0.83
$Fe^{2+} + 2e^-$	$\rightarrow$	Fe	-0.440
$CO_2 + 2H^+ + 2e^-$	$\rightarrow$	$CHOOH_{(aq)}$	-0.196
$2H^+ + 2e^-$	$\rightarrow$	H_2	$+0.00$
$CO_2 + 6H^+ + 6e^-$	$\rightarrow$	$CH_3OH + H_2O$	$+0.03$
$\frac{1}{2}O_2 + H_2O + 2e^-$	$\rightarrow$	$2OH^-$	$+0.40$
$O_2 + 4H^+ + 4e^-$	$\rightarrow$	$2H_2O$	$+1.23$
$H_2O_2 + 2H^+ + 2e^-$	$\rightarrow$	$2H_2O$	$+1.78$
$O_3 + 2H^+ + 2e^-$	$\rightarrow$	$O_2 + H_2O$	$+2.07$
$F_2 + 2e^-$	$\rightarrow$	$2F^-$	$+2.87$

附錄 D　量子力學

　　20 世紀前期的一系列關鍵性發現導致了現代量子力學的建立。這裏我們將著重這些發現中的幾項，並用非常定性的術語描述幾個基本假說。我們鼓勵讀者透過閱讀相關的量子力學和化學書籍[75~76]以拓展此方面的知識。

　　在現代量子力學出現以前，一位元原子物理早期先驅——玻爾(Bohr)[77]於 1913 年提出了氫原子模型，在該模型中電子僅在一定數量的允許軌道中環繞原子核。他假設電子的能量是量子化的，電子能量的改變與其從一個軌道躍遷到另一個軌道相關，並伴隨著離散光量子的吸收或放出。透過平衡原子核與具有電子離心力的電子之間的吸引力，玻爾模型能夠相當準確地預測氫原子的半徑為 0.529×10^{-10} m。然而，玻爾模型本質上基於牛頓力學，而後者的能階量子化不可能自然地發生。

　　大約 10 年後，德布洛衣(de Broglie)[78]首先提出了電子既具有粒子性也具有波動性。1928 年，Davisson 和 Germer[79]對原子晶體結構中的電子衍射實驗進一步肯定了德布洛衣的觀點，即電子的確可以被賦予一定的波長。

　　薛丁格(Schrödinger)透過結合德布洛衣的電子波動性以及玻爾的氫量子化能態，創造了現代量子力學體系。1926 年薛丁格[80]在期刊 *Annalen der Physik* 中寫到[1]：

　　　"量子化的通常規則可以由另一個假說替代，即不必提及整數，然而，引入整數的起因在本質上與振動的弦相同，如振動弦的節點數量是整數。這一新概念可以一般化，並且我相信它深深透視了量子定則的真正本質。"

　　在兩端固定的振動弦中，節點的位置不隨時間改變。更重要的是，兩端固定的振動弦的節點數目只能以離散的週期即整數(1, 2, 3，…，n)改變。換言之，對於一個具有給定長度且兩端固定的振動弦，人們只能在其上增加整數倍的波節，而無法增加一個分數波節。類比於弦波，量子力學假設物質可以用振幅$\Psi(t, x, y, z)$的波函數來描述，它們是"物質"波而不是電磁波。對於目前的考慮，我們只對駐波感興趣，在駐波中，節點並不作為時間函數而改變，駐波只與空間座標有關。我們定義駐波的振幅為$\psi(x, y, z)$。我們關注具有靜止邊界條件的電子，例如，一個盒子內的電子，或繞在一個帶正電的原子核外的電子，或者像在任何晶體結構中那樣，處於帶正電荷的原子陣列中的電子。波函數不能直接被觀察或測量得到，但是人們可以測量$|\psi(x, y, z)|^2$，它對應於在(x, y, z)處發現粒子的概率，即該位置處粒子的密度。

1　由德國人轉譯的出現在參考文獻[81]中。

重要的是要知道量子力學是基於一些假說的，例如：對於一個所研究的系統，存在一個包含其所有可能資訊的波函數(在本附錄後面會給予這些假說更詳細的描述)。假說或公理是基本的假設，它無法被進一步解釋而且不能被進一步質疑。對其正確性的判斷根源於其結果的實踐性。波函數不能測量，但是其絕對值平方可以被測量。如果實驗結果與理論的假設一致，那麼這一理論即被認為有效，至少到它被證偽之前。

試問人們如何計算給定原子結構的$\Psi(t, x, y, z)$。量子力學的假說之一是$\Psi(t, x, y, z)$可以透過求解薛丁格方程得到。薛丁格方程描述了粒子(波函數)隨時間的演變。在經典力學中，任何粒子系統隨時間的演變可以由它的動能和勢能描述。相似地，薛丁格方程包含了所涉及粒子的動能和勢能。實際上，這是量子力學的一個進一步假說，即薛丁格方程中的動能和勢能與經典力學中粒子的動能和勢能相似。

對於我們的目的，我們將只關注駐波；因而我們關心薛丁格方程中所謂的與時間無關的部分的解。像駐波中的節點一樣，所有與時間相關的項都為常數。如果我們得到了薛丁格方程的平穩解或與時間無關的解，我們就可以得到粒子(這裏主要指電子)的位置和形狀的影像，以及在化學反應的不同階段它們如何重新排列構造。

隨著幾十年來量子力學的研究和現代數值方法的應用，各領域的科學家和工程師已經能夠研究和形象化粒子密度，量化化學鍵的形成、電荷傳輸反應以及擴散現象。例如，第3章中量子類比影像使用了一款稱為 Gaussian[2]的商業化軟體工具，它能夠確定所研究的量子系統的電子密度和最小能量。Gaussian 的基礎是密度泛函理論(DFT)。一位元 DFT 演算法的先驅 Kohn[82]幫助發起了一場革命，使得量子力學工具可以用於化學、電化學和物理的典型研究。

▷ D.1　原子軌道

考慮最簡單的原子——氫原子，我們可以透過使用 Gaussian 來展示電子的形狀。圖 D.1(a)顯示了玻爾觀點的氫原子，一個質子被一個電子環繞。圖 D.1(b)描述了透過$|\Psi|^2$畫出的同一個原子，質子被一片靜止的電子雲圍繞，電子雲為球形對稱，但電子密度沿半徑r改變。透過計算時間獨立的薛丁格方程式，得到的最大電子密度的位置恰好被證明與玻爾模型中的電子軌道半徑相同。電子可能出現的空間被稱為**軌道**。一個原子具有的電子越多，存在的軌道就越多，軌道的幾何圖形不容易形象化。由於偏差出現在一維中，因此我們可以輕鬆地設想一根弦線的靜止波。我們也可以設想在具有固定端點的弦線中，波形的

2　Gaussian 是由 Gaussian 公司開發的一種用於預測能量、分子結構和分子系統的振動頻率的電腦工具。

數目只能以整數週期增加(與上面薛丁格的論述比較)。然而，我們很難想像三維波，尤其是和帶電原子核相互作用的較高階的三維波。

圖 D.1　(a)玻爾的電子環繞質子模型，(b)圍繞質子的靜態電子密度(1s)。(c)氧中的(2p)電子。注意(b)和(c)不是同樣的標度

　　如 Gaussian 這樣的電腦工具有助於形象化三維軌道的複雜性。與杆柱屈曲這樣的力學情形類比，也有助於我們的直觀認識。事實上，盒子中一維粒子的一維薛丁格方程式與計算歐拉屈曲負載的微分方程等價。工程師們知道存在一階、二階以及更高階的屈曲負載。由於軌道的三維特性，故不僅存在一個量子數 n(如在曲率中)來描述原子中一個電子的所有可能狀態。相反地，有好幾個量子數描述了薛丁格方程的可能解及其相對應的能階。在薛丁格方程求解中常用的量子數稱為 n(主量子數)、l(角動量數)和 m(角動量的 z 分量的量子數)。整數 l、m 和 n 之間存在下面的關係：$0 \leq l \leq n-1$，$-l \leq m \leq l$，以及對於給定的 n，將有 $\sum(2l+1) = n^2$ 種不同狀態，但它們恰好有相同能量。兩個電子(一個自旋向上，另一個自旋向下)可能擁有相同的量子數組(n、m、l)。

　　與大多數週期系統中常用的電子標識 s, p, d, f 相聯繫很有幫助。這種標識歷史上來自於光譜文獻中，意思是 s(sharp)，p(principal)，d(diffuse)和 f(fundamental)。軌道 s 代表 $l = 0$，p 對應 $l = 1$，d 對應 $l = 2$，f 對應 $l = 3$。光譜法使得人們首次觀察到電子處於圍繞原子核的離散軌道，這對於前面提到的玻爾的氫原子模型也是決定性的。圖 D.1(b)顯示氫中的 1s 電子，圖 D.1(c)展示了氧中的 2p 電子。

　　不同原子之間的軌道交疊導致化學鍵的形成，如氫氣(H-H)、氧氣(O-O)，或催化劑與氫或氧之間化學鍵的形成。不必說，"分子軌道"可能相當複雜，只有數值工具才能提供關於化學鍵強度定量的透徹理解。

▷ D.2　量子力學假說

　　量子力學的假說，也稱為公理，是在薛丁格的最初論文之後經過幾代物理學家的努力才得以明晰化。假說或者公理是無法被進一步解釋的，對它們就應該如"既成事實"般接受，因為它們是有用和實用的，但聽起來確實很抽象且不是很直觀。然而，它們可以推導

出實驗驗證的結果，在這種意義上，假說或公理的眞實性和實用性可以被間接地檢驗。

1. 量子力學中的第一個公理是對於所考慮的系統存在一個依賴時空的波函數Ψ，它包含了該系統的所有可能資訊。在本書中，我們只考慮電子的波函數。

2. 波函數Ψ具有某些數學特性：它是有限可微、唯一且連續的。重要的是要知道Ψ是複雜的，而且它可以被分割成依賴於時間和空間函數的乘積：

$$\Psi(t, x, y, z) = f(t)\psi(x, y, z) \tag{D.1}$$

3. 波函數Ψ不能被測量。只有函數$|\Psi|^2$可以被觀察，它代表了粒子在時間 t 時位置(x, y, z)處的概率。對於電子，運算式$|\Psi|^2$爲可以在多種方式下觀察的電子密度的度量。考慮電子存在於某處的事實，那麼假設在整個空間中發現它的概率等於 1 是合理的，用公式表示爲

$$\int |\Psi|^2 \, dV = 1 \tag{D.2}$$

波函數的這一特性被稱爲可歸一性。

4. 存在一個稱爲哈密頓函數的運算元 H，當其作用於波函數時，可以描述波函數隨時間的變化：

$$H\Psi = -i\hbar \frac{\partial}{\partial t} \Psi \tag{D.3}$$

這一方程式被稱爲薛丁格方程式，其中$\hbar = h/2\pi$ (h 爲普朗克常數)。對於穩態情況，或者與時間無關的情況，薛丁格方程可以簡化爲

$$H\psi_n = \varepsilon_n \psi_n \tag{D.4}$$

式中，ε_n 代表狀態 n 下的系統能量；ψ_n 是運算符 H 的特徵函數，ε_n 爲對應的特徵值。

5. 哈密頓函數 H 等價於經典力學的能量，即 $H = T + V$，動能加勢能。更具體來說，動能爲

$$T = \frac{1}{2}mv^2 = \frac{p^2}{2m} \tag{D.5}$$

式中，m 爲電子質量。與經典力學不同，線性動量 p 現在爲一個運算符。對於一維情況，

$$p = -i\hbar \frac{\partial}{\partial x} \tag{D.6}$$

而對於三維情況，

$$p_x = -i\hbar\frac{\partial}{\partial x} \qquad p_y = -i\hbar\frac{\partial}{\partial y} \qquad p_z = -i\hbar\frac{\partial}{\partial z} \tag{D.7}$$

爲了方便起見，梯度向量通常定義爲

$$\nabla = \left(\frac{\partial}{\partial x}, \frac{\partial}{\partial y}, \frac{\partial}{\partial z}\right) \tag{D.8}$$

勢能是一個三維的函數 $V = V(x，y，z)$。

　　讀者不需要理解這些公理，而應該熟悉或者好好地牢記它們。我們有必要指出上面敘述的公理不是很完整，但其卻是這一節中我們需要的精髓。

D.3　一維電子氣

　　我們將透過展示最簡單的系統——長度爲 L 的一維盒子中的一個"自由"電子——的行爲來說明量子力學假說。自由是指沒有勢能作用在電子上。

　　由此，對於自由電子，薛丁格方程式寫爲

$$H\Psi = -\frac{\hbar^2}{2m}\frac{d^2\Psi}{dx^2} = \varepsilon_n\psi \tag{D.9}$$

長度爲 L 的"盒子"表示電子的波函數被侷限於盒子的兩端。換言之，

$$\psi_n(0) = 0 \qquad \psi_n(L) = 0 \tag{D.10}$$

這個方程式的解在本質上顯然是正弦形式的。我們猜測其解爲

$$\psi_n = A\sin\left(\frac{n\pi}{L}x\right) \tag{D.11}$$

爲了檢驗這一猜測，我們對式(D.11)中的 x 求導，得到

$$\frac{d\psi_n}{dx} = A\left(\frac{n\pi}{L}\right)\cos\left(\frac{n\pi}{L}x\right) \tag{D.12}$$

$$\frac{d^2\psi_n}{dx^2} = -A\left(\frac{n\pi}{L}\right)^2\sin\left(\frac{n\pi}{L}x\right) \tag{D.13}$$

得到的能階爲

$$\varepsilon_n = \frac{\hbar^2}{2m}\left(\frac{n\pi}{L}\right)^2 \tag{D.14}$$

　　波函數 ψ_n 被稱爲軌道，電子可能處於 n 個軌道中的任意一個。我們從這個解中得到的重要啓示就是存在著一系列離散的、與時間無關的"靜止"態，而電子可以居於其中。這些能階是逐漸增加，且與 n^2 成正比。電子從一個軌道遷移到另一軌道時伴隨著光量子

的釋放或吸收。顯然，同一盒子中可能有多個電子，它們可能處於可佔據的軌道中。根據泡利法則(這裏我們不作進一步解釋，暫且接受它)，至多只有兩個電子可以具有相同的軌道數 n。然而，這兩個具有相同 n 的電子的自旋各不相同，一個自旋"向上"，另一個自旋"向下"。另外，同一系統(盒子)內多個電子的存在將會修正薛丁格方程式中的哈密頓函數，因為一個電子的存在將會以非零勢能項的形式影響其他電子。這一問題的細節已經超出了本附錄的介紹性質，建議感興趣的讀者參考其他書籍[83]。

D.4 類比杆屈曲

由於本書的主要對象是工程方面的讀者，所以我們會花一段篇幅來描述一維電子氣的薛丁格方程式與杆屈曲力學的類比。試想長度為 L 的一段簡單直杆(圖 D.2)，一端固定，另一端受力 P 的作用。描述直杆彎矩的微分方程式在形式上與盒內電子的薛丁格方程式相同：

$$EI\frac{\partial^2 y}{\partial x^2} = Py \tag{D.15}$$

式中，E 代表楊氏模量；I 為橫截面慣性矩；y 表示杆中間位置發生的橫向撓度。對於直杆的邊界條件以及對 y 的解均與波函數的相同，所以解 $y_n(x)$ 為

$$y_n(0) = 0 \qquad y_n(L) = 0 \qquad y_n = A\sin\left(\frac{n\pi}{L}x\right) \tag{D.16}$$

圖 D.2　長度為 L 的固定直杆在力 P 作用下依照離散模式彎曲

有趣的是，薛丁格方程式產生的離散能階 ε_n 現在可以透過杆屈曲的離散荷載，也稱為歐拉屈曲荷載來解釋：

$$P_n = EI\frac{n\pi}{L}^2 \tag{D.17}$$

我們知道歐拉屈曲只會在荷載高於某一臨界臨界值時發生，這類似於將一個電子從一個電子能階層移到另一個時的離散能階。兩種情況的數學運算式都是一樣的。

D.5 氫原子

氫原子是唯一有解析解的物理量子力學系統，它由原子核(即一個質子)和一個圍繞原子核的電子組成。前面討論的一維自由電子氣實際上是假想的，但它對下面應用於氫原子的方法論提供了一定的啓迪。氫的薛丁格方程式解具有非常大的歷史意義，因爲它表現了幾代物理家的思想，它爲理解更爲複雜的、多電子系統的行爲提供了定性的方法，儘管這些系統目前還沒有解析解。

氫的薛丁格方程式可以建立如下。我們只對相對於質子的電子位置感興趣，因此整個原子的運動並不重要。建立哈密頓函數是至關重要的步驟，其餘的就是數學和代數問題了。量子力學中的動能是動量的平方除以質量(假說 5)，根據假說 5，我們還知道動量是作用在波函數上的微分運算。

盒子內的電子沒有勢能，而對於兩個帶電粒子(質子和電子)之間的相互作用，我們從經典靜電學得知，它們之間存在相互作用的吸引力，這種力與距離的平方成反比。因此，勢能與粒子間的距離成反比：

$$V(r) = -\frac{e^2}{4\pi\varepsilon_0 r} \tag{D.18}$$

式中，$\varepsilon_0 = 8.854 \times 10^{-12}$ C/(V·m)。由於 $e^2/4\pi\varepsilon_0$ 的量綱相當於作用量乘以速度(作用量的單位爲能量乘以時間)，因此我們可以重寫包括普朗克常數的這一項，它也具有作用量和光速 c 的量綱。換言之，$e^2/4\pi\varepsilon_0 = \alpha\hbar c$，其中 $\alpha \approx 1/137$。我們現在可以寫出氫的薛丁格方程式：

$$\left(-\frac{\hbar}{2m}\nabla^2 - \hbar c\frac{\alpha}{r}\right)\psi = E\psi \tag{D.19}$$

氫原子是完全球形的，不存在擇優取向。因此在球座標下表示所有的函數比較方便：

$$-\frac{\hbar^2}{2m}\left[\frac{\partial}{r^2\partial r}\left(r^2\frac{\partial\psi}{\partial r}\right) + \frac{1}{r^2\sin^2\theta}\frac{\partial^2\psi}{\partial\theta^2} + \frac{1}{r^2\sin\theta}\frac{\partial}{\partial\theta}\left(\sin\theta\frac{\partial\psi}{\partial\theta}\right) - \hbar c\frac{\alpha}{r}\right]\psi = E\psi \tag{D.20}$$

像這樣的偏微分方程，通常採用 "Ansatz" 分離變數法來求解：

$$\psi(r, \theta, \varphi) = R(r)\Theta(\theta)\Phi(\varphi) \tag{D.21}$$

這一分離導出三個微分方程，由此發現離散的能階 $E_n[R(r)$ 的特徵值]爲

$$E_n = -\frac{1}{2}Mc^2\frac{\alpha^2}{n^2} \tag{D.22}$$

無須證明，我們得出這三個微分方程的解：

$$R_{nl}(r) = -\left[\left(\frac{2}{na}\right)^3 \frac{(n-l-1)!}{2n[(n+l)!]^3}\right]^{1/2} e^{-\rho/2}\rho^l L_{n+l}^{2l+1}(\rho) \tag{D.23}$$

$$\Theta_{lm}(\theta) = \left[\frac{(2l+1)(l-|m|)!}{2(l+|m|)!}\right]^{1/2} P_l^{|m|}(\cos\theta) \tag{D.24}$$

$$\Phi_m(\varphi) = \frac{1}{\sqrt{2\pi}}e^{im\varphi} \tag{D.25}$$

透過求解這三個微分方程可以發現，類似於杆屈曲，存在有離散的解或模式，我們可以指定一組指數$(l，m，n)$。相對應地，薛丁格方程式的靜態解形式為

$$\phi_{nlm}(r,\theta,\varphi) = R_{nl}(r)\Theta_{lm}(\theta)\Phi_m(\varphi) \tag{D.26}$$

使用下列多項式表達 L 和 P。薛丁格使用的所謂 Laguerre 多項式可以表示為

$$L_{n+l}^{2l+1}(\rho) = \sum_{k=0}^{n-l-1} (-1)^{k+1} \frac{[(n+l)!]^2}{(n-l-1-k)!(2l+1+k)!k!}\rho^k \tag{D.27}$$

與 Legendre 相關的遞迴函數 P 定義為

$$P_l^{|m|}(\cos\theta) = (1-\cos^2\theta)^{|m|/2}\frac{d^{|m|}}{dz^{|m|}}P_l(\cos\theta) \tag{D.28}$$

Legendre 多項式 P_l 為

$$P_l(x) = \frac{1}{2^l l!}\frac{d^l}{dx^l}(x^2-1)^l \tag{D.29}$$

此外，我們使用符號 $\rho = [2/(na)]r$ 和更重要的

$$a = \frac{\hbar^2}{\alpha m e^2} = 0.5292 \times 10^{-10} \text{ m} \tag{D.30}$$

式中，a 為氫中電子最內部軌道的半徑，它與玻爾計算出的氫原子大小一致。

　　我們這裏提供了氫的薛丁格方程式解法，以此讓讀者瞭解這一相對簡單的量子系統的數學複雜性。僅僅從其中的複雜性不難看出，對於比可以用數值方法求解的氫更複雜的系統，人們只能透過使用像 Gaussian 那樣的電腦工具求解。遺憾的是，今天可利用的商業計算工具需要花費很長的時間求解量子力學問題。演算法趨於處理階數至少為 n^3 的複雜度，其中 n 為系統中電子的數。因此，系統大小要拓展一倍將要求八倍的計算資源。催化反應路徑的研究需要包含數十個(如果不是數百個)原子。在 21 世紀初期，可用的電腦組將需要花費數天或數周來求解上百個原子的波函數。

　　進一步改善演算法的效率和顯著提高計算速度很可能會引導到全新的物質組合的根本發現。催化劑引發的一些挑戰可能被逐一解決，包括發現鉑的替代物。

附錄 E　CFD 燃料電池模型的控制方程式

　　由於 CFD 方法具有計算的靈活性，能夠使用一套廣泛的控制方程式，這使得燃料電池建模具有更大的現實意義。我們在 6.3 節提出的 CFD 模型的控制方程式總結在表 E.1 中。請注意這些方程式考慮了三維情況。在此模型中，我們不必像在一維模型中需要做出一些假設，這裏，我們僅僅假設單一相流體(無液態水)，而且這裏給出的模型只是燃料電池研究人員採用的幾種常用模型之一[84~89]。包含兩相流和非等溫特性的完整 CFD 模型仍是研究的熱點領域。

表 E.1　CFD 燃料電池模型的控制方程式[3]

類型	方程式
1.質量守恆	$\frac{\partial}{\partial t}(\in \rho) + \nabla \cdot (\in \rho U) = 0$
2.動量守恆	$\frac{\partial}{\partial t}(\in \rho U) + \nabla \cdot (\in \rho UU) = -\in \nabla p + \nabla \cdot (\in \zeta) + \frac{\in^2 \mu U}{k}$
3.物質守恆	$\frac{\partial}{\partial t}(\in \rho X_i) + \nabla \cdot (\in \rho U X_i) = \nabla J_i + S_i$
4.電荷守恆	$\nabla i_{\text{elec}} = -\nabla \cdot i_{\text{ion}}$

　　如在 6.2 節中採用的一維模型一樣，CFD 燃料電池模型是基於**守恆定律**的。在一維模型中，我們使用了簡化的質量守恆定律和電荷守恆定律。CFD 模型可以包含一套更完整的守恆定律，其控制方程式和常用的守恆方程式(如 Navier-Stokes 方程式)相似並且包含：

1. **質量守恆**。質量守恆方程式(或連續性方程式)基本上要求在特定時間內單位體積的質量變化必須等於進入(離開)該體積的所有物質的和。式(E.1)以數學方式表達了這一概念：

$$\underset{\substack{\text{單位體積的質}\\\text{量變化的速度}}}{\frac{\partial}{\partial t}(\varepsilon\rho)} + \underset{\substack{\text{傳輸引起的單位體積}\\\text{的質量變化的靜速率}}}{\nabla \cdot (\varepsilon\rho\boldsymbol{U})} = 0 \tag{E.1}$$

式中，ρ 和 U 分別表示流體的密度和速度向量。請注意，式中引入孔隙率 ε 來描述電極和催化層等多孔區域。透過設置每個區域正確的孔隙率值，該方程式即可適用於整個燃料電池的內部物理結構。例如，我們可以選擇電極的孔隙率 $\varepsilon = 0.4$，流動流道的

---

[3]　粗體符號表示向量。

孔隙率 $\varepsilon=1$，電解質的孔隙率 $\varepsilon=0$。其餘控制方程式中類似地也可以包含孔隙率。

2. **動量守恆**。與質量守恆類似，我們建立動量守恆方程式式為

$$\underbrace{\frac{\partial}{\partial t}(\varepsilon\rho\boldsymbol{U})}_{\substack{\text{單位體積}\\\text{的動量變}\\\text{化的速度}}} + \underbrace{\nabla\cdot(\varepsilon\rho\boldsymbol{U}\boldsymbol{U})}_{\text{對流}} = \underbrace{-\varepsilon\nabla p}_{\text{壓強}} + \nabla\cdot(\varepsilon\zeta) + \underbrace{\frac{\varepsilon^2\mu\boldsymbol{U}}{\kappa}}_{\substack{\text{孔隙構造}}} \tag{E.2}$$

$$\substack{\text{黏性摩擦引起}\\\text{的單位體積的動}\\\text{量變化的靜速度}}$$

式中，ζ 和 μ 分別表示流體的切應力張量和黏度。請注意，等式右邊的最後一項是我們熟知的 Darcy 定律，它量化了多孔介質中流體的黏滯拖曳力，如孔壁－流體間的相互作用。右邊的倒數第二項僅表示流體與流體間的相互作用。滲透率 $\kappa[m^{-2}]$ 是根據孔隙構造量化表述了這一相互作用的強度，低滲透率意味著較強的相互作用。顯然，我們可以在流場流道中使用非常大的 κ 值以忽略此項。

3. **物質守恆**。

$$\underbrace{\frac{\partial}{\partial t}(\varepsilon\rho X_i)}_{\substack{\text{單位體積}\\\text{的物質質量}\\\text{變化的速率}}} + \underbrace{\nabla\cdot(\varepsilon\rho\boldsymbol{U}X_i)}_{\text{對流}} = \underbrace{\nabla\cdot\boldsymbol{J}_i}_{\text{擴散}} + \underbrace{S_i}_{\text{電化學反應}} \tag{E.3}$$

$$\substack{\text{單位體積的物質}\\\text{質量變化的靜速率}}$$

式中，X_i 表示物質的質量分數；J_i 表示物質的擴散質量流量，它可由任何擴散方程式，如 Fick 定律及 Maxwell-Stefan 方程式等表示；S_i 表示物質的產生或耗散，在燃料電池中，電化學反應表現為物質的產生或消耗(如氫氣和氧氣的消耗或水的產生)：

$$S_i = M_i\frac{j}{n_i F} \tag{E.4}$$

式中，n_i 表示與物質 i 有關的價電子數；M_i 為物質 i 的分子質量。分子質量用於把摩爾流量速率轉化為質量流量速率。

4. **電荷守恆**。由導電材料中電流的連續性得到

$$\nabla\cdot\boldsymbol{i} = 0 \tag{E.5}$$

式中，i 表示電流流量向量。燃料電池系統中存在兩種電荷——電子和離子。由於這兩種電荷都源於電中性物質(氫氣和／或氧氣)，故總電中性必然要保持：

$$\nabla\cdot\boldsymbol{i}_{\text{elec}} + \nabla\cdot\boldsymbol{i}_{\text{ion}} = 0 \tag{E.6}$$

式中，i_{ion} 表示流經催化層或電解膜等離子傳導相的離子電流；i_{elec} 表示催化層或電極等電子傳導相中的電子電流。與局域電流密度相聯繫，我們改寫式(E.6)為

$$-\nabla \cdot \boldsymbol{i}_{\mathrm{ion}} = \nabla \cdot \boldsymbol{i}_{\mathrm{elec}} = j \tag{E.7}$$

將歐姆定律代入(式 E.7)，我們得到

$$\nabla \cdot (\sigma_{\mathrm{ion}} \nabla \Phi_{\mathrm{ion}}) = -\nabla \cdot (\sigma_{\mathrm{elec}} \nabla \Phi_{\mathrm{elec}}) = j \tag{E.8}$$

式中，Φ_{ion} 和 Φ_{elec} 分別表示離子導體和電子導體內的電勢；σ 表示導電率。請注意，只要對燃料電池的每個區域設置合適的 σ 值，該方程式便在所有區域內都有效。例如，我們可以在流場流道內設置 $\sigma_{\mathrm{elec}} = \sigma_{\mathrm{ion}} = 0$，而在膜電解(非電子導體)內設置 $\sigma_{\mathrm{elec}} = 0$，催化層既有離子傳導性又有電子傳導性，因此需要同時考慮兩種傳導率。在陽極或陰極，把該方程式和簡化的 Butler-Volmer 方程式聯合得到 j 為

$$j = j_0 \exp\left[\frac{n_i \alpha F}{RT}(\Phi_{\mathrm{ion}} - \Phi_{\mathrm{elec}})\right] \frac{c_i}{c_i^0} \tag{E.9}$$

式中，c_i 和 c_i^0 表示物質 i 的局域濃度及參考濃度。該方程式和原始 Butler-Volmer 方程式式(3.33)有細微的差別。這裏，我們用 $\Phi_{\mathrm{ion}} - \Phi_{\mathrm{elec}}$ 代替過電勢 η 以表示電子電勢降和離子電勢降的影響。透過這一途徑，我們可以計算電極中的電子歐姆電壓降，在之前的一維模型中，我們曾經忽略了這一損耗。

附錄 F　元素週期表

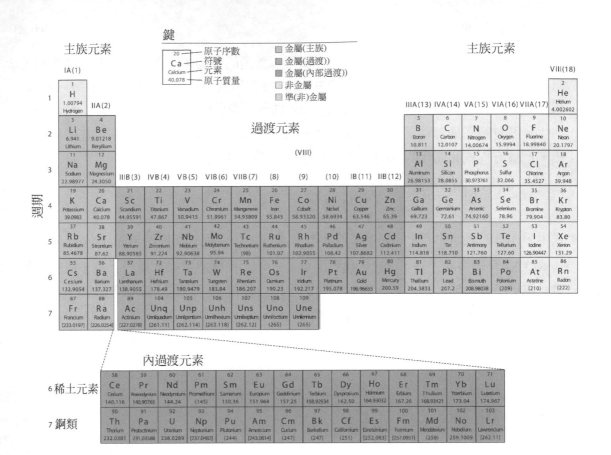

附錄 G　補充閱讀參考資料

　　以下參考書是關於燃料電池或電化學方面更深入的閱讀參考資料(詳細資訊請參閱參考書目)：

燃料電池：

- Fuel Cell Handbook[90]
- Fuel Cell Systems Explained[91]
- Handbook of Fuel Cell Technology[5]
- Springer Model of the PEMFC[8]

電化學：

- Electrochemical Methods[7]
- Electrochemistry[92]

其他：

- Basic Research Needs for the Hydrogen Economy[93]
- Transport Phenomena[11]
- Flow and Transport in Porous Formations[94]
- CFD Research Corporation User Manual[88]

參考文獻

[1] R. P. Feynman, R. B. Leighton, and M. Sands, *The Feynman Lectures on Physics*, Section 4-1, Addison-Wesley, Reading, MA, 1963.

[2] D. V. Schroeder. *An Introduction to Thermal Physics*. Addison-Wesley, Reading, MA, 2000.

[3] G. H. J. Broers and J. A. A. Ketelaar. In *Fuel Cells*, G. J. Young (Ed.). Reinhold, New York, 1960.

[4] W. Vielstich, A. Lamm, and H. A. Gasteiger. *Handbook of Fuel Cells*, Vol. 2. Wiley, New York, 2003.

[5] C. Berger (Ed.). *Handbook of Fuel Cell Technology*. Prentice-Hall, Englewood Cliffs, NJ, 1968.

[6] A. Damjanovic, V. Brusic, and J. O'M Bockris. Electrode kinetics of oxygen reduction on oxide-free platinum electrodes. *Electrochimica Acta*, 12:615, 1967.

[7] A. J. Bard and L. R. Faulkner. *Electrochemical Methods*, 2nd ed. Wiley, New York, 2001.

[8] T. E. Springer, T. A. Zawodzinski, and S. Gottesfeld. Polymer electrolyte fuel cell model. *Journal of the Electrochemical Society*, 138(8):2334–2342, 1991.

[9] *Handbook of Chemistry and Physics*, 62nd ed. CRC Press, Boca Raton, FL, 1981.

[10] A. I. Ioffe, D. S. Rutman, and S. V. Karpachov. On the nature of the conductivity maximum in zirconia-based solid electrolyte. *Electrochimica Acta*, 23:141, 1978.

[11] R. Bird, W. Stewart, and E. Lightfoot. *Transport Phenomena*, 2nd ed. Wiley, New York, 2002.

[12] R. E. De La Rue and C. W. Tobias. *Journal of the Electrochemical Society*, 33(3):253–286, 1999.

[13] E. L. Cussler. *Diffusion: Mass Transfer in Fluid Systems*. Cambridge University Press, Cambridge, 1995.

[14] W. Sutherland. The viscosity of gases and molecular force. *Philosophical Magazine*, 5:507–531, 1893.

[15] J. Hilsenrath et al. Tables of thermodynamic and transport properties. National Bureau of Standards (U.S.) Circular 564.

[16] C. R. Wilke. *Journal of Chemical Physics*, 18:517–519, 1950.

[17] R. K. Shah and A. L. London. Laminar flow forced convection. In *Supplement 1 to Advance in Heat Transfer*, T. F. Irvine and J. P. Hartnett (Eds.), Academic, New York, 1978.

[18] W. M. Rohsenow, J. P Hartnett, and Y. I. Cho (Eds.). *Handbook of Heat Transfer*, 3rd ed. McGraw-Hill, New York, 1998.

[19] R. L. Borup and N. E. Vanderborgh. Design and testing criteria for bipolar plate materials for pem fuel cell applications. *Material Research Society Symposium Proceedings*, 393, p. 151–155, 1995.

[20] P. Adcock. *Development of Cost Effective, High Performance PEM Fuel Cells for Automotive Applications*. IQPC, London, 1998.

[21] D. P Davies, P. L. Adcock, M. Turpin, and S. J. Rowen. Stainless steel as a bipolar plate material for solid polymer fuel cells. *Journal of Power Source*, 86(1):237–242, 2000.

[22] R. C. Makkus, A. H. H. Janssen, F. A. de Bruijn, and R. K. A. M. Mallant. Use of stainless

steel for cost competitive bipolar plates in the spfc. *Journal of Power Source*, 86(1):274–282, 2000.

[23] P. L Hentall, J. B. Lakeman, G. O. Mepsted, P. L. Adcock, and J. M. Moore. New materials for polymer electrolyte membrane fuel cell current collectors. *Journal of Power Source*, 802:235–241, 1999.

[24] D. R. Hodgson, B. May, P. L. Adcock, and D. P. Davies. New lightweight bipolar plate system for polymer electrolyte membrane fuel cells. *Journal of Power Source*, 96(1):233–235, 2001.

[25] H. Lee, C. Lee, T. Oh, S. Choi, I. Park, and K. Baek. Development of 1 kw class polymer electrolyte membrane fuel cell power generation system. *Journal of Power Sources*, 107(1):110–119, 2002.

[26] D. L Wood III, J. S. Yi, and T. V. Nguyen. Effect of direct liquid water injection and inter-digitated flow field on the performance of proton exchange mebrane fuel cells. *Electrochimica Acta*, 43(24):3795–3809, 1998.

[27] J. S. Yi and T. V. Nguyen. Multicomponent transport in porous electrodes of proton exchange membrane fuel cells using the interdigitated gas distributors. *Journal of the Electrochemical Society*, 146(1):38–45, 1999.

[28] A. Kumar and R. G. Reddy. Effect of channel dimensions and shape in the flow-field distributor on the performance of polymer electrolyte membrane fuel cells. *Journal of Power Sources*, 113:11–18, 2003.

[29] E. Hontanon, M. J. Escudero, C. Bautista, P. L. Garcia-Ybarra, and L. Daza. Optimization of flow-field in polymer electrolyte membrane fuel cells using computational fluid dynamics techniques. *Journal of Power Sources*, 86:363–368, 2000.

[30] H. Naseri-Neshat, S. Shimpalee, S. Dutta, W. K. Lee, and J. W. Van Zee. Predicting the effect of gas-flow channels spacing on current density in pem fuel cells. *Proceedings of the ASME Advanced Energy Systems Division*, 39:337–350, 1999.

[31] D. M. Bernardi and M. W. Verbrugge. Mathematical model of the solid-polymer-electrolyte fuel cell. *Journal of the Electrochemical Society*, 139:2477, 1992.

[32] T. F. Fuller and J. Newman. Water and thermal management in solid-polymer-electrolyte fuel cells. *Journal of the Electrochemical Society*, 140:1218, 1993.

[33] V. Gurau, F. Barbir, and H. Liu. An analytical solution of a half-cell model for pem fuel cells. *Journal of the Electrochemical Society*, 147:2468–2477, 2000.

[34] T. V. Nguyen and R. E. White. Water and heat management model for proton-exchange-membrane fuel cells. *Journal of the Electrochemical Society*, 140:2178, 1993.

[35] J. W. Kim, A. V. Virkar, K. Z. Fung, K. Mehta, and S. C. Singhal. Polarization effects in intermediate temperature, anode-supported solid oxide fuel cells. *Journal of the Electrochemical Society*, 146(1):69–78, 1999.

[36] S. H. Chan, K. A. Khor, and Z. T. Xia. A complete polarization model of a solid oxide fuel cell and its sensitivity to the change of cell component thickness. *Journal of Power Sources*, 93:130–140, 2001.

[37] C. F. Curtiss and J. O. Hirschfelder. *Journal of Chemical Physics*, 17:550–555, 1949.

[38] S. Ahn and J. Tatarchuk. Air electrode: Identification of intraelectrode rate phenomena via ac impedance. *Journal of the Electrochemical Society*, 142(12):4169–4175, 1995.

[39] T. E. Springer, T. A. Zawodzinski, M. S. Wilson, and S. Gottesfeld. Characterization of polymer electrolyte fuel cell using impedance spectroscopy. *Journal of the Electrochemical Society*, 143(2):587–599, 1996.

[40] J. R. MacDonald. *Impedance Spectroscopy; Emphasizing Solid Materials and Systems*. Wiley-

Interscience, New York, 1987.

[41] H. Ghezel-Ayagh, A. J. Leo, H. Maru, and M. Farooque. Overview of direct carbonate fuel cell technology and products development. Paper presented at the ASME First International Conference on Fuel Cell Science, Energy and Technology, Rochester, NY, Apr, 2003, p. 11.

[42] J. O. Bockris and A. K. N. Reddy. *Modern Electrochemistry*. Plenum, New York, 2000.

[43] M. V. Twigg. *Catalyst Handbook*. Manson, London, 1996.

[44] A. I. LaCava and S. V. Krishnan. Thermal effect of compression and expansion of gas in a pressure swing adsorption process. In *Fundamentals of Adsorption*, Vol. 6, F. Meunier (Ed.). Elsevier, New York, 1998.

[45] M. H. Chahbani and D. Tondeur. Compression, decompression and column equilibration in pressure swing-adsorption. In *Fundamentals of Adsorption*, Vol. 6, F. Meunier (Ed.). Elsevier, New York, 1998.

[46] A. G. Knapton. Palladium alloys for hydrogen diffusion membranes. *Platinum Metals Review*, 22(2):44–50, 1977.

[47] I. B. Elkina and J. H. Meldon. Hydrogen transport in palladium membranes. *Desalination*, 147:445–448, 2002.

[48] B. Linnhoff and P. Senior. Energy targets clarify scope for better heat integration. *Process Engineering*, 118:29–33, 1983.

[49] B. Linnhoff and J. Turner. Heat recovery networks: New insights yield big savings. *Chemical Engineering*, Nov. 1981, pp. 56–70.

[50] C. B. Snowdon. Pinch technology: Heat exchanger Networks. In *Process Design and Economics C5A*. Department of Engineering Sciences, Oxford University, 2002, p. 21.

[51] D. E. Winterbone. Pinch technology. In *Advanced Thermodynamics for Engineers*. Butterworth-Heinemann, New York, 1996, p. 47.

[52] W. Colella. Modelling results for the thermal management sub-system of a combined heat and power (CHP) fuel cell system (FCS). *Journal of Power Sources*, 118:129–149, 2003.

[53] *U.S. LCI Database Project—Phase 1 Final Report*, NREL/SR-550-33807. National Renewable Energy Laboratory, Golden, CO, Aug. 2003; http://www.nrel.gov/lci/pdfs/.

[54] G. Rebitzer, T. Ekvall, R. Frischnecht, D. Hunkeler, G. Norris, T. Rydberg, W.-P. Schmidt, S. Suh, B. P. Weidema, and D. W. Pennington. Life cycle assessment part 1: Framework, goal and scope definition, inventory analysis, and applications. *Environment International*, 30:701–720, 2004.

[55] E. M. Goldratt and J. Cox. *The Goal*. North River Press, New York, 1992.

[56] *Toyota FCHV—The First Step toward the Hydrogen Society of Tomorrow*, Toyota Special Report. http://www.toyota.co.jp/en/special/fchv/fchv_1.html.

[57] G. Sovran and D. Blaser. A contribution to understanding automotive fuel economy and its limits. SAE Technical Paper Series, 2003-01-2070:24, 2003.

[58] UTC Power, United Technology Corporation, 195 Governor's Highway, South Windsor, CT.

[59] *Ballard Transportation Products Xcellsis HY-80 Light Duty Fuel Cell Engine*. Ballard Power Corporation, Vancouver, BC, 2004; http://www.ballard.com/pdfs/XCS-HY-80_Trans.pdf.

[60] *Ballard Transportation Products A 600V300 MS High Power Electric Drive System*. Ballard Power Corporation, Vancouver, BC, 2004. http://www.ballard.com/pdfs/ballardedpc600v300ms.pdf.

[61] W. G. Colella, M. Z. Jacobson, and D. M. Golden. Switching to a hydrogen fuel cell vehicle

fleet: The resultant change in emissions, energy use, and global warming gases. *Journal of Power Sources* (in review).

[62] Intergovernmental Panel on Climate Change 2001. *Climate Change 2001: The Scientific Basis.* Cambridge University Press, Cambridge, 2001.

[63] M. Z. Jacobson. A physically-based treatment of elemental carbon optic: Implications for global direct forcing of aerosols. *Geophysical Research Letters*, 27:217–220, 2000.

[64] M. Z. Jacobson. Strong radiative heating due to the mixing state of black carbon in atmospheric aerosols. *Nature*, 409:695–697, 2001.

[65] M. A. K. Khalil and R. A. Rasmussen. Global increase of atmospheric molecular hydrogen. *Nature*, 347:743–745, 1990.

[66] P. C. Novelli, P. M. Lang, K. A. Masarie, D. F. Hurst, R. Myers, and J. W. Elkins. Molecular hydrogen in the troposphere: Global distribution and budget. *Journal of Geophysical Research*, 104(30):427–430, 1999.

[67] J. B. Heywood. *Internal Combustion Engine Fundamentals.* McGraw-Hill, New York, 1988.

[68] http://www.eia.doe.gov/cneaf/alternate/page/datatables/table10.html.

[69] M. Z. Jacobson, W. G. Colella, and D. M. Golden. Air pollution and health effects of switching to hydrogen fuel cell and hybrid vehicles. *Science*, 308:1901, 2005.

[70] M. Z. Jacobson. The climate response of fossil-fuel and biofuel soot, accounting for soot's feedback to snow and sea ice albedo and emissivity. *Journal of Geophysical Research*, 109:D21201, 2004.

[71] ExternE, Externalities of energy. *Methodology*, 7, 1998; http://www.externe.info/reports.html.

[72] A. Rabl and J. Spadaro. Public health impact of air pollution and implications for the energy system. *Annual Review of Energy and the Environment*, 25:601–627, 2000.

[73] W. J. Baumol and A. S. Blinder. *Microeconomics: Principles and Policy*, 9th ed. South-Western College Publishing, Mason, OH, 2003.

[74] D. R. McCubbin and M. A. Delucchi. The health costs of motor-vehicle-related air pollution. *Journal of Transport Economics and Policy*, 33(3):253–286, 1999.

[75] L. Pauling and E. B. Wilson. *Introduction to Quantum Mechanics with Applications to Chemistry.* Dover, Mineola, NY, 1985.

[76] S. Brandt and H. D. Dahmen. *The Picture Book of Quantum Mechanics.* Springer, 2001.

[77] N. Bohr. On the constitution of atoms and molecules, *Philosophical Magazine*, 26:1, 1913.

[78] L. de Broglie. Researches on the Quantum Theorey, Thesis, Sorbonne University, Paris, 1924.

[79] C. J. Davisson. Are electrons waves? *Franklin Institute Journal*, 205:597, 1928.

[80] E. Schrödinger. Quantization as an eigenvalue problem, *Annalen der Physik*, 79:361, 1926.

[81] E. Schrödinger. *Collected Papers on Wave Mechanics.* Blackie and Son, London, 1928.

[82] W. Kohn and L. J. Sham. Self-consistent equations including exchange and correlation effects, *Physical Review*, 140:A1133, 1965.

[83] I. Levine. *Quantum Chemistry.* Allyn and Bacon, Boston, MA, 1983.

[84] S. Um, C. Y. Wang, and K. S. Chen. Computational fluid dynamics modeling of proton exchange membrane fuel cells. *Journal of the Electrochemical Society*, 147:4485, 2000.

[85] V. Gurau, S. Kakac, and H. Liu. Mathematical model for proton exchange membrane fuel cells. *American Society of Mechanical Engineers, Advanced Energy Systems Division (Publication) AES*, 38:205, 1998.

[86] W. He, J. S. Yi, and T. V. Nguyen. Two-phase flow model of the cathode of pem fuel cells using interdigitated flow fields. *AIChE Journal*, 46:2053, 2000.

[87] D. Natarajan and T. Nguyen. Three-dimensional effects of liquid water flooding in the cathode of a pem fuel cell. *Journal of the Electrochemical Society*, 148:A1324, 2001.

[88] CFD Research Corp. *CFD-ACE(U)TM User Manual version 2002*. CFD Research Corp., Huntsville, AL, 2002.

[89] Z. H. Wang, C. Y. Wang, and K. S Chen. Two-phase flow and transport in the air cathode of proton exchange membrane fuel cells. *Journal of Power Sources*, 94:40, 2001.

[90] J. H. Hirschenhofer, D. B. Stauffer, R. R. Engleman, and M. G. Klett. *Fuel Cell Handbook*, 6th ed. U.S. Department of Energy, Morgantown, WV, 2003.

[91] J. Larminie and A. Dicks. *Fuel Cell Systems Explained*. Wiley, New York, 2000.

[92] C. H. Hamann, A. Hamnet, and W. Vielstich. *Electrochemistry*. Wiley-VCH, Weinheim, 1998.

[93] M. Dresselhaus (Chair). Basic research needs for the hydrogen economy: Report of the basic energy sciences workshop on hydrogen production, storage, and use. Technical report, Workshop on Hydrogen Production, Storage, and Use, Rockville, MD, 2003.

[94] G. Dagan. *Flow and Transport in Porous Formations*. Springer-Verlag, Berlin, 1989.

重要公式

熱力學

$$dU = dQ - dW = dQ - p\,dV$$

$$dS = k \ln \Omega = \frac{dQ}{T}$$

$$H = U + pV$$

$$G = H - TS$$

$$\Delta G = \Delta H - T\,\Delta S \ (\text{等溫過程})$$

$$\Delta G = -nFE$$

$$\mu = \mu^0 + RT \ln a$$

$$E = E^0 + \frac{\Delta S}{nF}(T - T_0) - \frac{RT}{nF} \ln \frac{\prod a_{\text{prod}}^{v_i}}{\prod a_{\text{react}}^{v_i}}$$

$$\varepsilon_{\text{real}} = \varepsilon_{\text{thermo}}\varepsilon_{\text{voltage}}\varepsilon_{\text{fuel}}$$

$$\varepsilon_{\text{thermo},fc} = \frac{\Delta G}{\Delta H}$$

$$\varepsilon_{\text{voltage}} = \frac{V}{E}$$

反應動力學

$$j_0 = nFC^* f e^{-\Delta G^{\ddagger}/(RT)}$$

$$j = j_0^0 \left(\frac{C_R^*}{C_R^{0*}} e^{\alpha nF\eta/(RT)} - \frac{C_P^*}{C_P^{0*}} e^{-(1-\alpha)nF\eta/(RT)} \right)$$

$$j = j_0 \frac{nF\eta_{\text{act}}}{RT} \ (\text{小的過電勢 / 電流})$$

$$\eta_{\text{act}} = \frac{RT}{\alpha nF} \ln \frac{j}{j_0} \ (\text{大的過電勢 / 電流})$$

電荷傳送

$$\eta_{\text{ohmic}} = j(ASR_{\text{ohmic}}) = j\frac{L}{\sigma}$$

$$ASR_{\text{ohmic}} = A_{\text{fuel cell}}R_{\text{ohmic}} = \frac{L}{\sigma}$$

$$\sigma = zFcu$$

$$u = \frac{nFD}{RT}$$

$$D = D_0 e^{-\Delta G/(RT)}$$

質量傳送

$$j_L = nFD^{\text{eff}}\frac{c_R^0}{\delta}$$

$$\eta_{\text{conc}} = \frac{RT}{\alpha nF}\ln\frac{j_L}{j_L - j} = c\ln\frac{j_L}{j_L - j}$$

建立模型

$$V = E_{\text{thermo}} - \eta_{\text{act}} - \eta_{\text{ohmic}} - \eta_{\text{conc}}$$

$$V = E_{\text{thermo}} - [a_A + b_A\ln(j + j_{\text{leak}})] - [a_C + b_C\ln(j + j_{\text{leak}})] -$$

$$(j\text{ASR}_{\text{ohmic}}) - \left(c\ln\frac{j_L}{j_L - (j + j_{\text{leak}})}\right)$$

轉換

$$Z_{\Omega} = R_{\Omega}$$

$$Z_C = \frac{1}{j\omega C}$$

$$Z_{\text{series}} = Z_1 + Z_2$$

$$Z_{\text{parallel}}^{-1} = Z_1^{-1} + Z_2^{-1}$$

$$Z_{\text{infinite Warburg}} = \frac{\sigma_1}{\sqrt{\omega}}(1 - j)$$

$$Z_{\text{finite Warburg}} = \frac{\sigma_1}{\sqrt{\omega}}(1 - j)\tanh\left(\delta\sqrt{\frac{j\omega}{D_i}}\right)$$

$$A_c = \frac{Q_h}{Q_m \times A_{\text{geometric}}}$$

系統

$$\text{質量能量儲存密度} = \frac{\text{燃料的存儲焓}}{\text{系統質量}}$$

$$\text{體積能量儲存密度} = \frac{\text{燃料的存儲焓}}{\text{系統質量}}$$

$$\text{載體系統效率} = \frac{\%\text{載體向電的轉換}}{\%\text{淨H}_2\text{向電的轉換}}$$

燃料電池系統

$$\varepsilon_O = \varepsilon_R + \varepsilon_H$$

$$\varepsilon_R = \varepsilon_{FP} \times \varepsilon_{R,SUB} \times \varepsilon_{R,PE} = \frac{\Delta \dot{H}_{(HHV),H_2}}{\Delta \dot{H}_{(HHV),fuel}} \times \frac{P_{e,SUB}}{\Delta \dot{H}_{(HHV),H_2}} \times \frac{P_{e,SYS}}{P_{e,SUB}}$$

$$\frac{H}{P} = \frac{d\dot{H}}{P_{e,SYS}}$$

$$y_{H_2} = \frac{n_{H_2}}{n}$$

$$\frac{S}{C} = \frac{n_{H_2O}}{n_c}$$

環境效應

$$\dot{Q} - \dot{W} = \dot{m}\left[h_2 - h_1 + g(z_2 - z_1) + \frac{1}{2}(V_2^2 - V_1^2) \right]$$

$$CO_{2\ equivalent} = m_{CO_2} + 23m_{CH_4} + 296m_{N_2O} + \alpha(m_{OM_{2.5}} + m_{BC_{2.5}}) -$$
$$\beta[m_{SULF_{2.5}} + m_{NIT_{2.5}} + 0.40m_{SO_x} + 0.10m_{NO_x} + 0.05m_{VOC}]$$

國家圖書館出版品預行編目資料

燃料電池基礎 / Ryan O'Hayre 等原著；趙中興
編譯. -- 初版. -- 臺北縣土城市：全華圖
書, 2008.08
面 ； 公分
參考書目：面
譯自：Fuel cell fundamentals
ISBN 978-957-21-6750-2(平裝)

1.電池

337.42   97013916

燃料電池基礎
FUEL CELL FUNDAMENTALS

原著 / Ryan O' Hayre、Suk-Won Cha、Whitney Colella、Fritz B. Prinz

編譯 / 王曉紅、黃宏

審閱 / 趙中興

發行人 / 陳本源

執行編輯 / 黃願璋

出版者 / 全華圖書股份有限公司

　　　　地址：23671 新北市土城區忠義路 21 號

　　　　電話：(02) 2262-5666 　(總機)

　　　　傳眞：(02) 2262-8333

郵政帳號 / 0100836-1 號

印刷者 / 宏懋打字印刷股份有限公司

圖書編號 / 06044

初版三刷 / 2016 年 09 月

定價 / 500 元

ISBN / 978-957-21-6750-2 　(平裝)

全華圖書 / www.chwa.com.tw

全華網路書店 Open Tech / www.opentech.com.tw

若您對書籍內容、排版印刷有任何問題，歡迎來信指導 book@chwa.com.tw

臺北總公司(北區營業處)
地址：23671 新北市土城區忠義路 21 號
電話：(02) 2262-5666
傳眞：(02) 6637-3695、6637-3696

南區營業處
地址：80769 高雄市三民區應安街 12 號
電話：(07) 381-1377
傳眞：(07) 862-5562

中區營業處
地址：40256 臺中市南區樹義一巷 26 號
電話：(04) 2261-8485
傳眞：(04) 3600-9806

有著作權‧侵害必究

版權聲明(如有破損或裝訂錯誤，請寄回總代理更換)

FUEL CELL FUNDAMENTALS

Copyright © 2006 John Wiley & Sons, Inc. All rights reserved.

AUTHORIZED TRANSLATION OF THE EDITION PUBLISHED BY JOHN WILEY & SONS, New York, Chichester, Brisbane, Singapore AND Toronto. No part of this book may be reproduced in any form without the written Permission of John Wiley & Sons, Inc.

Orthodox Chinese copyright © 2008 by Chuan Hwa Book Co., Ltd. 全華圖書股份有限公司 and John Wiley & Sons Singapore Pte Ltd. 新加坡商約翰威立股份有限公司.